천문학

Astronomy

A Self-Teaching Guide

천문학

Astronomy

A Self-Teaching Guide

Dinah L. Moché, Ph.D. 저
오 규 동·형 식 역

전남대학교출판부

이 책을 사용하는 독자에게

이 책은 천문학 초보자가 편하게 사용할 수 있는 지침서이다. 각 장은 대학교 과정의 중심 주제를 쉽게 배울 수 있도록 구성하였다. 각 절은 기본 원리와 최신 동향을 명료하게 제시하였다. 용어 색인은 개념, 정의, 현상 및 유명 천문학자를 빨리 찾을 수 있게 하였다. 여러분은 이 책 하나만 단독으로 사용할 수도 있고, 다른 교과서, 원격강의 자료, 컴퓨터 소프트웨어, 통신교육 매뉴얼과 같이 사용할 수도 있으며, 갖고 다니는 편리한 참고문헌이 될 수 있다.

이 책의 유용성

- 최고의 천문학 온라인 Web 사이트 주소를 총 망라함
- 특별히 어려운 수학적인 계산이 필요하지 않음
- 기술적 아이디어를 명백히 하기위해 밑줄을 사용함
- 천체관측을 위해 성도와 별 지도의 제공
- 최신의 정확한 별, 성단 및 천문학 자료 제공
- 취미로 망원경 관측을 할 때 흥미 있는 천체들을 제시함
- 학생의 학습 진행을 점검할 수 있는 목표, 검토사항, 자가 평가 내용을 제시함

6차 편집본의 새로운 내용

6차 편집에서는 성공적인 자기학습 형태를 갖도록 칼라 영상을 볼 수 있는 Web 사이트를 연계시켰다. 본서는 새로운 발견 내용들을 포함하였고, 이전 책에 대한 학생과 교수의 제언대로 책의 전체 내용을 최상으로 수정하였다.

또한 21세기에 수행된 블랙 홀, 은하계 활동, 퀘이사, 우주에서의 생명 탐사, 우주의 기원과 구조, 가장 최신의 이론 그리고 우주 망원경에 대한 새로운 연구 결과를 기술하였다.

전에는 보지 못했던 우주의 장관을 보여주는 Web 사이트를 제시하였다. Keck 망원경, Compton Gamma Ray 천문대, Hubble 우주망원경 자료, Mir 우주 정거장의 그림과 명칭을 제시하여 우주 기술을 명확하게 보여준다. 전자기 스펙트럼, 달의 위상, 행성의 궤도 운동과 같은 기본 개념은 새로운 예술적인 일러스트레이션으로 대체하였다.

학습에 도움이 되는 사항

각 장의 목표들은 장에 포함된 내용에 대한 정보를 말해준다. 새로운 용어를 처음 사용한 경우 볼드체로 정의하였다. 각 장의 주제는 짧게 기술하였으며, 각 절은 번호를 붙이고 새로운 내용을 포함하였다. 매 절마다 일반적인 질문을 주고 설명, 분석, 요약으로 답하도록 유도하였다. 질문 다음에 답을 제시하여 학생이 항상 정답을 알 수 있도록 하였다. 학생이 정답과 일치된 답을 하였으면, 그 절의 내용을 다 이해한 것임으로 다음 절로 넘어가도 되며, 틀린 답이면 이전 절의 내용을 재검토하여 완전히 이해하여야만 다음 절을 공부할 수 있다.

각 장 마지막의 자가 평가는 각 장의 내용을 얼마나 잘 이해하였는지를 빨리 파악할 수 있게 하였다. 각 장의 공부가 끝나면 즉시 평가할 수 있고 새 장으로 넘어가기 전에 잠간 쉬었다가 자가 평가 할 수도 있다. 자신의 답과 책의 정답을 비교하고, 만약 책의 정답에 의문이 생기면 정답 칸에 제시한 참고 절을 다시 공부해야한다.

유용한 자료와 Web 사이트

우수한 유인물과 온라인 천문학 자료, 활동, 참고문헌에 관한 자료 출처는 '유용한 자료'의 절에 따로 제시하였다. 여러분 이 자료에서 모든 별을 관측하고자하는 모든 사람들을 위한 Dinah L. Moche 교수가 저술한 다른 저서의 목록을 찾을 수 있다.

저자와 편집자는 이 책의 내용의 정확성, 최신성, 즐거움, 유용성을 갖추도록 노력하였다. 최종 원고를 마무리할 때 천문학자들, 많은 학생들, 아마추어 천문가들, 교육자들이 도움이 되는 제언을 주어 좋은 책이 되도록 공헌해 주었다. 이 책이 완성된 후에도 미래의 독자들에게 개선이 되는 제안이 있거나 저자의 방문이 필요한 경우, Dinah L. Moche박사에게 연락하여주기 바랍니다. - Professional & Trade Group, John Wiley & Sons, Inc., 111 River Street, Hoboken, NJ 07030. ▶www.spacelady.com◀

새로운 발견과 다음 번 책의 발간을 위해 update한 자료와 수정 내용들을 이 책의 Web 사이트(▶www.wiley.com/go/moche◀)를 방문하여 지적하여 제시하여 주십시오.

감사의 글

나의 저서 "Astronomy"의 초기 개정판들을 읽고 새로운 6차 개정판의 구성과 의견을 주신 독자들과 수많은 학생들 그리고 내 강의를 수강한 많은 청중들에게 감사를 드립니다.

특별히 항상 나와 함께 우주에 관해 경이로움과 열정을 나눈 다음 사람들에게 특별한 감사를 드립니다. 특히 별들과 은하 같은 나의 가족들인 Mollie와 Bertram A. Levine 부부, Elizabeth, Stephen, Lucy, Benjamin, Robert과 Melanie Schwartz 부부, 그리고 Rebecca, Richard, Cynthia, Jessica, Caroline, Amanda Kahlenberg에 고마움을 표하며; 나의 카운슬러인 Ernest Holzberg, Esq.와 친구 Bonnie Brown; 나의 고등 천문학 연구를 재정적으로 뒷받침해 준 National Science Foundation 과학 분야 Faculty Fellowship 지원에도 감사드리고, 책 출간을 해준 John Wiley & Sons 출판사의 Stephen Kippur, Dean Karrel, Kitt Allan, Eric Nelson, Camile Acker, Megan Burke, Barbara Mele에게 감사드립니다.

나는 6판이 출판될 때까지 지속적으로 용기와 지지를 보내고, 도움을 주신 다음 분들에게 감사를 드립니다.

6판 도움 주신 분들

Davy Kirkpatrick, California Institute of Technology; Marion Schmitz, California Institute of Technology; Peter Michaud, Gemini Observatory; Laurence A. Marschall, Gettysburg College; Robert Kirshner, Harvard University; David Aguilar, Harvard-Smithsonian Center for Astrophysics; Brian G. Marsden, Harvard-Smithsonian Center for Astrophysics; Gareth V. Williams, Harvard-Smithsonian Center for Astrophysics; Holland Ford, Johns Hopkins University; Jim Lochner, NASA Goddard Space Flight Center; Stephen Maran, NASA Goddard Space Flight Center; Rajiv Gupta, Royal Astronomical Society of Canada; Lynn Cominski, Sonoma State University; Cheryl Gundy, Space Telescope Science Institute; Zoltan Levay, Space Telescope Science Institute; Ray Villard, Space Telescope Science Institute; Alex Filippenko, University of California/Berkeley; Harold Epps, University of California/Santa Cruz.

5판 도움 주신 분들

Joseph F. Veverka, Cornell University; Robert Garrison, David Dunlap Observatory; Alan Batten, Dominion Astrophysical Observatory; Peter Michaud, Gemini Observatory; Francois Spite, IAU; Gerard Helferich, John Wiley & Sons, Inc.; Christopher Jackson and Diana C. Madrigal, John Wiley & Sons; Michael Arida, Fred Espenak, Stephen P. Maran, Wayne Warren (GSFC), Alan Chamberlain, Mary Beth Murrill, Jane Platt (JPL), and Cheryl Gundy (STScI), NASA; David G. Finley, National Radio Astronomy Observatory; Roy L. Bishop, Royal Astronomical Society of Canada; Brian Marsden, Smithsonian Astrophysical Observatory; Geoff Chester, U.S. Naval Observatory; Harry Shipmen, University of Delaware; Helene Dickel, University of Illinois.

4판 도움 주신 분들

Steve Maran, American Astronomical Society; Maria Pallante, Authors Guild; Bob Finn, California Institute of Technology; Richard Dannay, Esq.; Pat Peterson, de Grummond Collection, University of Southern Mississippi; Carol R. Leven, Freelance Administrator; Laurence A. Marschall, Gettysburg College; Nicholas L. Johnson, Kaman Sciences Corporation; Mary Beth Murrill, W. M. Keck Observatory; Keith Mordoff, Lockheed Missiles & Space Company, Inc.; Richard Jackson, Bill Santoro, Joe Schank, Mamaroneck Post Office; Constance Moore, Althea Washington (Headquarters), Alan S. Wood, Kimberly Lievense, Sharon Miller, Mary Hardin, Ed McNevin, Jurrie van der Woude, Gil Yanow (JPL), Charles Borland, Billie A. Deason, Lisa Vazquez (JSC), Allen Kenitzer (MSFC), Ray Villard (STSI) of the National Aeronautics and Space Administration; Emma Hardesty, Karie Myers, National Optical Astronomy Observatories; Director Paul A. Vanden Bout, Patrick C. Crane (VLA), Pat Smiley, National Radio Astronomy Observatory; Array; Roy Bishop, Observer's Handbook; Gloria Lubkin, Physics Today; Jacqueline Mitton, Royal Astronomical Society (U.K.); David Okerson, Science Applications International Corporation; George Lovi, Sky and Telescope columnist; Preston J. Campbell, TRW Federal Systems Division; John Percy, University of Toronto; Jay Pasachoff, Williams College.

3판 도움 주신 분들

I. Robert, Victor and Esther Rozen; Jack Flynn, Andrew Fraknoi, Juliana Ver Steeg, Astronomical Society of the Pacific; Director Sidney Wolff, Carl A. Posey, and Jeff Stoner, Kitt Peak National Observatory; Elyse Murray, Bernard Oliver, and Charles Seeger (Ames), Donald K. Yeomans (JPL), NASA; Ronald Ekers, Arnold H. Rots, and Don L. Swann, NRAO/VLA; Tobias Owen, SUNY/Stony Brook; Larry Esposito, University of Colorado; Paul W. Hodge, University of Washington.

2판 도움 주신 분들

Lloyd Motz and Chien Shiung Wu, Columbia University; Harry L. Shipman, University of Delaware; Frank E. Bristow (JPL), Les Gaver, David W. Garrett, Curtis M. Graves, William D. Nixon (Headquarters), Peter W. Waller (Ames), and Terry White (JPL), NASA; Janet K. Wolfe, National Air and Space Museum; Richard W. West, NSF; Henry D. Berney, Thomas Como, Donald Cotten, Julius Feit, Sheldon E. Kaufman, Valdar Oinas, Robert Taylor, and Kurt R. Schmeller, Queensborough Community College of CUNY; Arnold A. Sterassenburg, SUNY/Stony Brook.

역자의 글

우리나라에서도 천문학을 전공하는 연구 수준과 연구 실적이 탁월하여 국제적으로 인정받고 있으며 이에 따라 국내에서도 천문학에 관한 관심이 증가하고 있다. 따라서 거의 모든 국내 대학에서도 전공분야 뿐만 아니라 교양과목으로서 천문학 교과목들이 많이 개설되어 있다. 이들을 위한 천문학 전공 또는 교양서적이 몇 권이 있으나 그 동안 인문사회계의 학생들에게 교양 천문학으로서 우주나 별 또는 천체의 신비 등의 교과목으로 절적할 교과서가 많지 않아 어려운 점이 많았다. 교양 천문학을 강의해 오면서 가장 보편적인 내용으로 특별한 수식 없이도 일반인들도 쉽게 접할 수 있는 천문학 교과서가 없을까? 바로 이러한 요구에 부합한 천문학 교과서가 바로 Moché 교수의 Astronomy: A self-teaching guide라고 판단된다.

이 책의 장점은 천문학의 중요 분야를 12장으로 나누어 각 장마다 학습 목표를 제시하고 각 장의 내용을 미리 예시하였으며, 각 장의 본문에서는 천문학 관련된 여러 내용들을 한 절(section)씩 나누어 설명하고 그 내용을 스스로 점검하고 확인하여 숙지 할 수 있도록 각 절 말미에 문제를 주어 풀어 스스로 이해하도록 하고 있다. 각 절의 문장들은 비교적 매우 짧고 간단명료하여 독자들이 그 내용을 빠르고 쉽게 이해 할 수 있게 잘 구성되어 있다. 또한 매 장의 끝 부분에는 전체의 내용을 이해하고 점검해 볼 수 있는 자기 진단 평가(self-test) 문제가 주어져 있어 자신의 이해정도를 평가해 볼 수 있게 하고 있다. 따라서 이 책을 강의에 활용할 경우 강사들은 중간고사 기간과 같은 특별히 정해진 평가시간을 쓰지 않아도 매 단원마다의 내용을 바로 점검하여 평가 할 수 있다는 면에서도 본 교과서는 강사들에게도 매우 유용하다고 생각된다. 또한 이 책은 정보화시대에 부응하여 인쇄된 활자만으로는 천문학의 새로운 내용과 새로운 관측 결과들을 얻기에 부족함을 알고 천문학 온라인 Web 사이트 주소를 교과서에 넣어 그 내용을 확인 할 수 있도록 하고 있다.

이 책은 1978년 이후 6번째 개정판이 나올 만큼 여러 나라에서 일반적으로 사용하는 교양 천문학 교과서이다. 그러나 6판의 개정판 이후 새로운 천문학 내용이 첨가됨으로서 이러한 내용은 번역된 원본 내용 안에 註를 달아 새로운 내용을 첨가하였다. 그리고 이 책을 우리말로 번역하면서 천문학 용어에 어려움이 있었으나 대부분 천문학용어집의 용어를 따랐다.

이 책의 내용 중 일부는 한글로 의역하면 내용 진달이 쉽게 이해시킬 수 있겠으나 과학적인 시고를 벗이날 수 있기에 번익에 어려운 부분도 있었다. 원저자의 뜻이나 현대의 발달된 현대 과학의 발전을 보여주는 부분이 드러나도록 번역을 하였기에 각 문장의 흐름이 다소 어눌해 보이는 부분도 있지만, 독자들의 지적을 받아 앞으로 수정 보완해 가려고 한다.

역자들이 원본으로 강의할 때, 수업에 참여하여 해석하고 발표하였던 전남대학교 및 충북대학교 학생들에게 고마움을 표하고, 특히 번역본을 나오기 전에 내용을 읽고 교정을 도와준 여러 대학원 학생들에게 감사드린다. 끝으로 이 책의 출판을 도와주신 전남대학교와 전남대학교 출판부에 감사드린다.

2008년 1월

역자

차 례

성도와 달지도

표 차례

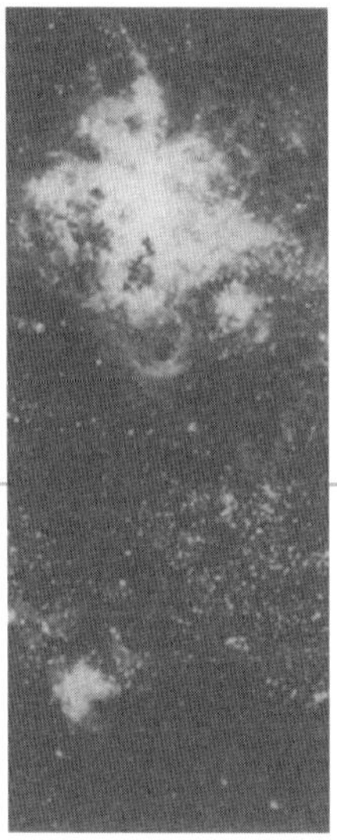

서론
(INTRODUCTION: COSMIC VIEW)

지구에서 우리 인간은 이상한 상황에 처해 있다.
우리는 이유도 모르면서 잠시 지구에 머무른다.
그러나 때로는 그 목적을 찾는 것 같기도 하다.

알버트 아인슈타인(1879 - 1955)

우리는 맑고 캄캄한 밤하늘에서 맨눈으로도 약 2,000여개의 별들을 볼 수가 있다. 그리하여 수조 km의 우주 공간을 볼 수가 있으며, 수천 년의 과거를 들여다보게 된다.

여러분은 별들을 볼 때 마다 천구는 어떤 모양이며 어떤 의미를 갖고 있을까? 하고 궁금한 점들이 있을지 모른다. 거대한 우주에서 나는 어디에 무엇인가? 이러한 질문은 여러분만의 질문이 아닐 것이다. 우주의 아름다움과 신비스러움은 항상 사람들을 매혹시키다.

천문학은 가장 오래된 자연과학이며 동시에 가장 최신의 자연과학인 것이다. 지금도 가장 정교한 기기와 기술을 통하여 흥분할 만한 발견들을 하고 있다. 또한 아직도 열정적인 아마추어들은 천체의 발견에 중요한 기여를 하고 있다.

이 책은 여러분들에게 천문우주 탐구의 기본 개념들을 알려주게 될 것이며, 천체에 대한 지식과 이해를 넓혀줌으로서 천체를 관측하는 즐거움을 갖도록 할 것이다. 그러나 여러분은 고대 천문학에서부터 최근의 물리적 이론과 우주과학 관한 흥미로운 토픽을 읽어보고 Web site에서 찾아봄으로서 천체에 대한 호기심을 더욱더 갖게 될 것이다.

이 책을 사용할 때 다음을 참고하시오.

이 책의 마지막 쪽에 성도와 달 지도를 수록하였습니다. 이 성도는 특별히 관심 있는 천구 상의 천체들을 쉽게 알아볼 수 있고 어디에 있는지를 쉽게 찾을 수 있습니다.

기본 개념을 시범해 보일 수 있는 간단한 활동을 할 수 있습니다.

인터넷 사이트에 올려 논 새로운 연구결과 보고서와 볼만한 사진 이미지를 연결하여 교육하십시오.

지금부터 우주라 부르는 시 공간의 거대한 지역을 여러분과 함께 나서봅시다.

지구는 직경이 약 13,000 km의 암석으로 이루어진 행성으로서 거대한 시 공간에 놓여있다(그림 1.1).

그림 1.1. 우주에서 본 지구. 태양 빛이 푸른 대양과 적갈색의 거대한 대지와 지중해의 넓은 바다에서부터 남극의 얼음 덩어리의 흰 구름을 비추고 있다.

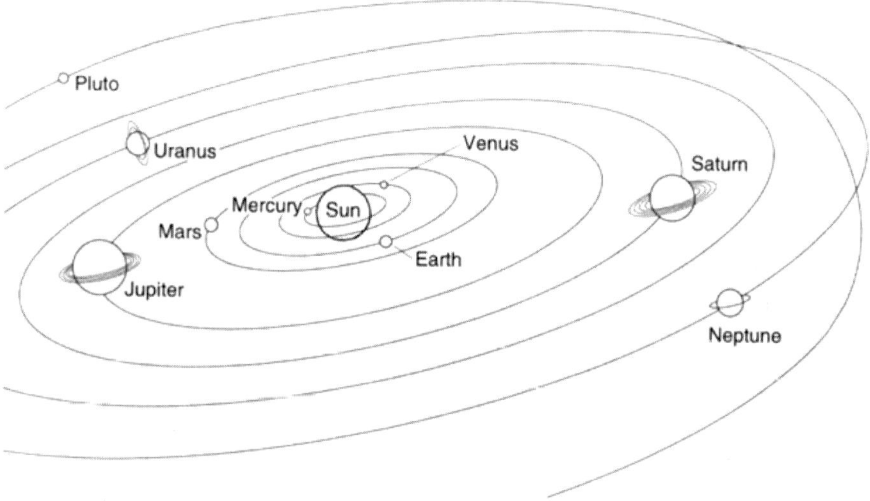

그림 1.2. 태양계 내에서 태양을 중심으로 공전하는 지구.

지구는 태양 주위를 도는 왜소행성(註: 명왕성은 왜소행성으로 분류), 달, 소행성, 혜성과 행성간먼지와 함께 8개의 잘 알려진 행성들로 구성되어 있는 태양계의 한 일원이다(그림 1.2). 태양계의 크기는 약 120억 km이다.

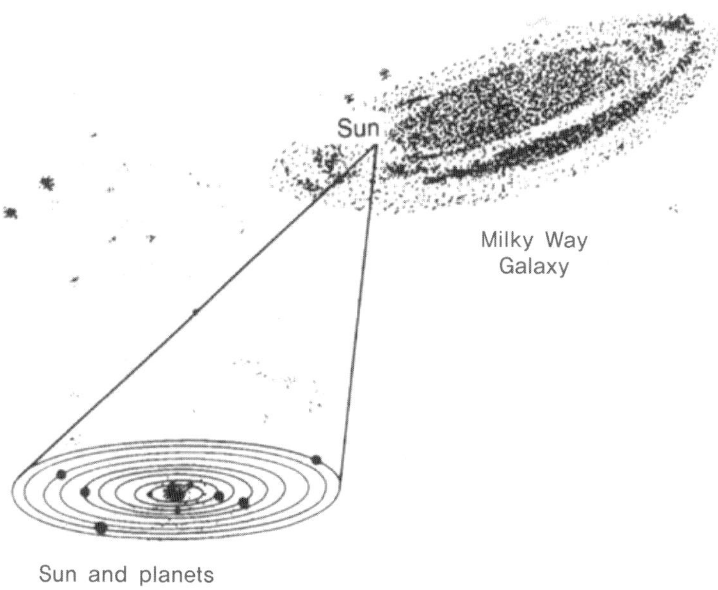

그림 1.3. 우리 은하계와 태양계.

태양과 함께 태양계는 우리 은하계(Milky Way Galaxy)의 거대한 나선팔의 한곳에 놓여 있다(그림 1.3). 회전하고 있는 우리 은하계는 직경이 100,000 광년으로서 2,000억 개의 별들과 성간 먼지와 가스들로 이루어져 있다(1 광년은 실질적으로 10조 km이다). 우리 은하는 150 광년의 거대한 우주 안에 있는 10억 개의 은하 가운데 하나일 뿐이다(그림 1.4)

그림 1.4. 큰부리새(Tucana) 별자리에 있는 많은 외부 은하들. 각각의 은하는 수십억 개의 별들로 이루어져있다.

제1장

별이 빛나는 하늘의 이해 (UNDERSTANDING THE STARRY SKY)

거꾸로 된 사발을 하늘이라 하며,
그 아래 덧 안에 갇혀 우리는 나서 죽으니,
도움을 청하려 하늘을 향해 손 모아 기원하지 말지니 -
너와 나처럼 그것 역시 무기력하게 움직이는 것에 불과하도다.

아랍 아마르 카얌이 4행시에서(1048 - 1131)

목표

☆ 천구상의 별들의 위치인 적경과 석위를 알아보자.
☆ 계절에 따른 밝은 별들과 별자리를 확인하여 보자.
☆ 별들은 왜 밤하늘에 호를 그리면서 움직이는지 설명하여 보자.
☆ 계절에 따라 왜 서로 다른 별자리들이 보이는지 설명하여 보자.
☆ 태양의 겉보기 일주운동과 연주운동을 설명하여 보자.
☆ 황도를 찾아보자.
☆ 지구상의 관측자의 위치에 따라 천구상의 별들은 어떻게 나타나는가 알아보자.
☆ 항성일과 태양일을 정의하고 그 차이를 설명하여 보자.
☆ 별의 겉보기 밝기(등급)는 어떻게 분류하는가?
☆ 왜 북극과 춘분점의 위치가 수천 년의 주기로 변하는지 설명하여 보자.

1.1 천체 관측(STARGAZER'S VIEW)

맑고 캄캄한 어두운 밤하늘은 별들을 장식한 거대한 돔처럼 보인다. 우리들은 왜 고대인들이 별이 빛나는 하늘이 지구 주위를 돌고 있는 거대한 구라는 것으로 믿었는지를 이해할 수 있다.

오늘날 우리는 밝게 빛나는 태양과 함께 별들이 지구로부터 서로 다른 거리의 공간에 놓여 있다는 것을 안다. 지구는 자전축을 주위로 매일 회전한다. 그러나 아직도 우리는 별들이 지구를 중심으로 지구 주위를 돌고 있고, 표면 안쪽에 천체들이 있는 거대하고 텅 빈 회전하는 구로써 하늘의 그림을 애용한다.

천문학자들은 이러한 하늘의 가상적인 그림을 **천구(celestial sphere)**하고 한다. "Celestial"은 하늘이라는 라틴어에서 유래되었다. 천문학자들은 천구상의 별과 은하의 위치를 찾고, 일년 동안 태양, 달 그리고 행성의 운행 과정을 이해하기 위해 천구를 사용한다. 여러분은 별을 보고 있을 때 천구 안쪽에 있는 자신을 상상해 보면서 별들을 찾아보시오(그림 1.1)

문 **밤에 별을 관측할 때 왜 별이 천구 상에서 움직임이 나타나는가?** ______________

답 : 지구가 자전축으로 중심으로 천구상에서 회전하기 때문이다.

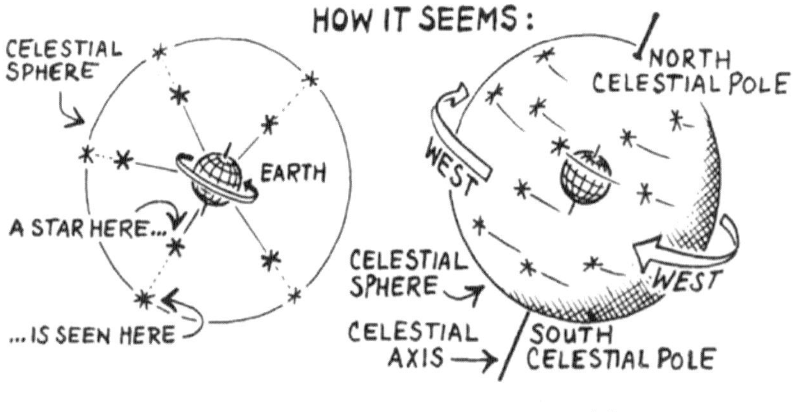

그림 1.1. (a) 지구에서 별을 관찰하면 모든 별은 같은 거리에 있는 것 같이 나타난다. (b) 별들은 서쪽(지구의 자전과 반대)으로 회전하는 천구상에 고정되어있는 것으로 나타난다.

1.2 별자리(CONSTELLATIONS)

여러분은 하늘에 있는 별들에 대하여 조사하여 본 후 밖에 나가 젊고 푸른 별들과 늙어가는 적색 거성의 별들을 찾아보는 것은 흥미로운 일이다. 여러분은 별들을 찾아보면서 한 별에서 다른 별로 이야기를 전달 할 수 없을 것이라고 생각할지 모르나 그러나 앞으로 그런 것들을 하게 될 것이다.

이 책의 뒤쪽에 있는 성도는 위도 40°N 근처에서 관측자가 관측할 수 있도록 특별히 고안된 것이다. 별들은 하늘에서 어떤 형태의 모습에 속하는 **별자리**(constellation)를 이룬다. 여러분이 여러 유명한 별자리를 알아두면 개개의 별들을 확인하는데 도움이 된다.

국제천문연맹(International Astronomical Union)에서 공식적으로 인정한 88개의 별자리가 부록1에 기록되어 있다. 이들 좌표에서 빛나는 잘 알려진 별자리가 성도에 나타나 있고 별자리 이름은 라틴어 대문자 활자체로 쓰여 있다.

2천년 전 사람들은 별자리의 이름을 사자의 Leo라는 동물들의 이름(그림 1.2) 또는 신화의 상징으로 사냥꾼의 Orion과 같은 이름을 붙였다(그림 5.1). 2,000년 이전 고대 그리스에서는 48개 별자리를 인정하였었다.

현대 천문학자들은 오래 전의 신화의 상징보다는 더 많은 하늘의 88개 부분과 관련된 고대 별자리 이름을 사용하여 하늘에서의 위치에 따라 별자리들을 배열하였다. 예를 들면, 휴스턴은 텍사스에서 찾는 것처럼 Mars는 사자자리에서 찾는다.

책 뒤쪽의 성도에서 검은 선은 별들을 배경으로 태양이 지나가는 길인 황도(ecliptic)를 가리킨다. 그리고 황도 주위의 12개의 별자리는 점성용 천궁도와 유사한 이름을 갖는 황도 12궁이다.

문 황도12궁의 별자리 이름을 말하시오. ______________

답 : 물고기자리, 양자리, 황소자리, 쌍둥이자리, 게자리, 사자자리, 처녀자리, 천칭자리, 전갈자리, 궁수자리, 염소자리, 물병자리.

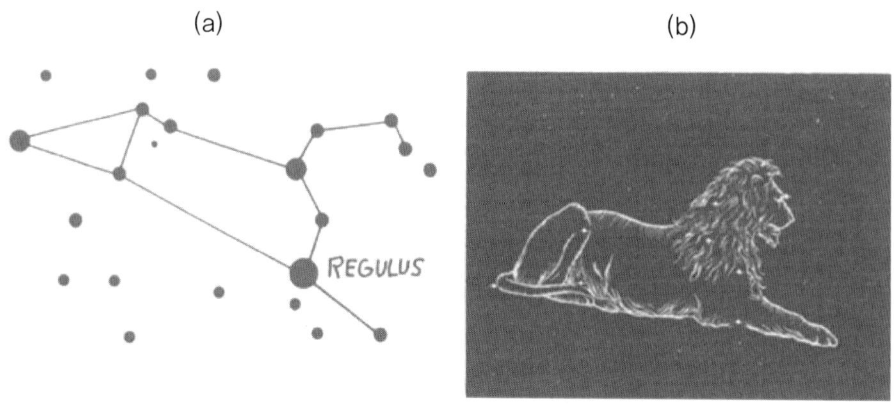

그림 1.2. 사자 별자리는 초봄에 가장 잘 보이는 별자리이다. (a) 사자의 심장에 해당되는 곳에 가장 밝은 별 Regulus와 머리 갈기의 낫 모양으로 굽은 깃털과 뒷다리와 꼬리의 삼각형을 이루는 별들 (b) 사자자리의 사자.

1.3 주극성좌(CIRCUMPOLAR CONSTELLATIONS)

여러분은 성도상의 천구의 북극을 중심으로 4 계절 내내 항상 나타나는 몇 개의 **주극성좌**(circumpolar constellation)들을 보게 될 것이며, 대략 북위 40° 주위에서 일년 내내 북극의 지평선위로 나타나는 별자리를 북극의 주극성좌라 하고, 남반구인 경우에는 남극의 주극성좌라 부른다(그림 1.3). 결과적으로 북위 40°에서는 남극의 주극성좌를 볼 수가 없다.

문 **북극성을 중심으로 주극성좌 3개를 말하고 별자리를 그려보시오.** ______________

답 : 카시오페아, 케페우스, 작은곰자리
Note; 위도 40°N 근처에서는 큰곰자리와 용자리도 포함

그림 1.3. 미국의 Kitt Peak 국립천문대를 배경으로 천의 북극을 중심으로 일주운동 사진. Kitt Peak 천문대는 Arizona주 Tucson시 외각 30 km 고도 2,100m의 고도에 위치.

1.4 성도의 사용(HOW TO USE STAR MAPS)

성도를 사용하여 여러분이 관측하기 원하는 별과 별자리를 찾아보자.

여러분이 별을 찾고자하는 시간과 달에 해당되는 성도를 선택하여 관측자의 지평과 방위를 정하여 지평에서 천정까지 볼 수 있도록 성도를 맞추시오.

예를 들면, 만약 당신이 4월 초 밤 10시에 북쪽 하늘을 보고 있다면 성도의 북쪽을 관측자의 바닥으로 향하도록 성도를 돌려라. 지평선 위로부터 당신은 카시오페아, 케페우스, 작은곰자리에 작은 국자 그리고 큰곰자리 큰 국자를 관측할 수 있을 것이다.

문 **2월 초순 오후 8시에 남쪽 하늘에 빛나는 유명한 별자리 이름은 무엇인가?**

답 : 오리온

1.5 별자리의 확인(HOW TO IDENTIFY CONSTELLATIONS)

남쪽 지평선 위에 별자리는 계절과 시간에 따라 바뀐다. 정동의 남쪽 방향을 바닥 위치로 지도를 돌려서 봄철에는 사자자리, 겨울철에는 오리온자리와 같은 밝고 유명한 그 계절이 별자리를 확인하여 성도를 사용하시오.

문 **현재의 계절에 볼 수 있는 3개 별자리를 찾고, 그려보시오.** ____________

답 : 답은 그 계절에 따라 달라질 것이다. 예를 들면, 봄철에 이 책을 읽는 다면 당신은 사자자리, 처녀자리, 목동자리를 선택해야 할 것이다.

1.6 별이름(STAR NAMES)

오래 전에부터 대략 50개 이상의 밝은 별들에게는 아라비아, 그리스, 라틴어로된 고유한 이름들을 붙이었다. 따라서 밝고 유명한 별들을 찾아보기 쉽게 하기 위하여 성도에 그 별의 이름들을 대문자로 머리글자를 써 놓았다.

오늘날 천문학자들은 수 백 만개의 별들을 알아보기 위하여 알파벳과 숫자들을 사용한다. 그리고 어느 별자리에서 가장 밝은 별들은 그리스 문자와 소유격의 라틴어로된 그 별자리 이름을 붙여 사용한다. 보통 그 별자리에서 가장 밝은 별이면 α를 그 다음 밝은 별이면 β를 등으로 붙여 사용한다(그리스어의 알파벳은 부록 3에 있다). 예를 들어 사자자리 Leo의 가장 밝은 별 Regulus는 α Leonis이다. 그리고 여러분의 성도 상에 나타나지 않는 어두운 별들은 성표의 번호로서 확인 할 수 있다.

건물에 가로막힌 대도시지역에서는 아주 밝은 별들만 볼 수 있다. 도시의 건물과 불빛으로부터 멀리 떨어져 있을 때의 밤하늘은 매우 캄캄하고 깨끗하여 육안으로 약 2000개 이상의 별을 볼 수 있다.

문 유명한 여름철 삼각형을 이루는 3개 밝은 별의 이름을 말하시오. ______________

답 : 직녀성, 데네브, 견우성 – 여름의 대 삼각형

1.7 별의 밝기(BRIGHTNESS)

밤하늘에서 어떤 별들은 다른 별들보다 밝게 보인다. 별의 **겉보기등급(apparent magnitude)**은 지구로부터 보았을 때 관측된 밝기를 측정한 것이다. 그런데 별이 지구에 가까이 있기 때문에 밝게 보일 수도 있고 또한 실제 더 많은 빛을 내기 때문에 밝을 수도 있다.

BC 2세기에 그리스 천문학자 Hipparchus는 별을 상대적인 밝기에 따라 6단계 즉 6등급으로 나누어 가장 밝은 1등급에서 가장 어두운 6등급까지 등급을 분류하였다.

현대 천문학자들은 고대에 분류체계를 보다 간결하게 개정하여 사용한다. 그리고 단순히 눈에 의하여 밝기를 판단하는 대신에 밝기를 측정하기 위한 **측광기(photometer)**를 사용하여 측광한다. 가장 밝은 별들의 등급을 음수(–)로 나타내어 Sirius의 경우 –1.44이며, 등급의 범위가 태양의 –26.72등급에서 가장 어두운 +31등급까지 관측되어진다. 그리고 1등급의 차이는 밝기로는 2.5배의 밝기 차이를 갖는다.

표 1.1과 성도에 별의 등급들이 표시되어 있다. 예를 들면 0등급인 Vega(직녀성)은 1등급인 Deneb보다 밝기가 약 2.5배 밝으며, 2등급인 Polaris(북극성) 보다는 대략 6.3배 더 밝다(등급에 관해서는 3.14절에서 더 논의 하겠다).

문 겉보기 등급이란 무엇인가? ______________

답 : 천구 상에서 그 천체가 얼마나 밝게 보이는가.

1.8 지구의 위치(LOCATION ON EARTH)

별과 그들의 운동에 대해 이해하면 할수록 더욱 별을 관측하는 것이 즐거울 것이다. 지구본이 여러분의 지구상에서의 위치를 결정하는데 도움을 주는 것처럼 천구는 천체의 위치를 결정하는데 도움을 준다.

지구 지도를 어떻게 만들고 있는지를 기억해보아라. 우리는 구의 모습으로 지구를 그려서 그 위에 기준선을 그려서 모든 거리와 위치를 두개의 기준선으로부터 잰다. **적도(equator)**는 지구의 구를 반으로 나누는 북극과 남극 사이의 반에 해당되는 큰 대원이다. 다음으로 또 하나의 기준선은 **주자오선(prime meridian)**으로서 영국의 Greenwich를 지나는 큰 대원이다.

적도에 평행한 임의의 선이 **위도(latitude)선**이며, 극과 극을 지나는 선이 **경도(longitude)**선 즉 자오선이다. 따라서 여러분이 경도와 위도의 좌표를 안다면 지구상의 여러분의 위치를 결정할 수가 있다. 지구에서의 거리는 구를 360 등분한 각도(°)로서 측정된다(각의 단위에 관하여서는 부록 3을 참조하시오).

문 그림 1.4의 지구의 그림에서 a, b, c, d는 각각 무엇인지 확인하시오. (a)________; (b)__________; (c)__________; (d)__________

답 : a) 30° N; b) 30° E; c) 적도; d) 주자오선.

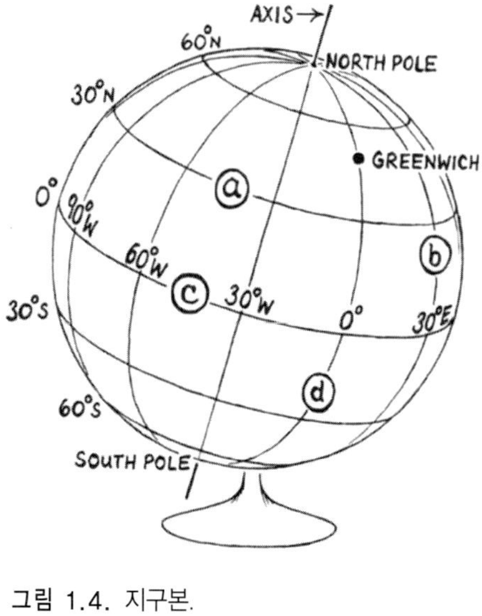

그림 1.4. 지구본.

1.9 천구 좌표(CELESTIAL COORDINATE)

천문학자들은 지구의 위도 및 경도선과 유사하게 천구위에 가상의 수평선과 수직선을 긋고 천체의 방향을 결정하기 위하여 이들을 천구 좌표로 사용한다. **천구 적도**(celestial equator)는 지구의 적도를 천구 상에 연장한 선으로서 천의 적도의 아래 위의 각거리를 **적위**(declination)라 부른다. 다음으로 영점에 해당되는 기준점인 **춘분점**(vernal equinox)으로부터 천의 적도를 따라 동쪽으로 각거리를 **적경**(right ascension)이라 하며 적경은 일반적으로 $1^h=15°$로 하여 측정한다.

지구상의 어떤 지점을 위도와 경도의 좌표로 표시하듯이 천체의 천구상의 좌표는 적경과 적위로 나타낸다.

문 **그림 1.5의 천구에 제시된 별의 좌표는 얼마인가?** ______________________

답 : 적경: 20^h, 적위 : 30° N.

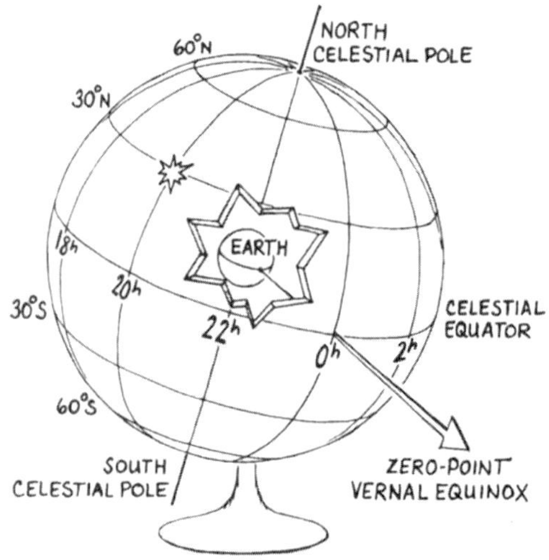

그림 1.5. 천의 구.

1.10 천구상의 위치(LOCATION ON THE CELESTIAL SPHERE)

모든 별은 지구에서 보았을 때 그의 위치에 따라 천구상의 임의의 좌표를 갖는다. 그러나 별의 적경과 적위는 어느 **역기점**(epoch)에 대하여 매년 그의 좌표가 조금씩 변하며 별의 좌표는 천구, 성도 혹은 컴퓨터 프로그램을 통하여 읽고 얻을 수 있다(표 1.1 참조).

표 1.1 밝은 별

	별이름	겉보기 등급	적경		적위		분광형	거리 (광년)	절대 등급
			h	m	°	′			
Sun		-26.72	-	-	-	-	G	8 광분	4.8
Sirius	αCanis Majoris	-1.44	06	45	-16	43	A	9	1.5
Canopus	αCarinae	-0.62	06	24	-52	42	A	313	-5.4
Arcturus	αBootis	-0.05	14	16	+19	10	K	37	-0.6
Rigil Kentaurus	αCentauri	-0.01	14	40	-60	51	G	4	4.2
Vega	αLyrae	0.03	18	37	+38	47	A	25	0.6
Capella	αAurigae	0.08	05	17	+46	00	G	42	-0.8
Rigel	βOrionis	0.18	05	15	-08	12	B	773	-6.6
Procyon	αCanis Minoris	0.40	07	40	+05	13	F	11	2.8
Achernar	αEridani	0.45	01	38	-57	13	B	144	-2.9
Betelgeuse	αOrionis	0.45	05	55	+07	24	M	522	-5.0
Hadar	βCentauri	0.58	14	04	-60	22	B	526	-5.5
Altair	αAquilae	0.76	19	51	+08	53	A	17	2.1
Aldebaran	αTauri	0.87	04	36	+16	31	K	65	-0.8
Spica	αVirginis	0.98	13	25	-11	11	B	262	-3.6
Antares	αScorpil	1.06	16	30	-26	26	M	604	-5.8
Pollux	βGeminorum	1.16	07	46	+28	01	K	34	1.1
Fomalhaut	αPiscis Austrini	1.17	22	58	-29	36	A	25	1.6
Deneb	αCygni	1.25	20	41	+45	18	A	1467	-7.5
Acrux	αCrucis	1.25	12	27	-63	07	B	321	-4.0
Becrux	βCrucis	1.25	12	48	-59	43	B	352	-4.0

■ 약어

적경 : h = hours; m = minutes of time

적위 : ° = degrees; ′ = minutes of arc

또한 천구상의 태양, 달, 행성의 위치도 규칙적으로 변화하며, 이들의 주기적인 위치, 뜨고 지는 시간, 그 외에 유용한 데이터를 최신의 천문학 간행물, 컴퓨터 프로그램 혹은 미국의 Naval 천문대 Web 사이트 ▶www.usno.navy.mil◀ 등에서 찾을 수가 있다.

문 태양, 달, 행성들은 천구 상에서 그들의 위치가 규칙적으로 변하지만 왜 별들은 시간에 따라 천구 상에서 같은 좌표를 갖는지를 설명하시오. ______________________

____

답 : 별들은 태양, 달, 행성들에 비하여 상대적으로 지구로부터 대단히 멀리 떨어져 있으므로 별들이 여러 방향으로 움직인다하여도 그 움직임을 눈으로 감지하기가 어렵다.

1.11 관측자 기준선(LOCAL REFERENCE LINES)

적경과 적위 선은 천구에 고정되어있지만 관측자가 자전함에 따라 그 선도 같이 움직인다. 또 다른 유용한 기준선은 관측자를 중심으로 한 것으로 천체가 움직이는 동안 관측자는 고정되어 있다.

관측자에게 있어서 **천정(zenith)**은 천구상의 관측자 머리 바로 위의 점이며 **천의지평(celestial horizon)**은 천정으로부터 수직권을 따라 90°에 아래에 있는 큰 대원이다. 천구 상에는 수많은 별들이 있지만 여러분은 지평선 위의 별들만을 관측 할 수가 있다. **천구자오선(celestial meridian)**은 관측자의 지평선의 남점과 북점을 지나고 천정을 지나가는 큰 대원으로서 자오선의 반만이 지평선 위에 있다.

문 그림 1.6의 (a)________; (b)________; (c)________ 를 말하시오.

답 : a) 천정; b) 자오선; c) 지평선

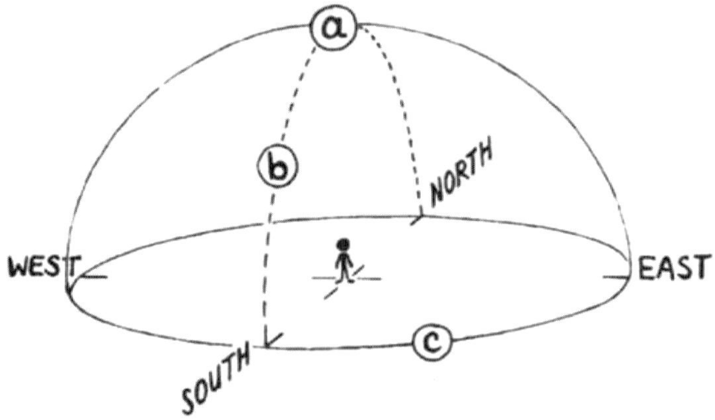

그림 1.6. 관측자를 중심으로 한 기준선.

1.12 천의 자오선(CELESTIAL MERIDIAN)

관측자로서 천구의 중심에서 스스로 상상에 의해 여러분의 천정, 천구 지평선, 천구의 자오선의 윤곽을 그려보시오.

가능하면 맑고 어두운 밤하늘에 남쪽으로 바라보고 밤 시간 동안 여러분의 자오선 근처의 별들을 관측하여 보시오.

문 **관측자 자오선 상의 별들의 관측에 대하여 결과를 말해보시오.** ______________

답 : 별들은 여러분의 천구자오선을 통과하여 동에서 서로 움직인다. 이것은 서에서 동으로 움직이는 지구의 자전 때문이며 별들은 관측자의 자오선을 통과 할 때 가장 고도가 높다.

1.13 위도에 따른 관측(LATITUDE AND STARGAZING)

관측자의 지평선 위로 지나는 별들은 관측자의 위도에 따라 결정되며, 그러므로 관측자의 위도에 따라 서로 다른 별들을 보게 된다(그림 1.7).

만약 여러분이 각각 북극과 남극에서 별들을 관측하여 보면 여러분은 완전히 다른 별들을 보게 되며 각각 천구의 반을 보게 된다.

여러분들은 임임의 어느 한 지점에서 여러분의 지평과 천정과 관련하여 천구 상의 각각의 방향이 어떻게 되어 있는지를 결정할 수 있을 것이다. 북반구에서 천의 북극의 북점으로부터의 고도는 관측자의 위도와 같다. 사실 천의 북극에 해당되는 북극성은 천의 북극과 약 1° 정도 작지만 대체적으로 천의 북극으로 간주하여 표시한다. 관측자의 위도와 같은 값을 갖는 적위의 대원은 관측자의 천정을 지나가게 된다. 한편, 남반구에서도 천의 남극의 고도는 남반구에서의 관측자의 위도와 같다. 그러나 북반구의 북극성과 같이 극을 표시해줄만한 별은 없다.

문 **만약 당신이 아래 제시된 위치의 지점에 있다면, 북극성이 어떻게 관측되는지 말하시오. (a) 북극__________; (b) 적도__________; (c) 북위 40°__________________________; (d) 관측자의 집______________________________________**

답 : (a) 천정; (b) 지평선; (c) 북쪽 지평선으로부터 40° 위;
(d) 북쪽 지평선으로부터 관측자의 집 위도와 같은 고도만큼 위

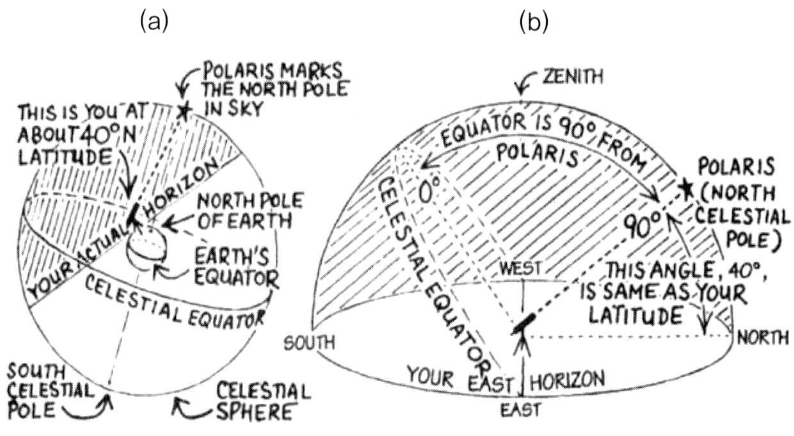

그림 1.7. 위도 40°N에서의 천구와 방향 (a) 천구상의 가상적인 점들과 (b) 천체의 관측 방향.

1.14 별의 일주운동(APPARENT DAILY MOTION OF THE STARS)

지구의 자전으로 인하여 별들은 천의 북극을 중심으로 **일주권**(diurnal circle)을 따라 일주운동을 한다.

북극성은 매우 밝은 별은 아니지만, 북극성이 천의 북극 근처에 위치하고 있기 때문에 오랫동안 항해하는 사람들에게는 매우 중요한 별이 되고 있다. 여러분은 큰곰 별자리의 북두칠성의 국자의 pointer stars인 두 별 Dubhe와 Merak로부터 북극성을 찾을 수가 있다(그림 1.8).

임의의 위도에서 천의 북극은 그 관측자의 위도이기 때문에 서로 다른 위도에서의 지평선 위의 일주운동을 하는 별들은 서로 다르게 관측된다(그림 1.9).

예컨대, 관측자가 위도가 북위 40°인 미국의 Colorado주의 Denver시에서 별을 관측한다면, 그림 1.9처럼 천의 북극으로부터 40° 이내의 별인 적위가 +90°에서 +50°에 해당되는 별은 항상 지평선 위에 있게 된다. 이와 같이 항상 지평선위에 보이는 북두칠성과 같은 이러한 별들을 **북의 주극성**(north circumpolar star)이라 한다. 한편 천의 남극으로부터 40°이내의 별들은 항상 지평선 아래에 있기 때문에 관측되지 않는다. 예를 들면 남십자 별자리의 남십자성과 같은 별로서 전몰성에 해당되는 남의 주극성이다. 다음으로 천의 적도 근처의 별들은 지평선 위로 뜨고 지는 출몰성에 해당되며 적위가 40°인 별은 관측자의 천정을 지나가게 된다.

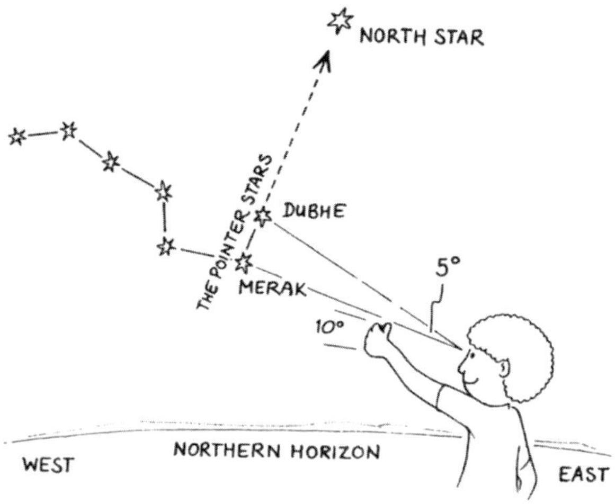

그림 1.8. 북두칠성의 국자의 pointer stars인 두 별 Dubhe와 Merak로부터 북극성을 찾는다. 이 두 별 사이의 각거리는 약 5°이다. 팔을 쭉 펴고 엄지손가락을 올린상태에서는 약 10°이다. 따라서 이러한 관계를 이용하여 천구상의 별들 사이의 각거리를 어림잡을 수가 있다.

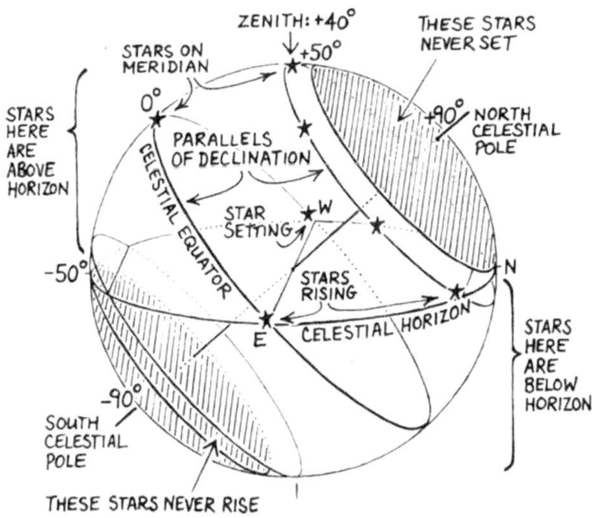

그림 1.9. 위도 40°N에서의 천구. 천의 북극은 북쪽 지평선 위의 40°에 있고, 천의 북극을 중심으로 천구는 회전한다. 적위와 나란하게 별의 일주 운동이 나타난다.

문 Canada의 Vancouver의 위도가 북위 50° 라고 하자. 표 1.1에서 밝은 별인 Capella, Vega(직녀성), Canopus를 적위를 말하고 이들 중에 지평선 위에 뜨는 별을 말하시오.

(a)______________________________

(b)______________________________

(c)____

답 : (a) Capella(적위: +46°). 천의 북극에서 50° 이내의 별인 적위가 +40°에서 +90°인 별은 항상 지평선 위에 있다.

(b) Vega(적위: +38° 47′). 이 별은 뜨고 지는 출몰성이다.

(c) Canopus(적위: -52°42′)는 천의 남극에서 50° 이내의 별이며 적위가 -40°에서 -90°인 별은 전몰성이다.

1.15 별의 일주 궤도(UNUSUAL VIEWS)

문 **만일 여러분이 (a) 북극에서________________________________ (b) 적도에서________________________________ 별들을 관찰하였다면, 이 별들의 일주 운동은 어떻게 나타나는 지를 설명하여 보시오. Note: 천극을 중심으로 회전하는 천구를 참조하시오.**

답 : (a) 모든 별들이 관측자의 지평을 따라 평행하게 원을 그리며 움직이게 보인다. 북극에 관측자의 천정이 위치하기 때문에 천구는 천구의 북극을 중심으로 회전한다.

(b) 모든 별은 관측자의 동쪽 지평에서 수직으로 떠오르고, 서쪽 지평으로 수직으로 진다. 천구는 적도에 있는 관측자의 지평위에 위치한 천극 주위를 회전한다.

1.16 별의 연주운동(APPARENT ANNUAL MOTION OF THE STARS)

지구의 자전 때문에 밤하늘의 별들은 계속 변하며 또한 매일 밤 밤하늘의 별들도 변하여 간다.

별들은 전날 밤 같은 시각에 있었던 위치 보다 매일 조금씩 서쪽에 나타난다. 별들은 매일 밤 약 4분 정도 더 빨리 뜨며, 따라서 30일 동안 매일 4분씩 더해지면 한달에는 약 2시간 정도가 빨리 뜨게 된다. 별은 낮에도 지평선 위에 있지만, 밝은 태양 때문에 보이지 않게 된다.

이와 같이 어떤 특정 시간에 밤하늘의 별들은 한 달에서 다음 달까지, 한 계절에서 다음 계절까지 눈에 띠게 변화하며, 12달 후에는 매일 4분씩 더해지는 시간이 24시간이 된다. 1년 후, 다시 같은 별들이 떠 있는 하늘을 보게 된다.

계절의 변화에 따른 하늘의 변화는 지구가 태양 주위를 돌고 있는 **공전(revolves)** 때문이다.

천구 상에서 태양 주위를 공전하는 지구 위에 있는 관측자를 생각하여 보면, 지구가 공전함으로서 관측자의 시선은 매일 밤 다른 별들을 향하게 된다. 따라서 일년 동안 관측자는 완전히 한바퀴 돌게 된 별들을 보게 된다.

문 (a) 어떤 별이 9월 1일 오후 9시에 관측자의 천정에 있다면, 3월 1일에 이 별이 천정에 오는 시간은 언제인가?________________

(b) 그 시간에 그 별을 볼 수 있을까?________________

답 : (a) 오전 9시: 매달 2시간씩 빨리 별이 뜨기 때문에; (2) 낮이므로 밝은 태양 때문에 관측이 안 된다.

1.17 황도(THE ECLIPTIC)

만일 하루 종일 별들을 관측할 수 있다면, 태양은 일년 내내 별들 사이로 동쪽으로 이동하는 것을 볼 수 있으며, 별들을 배경으로 태양이 지나가는 길인 **황도(ecliptic)**를 천구 상에 그릴 수가 있을 것이다.

황도를 중심으로 약 16° 폭을 갖는 띠를 **황도대(zodiac)**라 부르며 황도를 30° 간격으로 하여 12개의 별자리인 황도 12궁으로 나눈다(부록 3). 황도대는 달이나 행성이 황도 상의 12개의 별자리를 따라 자나가고 있기 때문에 우리에게 특별한 관심을 갖게 한다(그림 10).

문 황도대는 무엇인가?________________

답 : 황도를 중심으로 약 16° 폭을 갖는 띠로서 12개의 별자리가 놓여 있다.

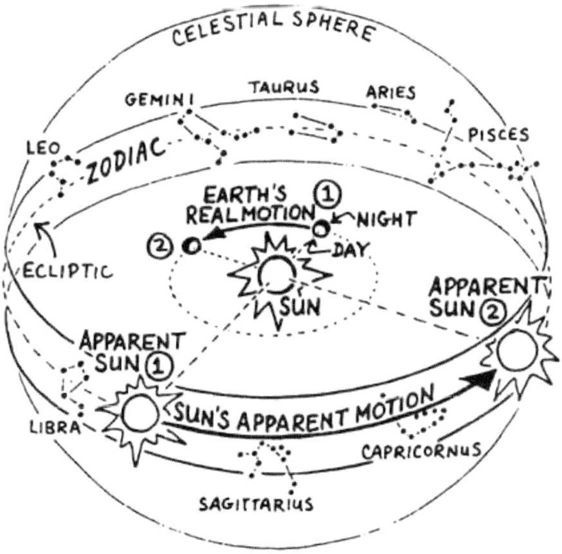

그림 1.10. 지구가 태양 주위를 공전함에 따라 천구상에서 태양의 겉보기 연주운동이 나타나며 황도대에서 서로 다른 별자리들이 밤하늘에 나타난다.

1.18 태양의 연주운동(APPARENT ANNUAL MOTION OF THE SUN)

별들 사이로 태양이 동쪽으로 향하는 것은 태양 주위를 지구가 공전하기 때문이다. 태양은 매년 천구 주위를 완전한 대원을 그리며 움직이는 것처럼 보인다.

문 **매일 황도 상에서 태양은 얼마나 움직이는가?**____________________

Note: 태양은 1년(365일)에 황도 주위를 360° 회전한다.

답 : 약 1°. 360°/365일=1°/1일

1.19 지구의 계절(EARTH'S SEASONS)

태양의 고도는 여름에 가장 높고, 겨울에 가장 낮다. 또한 1년 동안 정오에 태양의 고도 변화가 생기는 것은 지구의 축이 태양의 공전 면에 대하여 기울어져 있기 때문이다(그림 1.11).

지구의 적도는 태양의 공전 궤도 면에 대하여 23.5° 기울어져 있다. 따라서 지구가 태양의 주위를 공전할 때 지구와 태양을 잇는 선의 경사가 변하게 된다. 태양 빛은 서로 다른 각도로 지구를 비추어, 1년 동안 계절의 변화를 일으킬 뿐만 아니라 계절에 따라 밤과 낮의 길이도 변하게 한다.

문 **그림 1.11을 참고로 하면, (a) 12월에 북반구는 태양을 향해 기울었는가? 아닌가?** ____________ **(b) 6월에 북반구는 태양을 향해 기울었는가? 아닌가?**____________

답 : a) 기울어져 있지 않다; b) 기울어져 있다.

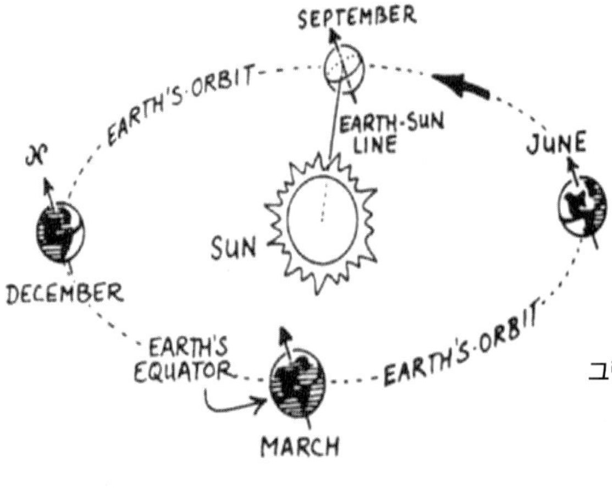

그림 1.11. 지구의 축이 기울어져 있기 때문에 지구가 1년간 공전하는 동안 각각 북반구와 남반구에서 받는 태양 빛의 양이 변한다.

1.20 분점과 지점(EQUINOXES AND SOLSTICES)

그림 1.12와 같이 성도 또는 천구에서 황도를 조사하여 봄으로서 임의의 어느 주어진 날의 하늘에서 태양의 겉보기 위치를 확인할 수 있다.

춘분점(vernal equinox)은 약 3월 21일의 태양의 위치로, 천구의 적도를 북으로 가로지르는 지점이다. 춘분점은 천구 상에서 적경이 0^h인 위치이다(1.9절). **추분점(autumnal equinox)**은 대개 9월 23일경이 되고, 이때 태양이 적도를 남쪽으로 가로지르는 지점이다. 춘[추]분시에는 밤낮의 길이가 같다

하지점(summer solstice)은 대개 6월 21일경이며 **동지점(winter solstice)**은 대개 12월 22일이다. 이러한 동지, 하지는 태양이 황도상의 가장 북점과 남점에 위치해 있다. 북반구에서는 이 시기에 각각 낮이 가장 짧거나 가장 길다.

문 **그림 1.12를 참조하여 추분 ______; 춘분 ______; 하지 ______; 동지 ______ 점을 표시하시오.**

답 : 추분 (a); 춘분 (c); 하지 (b); 동지 (d).

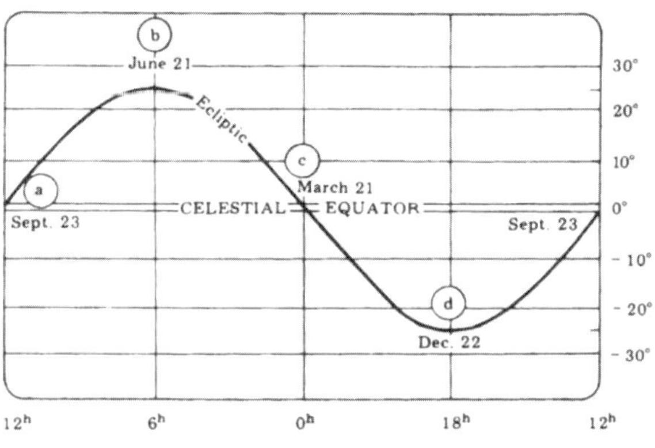

그림 1.12. 평면으로서의 천구.

1.21 태양 고도(SUN'S ALTITUDE)

중위도 지역의 관측자들에게 태양이 바로 머리 위에서 관측되지 않는다. 임의의 주어진 날 천구 상의 최대 고도는 태양의 적위와 관측자의 위도에 따라 결정된다.

문 관측자가 지구상의 어디에 있을 때 태양이 바로 관측자의 머리 위를 지나가게 될까?
(a) 춘분일 때____________; (b) 하지일 때 ____________; (c) 추분일 때 ____________;
(d) 동지일 때____________

답 : (a) 적도; (b) 북위 23.5° (북회귀선); c) 적도; (d) 남위 23.5° (남회귀선)

1.22 지구 운동의 영향(OBSERVABLE EFFECTS OF EARTH'S MOTIONS)

문 지구상의 관측자로서 하늘의 변화는 지구의 어떤 운동 때문에 나타나는 지를 요약하시오. ____________________

답 : 요약에서 반드시 다음의 개념을 포함시켜야 한다

*밤하늘의 별의 변화는 지구의 자전 때문이다.
*계절에 따라 변화하는 별은 지구가 태양 주위를 매년 공전하기 때문이다.
*하늘을 가로지르는 태양의 겉보기 운동은 지구의 자전 때문이다.
*매년 태양의 겉보기 운동은 지구의 공전 때문이다.

1.23 일(THE DAY)

지구의 자전은 천체 관측을 위한 시간을 결정하는 기준을 제공한다. **태양일(solar day)**은 태양을 기준으로 한 지구자전에 따른 시간 간격으로 측정되며, **항성일(sidereal day)**은 별을 기준으로 한 지구의 자전 간격으로 측정된다.

1항성일은 23시 56분 4초로서 어느 한 별이 관측자의 자오선을 연속적으로 두 번 지나갈 때 까지 걸린 시간 간격이다. 결과적으로 지구가 완전히 한바퀴 자전한 시간 간격이다. 한편, 1 태양일은 24시간으로서 태양이 연속적으로 관측자의 자오선을 두 번 지나갈 때까지 걸린 시간 간격이다.

1 태양일은 1 항성일보다 4분 더 길다. 왜냐하면 지구가 태양 주위를 공전하면서 지구의 지축을 기준으로 회전하기 때문이다. 관측자의 자오선에 태양이 나타난 후 다시 자오선에 태양이 나타나려면 지구는 조금 더 자전해야만 한다(그림 1.13).

항성시는 별을 관측하기 위한 시계로서 모든 별은 매일 24시간마다 같은 위치로 돌아오게 된다. 따라서 똑같은 항성시에 별이 뜨고, 자오선을 지나고 또한 별은 진다.

여러분은 자기가 별을 관측하는 그 순간의 항성시를 결정하기 위하여 그 별의 천구 좌표(표 1.1 참조)를 사용 할 수가 있다. 지방항성시는 관측자의 자오선상의 적경과 같다. 예

컨대, 매우 밝은 Sirius가 관측자의 자오선을 통과 했다면 관측자의 항성시는 6시 45.1분인 것이다.

문 항성일과 태양일의 4분의 차이는 지구의 어떤 운동 때문인가? ____________

답 : 지구가 태양의 둘레를 공전하기 때문이다.

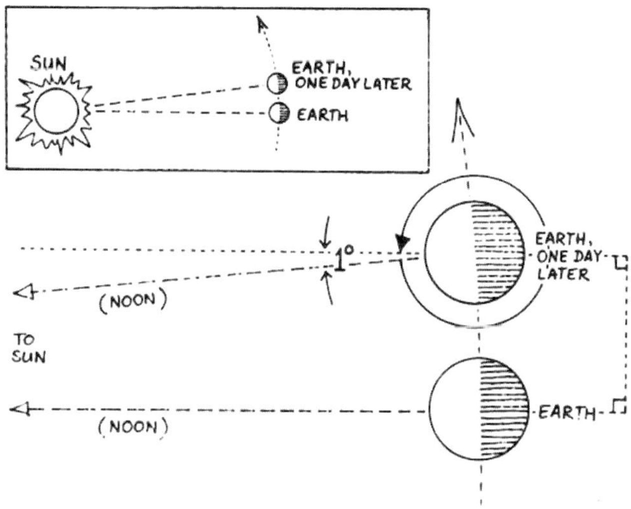

그림 1.13. 지구가 태양 주위를 공전하면서 지구의 지축을 기준으로 회전하기 때문에 태양일의 길이가 항성일의 길이보다 더 길다. 임의의 어느 정오로부터 다음 정오가 되기까지의 시간은 지구가 완전히 한 바퀴 자전한 후 조금 더 자전하여야만 한다.

1.24 세차(PRECESSION)

성도는 우리의 생활에 유용하다. 성도가 지금으로부터 수 백 년부터 만들어졌다는 것은 매우 흥미로운 일일 것이다.

지구 축의 방향은 26,000년의 주기로 서서히 한 바퀴 회전한다. 이러한 원추형의 지구 축의 회전을 **세차(precession)**라 한다. 지구 축의 세차는 지구의 부풀어 오른 적도 팽대부에 태양과 달의 중력이 작용하기 때문이다.

지구 축의 세차운동에 따라 북극성도 변화한다. 적경이 0°인 춘분점이 매년 50″씩 황도를 따라 서쪽으로 이동한다. 따라서 2,166년 후가 되면 황도대 별자리의 30° 방향으로 이동하여 현재의 모든 성도는 옛것이 도어 버린다(천문학자들은 주기적으로 정확한 성도를 개정하고 있다).

오늘날 점성술에서는 황도대의 각각의 별자리마다 초기에 이름 지어진 각각의 기호를 가지고 있으나 춘분점의 세차 때문에 그 기호는 더 이상 일치하는 않게 된다.

문 그림 1.14에서 북극에 해당되는 별은 Polaris(북극성)이며 춘분점이 물고기 별자리에 있다. (a) BC 3000년의 북극성에 해당되는 별은 무슨 별이었을까?__________
(b) AD 14,000년의 북극성에 해당되는 별은 무슨 별이 될까?__________

답 : (a) Thuban; (b) Vega(직녀성)

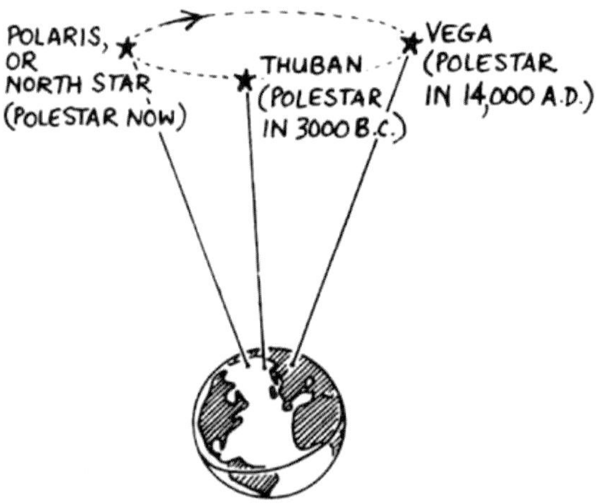

그림 1.14. 세차. 지구의 축은 cone의 형태로 천천히 움직인다. 따라서 천의 북극을 가리키는 북극성이 변한다.

자가 평가(SELF-TEST)

자가 평가는 여러분이 1장의 내용들을 충분히 이해하고 있는지를 평가하기 위한 것이다. 각각의 질문에 대하여 답하시오. 자가 평가 문제의 끝 부분에 정답과 점검 사항들을 제시하였다.

1. 다음은 지구상의 여러 지점이다. 천구 상에서 일치하는 이름을 말하시오.
   (a) 적도________________
   (b) 북극________________
   (c) 남극________________
   (d) 위도________________
   (e) 경도________________
   (f) Greenwich, 영국________________

2. 표 1.1에서 매우 밝은 5개의 별 가운데 어느 별이 천의 적도 위에 있고 또한 아래 있는지 말하시오.
   ____

3. 표 1.1에서 매우 밝은 5개의 별 가운데 어느 별이 위도 40°(New York시)의 지평선 위에 나타나는 별인지 말하시오.________________

4. 서로 옳은 것끼리 연결하시오.

_____(a) 별들이 지평선과 나란히 평행하게 움직인다.	(1) Antarctica(남위 61°)
_____(b) 별들이 지평선과 수직으로 뜨고 진다.	(2) 적도
_____(c) Vega(직녀성)가 천정을 지난다.	(3) Jacksonville, Florida(북위 30° 22′)
_____(d) α Centauri가 항성 지평선 위에 있다.	(4) 북극
_____(e) 북극성이 지평선 위 30° 나타난다.	(5) Sacramento, California(북위 38° 35′)

5. 별은 왜 밤하늘에 호(arcs)를 그리면 움직이는가?________________

6. 왜 각각의 계절에 서로 다른 별자리들이 나타나는가?________________

7. 황도대란 무엇인가?________________

8. 관측자가 지구상의 어디에 있을 때 태양이 바로 관측자의 머리 위를 지나가게 될까?
   (a) 춘분일 때__________ (b) 하지일 때__________ (c) 동지일 때__________

9. 오늘 밤 오후 8시에 별이 떠올랐다면, 한 달 후에는 이 별이 몇 시에 떠오르겠는가?

10. 왜 태양일이 항성일보다 4분 정도 더 길까?

11. 밝기가 감소하는 순서에 따라 나열하고, 그 별들의 별자리 이름을 말하시오.
Antares(1등급), Canopus(-1등급), Polaris(2등급), Vega(0등급)

12. 천년 후에는 천구상의 북극성과 춘분점의 위치가 왜 달라지며, 지금의 성도는 왜 옛날 것이 되는가?

해답(ANSWERS)

아래 주어진 답들과 여러분 스스로 풀어본 답들과 비교하시오. 만약 모든 문제의 정답이 일치하면 다음 장을 공부할 수 있는 실력입니다. 만약 약간의 오답이 있는 경우 그 문제에 해당되는 각 절을 재검토한 후 답을 수정하고, 많은 문제에서 오답이 있을 경우 전체 장을 주의 깊게 다시 읽고 답하시오.

1. (a) 천의 적도; (b) 천의 북극; (c) 천의 남극; (d) 적위; (e) 적경; (f) 춘분점 (1.1, 1.8, 1.9절)
2. 지평선 위 : Arcturus, Vega, 지평선 아래 : Sirius, Canopus, α Centauri (1.9, 1.10절)
3. Canopus, α Centauri (1.10, 1.13, 1.14절)
4. (a) 4; (b) 2; (c) 5; (d) 1; (e) 3 (1.10, 1.13-1.15절)
5. 지구의 자전 때문에 (1.1, 1.12, 1.14절)
6. 지구의 공전 때문에 (1.16절)
7. 12개의 별자리를 포함한 황도를 중심으로 약 16°의 폭을 갖는 띠
8. (a) 적도; (b) 23.5°N(북회귀선); (c) 23.5°S(남회귀선) (1.9-1.21절)
9. 오후 6시 (1.16절)
10. 지구가 공전과 함께 자전하기 때문이며, 관측자의 자오선에 태양이 나타난 후 다시 자오선에 태양이 나타나려면 지구는 조금 더 자전해야만 한다.
11. Canopus(사자자리), Vega(거문고자리), Antares(전갈자리), Polaris(작은곰자리) (1.7절)
12. 지구의 세차 때문에 (1.24절)

제2장

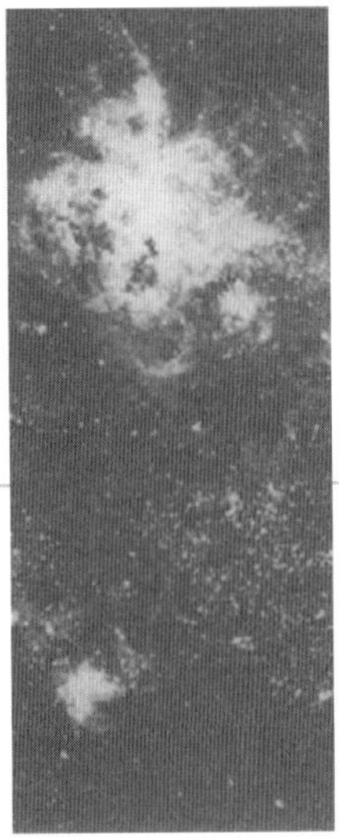

빛과 망원경
(LIGHT AND TELESCOPE)

호기심이 열정적인 정신의 영원하고도 단호한 특성의 하나이다.

사무엘 존슨의 (1709 – 1784)
소담

목표

☆ 빛의 파동은 어떻게 만들어지며 또한 어떻게 전달되는지를 포함한 빛의 파동의 성질을 알아보자.
☆ 전자기 스펙트럼을 각 부분마다 파장에 따라 열거하여보자.
☆ 파장과 주파수 사이의 관계를 알아보자.
☆ 별의 색깔과 온도 사이의 관계를 알아보자.
☆ 천체 관측과 관련하여 지구 대기의 창을 말하고 관측에 있어서의 그 중요성을 조사하여보자.
☆ 굴절망원경과 반사망원경의 차이점을 알아보자.
☆ 망원경의 집광력, 분해능, 배율에 관하여 조사하여보자.
☆ 망원경의 기능 및 작동에 있어서 중요한 점을 알아보자.
☆ 분광기의 목적을 알아보자.
☆ 전파망원경은 어떻게 작동되며 흥미 있는 전파원들을 조사하여보자.
☆ 적외선망원경은 왜 고도가 높고 건조한 지역에 설치하며 어떤 적외선 전파원들이 있는지 조사하여보자.
☆ 자외선망원경은 왜 대기권 밖에 설치하며 어떤 자외선 전파원들이 있는지 조사하여보자.

2.1 빛이란 무엇인가?(WHAT IS LIGHT?)

우주에 관한 모든 정보는 별빛의 분석을 통하여 얻어진다. 별빛이 수 조km의 우주공간을 거쳐 망원경까지 도달하는 것을 설명하기 위해 천문학자들은 빛을 파동운동의 형태로 묘사한다.

파동(wave)은 발생원에서 수신자까지 물질의 실제적인 이동이 없이 에너지를 전달하는 상하운동이다. 파동운동은 바다에서 확실하게 관찰할 수 있다. 폭풍우 동안에 부서지는 파도는 에너지의 이동을 생생하게 보여준다.

빛의 파동(light wave)은 전기적 효과와 자기적 효과가 급격하게 변화하는 것으로 이루어진 전자기적 운동이다. 빛의 파동은 별(근원)의 가속된 전하를 눈의 망막(수신자)으로 에너지를 전달한다(그림 2.1). 별빛으로부터 그 에너지를 알게 될 것이다.

문 **파동이란 무엇인지 설명하여라.** ______________________

____

답 : 파동은 발생원에서 수신자까지 물질의 실제적인 이동이 없이 에너지를 전달하는 상하운동이다.

그림 2.1. 시각적인 빛 파동.

2.2 파장(WAVELENGTH)

빛의 파동은 그들의 길이에 의하여 구별된다. 파동의 어떤 특정한 지점인 마루에서 다음 마루까지의 거리를 **파장(wavelength)**이라 한다(그림 2.2).

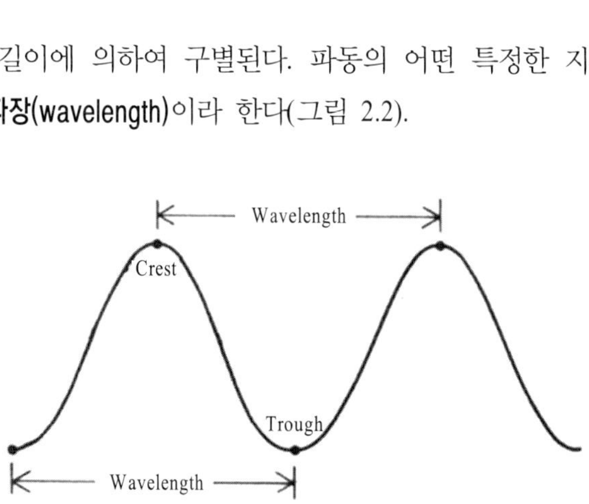

그림 2.2. 마루로부터 마루까지 혹은 골로부터 골까지 측정된 파장.

인간의 눈은 아주 짧은 파장의 파동에 반응하며, 우리가 보는 이런 파장을 **가시광선(visible light)**이라 한다(그림 2.3). 물리학자는 이 파동을 **nanometers(nm)**로 측정한다. 천문학자는 일반적으로 나노미터 규모의 태양광선을 처음으로 측정한 Swedish의 물리학자 Anders J. Ångstrom(1814 - 1874)의 이름에서 유래된 **angstrom unit(Å)**을 주로 사용한다. 1나노미터는 10^{-9}m이고, 1Å은 0.10nm이다. 인간의 머리카락의 직경은 약 500,000Å이다.

가시광선은 4000Å~7000Å의 파장을 갖는다. 가시광선의 다양한 파장은 여러 가지의 색으로 나타나는데, 파장에 따른 색의 배열을 **가시스펙트럼(visible spectrum)**이라 한다.

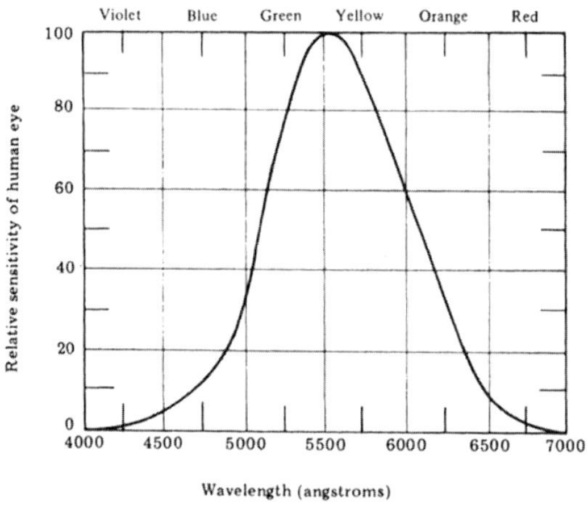

그림 2.3. 사람의 눈과 가시광선의 파장 및 여러 색과의 상대적 민감도.

문 그림 2.3에서 각각 (a) 가장 짧은 파장_________; (b) 가장 긴 파장_________; (c) 우리 눈에 가장 민감한 파장(색)은 어떤 색깔을 가지는가?______________

답 : (a) 보라색; (b) 적색; (c) 5550Å(노란색-녹색)

2.3 전자기적 스펙트럼(THE ELECTROMAGNETIC SPECTRUM)

가시광선은 우주공간의 모든 전자기파의 복사 중에 아주 작은 일 부분이다. 에너지는 감마(γ)선, X선, 자외선, 적외선, 전파의 형태로 전달된다.

우리는 전자기파를 다양하게 사용하기 때문에 전자기파의 형태가 각각 다른 것처럼 보인다. 의사들은 암 치료에 감마(γ)선을, 의학적 진단에 X선을 사용한다. 자외선은 당신을 그을리게 하고 적외선은 따뜻하게 한다. 전파는 통신에 사용한다.

하지만 모든 전자기파의 복사형태는 가시광선과 동일한 기본적인 특성을 갖는다. 전자기파는 다양한 파장을 갖고 있기 때문에 다양한 특성을 갖는다. 아주 짧은 파장의 전자기복사는 큰 에너지를 가지는 반면에 긴 파장은 매우 작은 에너지를 갖는다. 모든 전자기파는 파장에 따라 배열되기 때문에 **전자기스펙트럼(electromagnetic spectrum)**이라 한다.

모든 파장의 전자기파는 천문학자들에게 매우 중요하다. 왜냐하면 각 유형의 전자기파는 그것의 발생원에 관하여 유일한 실마리를 제공하기 때문이다.

문 **그림 2.4를 보고, 전자기파 복사를 가장 짧은 파장(가장 큰 에너지)에서 가장 긴 파장(가장 작은 에너지)까지 여섯 가지 형태로 나열하시오.** ______________________

답 : γ -선, X선, 자외선, 가시광선, 적외선, 전파

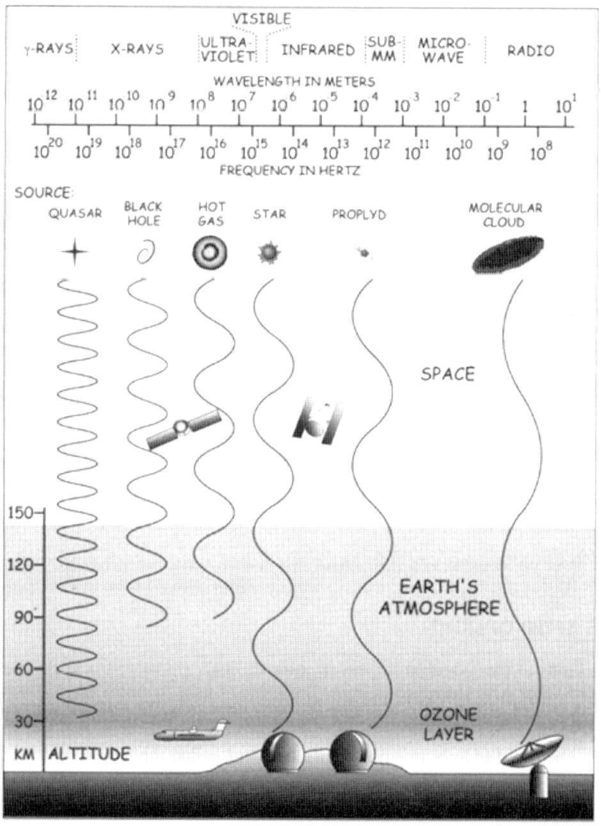

그림 2.6 가장 파장이 짧은 감마선으로부터 가장 파장이 긴 전파까지의 모든 전자기 복사를 포함하는 전자기스펙트럼.

2.4 파장의 범위(RANGE OF WAVELENGTH)

문 **전체 전자기스펙트럼의 파장 범위는 얼마인가?** ____________________

답 : 파장은 가장 짧은 γ선의 10^{-12}m보다 짧은 것에서부터 가장 긴 전파의 1km(10^5cm)의 긴 파장까지 다양하다.

2.5 빛의 속도(SPEED OF LIGHT)

모든 종류의 전자기파는 빛의 속도로 우주공간을 이동한다. 문자 c로 상징되는 빛의 속도는 우주공간에서 300,000km/sec(186,000mile/sec)이다.

우주공간에서 빛의 속도는 이 보다 더 빨리 움직이는 가속된 물체가 알려지지 않았기 때문에 '우주의 한계속도'라 한다. 이 값은 천문학에서 매우 중요하고 가장 정확하게 측정되어지는 값의 하나이다.

광년(light year)은 빛이 1년 동안 우주공간에서 가는 거리이다.

문 **1광년은 몇 km(miles)인가?**

힌트: (1) 거리 = 속도×시간 (2) 1년은 3.156×10^7초이다.

답 : 거의 9.5조 km(약 6조 마일)

풀이 : $300{,}000\text{km/sec}\times3.156\times10^7\text{sec/year}$

($186{,}000\ \text{miles/sec}\times3.156\times10^7\text{sec/year}$)

2.6 진동수(WAVE FREQUENCY)

파동은 파장뿐만 아니라 진동수로 표현할 수 있다. 파의 **진동수(frequency)**는 **cycles/sec(cps)**로 측정되며 주어진 시간에 고정된 지점을 통과하는 파의 수이다.

사람의 눈은 매우 높은 주파수를 갖는 광파의 다양한 색에 민감하다. 가시광선은 적색의 4.3×10^{14}cps에서 보라색의 7.5×10^{14}cps까지 서로 다른 색을 가지며 주파수가 다양하다.

전파에 대해서는 1 주기/초를 **헤르츠(Hz)**로 부르는데 이는 독일의 물리학자 Heinrich Hertz(1857 - 1894)가 실험실에서 전파를 처음 만들어낸 것에서 유래되었다. 일반적으로

AM라디오는 550~1650 KHz의 진동수를 수신하고, FM라디오는 88~108 MHz의 진동수를 수신한다.

문 그림 2.4에 나타난 전자기 스펙트럼을 참고하여 (a) 가시광선보다 더 높은 진동수를 갖는 파와 ______________________ (b) 가시광선보다 더 낮은 진동수를 갖는 파는 각각 어느 파인가? ______________________

답 : (a) 더 높은 주파수 : γ선, X선, 자외선; (b) 더 낮은 주파수 : 적외선, 전파

2.7 파장과 진동수(WAVELENGTH AND FREQUENCY)

문 전자기파에서 파장과 진동수 사이에 일반적인 관계를 말하시오. ______________________

답 : 파장은 진동수에 반비례한다. 짧은 파는 비교적 높은 진동수를 갖고 긴 파는 비교적 낮은 진동수를 갖는다.

2.8 파의 전달(WAVE PROPAGATION)

모든 종류의 파동운동은 다음의 공식에 적용할 수 있다

파의 속도 = 주파수 × 파장

문 만약 파장을 알고 있다면(또는 주파수를 알고 있다면) 그것이 어떤 종류의 전자기파에 해당되는 주파수를 갖는지를 계산하기 위하여 위의 공식을 사용할 수 있다. 왜 그러는지 설명하여라. 힌트 : 2.5절을 다시 보시오. ______________________

답 : 모든 전자기파는 우주공간에서 속도가 같다.
즉, 빛의 속도는 300,000km/sec(186,000miles/sec)이다.

2.9 파동 방정식(WAVE EQUATION)

전자기파에서 속도(c), 주파수(f), 파장(λ) 사이의 관계는 다음과 같다.

$$c = f\lambda$$

문 주파수가 100 KHz(100,000cycles/sec)인 라디오파의 파장을 계산하여라.

답 : 3km(1.86miles)

풀이 : 속도 = 주파수×파장

그러므로, 파장 = 속도/주파수 = $\frac{300{,}000\text{km/second}}{10{,}000\text{cycles/second}}$ = $\frac{186{,}000\text{miles/second}}{100{,}000\text{cycles/scond}}$

2.10 복사법칙(RADIATION LAWS)

별은 온도가 높은 다른 물체와 같이 모든 다양한 파장의 에너지를 방출한다. 온도에 해당되는 에너지를 **열복사(thermal radiation)**라고 부르며, 별의 온도는 가장 밝게 빛나는 파장에 의해 결정된다.

별들은 실질적으로 **흑체(black body)**와 같이 열적으로 완전한 복사체와 같은 에너지를 방출한다. 파장의 범위에서 방출된 복사의 세기는 오직 흑체의 온도에 의존한다. **Wien의 복사법칙(Wien's law of radiation)**은 '물체가 최대복사에너지를 방출하는 파장(λ_{max})은 물체의 온도에 반비례 한다'라고 언급했다. 그 공식은 아래와 같다.

$$\lambda_{max} = \frac{0.3}{T}$$

여기서 λ_{max}의 단위는 cm이고, T의 단위는 켈빈(K)이다. 따라서 온도가 높은 별은 최대복사에너지를 방출하는 파장이 짧다.

어떤 별이 다른 별 보다 온도가 수 천도나 더 높다면 그 별이 온도가 얼마 더 높은지를 그 별의 색(파장)으로부터 알 수가 있다. 온도가 높은 별은 청백색(짧은 파장)으로 보이고 온도가 낮은 별은 적색(긴 파장)으로 보인다.

표 2.1에서 제시된 별들을 찾아 확인하여 보시오.

표 2.1 온도가 높고 온도가 낮은 4개의 별

계절	별	별자리	색	표면온도(K)
여름	Vega	거문고자리	청백색	10,000
여름	Antares	전갈자리	적색	3,000
겨울	Sirius	큰개자리	청백색	10,000
겨울	Betelgeuse	오리온자리	적색	3,400

Stefan-Boltzmann의 복사법칙은 '흑체가 방출하는 총에너지(E)는 흑체의 절대온도(T)의 네제곱에 비례 한다'고 언급한다. 그러므로 우리 태양보다 2배 더 뜨거운 별은 태양이 내는 에너지보다 2^4, 또는 16배 이상의 에너지를 방출한다.

복사스펙트럼(radiation spectrum)은 천체가 얼마나 많은 에너지를 각각의 다른 파장에서 방출하는지를 보여준다. 즉, 어떤 파장에서 가장 강한 에너지를 방출하고 모든 파상에서 얼마나 많은 에너지가 나오는지를 보여준다(곡선의 아래 면적을 말한다).

문 **그림 2.5를 참조하라. (a) 태양은__________ 파장에서 에너지를 가장 강하게 방출한다. (b) 태양이 가시광선으로써 방출하는 에너지 총량은 가시광선 이외에서 방출하는 량보다 (크다, 작다)__________**

답 : (a) 가시광선; (b) 작다.

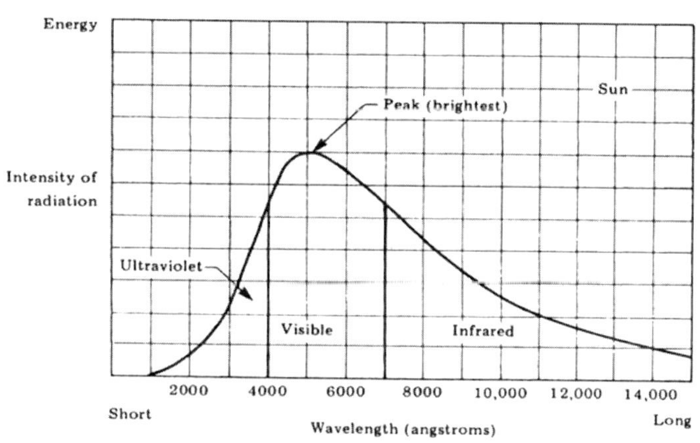

그림 2.5. 태양의 복사스펙트럼. 모든 흑체 복사스펙트럼들은 거의 같은 모습을 갖는다. 온도가 높은 별은 모든 파장에서 더 많은 에너지를 내며, 보다 더 짧은 파장에서 최대치를 갖는다.

2.11 천체 관측(ASTRONOMICAL OBSERVATIONS)

오늘날 천문학자들은 우주에서 오는 모든 종류의 전자기 복사를 분석하고 관측할 수 있는 장비들을 가지고 있다. 망원경의 주요한 기능은 모든 형태의 복사를 탐지하며, 분석하기에 충분한 복사를 수집하는 것이다.

지구의 대기층은 우주로부터 들어오는 대부분의 복사를 차단하고, 단지 지표상의 망원경을 통해 빛의 특정한 파장만을 받아들인다. 지표상에 있는 천문학자는 두 개의 **대기창(atmospheric windows)**의 스펙트럼 영역을 통해 우주에 관한 정보를 얻는다. 지구의 대기층

그림 2.6. 광학, 적외선 및 서브미리미터 등 세계적인 망원경을 갖고 있는 미국 HawaiI의 Mauna Kea(4,200m)산. Mauna Kea 방문센터 (▶http://www.ifa.hawaii.edu/info/vis◀)는 3,000m에 있다.

은 이들 두 파장대의 복사에 대해서만 투명하다. 이들 두 개의 창은 광학적 창(가시광선영역)및 일부 적외선을 포함하는 빛의 창과 전파의 창이다.

천문대(astronomical observatory)는 천체의 관측 장비를 갖춘 장소로서 천문학자들은 대기가 일정하고 얇고 건조하며 도시의 빛과 오염에서 멀리 떨어진 산꼭대기의 어두운 장소를 선택한다(그림 2.6).

문 **감마선(γ 선), X선, 자외선을 사용하여 우주 관측을 바라는 천문학자들을 위해 무엇을 제안 하겠는가?** ______

답 : 지구 대기층 위에 관측기구를 설치하도록 한다. 우주시대 기술은 로켓, 우주선, 또는 달에 설치된 관측소로부터 이들 파장대의 우주기반 관측을 가능하게 만들었다.

2.12 광학망원경(OPTICAL TELESCOPE)

희미하고 멀리 떨어진 별의 상을 형성하는 **광학 망원경(optical telescope)**은 우주로부터 빛을 사람의 눈이 모을 수 있는 것보다 훨씬 많이 모을 수 있다. 광학 망원경은 기본적으로 **굴절망원경(refractor)**과 **반사망원경(reflector)**이 있다.

망원경의 핵심은 **대물렌즈(objective lens)**이다. 대물렌즈는 천체로부터 빛을 모으고 천체의 상을 만드는 기능을 하는 것으로 굴절망원경에서는 렌즈이고, 반사망원경에서는 거울이다.

망원경의 빛을 모으는 능력을 **집광력(light-gathering power)**이라고 부른다.

집광력은 빛을 모으는 표면의 면적 또는 **유효구경(aperture)**의 면적(대물렌즈 또는 거울의 명확한 지름)에 정비례한다. 150mm 또는 5m('6인치' 혹은 '200인치')과 같은 망원경의 직경의 크기는 유효구경의 크기로 간주된다.

접안렌즈를 통해서 직접적으로 상을 보게 되는데 접안렌즈는 실질적으로 돋보기의 역할을 한다. 우리는 천체의 상을 사진으로 찍을 수 있고, 전기적으로 처리하여 기록할 수 있다. 사람 눈의 렌즈인 동공의 크기는 약 5mm(0.2인치)이다. 따라서 150mm(6인치) 망원경은 눈의 렌즈보다 30배나 큰 유효구경을 가지고 있다. 이 망원경의 집광력은 30^2로서, 사람 눈의 집광력보나 900배나 크다. 그래서 별은 육안으로 보는 밝기보다 150mm(6인치) 망원경에서 900배나 더 밝게 나타난다.

천문학자들은 매우 희미하고 더 멀리 있는 물체를 관측하기 위해서 거대한 망원경을 만든다.

모든 별들은 눈에 의한 밝기보다 망원경에 의해서 보다 더 밝게 나타난다. 노출 시간에 따라 10m(400인치) 거대망원경은 거의 28등급까지의 아주 희미한 별들을 볼 수 있다. 28등급의 별의 밝기는 달에 놓인 촛불의 밝기와 같다.

문 **어떤 별을 육안으로 관측한 밝기보다 10m(400인치) 망원경으로 관측할 경우 얼마나 더 밝게 나타날까?** ______

답 : 4백만 배 이상 밝게 나타난다. 10m(400인치) 망원경은 눈의 렌즈보다 2천배 이상 크고, 2000^2배 즉, 4백만 배 이상의 빛을 모을 수 있다.

2.13 쌍안경(BINOCULARS)

쌍안경은 쉽게 사용하고 휴대할 수 있기 때문에 천체 관측을 위한 실제적인 첫 번째 기기이다. 쌍안경에 표기된 7×50은 쌍안경의 대물렌즈의 지름이 50mm 이며, 7×는 배율을 의미한다.

문 **왜 쌍안경과 망원경은 육안으로 보는 것보다 보다 많은 천체를 보여줄까?**

답 : 쌍안경과 망원경은 눈보다 더 많은 빛을 모을 수 있다.(집광력은 대물렌즈의 면적에 정비례한다)

2.14 굴절망원경(REFRACTING TELESCOPE)

굴절망원경은 단단한 경통의 앞쪽 끝에 주경인 **대물렌즈(objective lens)**가 있고, 대물렌즈를 통해 들어온 별 빛은 굴절되거나 휘어져서, 경통의 뒷부분에 상이 맺히게 된다.

대물렌즈로부터 상까지의 거리가 대물렌즈의 **초점거리(focal length)**이다. 여러분은 **접안렌즈(eye piece)**라고 부르는 교체할 수 있는 확대렌즈를 통해 상을 본다. 경통은 산란된 빛, 먼지, 습기가 들어가지 않도록 한다.

Italian 천문학자 갈릴레오 갈릴레이는 1609년 처음으로 굴절망원경을 사용하여 하늘을 관측했다. 갈릴레이가 만든 망원경은 50mm(2인치)보다 작았다.

오늘날 굴절망원경은 초보자용 60mm(2.4인치) 크기부터 세계에서 가장 큰 1m(40인치)망원경까지 그 크기가 다양하다. 세계에서 가장 큰 1m(40인치) 망원경은 미국 Wisconsin 주 Williams Bay Yerkes 천문대에 있으며 1897년 완성되었다.

문 **그림 2.7에서 굴절망원경의 (a) 대물렌즈, (b) 접안렌즈, (c) 대물렌즈의 초점거리를 확인하고, (a)와 (b)의 용도를 말하시오. (a)__________**
(b)__________ (c)__________

답 : (a) 대물렌즈 : 빛을 모으고 상을 형성한다. (b) 접안렌즈 : 대물렌즈에 의해 형성된 상을 확대한다.
(c) 대물렌즈의 초점 거리.

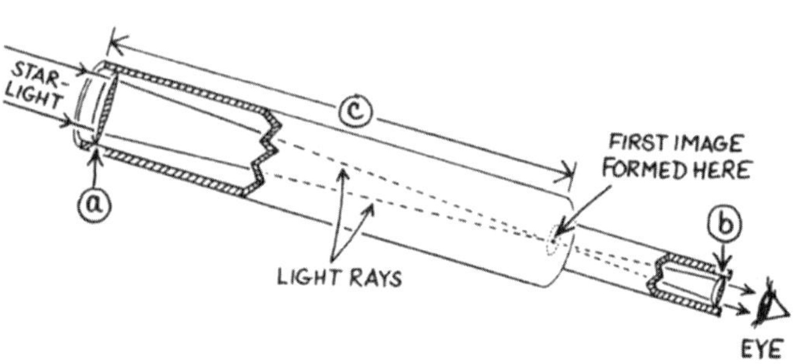

그림 2.7. 긴 초점거리의 대물렌즈와 짧은 초점거리의 접안렌즈로 이루어진 굴절망원경.

2.15 반사망원경(REFLECTING TELESCOPE)

반사망원경(reflecting telescope)은 개방된 경통의 끝에 잘 연마된 곡률을 이룬 유리 거울인 **주경(primary mirror)**이 부착되어 있다. 주경에 비추어진 별빛은 경통 뒤에서 반사되어 **주초점**

(prime focus)에 상을 형성한다.

주 초점에 별의 상을 촬영하기 위한 사진 필름을 설치하거나, 전기적인 장비를 설치한다. 또는 보조 거울을 사용하여 별빛을 다른 지점에 반사시킬 수도 있다. **Newtonian식** 반사망원경은 조그만 평면거울을 사용해 경통 측면을 통해 접안렌즈에 빛을 반사시킨다(그림 2.8).

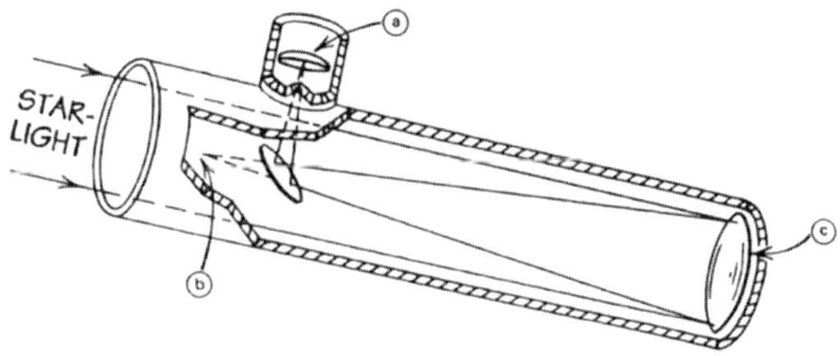

그림 2.8. 주경과 조그만 대각선의 부경과 접안경으로 이루어진 Newtonian식 반사망원경.

Cassegrain식 반사망원경은 조그만 볼록 거울인 **부경(secondary mirror)**을 사용해서 주경의 뚫린 구멍을 통해 빛을 경통 아래쪽 끝 부분에 반사시킨다(그림 2.9). Cassegrain식 반사망원경은 비슷한 유효직경의 굴절망원경, 또는 Newtonian식 반사망원경보다 좀 더 간편하다. **Schmidt-Cassegrain**식 반사망원경의 경통 앞부분은 얇은 렌즈로 이루어져 있고, 뒷부분에는 초점거리가 매우 짧은 구면의 주경으로 구성되어 있다.

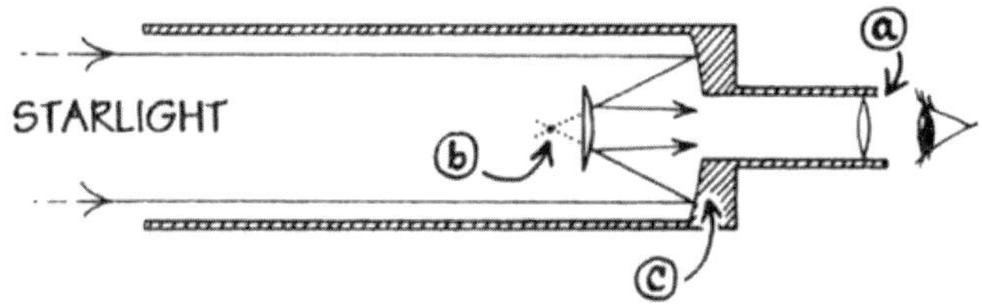

그림 2.9. 오목한 수경과 조그만 대각선의 부경과 접안경으로 이루어진 Cassegrain식 반사망원경.

반사망원경은 초보자용인 75mm(3인치) Newtonian식 반사망원경에서부터 세계에서 가장 큰 것으로 미국 하와이의 휴화산인 Mauna Kea의 꼭대기에 있는 10m(400인치) 반사망원경까지 그 크기가 다양하다(그림 2.15).

문 그림 2.8과 그림 2.9에서 반사망원경의 주경, 접안렌즈, 주 초점을 구분하시오.

(a)______________; (b)______________; (c)______________

답 : (a) 접안렌즈; (b) 주 초점; (c) 주경

2.16 반사망원경과 굴절망원경의 비교(REFLECTORS VERSUS REFRACTORS)

문 반사망원경과 굴절망원경의 본질적인 차이점이 무엇인지 설명하시오.______________

____

답 : 광학부인 대물경의 차이. 별빛을 모으고 초점을 맞추는데 반사망원경은 거울을 사용하고, 굴절망원경은 렌즈를 사용한다.

2.17 f수(F NUMBER)

망원경은 유효구경의 크기와 **f수(f number)**에 의해 설명되어 진다. f수는 대물렌즈나 주경의 유효구경에 대한 초점거리의 비이다. f수가 중요한 이유는 망원경에 의해 만들어진 이미지의 밝기, 크기, 선명도는 대물렌즈 혹은 주경의 초점거리와 유효구경에 의존하기 때문이다.

예를 들어, "150mm(6인치), f/8 반사망원경"은 주경의 직경이 150mm(6인치)이고, 1200mm의 초점거리를 갖는다는 것을 의미한다.

문 미국 California주의 Palomar산에 있는 "5m(200인치), f/3.3 반사망원경"의 초점거리는 얼마인가? ______________

답 : 16.5m(660인치, 또는 55피트)

2.18 상(IMAGES)

태양을 제외한 모든 별들은 너무나 멀리 있기 때문에 망원경으로도 한 점으로 나타난다. 달이나 행성은 작은 원반모양으로 나타난다. **상의 크기(image size)**는 망원경의 대물렌즈나 주경의 초점거리에 비례한다.

예를 들어, 2.5m(100인치)의 초점거리를 갖는 반사망원경에서는 달의 상이 직경 2.5cm(1인치)로 관측된다. 따라서 직경이 5m(200인치)이며 f/3.3인 주경은 16.5m(660인치)의 초점

거리를 갖게 되므로 이보다 6배 길다. 이에 따라 만들어진 달의 상도 6배 크게 비쳐 15cm(6인치)의 직경을 갖는다.

대물렌즈와 주경에는 실제 상의 위·아래쪽이 바뀌어 맺힌다. 반전된 이미지는 천문학적인 연구에는 문제되지 않으며, 망원경에서 위쪽의 이미지를 바르게 되돌리는 작업이 아닌 단지 빛이 흡수되는 광학적인 보정이 더 요구된다.

문 **망원경에 맺히는 이미지 크기는 무엇에 의해 결정되는가?** ______

답 : 대물렌즈나 주경의 초점거리.

2.19 분해능(RESOLVING POWER)

망원경의 광학적 질이 완벽하다 하더라도 빛 자체의 성질 때문에 완벽하게 초점에 맺힌 이미지를 얻을 수가 없다. 망원경의 **분해능(resolving power)**은 이상적 관측 조건하에서 이미지들을 선명하게 보여주는 능력을 말한다.

분해능은 유효구경의 크기에 비례하고, 입사된 빛의 파장에 반비례한다. 똑같은 빛이라 하더라도 유효구경이 150mm(6인치)의 망원경이 75mm(3인치)의 망원경보다 분해능이 2배나 더 좋다.

별빛은 빈 우주 공간을 직선으로 통과하지만, 별빛의 파장이 대물렌즈나 주경 가장자리를 통과할 때는 **회절(diffraction)** 현상에 의하여 별빛이 퍼져나가거나 한점의 초점으로 모이지 않는다. 회절에 의해서 대물렌즈나 주경에 의해 만들어진 별의 상은 작은 것을 그대로 확대되어 나타날 뿐이다. 빛이 한 점에 모이는 것 대신에 희미한 고리에 의해 둘러싸인 흐릿한 원반과 같이 상이 맺히는 것을 **회절무늬(diffraction pattern)**라 한다(그림 2.10). 회절은 분해능을 제한시킨다.

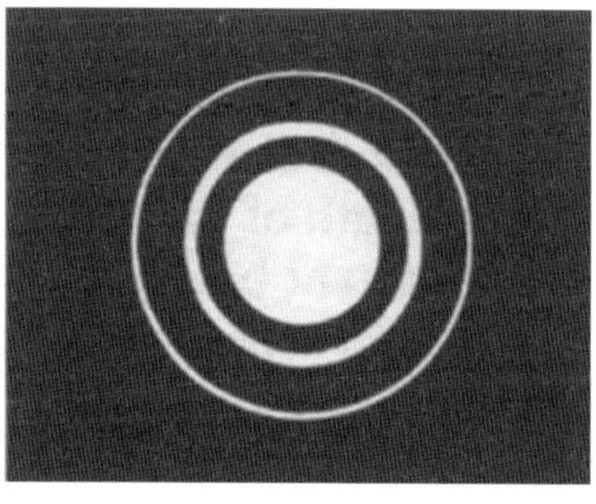

그림 2.10. 회절무늬(별의 이미지).

두 별이 가까이 있을 때, 그들의 회절무늬가 중첩이 되어 마치 하나의 별처럼 보일 수 있다. 또한 달의 분화구와 행성의 표식들이 회절에 의해 흐릿해진다.

분해능은 선명하게 알아 볼 수 있는 상이 만들어지는 두 별 사이의 최소한의 각에 의해 결정되어진다. 인간의 분해각은 약 1′이다. 이것은 35m의 거리에 있는 아스피린 한 알을 보는 크기와 같다.

문 **망원경에서는 가까이 있는 두 별이 분해되는데, 눈으로는 한 개의 별처럼 보이는 이유를 설명하시오.** ______

답 : 분해능은 유효구경에 비례하고, 망원경의 유효구경이 인간의 눈보다 더 크기 때문이다.

2.20 배율(MAGNIFICATION)

망원경의 **배율(magnifying power)**은 맨 눈으로 볼 때의 물체에 크기와 망원경을 통해 볼 때 나타나는 물체 크기에 대한 비율이다. 망원경은 물체의 크기인 각직경을 확대시킨다. 그러므로 물체보다 이미지가 더 가깝게 보인다.

예를 들면, 맨눈으로 보름달을 볼 때 각직경은 ½°, 팔을 뻗어 아스피린을 들었을 때 그 속에 들어가게 된다(그림 2.11). 만일 망원경을 통해 달을 보았을 때 달의 크기가 20배로 확대되어 나타난다면 달의 각직경이 10°로 보이는 것과 같으며, 배율은 20배로서 20×로 쓴다.

망원경의 배율은 사용하는 접안렌즈에 따라 달라진다.

$$\text{배율} = \frac{\text{대물렌즈의 초점거리}}{\text{접안렌즈의 초점거리}}$$

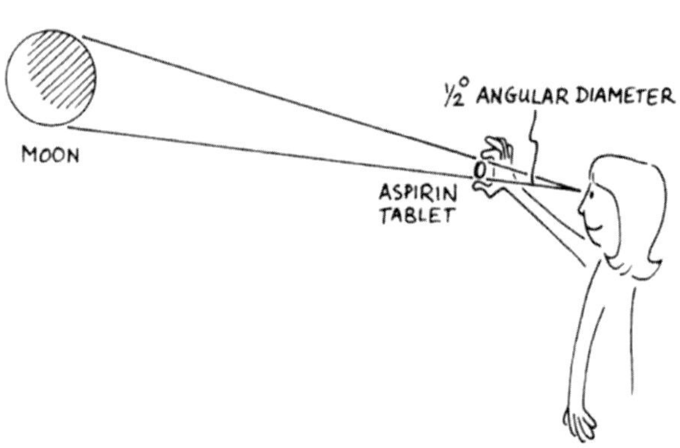

그림 2.11. 각직경.

망원경은 대개 초점거리가 다른 몇 종류의 접안렌즈가 있어서 접안렌즈를 교환하여 배율을 변화시킬 수 있다.

문 (a) 접안렌즈의 초점거리가 12.5mm($\frac{1}{2}$인치)일 때, f/8이고 대물렌즈 150mm(6인치) 망원경의 배율은 얼마인가? ________________ (b) 이 망원경의 배율은 어떻게 증가 시킬 수 있을까?________________

답 : (a) 96×.

풀이: $\text{배율} = \dfrac{\text{대물렌즈의 초점거리}}{\text{접안렌즈의 초점거리}} = \dfrac{1200\text{mm}}{12.5\text{mm}} = \dfrac{48\text{인치}}{\frac{1}{2}\text{인치}}$

(b) 초점 거리가 보다 짧은 접안렌즈를 사용한다.

2.21 최대 유효배율(MAXIMUM USEFUL MAGNIFICATION)

망원경을 구입할 때 배율의 중요성을 지나치게 강조하는 것은 잘못이다. 또한 접안렌즈를 교체함으로서 무한내로 유용하게 배율을 높일 수 있는 것은 아니다.

별빛은 지상의 망원경에 도달하기까지 지구의 대기층을 통과해야한다. 대기의 교란 때문에 상이 흐려지게 된다. 시상(seeing)은 망원경의 상의 선명도에 영향을 주는 대기의 상태에 의존한다. 만일 대기가 평온하면 시상이 좋고 별빛도 흔들리지 않는다. 만일 대기가 흔들릴 경우, 시상도 나빠지고 별빛도 흔들린다.

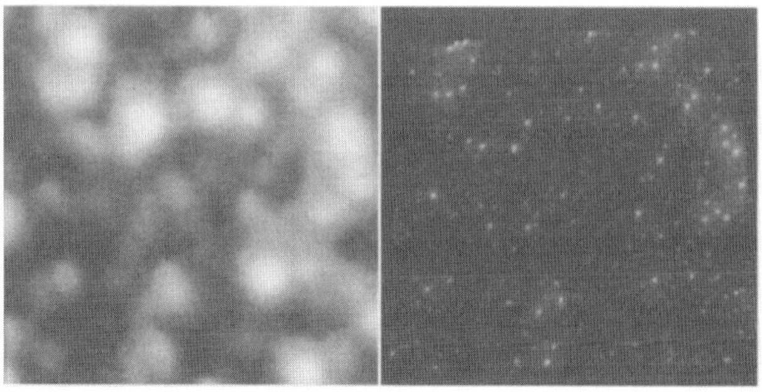

(a) (b)

그림 2.12. 대기에 의해 흐려진 효과. 70,000광년 거리의 구상성단 M14의 이미지로서 (a) Chile의 Cerro Tololo Inter-American 천문대의 4m 지상 망원경으로 찍은 이미지, (b) Hubble 우주 망원경의 이미지. 분해능은 (a) 1.5″ (b) 0.08″이다.

망원경의 **유효배율의 실제적인 한계**(practical limit of useful magnification)는 밀리미터 단위에서 망원경 유효직경의 2배이다(인치 단위에서는 50배이다). 고배율은 단지 이미지를 확대한 것에 불과할 뿐으로서 회절현상이나 나쁜 시상 때문에 상이 흐려진 것을 단지 확대하는 것에 불과한 것뿐이기 때문에 이 경우 이미지가 더 자세하게 보이질 않는다.

대기 밖의 우주에 있는 망원경은 지구 대기의 간섭으로부터 탈출한다. 그래서 멀리 있는 상을 지상에서보다 선명하게 볼 수 있다(그림 2.12). 천문학자들은 지상에서 우주 천문대를 원격 조정하고, 우주 비행사는 지구 궤도 내의 우주 망원경을 유지하고, 보수하고, 향상시킬 수 있다. 또한 그들은 대규모 정비를 위해 지구로 가져오기도 한다.

미국과 유럽의 Hubble우주망원경(HST)(1990 -)은 우리에게 행성, 별, 멀리 떨어진 은하의 여러 천체의 놀라운 이미지를 보내오고 있다(▶www.stsci.edu◀). HST는 2.4m(94인치) 주경과 8개의 기기를 갖추고 지구 궤도상에서 가시광선, 자외선, 적외선의 관측을 수행하고 있다(그림 2.13).

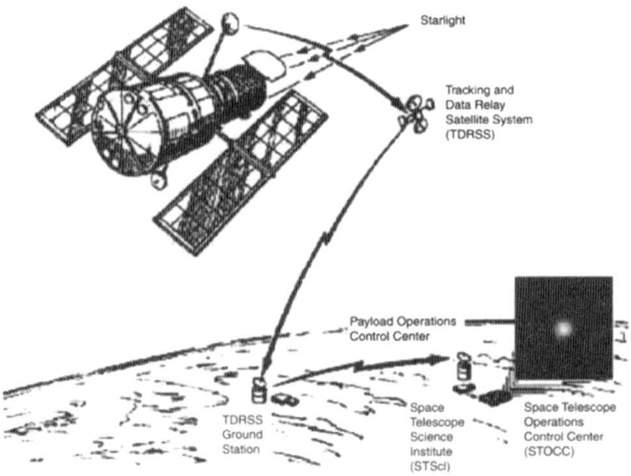

그림 2.13. Hubble 우주망원경의 데이터 전송. HST는 13m급의 우주천문대로 2개의 태양전지판으로부터 에너지를 얻으며 Tracjing and Data Relay Satellite System(TDRSS)에 의해 통신한다.

문 150mm(6인치) 망원경에 있어서 유효배율의 한계는 얼마인가? ____________

답 : 300×.

2.22 망원경 수차(TELESCOPE ABERRATION)

수차(aberration)는 광학적 시스템에 의해 만들어지는 상의 결함이다.

색수차(chromatic aberration)는 렌즈에 의해 생기는 결함이다. 별빛은 모든 색의 스펙트럼으로 구성되어있다. 렌즈를 통해 별빛이 들어 올 때 렌즈는 서로 다른 색깔(파장)에 따라 약간씩 다른 거리에 초점을 갖는다. 이러한 색수차가 별의 상을 흐릿하게 만든다(그림 2.10). 따라서 2개 또는 다른 종류로 이루어진 렌즈의 조합으로 만들어진 **색지움 렌즈**(achromatic lens)로 이런 결점을 보완한다.

적당한 곡면을 가진 거울은 별빛의 모든 색을 한 점의 초점에 맞추도록 반사한다. 이러한 반사망원경에 의해 만들어지는 상은 색이 번지지 않는다.

구면수차(spherical lens)는 거울의 곡면에 의해 생기는 결함이다. 이름에서 말하듯 구면 결함이다. 별빛이 거울의 가장자리를 지날 때, 중심을 지난 빛과 동일한 지점에 초점이 생기지 않는다(그림 2.14).

포물거울(parabolic mirror)은 이런 결점을 보완한다. 이러한 포물면의 모양은 가장자리가 중심부보다 곡면이 완만하며 이 거울은 적절하게 한 점으로 별빛을 반사한다. 굴절-반사의 조합인 **반사굴절망원경**(catadioptric telescope)은 정확한 렌즈 또는 둥근 모양의 주경의 착오를 정정하는 경통 상단의 덮개를 가지고 있다.

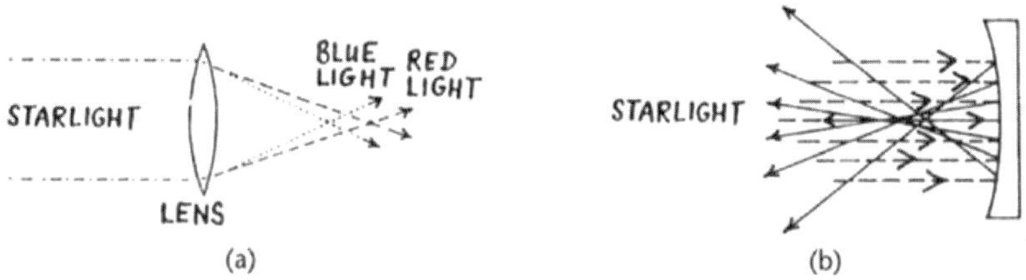

그림 2.14. (a) 색수차. 파장이 짧은 청색이 파장이 긴 붉은색에 비해 굴절이 크기 때문에 렌즈의 초점이 짧다. (b) 구면수차. 완전하지 않은 곡률의 거울은 빛을 한점의 초점으로 반사하지 못한다.

문 왜 망원경이 최상급의 광학적 부분을 가져야 하는가? ________________

답 : 상의 수차를 피하기 위해서.

2.23 망원경의 디자인 선택(TELESCOPE DESIGN AND SELECTION)

당신은 굴절망원경과 반사망원경 중에 어떤 망원경이 더 좋을지 궁금할 것이다. 그 대답은 각 유형이 장·단점을 가지고 있기 때문에 관련된 용도에 따라 달라진다.

취미생활을 위한 소형망원경은 각각 다르게 디자인 할 수 있다. 경통이 막혀있는 굴절망원경은 튼튼하고 유지가 더 쉽다. 그러나 반사망원경은 값에 비해서 더 좋은 유효구경을 제공하며 만들기도 쉽다. 간단한 가대에 Newtonian식 반사망원경을 얹은 **Dobsonian망원경**은 인기 있다. 왜냐하면 사용하기 편리하고 크기에 비해 가격이 저렴하기 때문이다. 비록 유효구경의 단위면적당 가격이 더 비싸더라도 Schmit－Cassegrain, **Maksutov－Cassegrain**과 같은 반사굴절망원경은 작고 이동이 편리하다.

어떤 디자인을 선택하던 간에 망원경 **가대(mount)**의 안정성은 필수적이다. 희미하고 흔들리는 상을 제공하는 불안정한 가대를 가진 질 낮은 망원경은 여러분의 천문학에 대한 흥미를 쉽게 떨어뜨릴 것이다.

대형굴절망원경은 상의 높은 질과 해상도가 가장 중요한데, 달이나 행성의 섬세한 표면이나 쌍성을 관찰하는데 사용된다.

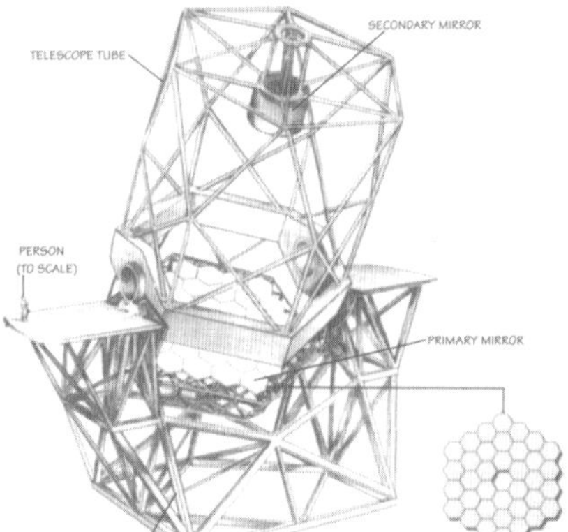

그림 2.15. 가시광선과 적외선 연구를 위하여 분활 거울로 고안된 미국 Hawaii의 Keck 망원경. 각각의 거울의 직경은 2m이고 두께가 7.5cm의 36개의 6각형 거울로 이루어져서 10m 망원경 역할을 하며 컴퓨터로 작동된다. Keck Ⅰ과 쌍둥이 망원경 Keck Ⅱ는 독립적으로 또는 함께 작동 할 수도 있다. (▶www2.keck.hawaii.edu◀).

거대한 반사망원경은 유효구경이 가장 중요하다. 관측 가능한 우주 안에서 가장 희미하고, 가장 먼 거리에 있는 물체를 관측하는데 사용한다. 반사망원경은 굴절망원경에 비해서 설치가 용이하고 비용면에서도 효율적이다. **Folded optics**는 거대한 반사경의 물리적인 거리를 줄일 수 있기 때문에 굴절망원경보다 작은 돔 안에서 사용할 수 있다. 주경은 경통의 후면에 놓이기 때문에 큰 렌즈에서 일어나는 것과 같이 중력 하에서 처짐이 일어나지 않는다.

천문학자들은 보다 크고, 집광력을 증가시키고, 분해능을 향상시키기 위한 새로운 관찰기술을 가진 망원경을 제작하려 한다(그림 2.15).

가장 최신의 망원경은 한 조각으로 만들어진 가벼운 중량의 **단일 거울(monolithic mirrors)** 또는 각각의 거울의 모자이크로 이루어진 **분할된 거울**

(segmented mirrors)을 가지고 있다(그림 2.15). 이것은 컴퓨터 시스템의 작동에 의하여 독립적으로 또는 조합된 거울로서 사용된다. 한 개 이상의 반사경을 가진 **다중망원경(multiple**

표 2.2 세계의 주요 광학 망원경

망원경	크기 (meters)	천문대 위치	설명. Description
Very Large Telescope	16.4	European Southern Cerro Paranal, Chile	4개의 독자적인 8.2-m 망원경: Antu (Sun), Kueyen (Moon), Melipal (Southern Cross), Yepun (Venus); 통합하여 16.4-m 망원경으로도 활용 가능
Large Binocular Telescope*	11	LBT Corporation Mt. Graham, AZ	2개의 8.4-m 반사경; 23-m급 단일 망원경의 분해능을 가짐
South African Large Telescope (SALT)*	11.0	South African Astronomical Sutherland, S.A.	다국적의 6각형 반사경 조합, 미국 텍사스의 HET와 유사한 작동 방식으로 설계됨.
Keck Ⅰ Keck Ⅱ	10.0	W.W.Keck Mauna Kea, HI	각기 1.8m크기 육각형 거울이 36개 조합된 반사경, 85m 떨어진 두 대를 광학 간섭계로 이용 가능
Gran Telescopio Canarios	10.0	Roque de los Muchachos Canary Islands, Spain	Keck 망원경의 설계와 같은 36개의 6각형 합성 반사경
Hobby-Eberly	9.2	MacDonald Mt. Fowlkes, TX	구면 합성 반사경으로 고정된 가대로 남자오선 영역만 관측, 분광관측으로만 사용.
Subaru Telescope	8.3	Japan Nat'l Astronomy Mauna Kea, HI	20cm 두께의 총 22.8t의 가벼운 얇은 접시형 주경: 활성광학
Gillet Gemini Gemini South	8.0	Gemini^{a} Mauna Kea, HI Cerro Pachon, Chile	다국적의 쌍둥이 망원경으로 남, 북반구에 위치한 Gemini 망원경은 남쪽과 북쪽 하늘을 모두 관측 가능
MMT Walter Baade Landon Clay	6.5	MMT Mount Hopkins, AZ; Las Campanas Cerro Manqui, Chile	오목거울의 전면과 평면거울의 뒷면으로 된 가벼운 주경이 벌집모양으로 뼈대로 설계됨. 쌍둥이 Magellan Ⅰ과 Ⅱ사이에 넓은 하늘을 동시에 관측 가능
Bolshoi Teleskop Azimutalnyi	6.0	Special Astrophysical Mount Pastukhov, Russia	지평의식(고도-방위식) 가대
George Ellery Hale Telescope	5.0	Palomar Palomar Mountain, CA	방문자: 전시실의 일부로 되어있어 관광객이 Hale 망원을 직접 볼 수 있음

* 제작중.

[a] 미국 Arizona주의 Tucson에 본부가 있는 국립 광학 천문대(NOAO)의 시설

telescopes)은 여러 거울이 합쳐진 하나의 거대한 주경으로서 빛이 이 주경의 중심 초점에 모이게 된다.

현재까지 가장 큰 망원경은 European Southern Observatory의 16m의 Very Large Telescope (VLT)이다(▶www.eso.org.paranal◀). VLT는 local Mapuche language라고 불리는 8.2m망원경 4개를 이용하는 다중거울설계를 가지고 있다. 세계의 가장 큰 망원경들은 Web 사이트 (▶www.seds.org/billa/bigeyes.html◀)에서 확인할 수 있으며, 일반인들을 위한 안내 방문 장소를 제공하고 있다(표 2.2).

큰 망원경의 역할은 새로운 기술에 의해 적극적으로 향상되고 있다. **Adaptive 렌즈**는 지구 대기의 교란으로 인한 빠른(1초에 100분의 1) 뒤틀림을 보완한다. **Active 렌즈**는 중력, 온도의 느린 변화, 바람으로 인한 느린(분 또는 시간의) 뒤틀림을 보완한다.

문 **맨눈으로 관측했을 때 보다 광학 망원경통한 관측의 주요한 이점은 무엇인가?**

답 : 우수한 집광력과 분해능. 또한 망원경은 오랜 기간 동안에 걸쳐 빛을 기록할 수 있는 장비가 되어있다.

2.24 망원경의 향상(TELESCOPE ENHANCEMENTS)

천문학자들은 단순히 거대망원경에 앉아서 별을 관찰하지는 않는다. 대신에 관측자들은 보통 컴퓨터 화면을 통해 관측하고, 직접적으로 또는 전기적인 화상 시스템을 통과한 별빛은 많은 과학자들의 철저한 후속 연구를 위하여 기록하고 사진으로 남겨둔다. 고성능 컴퓨터는 오늘날에 천문학적 데이터를 습득, 처리, 분석하는데 필수적이다.

전하결합소자(charge coupled device: CCD)는 가장 대중적인 전기적인 검출기이다. CCD는 작고, 가볍고 민감한 요소를 가진 실리콘 칩으로서 이것은 컴퓨터로 고급화상을 처리 표현하는 장치에 맞게 별빛을 전기신호로 변환한다. CCD는 사진 필름보다 빛에 더 민감하고, 밝고 희미한 천체를 동시에 기록할 수 있다.

종종 망원경에 **스펙트럼사진기(spectrograph)**를 부착하여 관측한다. 별빛은 단 색깔이 아니고 여러 색 또는 여러 파장이 혼합되어 있다(그림 2.16). 제3장에서 볼 수 있듯이, 천문학자들은 이러한 분산된 파장으로부터 별에 대한 많은 정보를 얻어낸다.

분광기(spectroscope)는 별빛을 여러 파장으로 분산하여 보여 준다. 별빛은 분광기의 좁은 슬릿(slit)으로 들어와 빛을 평행 광선의 빔으로 만들어주는 평행파렌즈(collimating lens)를 통해서 간다. 그리고 프리즘 또는 회절격자는 이 빛을 분리된 색(파장)으로 분산시킨다. 이

스펙트럼이 분광사진기에 기록된다.

문 **분광사진기는 왜 사용하는가?**

답 : 빛의 각각의 파장을 분산하여 기록하기 위해서.

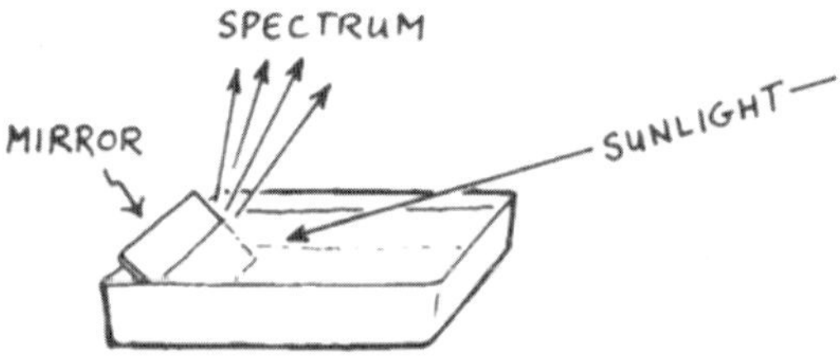

그림 2.16. 여러분은 태양 빛으로부터 스펙트럼을 만들 수 있다. 물이 담긴 그릇의 한쪽 편에 거울을 비스듬히 물속에 담가서 태양 빛을 반사시키어 거울을 옆으로 움직이어 보면 태양의 스펙트럼을 보게 된다.

2.25 전파 천문학(RADIO ASTRONOMY)

새로운 종류의 망원경은 오늘날의 천문학자들이 우주 먼 곳까지 관찰하고 과거에는 보지 못했던 매혹적인 광경을 볼 수 있게 한다.

대부분의 **전파망원경(radio telescope)**의 곡면 "접시"안테나는 광학적 반사망원경의 주경에 상응하고, 이는 우주로부터 오는 전파를 모아 초점을 맞추는데 사용한다. 이 안테나는 긴 전파를 모으고 선명한 이미지를 만들어내기 위해서 매우 커야 한다(그림 2.17).

그림 2.17. 전파망원경

여러분은 전파를 직접적으로 보고, 듣고, 사진 촬영을 할 수 없다. 대신에 전파는 전기적 이미지를 확대, 검파, 기록할 수 있는 조정된 전파수신기로 바뀌어 진다. 컴퓨터는 디지털화된 전파 이미지를 전파원의 세기를 보여주는 등고선 지도 또는 전파사진(그림 6.18)처럼 보여줄 수 있다(그림 6.19b). 전파사진이란 우주에 있는 전파원을 "라디오비젼"을 통해서 인간이 볼 수 있도록 해주는 모식도이다.

전파 천문학은 1931년에 처음 도입되었다. 미국의 기술자 Karl G. Jansky(1905—1950)가 은하수에서 전파를 발견하면서부터이다. 그 이후부터 우리 태양을 포함하여 여러 행성들, 성간가스, 펄서, 멀리 있는 은하계 및 퀘이사 등 다양한 전파원으로부터 전파를 받아왔다.

현존하는 가장 큰 단일전파안테나는 반사 면적이 8-hactare(20-acre)인 305m(1000-foot)크기의 접시를 가지고 있는 Puerto Rico 계곡에 고정되는 있는 Arecibo 전파천문대이다.▶www.naic.edu◀

미국 West Virginia에 있는 National Radio Astronomy Observatory(NRAO)의 The Rovert C. Byrd Green Bank Telescope(GBT)▶www.nrao.edu◀는 세계에서 가장 강력하고, 정확하고, 민감한 단일 안테나이다. 이 안테나는 100×110m(330-foot)의 매우 큰 접시를 가지고 있으며 접시에 부딪치지 않고 옆으로 새는 신호 까지도 모아서 수신기로 보낼 수 있다.

문 **그림 2.17을 보고 전파망원경의 주초점과 안테나를 구분하시오.**

(a)____________________; (b)____________________

답 : (a) 주초점; (b) 안테나.

2.26 전파망원경(RADIO TELESCOPE)

전파망원경은 장점이 많다. 우리는 전파망원경을 이용해 가시광선은 약하나 강한 전파를 방출하는 많은 천체들을 관측하게 되며, 또한 은하수 내의 먼지구름으로 이루어진 성간물질 뒤에 있는 전파원을 볼 수 있다. 왜냐하면 전파는 그 성간물질들을 통과할 수 있기 때문이다. 지구의 대기는 이러한 전파를 막거나 산란시키지 않으므로 흐린 날씨나 낮 시간에도 전파망원경을 이용할 수 있다.

광학망원경처럼 큰 전파망원경은 더욱 많고 선명한 데이터를 모을 수 있게 된다. **구경합성망원경(aperture synthesis)**은 2개 이상의 전파망원경 또는 **간섭계(interferometer)**를 이용하여 관측 자료를 조합할 수 있다. 구경합성망원경은 컴퓨터로 연결되어 하나의 거대 오목접시의 기능을 발휘할 수 있다.

(b)

(a)

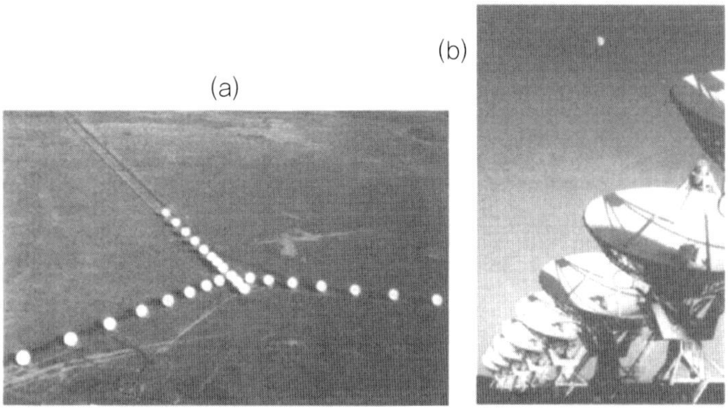

그림 2.18. 극대배열전파망원경(Very Large Array ;VLA)(▶www.vla.nrao.edu). (a) Y 모양으로 72 관측소에 서로 다른 배열로 27개의 안테나를 배열. Y 모양의 한쪽 길이가 21Km이다. (b) VLA 전파망원경.

극대배열전파망원경(Very Large Array: VLA)은 구경 합성 기능을 갖은 국립전파천문대(National Radio Astronomy Observatory)의 전파망원경(그림 2.18)으로 미국의 New Mexico이 해발 2100m(7000 - foot)에 위치해 있다. VLA는 27개의 움직일 수 있는 25m(82 - foot)의 전파 접시로 구성되어 있다. 이들을 서로 분산하여 34km(21 - miles)의 직경을 갖는 완전한 전파 접시인 것처럼 사용되어 질 수 있다. 컴퓨터는 안테나를 조정하여 관측된 자료를 처리하며, 거대한 광학반사망원경사진과 같은 해상도의 전파 사진을 얻는다.

초장기선간섭계(Very long baseline interferometry: VLBI)는 최고의 해상도를 제공한다. 대륙에 분산된 두 개 이상의 안테나에 의해서 공동으로 수집된 뚜렷한 전파원의 관측 자료는 자기테이프에 기록된다. 지구와 같은 크기의 합성 접시에 의해서 수집된 자료는 컴퓨터에 의해서 조합되어 진다.

국립항공우주국(NASA)은 3개의 대륙에 “The Deep Space Network”내에 전파 망원경을 갖추고 있다. 3개 대륙은 각각 California(미국), Spain 스페인 그리고 Australia이고 이 연구소들은 우주탐사선과 마찬가지로 VLBI 관측을 위하여 사용되고 있다. 각 연구소는 정보수신, 정보 전송, 자료처리 그리고 연구소간 상호 의사전달 장비도 갖추고 있다. 중앙연구소는 California의 Pasadena에 있는 NASA Jet추진연구소(Jet Propulsion Laboratory: JPL)이다.

초장기선배열전파망원경(Vary Long Baseline Array: VLBA)은 매우 멀고 희미한 전파원의 전파를 측정한다. 이것은 미국의 Hawaii로부터, Virgin Island의 St. Croix까지 미국을 가로질러 분산된 10개의 자동화 된 25m(82 - foot)의 전파망원경으로 구성되어 있다.

각 안테나는 New Mexico에 있는 조종센터의 조정 하에 자동적으로 작동된다. 컴퓨터는 모든 10개의 안테나로부터 기록된 데이터를 처리한 후에 8000km (5000miles)의 직경을 가진 단일 전파 망원경으로 구현할 수 있다. VLBA와 지구궤도를 선회하는 전파망원경을 사용함으로써 해상도는 최대가 된다.

문 전파망원경의 장점을 3가지 이상 열거하시오. ________________

____

____

답 : 1) 전파를 내는 천체인 전파원을 밝혀내는데 이용한다.
2) 광학망원경으로 관측 불가능한 은하계내의 성간먼지 뒤에 숨어 있는 전파원을 찾는다.
3) 전파망원경은 흐린 날씨나 낮 시간에도 사용가능하다
4) 광학 관측이 불가능한 위치에 있는 전파원들을 볼 수 있다

2.27 적외선 천문학(INFRARED ASTRONOMY)

적외선 천문학(infrared astronomy)은 붉은 가시광선을 넘어 전파영역까지 들어오는 복사에너지를 연구하는 것이다.

적외선망원경은 1960년대에 처음으로 설치되었다. 적외선망원경은 기본적으로 주초점에 특수 열 탐지 기능이 있는 광학 반사경이다. 탐지기는 사람들과 장비 및 천문대 벽면으로부터 나온 열 보다는 우주로부터의 적외선을 기록하여 보전하기 위해서 약 2K정도 낮은 온도를 갖도록 차갑게 한다.

공기중의 수증기와 이산화탄소는 적외선을 강하게 흡수한다. 따라서 큰 적외선 망원경은 위쪽의 공기가 희박하고 건조한 매우 높은 산꼭대기에 설치하거나 작은 망원경은 비행기, 풍선, 로켓, 우주선에 띄워 설치한다.

미국/독일에 Stratospheric Observatory for Infrared Astronomy (SOFIA) (▶http://sofia.arc.nasa.gov◀)는 2.5m직경 반사망원경이 12km(40,000피트) 상공을 날수 있도록 개조된 비행기이다. 미국의 Space Infrared Telescope Facility (SIRTF) (2003 -)(▶http://sirtf.caltech.edu◀)는 지구궤도를 도는 85cm 망원경이다.

적외선 망원경은 적외선이 파장이 짧은 가시광선보다 성간먼지를 더 쉽게 통과하기 때문에 비교적 차갑거나 어두운 보이지 않는 광원들을 볼 수 있게 한다. 여러분은 Two Micron All Sky Survey(2MASS)(▶www.jpac.caltech.edu◀)로 온도가 낮은 별들, 은하들, 별과 행성들이 형성되는 성간먼지 구역들, 혜성과 그 중심 영역들과 같은 온도가 낮은 영역들의 보조이미지들을 볼수가 있다. 그리고 적외선은 햇볕에 의해서 흐려지지 않기 때문에 밤과 낮 모두 적외선 망원경을 사용할 수 있다.

문 적외선 망원경의 중요한 장점은 무엇인가?

답 : 가시광선으로 관측되지 않는 온도가 낮은 차가운 천체들을 볼 수가 있다.

2.28 적외선, x-ray, 그리고 감마선 천문학 (ULTRAVIOLET, X-RAY AND GAMMA RAY ASTRONOMY)

고에너지 천문학(high energy astronomy)은 우주에는 오는 강력한 복사와 그 복사원에 대한 연구이다. 1960년대 이후로 각 파장에 적합한 감지기를 탑재한 자외선, x선, 감마선 망원경들이 대기권 밖 궤도에 보내졌다.

태양전지는 동력기계와 방향조절에 전기를 제공한다. 절연체는 기계를 극도의 고온이나 저온, 저압 그리고 우주의 강력한 입자와 복사로부터 보호한다. 항성 추적기와 자이로스코프는 우주관측소의 방향을 바꾸고 명령에 따라 천체를 가리킨다.

고에너지 망원경들은 들어오는 복사를 수집해서 초점을 맞추고, 탐지기는 그것의 세기, 에너지, 폭 그리고 에너지원의 방향을 기록한나. 선과 안테나는 통제 본부로부터의 명령을 받고 본부로 정보를 보낸다.

컴퓨터는 정보를 분석하기 위해서 처리하고 기록하며, 어떻게 어떤 x선원이 어떻게 x선을 만드는지, 그것은 어떻게 빛을 내는지, 밝기가 지속되는 시간의 양 그리고 물체의 종류가 무엇인지를 나타내기 위해 디지털방식 또는 초과시간의 그래프의 강도 또는 에너지의 범위로 표시한다. 관측 데이터는 보이지 않는 물체의 특징을 보여주기 위하여 색으로 생생한 모식도를 정교하게 만들어낸다.

태양, 고온의 별, 항성대기, 성간구름, 은하 헤일로의 뜨거운 가스 그리고 은하계 밖에 에너지원들의 자외선 관측이 많이 이루어지고 있다. 미국의 자외선 탐사 위성 Galaxy Evolution Explorer(GALEX)(2003 –)는 희미하고 매우 먼 거리의 천체들을 탐지하고 있다(▶http://galex.caltech.edu◀).

X선과 감마선은 보통의 거울과 렌즈에 곧바로 쏘아진다. 그래서 우리는 우주의 가장 강력한 에너지원과 격렬한 사건들을 알아내는 방법으로 이용한다(그림 2.19). 미국 위성 Chandra X-ray Observatory(1990 –)(▶http://chandra.harvard.edu◀)는 배럴 통 모양의 거울들로 포개져있어서 입사된 X 선들에 초점은 맞추고 상을 형성한다. 감마선 탐지기는 고밀도의 물질 안에서 충돌한 것을 흡수 정렬한 후 나타난 상을 보여준다.

X선과 감마선 망원경은 갑작스럽고 강렬하게 폭발하는 복사, 블랙홀의 가능성, 활동적인 은하 그리고 먼 거리의 천체들을 찾아내고 있다.

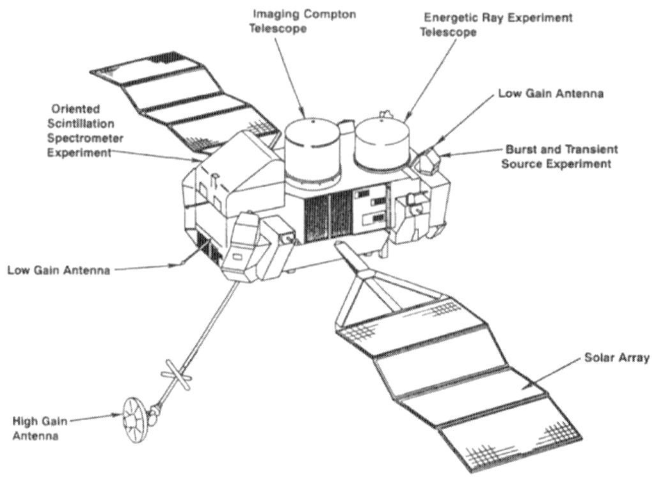

그림 2.19. Compton 감마선 천문대(1999-2003)는 최상의 분해능과 민감성을 갖은 감마선을 측정하는 4개의 기기를 갖고 있다(▶cossc.gsfc.nasa.gov/cossc◀).

문 **자외선, X선, 감마선 망원경에 의한 새로운 관측에 대해 특별히 흥미로운 것은 무엇인가?** ______________________________

답 : 자외선, X선 그리고 감마선들은 가시광선보다 더 많은 에너지를 가지고 있다. 따라서 이들은 특별하고 강렬한 진행 과정에 의해 산출되어야만 하는데 그 과정을 충분히 이해하지 못하고 있다.

자가 평가(SELF-TEST)

자가 평가는 여러분이 2장의 내용들을 충분히 이해하고 있는지를 평가하기 위한 것이다. 각각의 질문에 대하여 답하시오. 자가 평가 문제의 끝 부분에 정답과 점검 사항들을 제시하였다.

1. 우주가 매우 오랜 전에는 어떤 모습을 가졌을까를 알기 위하여 왜 멀리 있는 별들을 찾아보는가를 설명하시오.______

2. (a) 파장이 매우 짧은(고에너지) 전자기 스펙트럼에서부터 파장이 매우 긴(저에너지) 전자기 스펙트럼을 넓게 파장별로 나누어보시오.______
   (b) 모든 전자기파는 어떤 공통점이 있겠는가?______

3. 파장과 주파수 사이의 관계 공식은 무엇인가?______

4. 별의 색의 파란에서부터 붉은색까지 다양하다, 어느 별이 온도가 높은 별이며, 그 이유를 설명하라 ______

5. 천체 관측을 위하여 지구 대기에 의해 나타나는 2개의 대개 창을 말하시오.______

6. 천체 관측을 위한 망원경의 중요 2개의 부분은 무엇이며, 각각의 그 기능을 설명하시오.______

7. 천체 관측을 위한 거대 망원경의 2가지 주된 장점은 무엇인가?______

8. 다음의 내용은 표에 제시된 망원경 중에 어느 망원경이 해당되는가를 말하시오.
   (a) 집광력이 가장 큰 망원경은?______
   (b) 분해능이 가장 좋은 망원경은?______
   (c) 배율이 가장 큰 망원경은?______

특성	반사망원경(1)	굴절망원경(2)
주경 혹은 렌즈의 직경	2 m	1 m
대물경의 초점거리	7.6 m	14.6 m
접안경의 초점거리	5 cm	1 cm

9. 망원경을 만드는데 있어서 가장 중요한 요소 2가지를 말하시오.________________________

____

10. 분광사진기의 목적은 무엇인가?________________________________

____

11. 전파망원경의 장점 3가지만 제시하시오.________________________________

____

____

____

12. 우주망원경의 장점은 무엇인가?________________________________

____

____

13. 다음의 내용에서 서로 관련되는 것끼리 연결하시오.

_____(a) 매우 희미하고 멀리 있는 전파원	(1) Chandra X선 천문대
_____(b) 매우 온도가 높은 별과 가스	(2) Galaxy Evolution Explorer(GALEX)
_____(c) 눈에 보이기는 하나 상대적으로 차가운 천체	(3) Keck 망원경
_____(d) X선원	(4) 초장기선전파망원경

해답(ANSWERS)

아래 주어진 답들과 여러분 스스로 풀어본 답들과 비교하시오. 만약 모든 문제의 정답이 일치하면 다음 장을 공부할 수 있는 실력입니다. 만약 약간의 오답이 있는 경우 그 문제에 해당되는 각 절을 재검토한 후 답을 수정하고, 많은 문제에서 오답이 있을 경우 전체 장을 주의 깊게 다시 읽고 답하시오.

1. 별빛은 별의 전하에 의하여 복사된다. 빛의 파장은 300,000km/sec의 매우 빠른 속도를 갖고 별로부터 전하를 가진 에너지로 우리에게 전달된다. 따라서 수십에서 수백 광년 거리의 별에서 오는 별 빛은 수십 년 수백 년 전에 떠난 빛을 우리가 보고 있는 것이다 (2.1, 2.5절).

2. (a) 감선, X선, 자외선, 가시광선, 적외선, 전파
   (b) 모든 전자기파는 우주 공간에서 같은 속도인 빛의 속도인 300,000 km/sec의 속도로 전달된다 (2.3, 2.5, 2.8절).

3. $c=f\lambda$ 혹은 파장= 파의 속도/주파수 (2.2, 2.5, 2.6, 2.8, 2.9절)

4. 푸른 별이 온도가 높다. Wien의 복사법칙에 따르면 복사에너지의 세기가 최대가 되는 파장이 짧으면 짧을수록 그 별의 온도가 높다. 청색이 붉은색보다 더 짧은 파장을 갖는다 (2.2,2.10절)

5. 가시광선에 해당되는 광학적인 창과 전파의 창 (2.11절)

6. (1) 주경 혹은 대물렌즈 - 빛을 모으고 상을 형성 (2) 접안경 - 주경과 대물렌즈에 의하여 형성된 상을 확대 (2.12, 2.14, 2.15절)

7. 강력한(큰) 집광력과 분해능 (2.12, 2.19, 2.23절)

8. (a) 1; (b) 1; (c) 2 (2.12, 2.19, 2.20절)

9. 주경과 렌즈의 크기와 질 (본질적으로는 안정된 가대의 설치) (2.12, 2.17-2.23절)

10. 빛을 각각의 파장으로 분산시켜 기록한다 (2.24절)

11. 1) 전파를 내는 천체인 전파원을 밝혀내는데 이용한다
    2) 광학망원경으로 관측 불가능한 은하계니의 성간먼지 뒤에 숨어 있는 전파원을 찾는다
    3) 전파망원경은 흐린 날씨나 낮 시간에도 사용가능하다
    4) 광학 관측이 불가능한 위치에 있는 전파원들을 볼 수 있다 (2.25, 2.26절)

12. 대기권 밖에 우주망원경을 올려놓게 됨으로 지상에서는 관측할 수 없는 감마선, x선, 자외선을 관측할 수가 있다. 대기권 밖에는 대기에 의한 별빛의 감소나 전파 간섭이 없기 때문에 실질적으로 우주 망원경의 분해능을 더 높일 수가 있다 (2.11, 2.21, 2.26, 2.27, 2.28절)

13. (a) 4; (b) 2; (c) 3; (d) 1 (2.23, 2.26, 2.28절)

제3장

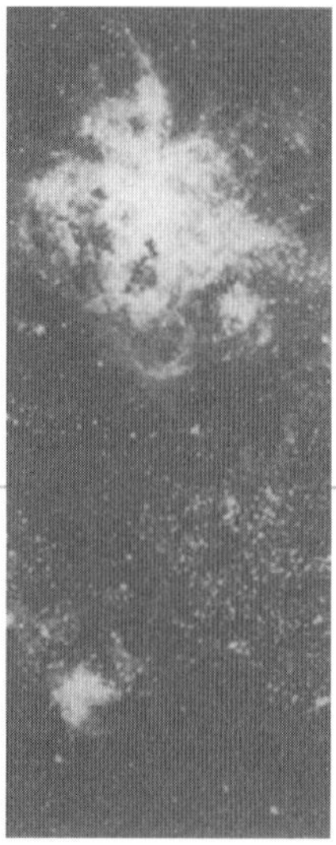

항성
(The Stars)

별들과 하늘을 고개 들어 보라!
오, 창공의 모든 존재들을 보라!

제라드 홉킨스(1844 - 1899)
별이 빛나는 밤

목표

☆ 별의 거리를 결정하기 위한 항성시차에 대하여 알아보자.
☆ 스펙트럼의 3가지 종류: 연속스펙트럼, 흡수스펙트럼, 방출스펙트럼에 대하여 알아보자.
☆ 방출 및 흡수스펙트럼이 그러한 스펙트럼을 형성하는 원소만의 고유한 특성임을 설명하여보자.
☆ 별에 대한 스펙트럼을 이해하고 분광형은 어떻게 결정되는가를 설명하여보자.
☆ 별의 스펙트럼으로부터 그 별의 화학적조성, 표면온도, 시선속도를 어떻게 결정하는지 설명하여 보자.
☆ 별의 스펙트럼으로부터 어떤 정보들을 얻을 수 있는지 알아보자.
☆ 별의 고유운동과 공간운동은 어떻게 결정하는지 알아보자.
☆ 겉보기 밝기와 광도 사이의 차이점을 설명하여 보자.
☆ 별의 겉보기등급, 절대등급과 거리 사이의 관계를 알아보자.
☆ H-R도를 조사하여보고, 광도와 온도에 따른 별의 질량과의 관계를 알아보자.
☆ 태양과 적색거성과 백색왜성의 질량, 크기, 밀도에 관하여 비교하여 보자.
☆ 쌍성을 정의하고 그 종류를 알아보자.

3.1 가까운 별의 거리(DISTANCES TO NEARBY STARS)

밤하늘에 반짝이는 별들은 사실 엄청나게 먼 곳에서 있다. 수세기 동안 천문학자들은 별들의 실제 거리를 알아내려는 노력을 계속해왔다.

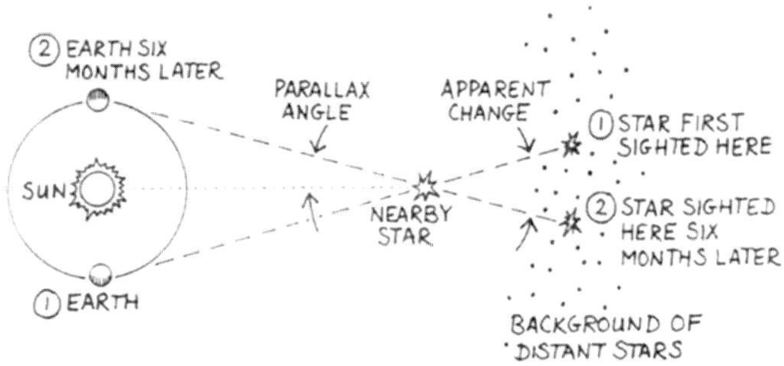

그림 3.1. 항성 시차. 가까운 별은 멀리 떨어진 별들의 배경에 대해 1에서 2의 위치로 이동하는 것처럼 보인다. (실제 시차의 각은 매우 작다.)

별의 **시차(parallax)**는 가까운 별의 거리를 계산하는데 사용된다. 한 별의 위치는 다른 별들에 대해 상대적으로 결정되는데, 6개월 후인 지구가 태양주위를 절반 공전하였을 때 그 별의 위치를 다시 측정한다.

지구가 태양을 공전함에 따라 가까이 위치한 별들은 먼 거리에 위치한 별들에 대해 상대적으로 선후로 이동하는 것처럼 보인다. 이러한 별의 위치 이동은 지구 궤도의 서로 반대 측면에서 관측되며 이를 **항성시차(stellar parallax)**라고 한다. 별까지의 거리는 그 별의 위치가 변화한 각의 절반에 해당하는 **시차각(parallax angle)**으로부터 계산된다(그림 3.1).

항성시차는 매우 작은 값으로 **초(″)**단위로 측정된다. 1″=1/3600°로 약 2km 정도 떨어져서 아스피린 한 알을 볼 때의 각직경이 1″이다. 그런데 가장 가까운 별의 시차조차도 1″보다도 작다.

1 **파섹(pc)**이란 1″의 시차를 갖는 가상의 별까지의 거리로 정의되며 31조km(19조miles) 혹은 3.26광년에 해당한다.

우리는 측정된 시차로부터 별까지의 거리를 계산하기 위해 다음 공식을 사용한다.

별의 거리(pc) = 1 / 시차(″)

항성시차는 별의 거리에 반비례한다. 항성시차는 100pc의 거리에 해당하는 0.″01 까지 측정될 수 있다. 이 거리내의 별들의 작은 항성시차는 정확하게 측정된 값을 갖는다.

유럽의 **측성(astrometry)** 위성인 High Precision Parallax Collecting Satellite(고정밀도의 항성시차 측정위성) 즉 Hipparcos는 118,000개의 별들의 정확한 위치, 시차, 고유운동을 측정했고, 다소 정확도는 떨어지지만 또 다른 2 백만 개의 별들도 관측했다. Hipparchus(1.7절)는 B.C.120년에 달의 시차를 측정함으로써 지구로부터 달까지의 거리를 계산했던 사람이다. Hipparcos Star Catalog와 그 후속의 Tycho -2 Catalog는 별의 시차들에 대한 방대한 데이터를 담고 있다.

100pc 밖의 대다수의 별의 거리를 결정할 때에는 다른 간접적인 방법을 이용해야한다.

별이 "가까이" 있다는 것의 의미는 무엇인가? 그림 3.2.를 참고해보시오. 가령, Alpha Centauri의 시차가 0.″74로 측정된다면 이 별은 지구로부터 40조km에 해당하는 1.35pc 또는 4.4광년 가량 떨어진 곳에 위치하는 것이다. (Alpha Centauri는 실제로는 이중성으로서, 희미한 Proxima Centauri와 같이 3중성 계를 이루고 있다.)

문 **Sirius의 시차가 0″.38로 측정된다면, 지구로부터 이 별까지의 거리를 (a) 파섹 단위로 하면? ________ (b) 광년단위로는? ________ (c) km또는 mile단위로는? ________**

답 : (a) 2.6pc; (b) 8.6ly; (c) 81조km 또는 50조miles.

설명 : (a) $\frac{1}{0''.38}$ (b) (2.6pc) × 3.26 $\frac{ly}{pc}$

(c) (2.6pc) × 31조 $\frac{km}{pc}$ 또는 (2.6pc) × 19조 $\frac{mile}{pc}$

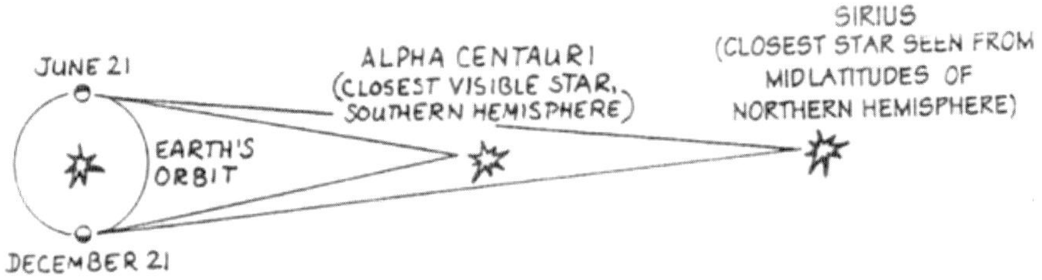

그림 3.2. 항성시차 이용한 가장 가까운 밝은 별의 거리 측정.

3.2 스펙트럼의 유형(TYPES OF SPECTRA)

별은 매우 멀리 떨어져있지만, 우리는 별에 대해 많은 것을 알고 있다. 천문학자들은 별빛으로부터 놀라울 만큼의 많은 정보를 얻어낸다.

별빛이 다양한 파장으로 구성되어 있음을 기억하자. 파장에 따라 별빛을 분산하여 얻은 스펙트럼을 통해 우리는 별에 관한 많은 단서를 발견할 수 있다. **분광기(spectroscopy)**는 스펙트럼을 분석하는 기기이다. 스펙트럼은 기본적인 3가지 유형이 있는데 이들은 각각 서로 다른 물리적인 조건에서 만들어진다.

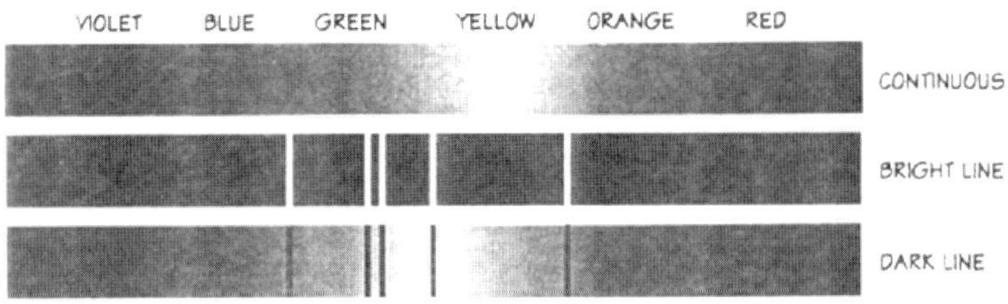

그림 3.3. 분광기를 통해 보이는 스펙트럼의 3가지 유형.

문 **그림 3.3의 각 스펙트럼의 유형별 형태를 기술하시오.**

(a)______________________________

(b)______________________________

(c)______________________________

답 : (a) 연속 스펙트럼 : 모든 무지개 색깔의 연속적인 배열
(b) 방출선 또는 휘선 스펙트럼 : 각 파장에 따라 밝고 색깔을 띠는 선들이 나타나는 패턴
(c) 흡수선 또는 암선 스펙트럼 : 연속 스펙트럼의 배경 위에 어두운 선이 나타나는 패턴

Note : 현대 천문학자들은 스펙트럼을 통해 파장에 따른 빛의 세기(Intensity) 그래프를 연구한다. (그림 3.9, 6.22b)

3.3 스펙트럼 선(SPECTRAL LINES)

스펙트럼의 각 유형은 원자에 의해 형성된다. 원자는 더 이상 분해할 수 없는 최소의 화학단위이다.

100 여개 이상의 화학적인 원소들이 밝혀져 있고(부록 4) 각 원소는 덴마크의 물리학자인 Niels Bohr(1885 - 1962)가 처음으로 설명한바있듯 각각이 특별한 종류의 원자를 갖고 있다.

보어 원자모델(Bohr atom model)에서 각 원소의 원자들은 고유한 수의 양전기로 대전된 양자를 갖는 원자핵과 핵 주위를 돌고 있는 음전하로 된 같은 수의 전자들을 가지고 있다. 그러므로 원자는 보통은 전기적으로 중성이다.

전자들은 일정한 반경의 허용된 궤도 내에 한정되어있다. 특정한 궤도내의 전자는 정해진 **결합에너지(binding energy)**를 갖는데, 이 결합에너지는 원자로부터 전자를 떼어내는데 필요한 에너지이다. 각 원소는 자신 고유의 허용된 전자 궤도 혹은 **에너지 궤도(energy level)**를 가진다.

안전한 원자는 **바닥상태(ground state)**에서 최소의 에너지를 갖는다. 만약 여기에 적당한 에너지가 공급되면, 전자는 보다 높은 에너지 궤도로 올라갈 것이다. 그 때 원자는 불안정한 **들뜸상태(exited state)**에 있다. 전자가 되 떨어질 때 원자는 **광자(photon)**라 불리는 빛 입

자의 형태로 에너지를 방출한다.

원자가 충분한 에너지를 흡수하면, 한개 또는 그 이상의 전자가 완전히 떨어져나갈 수 있다. 이처럼 양의 전하가 남겨진 원자를 **이온**(ion)이라 부른다.

밝은 색을 띤 **방출선**(emission line)은 전자들이 높은 에너지레벨에서 낮은 에너지레벨로 되 떨어질 때 만들어진다. 방출될 때 만들어지는 빛의 파장은 두 에너지레벨들 사이의 에너지 차이에 반비례한다. 중성원자나 이온화된 원자는 자신의 고유한 에너지레벨을 갖기 때문에 각각의 원소는 고유한 밝은 색을 띠는 방출선을 갖는다(그림 3.4).

검은 흡수선(dark absorption line)들은 원자가 빛을 흡수하여 전자들이 더 높은 에너지레벨로 올라갈 때 만들어진다(그림 3.5).

그러므로 방출 스펙트럼이나 이에 상응하는 흡수 스펙트럼은 그러한 스펙트럼을 만들어내는 원소를 동정을 하는데 효과적이다.

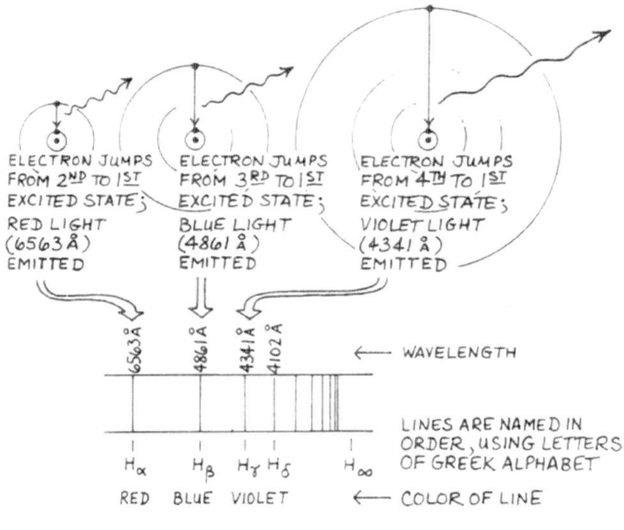

그림 3.4. 수소의 적색, 청색, 자색 방출선들의 기원(바닥상태는 보이지 않는다).

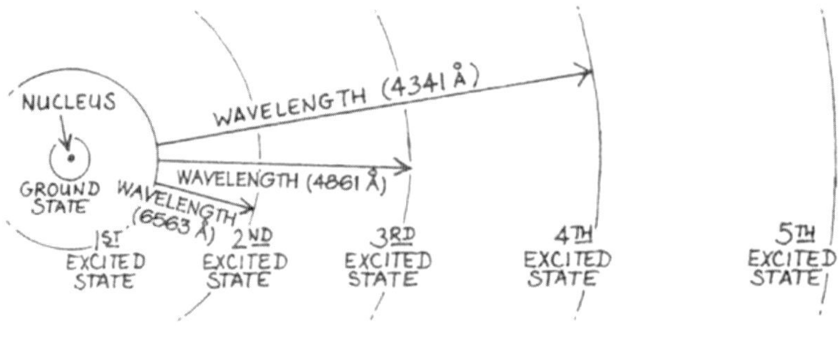

그림 3.5. 수소에서 적색, 청색, 자색 방출선에 상응하는 검은 흡수선들의 기원

문 왜 원자에서 서로 다른 색깔(특정한 파장)의 빛을 방출하는가?________________

답 : 각 색깔(파장)은 특정한 높은 에너지레벨에서 특정한 낮은 에너지레벨로 내려오는 전자에 대응된다.

3.4 별의 스펙트럼(SPECTRA OF STARS)

별의 스펙트럼(stellar spectrum)은 대부분 연속적인 색깔의 밴드 위에 겹쳐서 검은 선의 형태로 나타난다(그림 3.8). 미국의 아마추어 천문학자였던 Henry Draper(1837 - 1882)가 1872년에 처음으로 별의 스펙트럼을 찍었다.

별은 많은 종류의 원자들이 모든 색깔의 빛을 방출하는 가스로 된 구이다. 우리 눈으로 볼 수 있는 별의 밝은 표면인 **광구(photosphere)**의 빛은 희미한 연속스펙트럼과 같다. 그러나 별 빛이 별 바깥 대기층을 통과하면서 일부의 색(특정파장의 의 광자)들이 흡수되고 검은 흡수선들이 만들어지는데 이 흡수선들을 통해 그 별의 대기를 구성하는 화학성분을 밝혀낸다.

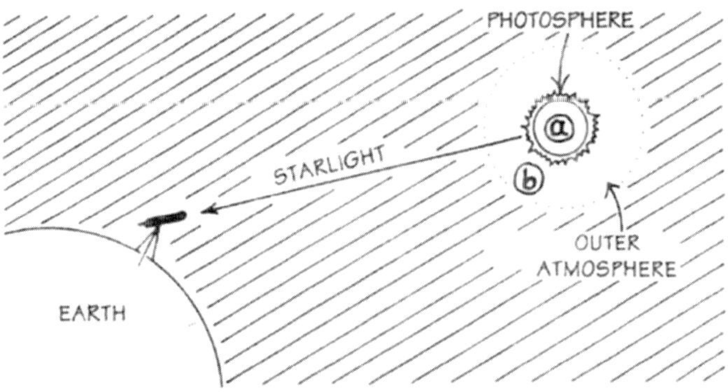

그림 3.6. 우리가 관측하는 별빛은 그별의 별 바깥 대기층을 통과한 광구로부터 나온다.

문 **그림 3.6을 참고하여 연속 스펙트럼과 흡수 스펙트럼이 각각 어느 지역에서 만들어지는지 밝혀라.**

(a)____________________; (b)____________________

답 : (a) 연속 스펙트럼; (b) 흡수 스펙트럼.

3.5 화학 조성(CHEMICAL COMPOSTION)

처음으로 흡수 스펙트럼을 분석한 별이 바로 우리의 태양으로서 1814년에 독일의 물리학자인 Joseph von Fraunhofer(1787 - 1826)는 태양의 강한 흡수선들을 확인 기록하였는데 현재 이를 **프라운호퍼 선(Franunhofer line)**이라 한다.

그 후로 천문학자들은 태양의 스펙트럼에서 수많은 흡수선들을 분류하였고, 이 흡수선들과 지구상의 많은 원소들에서 만들어지는 스펙트럼선들을 비교하여 태양에서 70개 이상의 원소들이 있음을 밝혀냈다(그림 3.7).

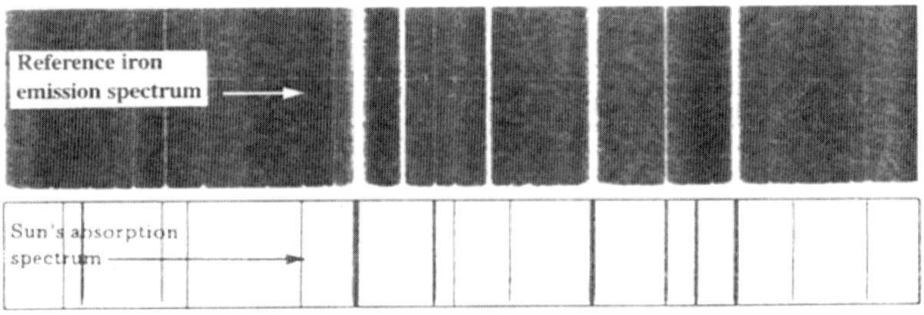

그림 3.7. 천문학자들은 철의 방출스펙트럼과 태양의 흡수스펙트럼에서의 흡수선들을 맞추어보아 태양에 철이 있음을 확인한다.

문 **어떻게 별들의 화학조성을 결정할 수 있는가? 단, 별의 내부와 그 대기가 같은 성분으로 되어있다고 가정하자.**____________________

답 : 별의 스펙트럼에 흡수선과 지구상의 원소에서 나오는 스펙트럼선을 비교하여 분석함으로써 알게 된다.

3.6 분광형(SPECTRAL CLASSES)

태양의 스펙트럼과 Polaris(북극성) 혹은 Vega(직녀성)과 같은 여러 별의 스펙트럼을 비교해보면(그림 3.8), 일부는 같아 보이는 반면 다른 부분들은 꽤 다르게 보인다는 것을 알 수 있다. 별의 흡수 스펙트럼으로부터 별들을 7개의 주요 유형으로 분류하는데 이를 별의 **분광형(spectral classes)**이라 한다.

수소선들은 태양의 스펙트럼에서보다 몇몇 별들에서 더 강하게 나타난다. 천문학자들은 과거한때 이렇게 강한 수소선을 갖는 별이 다른 별보다 더 많은 수소를 갖는다고 잘못 생각했었다. 이리하여 이들은 별들을 수소선의 세기에 따라 알파벳순으로 수소선이 가장 강

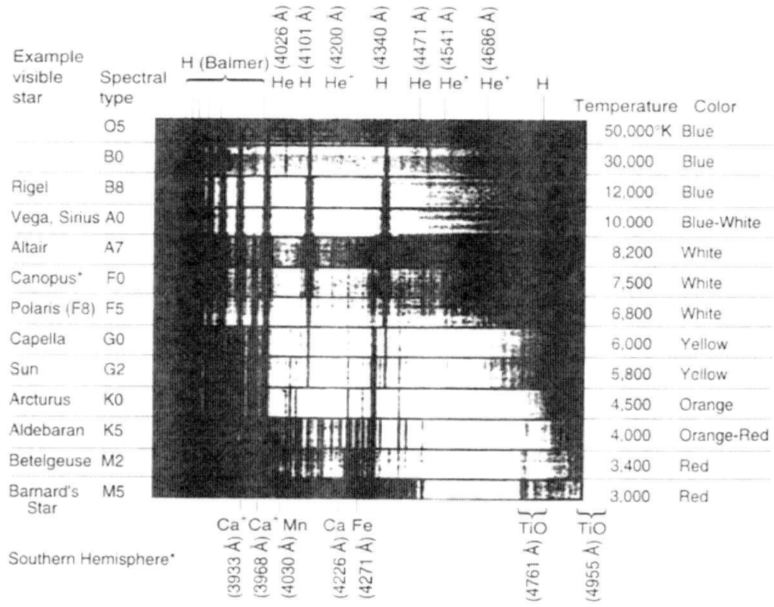

그림 3.8. 7개의 주요 분광형. 온도가 감소되는 순서로 배열되어있다. 스펙트럼선에서 파장의 단위로 옹스트롬(Å)을 사용한다.

한 별(A형)부터 가장 약한 별(Q형)까지 분류했다.

225,300개별의 스펙트럼을 조사하고 분류했던 미국의 천문학자 Annie J. Cannon(1863 - 1941)은 이러한 분류체계를 현재의 형태인 O B A F G K M으로 수정하였다. (천문학도들은 이 이상한 순서를 "*Oh Be A Fine Girl/Guy Kiss Me.*"로 말하며 기억한다.)

모든 별들은 보통 대부분이 수소와 헬륨으로 만들어진 화학조성을 갖는다. 미국 천문학자 Cecilia Payne - Gaposhkin(1900 - 1979)은 별의 흡수선 형태의 차이가 별들의 **표면온도(surface temperatur)**가 다르기 때문에 생긴다는 것을 알았다.

분광형의 순서는 온도의 순서로서. O형별의 온도가 가장 높고, 온도가 연속적으로 감소하여 M형별이 가장 온도가 낮다. 각 스펙트럼형은 다시 온도의 감소에 따라 0부터9까지 10개로 세분된다.

새로운 분광형이 새로운 발견의 필요에 따라 추가되어 M형보다 더 온도가 낮은 별과 갈색왜성들을 L형과 T왜성형으로 분류하였다.

문 **별의 분광형을 결정하는 특성은 무엇인가?** ______

답 : 표면온도

3.7 온도(TEMPERATURE)

온도가 높은 별과 온도가 낮은 별의 스펙트럼은 큰 차이를 보인다. 그림 3.8의 사진들은 7개의 주요 분광형을 나타낸다. 각각의 분광형은 온도계의 숫자처럼 별의 온도를 지시해주는 특징을 갖는다.

높은 온도부터 낮은 온도까지 순서대로의 분광형과, 각 분광형에 대한 대략적인 표면온도와 주요 특징들이 표 3.1에 요약되어있다.

여러분은 새로운 별의 스펙트럼을 그림 3.8과 표 3.1의 유형별 특징을 비교해봄으로써 그 별의 분광형과 예상되는 온도를 알 수 있다.

표 3.1 각 분광형별 특징

분광형	온도	주요 특징
O	〉30,000	스펙트럼선이 거의 없다; 이온화된 헬륨선
B	10,000-30,000	중성 헬륨선
A	7,500-10,000	수소선이 매우 강하다
F	6,000-7,500	수소선 강함; 이온화된 칼슘선; 많은 금속선
G	5,000-6,000	이온화된 칼슘선이 강함; 중성 및 이온화된 철 과 금속들이 강함
K	3,500-5,000	중성 금속선들이 강함
M	〈3,500	산화-티타늄 분자 띠

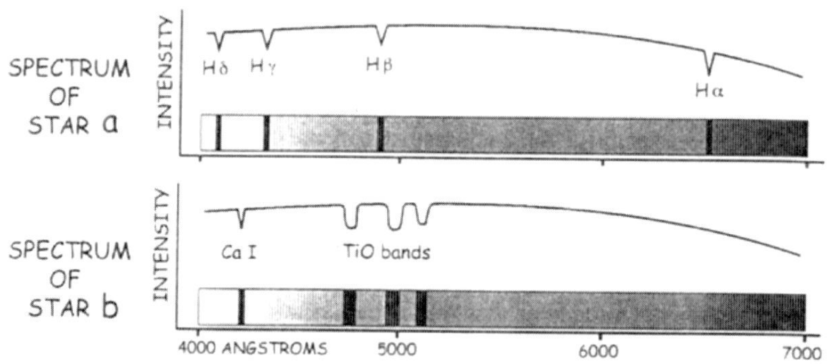

그림 3.9. 별의 스펙트럼은 파장에 대한 빛의 세기(Intensity)의 그래프 또는 고전적인 사진 스펙트럼처럼 보이는 그림으로 나타내진다.

문 그림 3.9에서 보이는 스펙트럼을 보고 각 별의 분광형과 가능한 온도를 적으시오.

(a) ______________________; (b) ______________________

답 : (a) A형(7500K~10,000K); (b) M형(〈3500K).

3.8 분광형의 특징(ORIGIN OF SPECTRAL CLASS CHARACTERISTIC)

모든 별이 실제로 같은 성분으로 되어있음에도 불구하고 온도가 높은 푸른별(O형)과 온도가 낮은 적색별(M형)이 왜 그렇게 다른 스펙트럼을 만드는지를 원자이론이 설명해준다.

모든 원소의 특정한 온도와 밀도에 따라 그에 상응하는 흡수선을 만든다.

O형별에서처럼 극단적인 고온에서는 원자가 이온화(ionized)된다. 단지 한번 이온화된 헬륨처럼 가장 단단하게 결합된 원자만 살아남게 되고 그로부터 이온화된 헬륨 원자의 선이 강하게 나타나게 된다. 태양과 같은 G형별은 온도가 대략 5,800K으로 철, 니켈과 같은 금속원자기 이온화과정 없이 중성원자로 남아있다. M형별처럼 온도가 3,500K 아래로 내려가면, 산화-티타늄같은 분자도 존재할 수 있다.

문 **별의 스펙트럼에서 수소처럼 특별한 원소의 흡수선이 없다는 것은 그 별이 그 원소를 포함하지 않는다는 것을 의미하는가? 설명하라.**

답 : 아니다. 그별의 온도가 어떤 종류의 원소가 흡수선을 만들 수 있는지를 결정한다.

3.9 운동(MOTIONS)

별은 초당 수 킬로미터의 **공간속도(space velocity)** 혹은 태양에 대한 공간 운동을 갖는다.

공간속도는 독립적으로 측정되는 두 가지 성분으로 구성되어있는데, 우리로부터 시선방향으로 멀어지고 가까워지는 속도인 **시선속도(radial velocity)**와 별의 위치에 있어 1년의 각 변화량을 나타내는 **고유운동(proper motion)**이 있다(그림 3.10).

별의 시선속도는 그 별의 스펙트럼 분석으로부터 결정된다. 호주의 물리학자인 Christian Doppler(1803-1853)에 의하여 발견된 **도플러편이(Doppler shift)**는 파동 운동을 갖는 모든

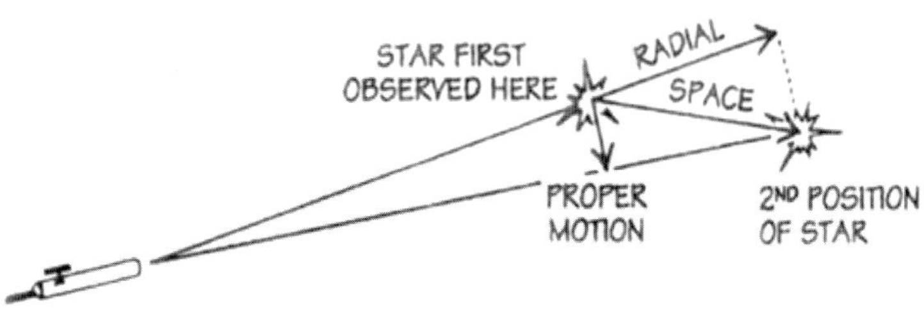

그림 3.10. 공간속도는 두 가지 성분-시선속도와 고유운동이 있다.

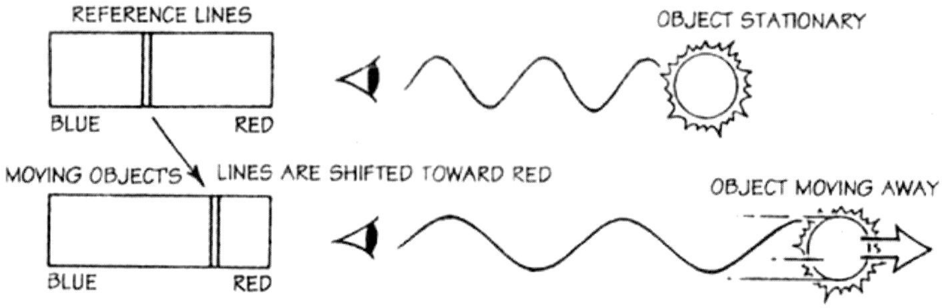

그림 3.11. 도플러이동. 어떤 주어진 원소의 스펙트럼선을 별의 스펙트럼선과 비교한다. 적색으로 편이 된 스펙트럼선들은 물체가 우리로부터 멀어지고 있음을 말해준다.

것에 다 적용된다. 파의 공급원과 관측자가 서로 가까워지거나 멀어질 때 관측된 파장은 변화된다.

별의 스펙트럼 선(파장)과 철과 같은 주어진 어떤 원소의 비교 스펙트럼과 서로 비교해 보면 그 별이 우리를 향해 다가오거나 멀어짐에 따라 별의 파장은 더 짧아지거나(**청색편이-blueshift**) 더 길어는 것을 알 수가 있다(**적색편이-redshift**). (그림 3.11)

변이된 파장($\Delta\lambda$)을 정지된 공급원으로부터의 파장(λ)으로 나누어 값은 상대적인 속도(v)에 비례한다. (속도 v가 빛의 속도c 에 비해 현저히 적을 경우) 이를 식으로 나타내면:

$$\frac{\Delta\lambda}{\lambda} = \frac{v}{c}$$

고유운동은 20에서 30년 이상의 간격을 두고 측정한다. 모든 별에 대한 평균 고유운동은 각으로 1년에 0.1초(0.″1)보다 작다. 이러한 비율은 여러분이 좋아하는 별자리의 모양이 평생 동안 조금이라도 변한 것을 알아차리지 못할 정도이다. 그러나 만약 지금으로부터 5만년 후의 하늘을 관측할 수 있다면 매우 다르게 보일 것이다(그림 3.12).

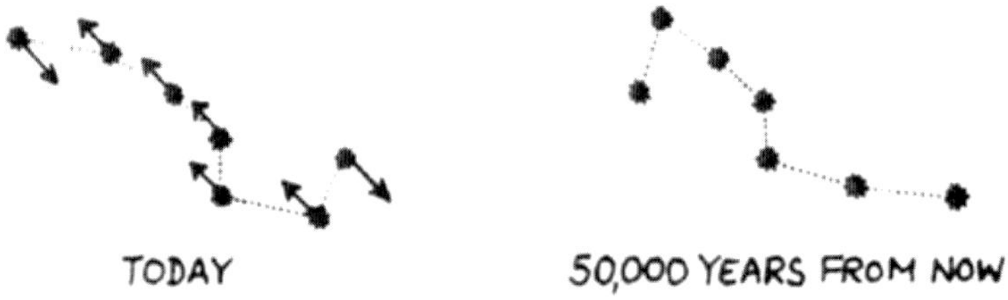

그림 3.12. 현재 측정된 북두칠성의 고유운동은 미래에 북두칠성의 별자리 모양이 새롭게 바뀐 모습이 될 것임을 암시해준다.

문 **5만년 후에 평균적으로 별의 위치변화는 각으로 얼마나 되겠는가?**___________

답 : 5000″ 또는 1.39° (달의 각직경 $\frac{1}{2}$° 의 거의 3배).
설명 : 0.″1 / year × 50,000years = 5000″

3.10 기타 특성(OTHER PROPERTIES)

별에 대한 또 다른 정보는 **스펙트럼 선 모양(spectral line shape)**을 주의 깊게 측정해보면 얻을 수 있다.

충돌선폭증가(collisional broadening)는 가스 밀도를 알려준다. 스펙트럼선의 선폭증가는 밀도가 높은 별에서 원자들이 더 빈번한 충돌이 일어날 때 만들어진다.

회전선폭증가(rotational broadening)를 통해서 그 별의 자전을 알 수 있다. 관측 가능하다면 선폭 증가된 선은 그 별의 자전속도의 최저 한계값을 알 수 있게 해준다.

Zeeman효과라 불리는 스펙트럼선의 갈라짐이나 선폭증가는 자기장 지역에서 나타난다. 선이 갈라지는 양은 자기장의 세기에 좌우된다.

이와 같은 선폭증가는 육안으로 구별되는 것이 아니라 강도가 민감한 분광계를 사용하여 선의 모양을 정확하게 분석함으로써 결정된다.

문 **스펙트럼 선 모양과 연련 있는 별의 특성 3가지를 적으시오.**
(1)__________; (2)__________; (3)__________
답 : (1) 밀도; (2) 자전; (3) 자기장세기.

3.11 스펙트럼 해석하기(DECODING A STAR'S SPECTRUM)

문 **천문학자들이 스펙트럼으로부터 별의 여러 특성들을 어떻게 알아내는지 여러분이 이해한 것을 간략히 요약하여 적으시오.** __________

답 : 여러분의 요약에는 다음과 같은 개념이 포함되어야 한다. (1) 어떤 원소의 특징적인 선의 유무로 알 수 있는 화학조성, (2) 분광형으로 알 수 있는 온도, (3) 스펙트럼선의 도플러이동으로 알 수 있는 별이 가까워지고 멀어지는 속도, (4) 스펙트럼선모양으로 알 수 있는 별의 밀도, 자전, 표면자기장

3.12 광도(LUMINOSITY)

천문학자들은 별이 매초 우주공간으로 방출하는 실제 빛의 양인 광도(luminosity)로부터 하늘에서 실제로 보이는 별의 겉보기 밝기(apparent brightness)를 구별한다.

우리가 가장 잘 알고 있는 별은 우리의 태양이다. 다른 별의 광도는 **태양의 광도($L_\odot$ - Sun's luminosity)**의 단위로 종종 나타낸다. 태양의 광도는 100와트 전구 3.85×10^{24}개가 한꺼번에 빛을 낼 때와 같다.

광도가 가장 큰 별은 태양광도의 백만 배 이상이고, 광도가 가장 작다고 알려진 별은 태양광도의 0.0001배 보다 더 작다. 오리온자리의 Rigel은 태양광도보다 6만 배 더 밝다.

문 **왜 Rigel보다 태양이 우리에게 더 밝게 보이는지 설명하시오.** ____________________

답 : Rigel은 지구에서 태양까지의 거리(약 1억 5천만km, 9300만mile)보다 5천만 배 더 멀리 떨어져있다(1400광년). 별의 겉보기 밝기는 그 별의 광도와 그 별까지의 거리에 영향을 받는다.

3.13 빛의 전달(PROPAGATION OF LIGHT)

하늘 보이는 별들의 그 자체만으로는 어느 별이 더 큰 광도를 갖는지 말할 수 없다. 같은 광도(L)의 별이라도 거리(d)가 더 멀리 있는 별이라면 밝기(B)가 더 작은 것으로 보인다.

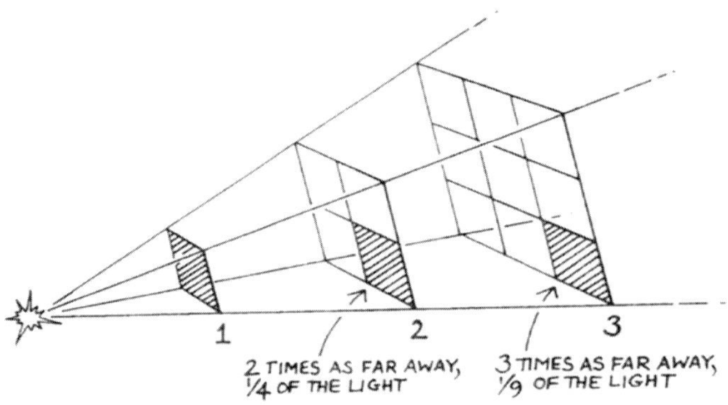

그림 3.13. 역자승의법칙. 1의 거리에서 1개의 사각형, 2의 거리에서 4개의 사각형, 3의 거리에서 9개의 사각형에 비춰지는 별빛의 양은 모두 같다. 그러므로 두 별이 정확히 같은 광도를 가지지만 한별이 다른 별보다 두 배 멀리 떨어져 있다면, 멀리 떨어져 있는 별은 가까이 있는 별보다 $\frac{1}{2^2} = \frac{1}{4}$만큼의 밝기로 보일 것이다. 왜냐하면 여러분의 눈에는 $\frac{1}{4}$만큼의 빛만이 보이기 때문이다.

빛은 광원으로부터 모든 방향에 일정하게 퍼져나가기 때문에, 단위면적에 도달하는 빛의 양은 별로부터 떨어진 거리의 제곱에 반비례한다. 이런 관계를 **역자승의 법칙(inverse square)**이라 부른다(그림 3.13). 이를 식으로 나타내면, $B=L/4\pi d^2$이다.

문 **태양은 우리에게 매우 가까이 있어서 특별히 밝다. 만약 태양이 현재보다 10만배 더 멀어진다면, 얼마나 어두워져 보일까?**______________________________

____

답 : 100억배 더 어두워진다. 또는 대략 밝은 청백색별인 Sirius처럼 보인다.
설명 : $\frac{1}{(100,000)^2} = \frac{1}{10,000,000,000}$ 배 밝아진다.(100억배 어두워진다.)

3.14 겉보기등급(APPARENT MAGNITUDE)

별의 **겉보기등급(apparent magnitude)**은 별이 얼마나 밝게 보이는지를 측정한 것이다(1.7절을 보라). 현대의 등급비는 1등성은 6등성보다 정확히 100배 더 밝은 것으로 정의한다.

이 비율은 우리 눈이 별의 밝기의 증가에 따라 반응하는 방식과 일치한다. 밝기의 선형적인 증가(1등급차이)로써 우리가 보는 것은 정확히 기하학적으로 증가(2.512배)하는 밝기로써 측정된다.

별의 등급차이는 상대석인 밝기로 측정된다. 표 3.2에 등급차이에 따른 대략적인 밝기비가 나열되어 있다.

표 3.2 등급차와 밝기비

등급차	밝기비
0.0	1:1
1.0	2.5:1
2.0	6.3:1
3.0	16:1
4.0	40:1
5.0	100:1
6.0	251:1
10.0	10,000:1
15.0	1,000,000:1
20.0	100,000,000:1
25.0	10,000,000,000:1

(-)로 큰 값을 가질수록 밝은 천체이고 (+)로 큰 값을 가질수록 어두운 천체로 정한다는 사실을 기억하라.

표 3.3 등급 자료 예시

천체	참고	겉보기등급	절대등급
태양		-26.7	4.8
100 와트 전구	3m 거리	-18.7	66.3
달	보름달	-12.5	32
금성	가장 밝을 때	-4.7	28
시리우스(Sirius)	가장 밝은 별	-1.4	1.4
알파 센타우리(α Centauri)	가장 가까운 별	0	4.4
안드로메다 은하	가까운 은하	3.5	-21

문 **표 3.2와 3.3을 참고하여, 태양은 Sirius보다 얼마나 더 밝게 보이는가? 설명하라.**

답 : 천만 배 더 밝다.
설명 : 등급차이가 (-26.7)-(-1.4) ≅ 25 이므로 이에 해당하는 밝기 비는 1천만:1이다.

3.15 절대등급(ABSOLUTE MAGNITUDE)

절대등급(absolute magnitude)은 별이 실제 우주공간으로 얼마나 많은 빛을 방출하는지에 대한 광도를 측정하는 것이다. 만약 모든 별들을 지구에서 같은 거리에 정렬시킬 수 있다면, 우리는 각각의 별들이 본질적인 밝기가 얼마나 차이가 나는지 알 수 있을 것이다.

천문학자들은 별들을 기준거리인 지구로부터 10pc 거리에 옮겨두었다 가정하고 측정한 겉보기등급으로써 그 별의 절대등급을 정의한다. 별까지의 거리에 의한 효과를 제거함으로써 별이 실제 방출하는 빛의 차이를 절대등급의 비교를 통해 알 수가 있다(그림 3.14).

어느 한 별이 10pc보다 더 멀리 떨어져 있다면, 그 별은 절대등급보다 겉보기등급이 더 큰 수를 갖는다.(등급이 양수로 커질수록 더 어두운 천체임을 나타낸다.) 예를 들면 Polaris(북극성)은 130pc의 거리에 떨어져 있는데 절대등급이 -4.1등급인 반면 겉보기등급은 +2.0등급이다.

반면에 10pc보다 가까운 별은 겉보기등급이 절대등급보다 더 작은 수를 갖는다. 그러므로 Sirius는 2.6pc 떨어져있어서 절대등급이 +1.5등급인데 반해 겉보기등급은 -1.4등급을 갖는다.

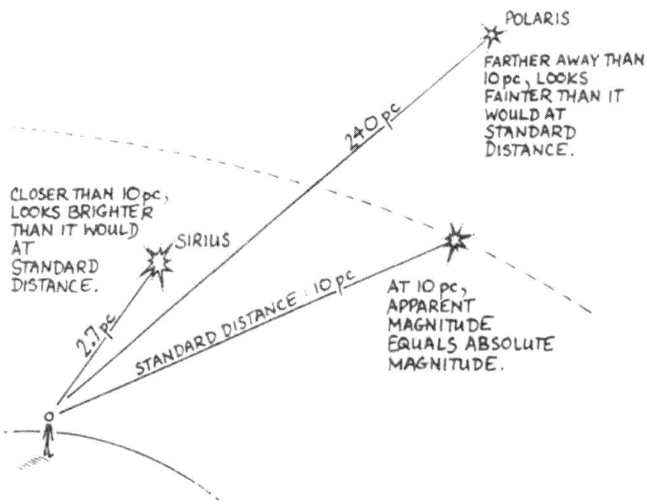

그림 3.14. 절대등급과 겉보기등급.

문 두개의 밝은 별 Deneb와 Vega(직녀성)를 고려해보자. 표 1.1을 참고하여 아래 표의 빈칸을 채워라. (a) 어느 별이 더 밝게 보이는가?________; (b) 어느 별이 실제 더 큰 광도를 갖는가?________; (c) 여러분이 a와 b를 다르게 대답한 요인은 무엇인가?________

별	별자리	겉보기등급	절대등급
Deneb	백조별자리	(a)	(b)
Vega(직녀성)	거문고자리	(c)	(d)

답 : (a) 1.25; (b) −7.5; (c) 0.03; (d) 0.6.
(a) Vega (더 작은 값의 겉보기등급)
(b) Deneb (더 작은 값의 절대등급)
(c) 별이 우리로부터 떨어져있는 거리

3.16 등급으로부터의 거리(DISTANCE FROM MAGNITUDE)

겉보기등급(m)과 절대등급(M)사이의 차이를 **거리지수(distance modulus; m−M)**라 한다. 식의 형태는:

$$m - M = -5 + 5\log d(pc)$$

별의 겉보기등급은 직접적으로 측정될 수 있다. 시차를 측정할 수 없는 먼 거리의 별에 대하여 그 별의 스펙트럼을 고려하여 절대등급을 알게 되어서 별의 겉보기등급과 절대등급에 의한 거리지수를 통해 그 별의 거리를 계산해 낼 수 있다.

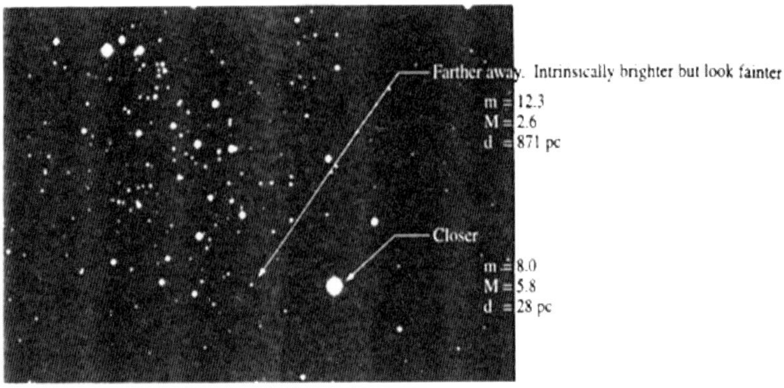

그림 3.15. 절대등급과 겉보기등급에서 차이를 보여주는 성단. 멀리 떨어져있는 별(어두워 보이지만 실제로 더 밝다): m=12.3, M=2.6, d=871pc. 가까운 별: m=8.0, M=5.8, d=28pc.

문 그림 3.15를 참고하여 (a) 가까운 별과 (b) 멀리 떨어져있는 별의 거리지수를 구하여라. (a)__________; (b)__________

답 : (a) 2.2; (b) 9.7.

3.17 비교(COMPARISONS)

문 아래 표는 태양근처의 4개의 별에 대한 자료이다. 표를 보고 물음에 답하면서 별의 여러 성질에 관하여 지금까지의 이해를 확실히 하여 보시오.

태양근처의 4개의 별

별	겉보기등급	절대등급	분광형	연주시차(″)
Alpha Centauri	0.0	4.3	G	0.742
Thuban	4.7	5.9	K	0.176
Barnard's Star	9.5	13.2	M	0.549
Altair	0.8	2.1	A	0.194

(a) 온도가 가장 높은 별은?__________

(b) 온도가 가장 낮은 별은?__________

(c) 가장 밝게 보이는 별은?__________

(d) 가당 어둡게 보이는 별은?__________

(e) 본질적으로 가장 광도가 큰 별은?__________

(f) 본질적으로 가장 광도가 작은 별은?______________________

(g) 가장 가까이 있는 별은?______________________

(h) 가장 멀리 있는 별은?______________________

답을 설명하여라.

답 : (a) Altair, 분광형 A; (b) Barnard's Star, 분광형 M; (c) Alpha Centauri, 겉보기등급 0.0; (d) Barnard's Star, 겉보기등급 9.5; (e) Altair, 절대등급 2.1; (f) Barnard's Star, 절대등급 13.2; (g) Alpha Centauri, 연주시차=0″.742 또는 거리=1.3pc; (h) Thuban, 연주시차=0″.176 또는 거리=5.7pc.

3.18 H-R도 (Hertzsprung-Russell Diagram)

별의 광도와 온도의 기본적인 관계를 20세기 초기에 미국의 Henry N. Russell 과 덴마크의 Ejnar Hertzsprung 두 천문학자가 각각 밝혀냈다. **H-R도(Hertzsprung-Russell diagram)**는 온도에 대한 광도와의 관계를 나타낸 것으로서 천문학자들에게는 자신의 이론을 점검하는데 H-R도를 폭넓게 사용한다(그림 3.16).

H-R도의 x축은 별의 온도(분광형)를 y축은 별의 광도(절대등급)를 나타낸다.

많은 별들을 무작위로 선택해 H-R도를 만들면 두드러지게 한정된 지역에 별들이 위치

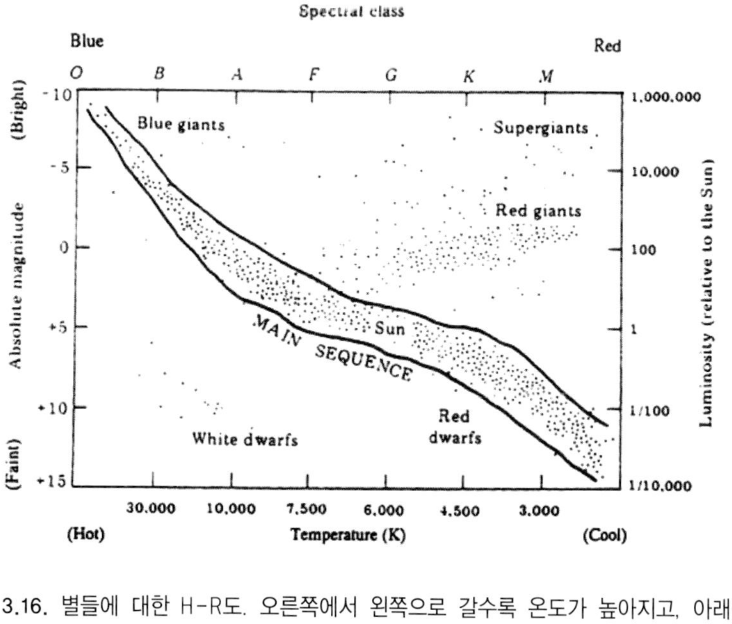

그림 3.16. 별들에 대한 H-R도. 오른쪽에서 왼쪽으로 갈수록 온도가 높아지고, 아래에서 위로 갈수록 광도가 증가한다.

하게 된다. 이러한 형태는 별의 광도와 온도사이에 의미 있는 상관관계를 갖는다는 것을 보이는 것이다. 만약 그렇지 않다면, 별들은 그래프 전체에 걸쳐 무작위로 분산된 형태를 나타낼 것이다.

별의 대략 90%는 왼쪽 상단(높은 온도, 광도가 매우 큰 **청색거성(blue giant)**)에서 오른쪽 하단(낮은 온도, 어두운 **적색왜성(red dwarf)**)을 가로지르는 주계열(main sequence)의 지역에 위치한다. 적색왜성은 가까운 별들 사이에 가장 흔한 형태이다.

나머지 10%의 대부분은 오른쪽 상단지역(낮은 온도, 밝은 **거성(giant)**과 **초거성(super-giant)**)에 위치하거나, 왼쪽 아래(높은 온도, 낮은 광도의 **백색왜성(white dwarf)**)에 위치한다.

문 아래 별들의 위치를 그림 3.17의 H-R도 상에 표시된 지역에 나타내라. 괄호 안은 별의 절대등급이며 온도와 분광형에 대해서는 그림 3.8을 참고하시오.

(a) Rigel(−6.6)___________; (b) Vega(0.6)___________; (c) 태양(4.8)___________;
(d) Betelgeuse(−5.0)___________; (e) Barnard star(13.2)___________

답 : (a) 1; (b) 3; (c) 4; (d) 2; (e) 5.

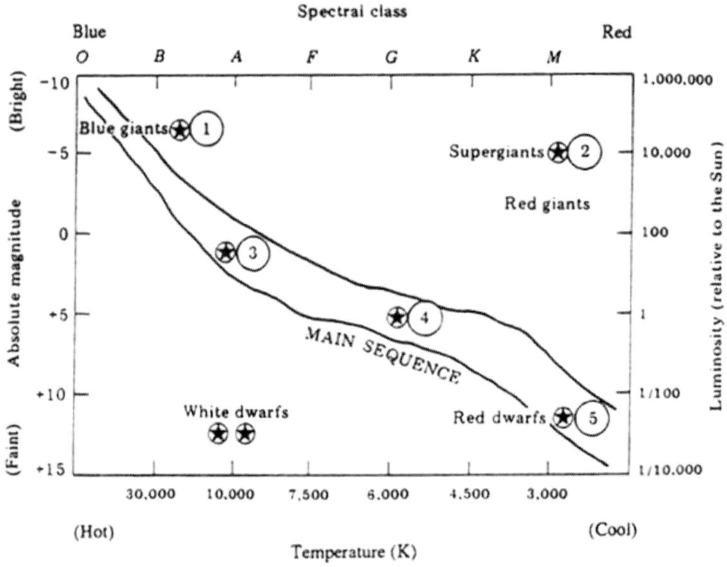

그림 3.17. 일부 선택된 별들에 대한 H-R도.

3.19 질량-광도 관계(MASS-LUMINOSITY RELATION)

주계열성의 위치는 그 별의 **질량(mass)**에 의해 결정된다. 주계열은 왼쪽 상단에 위치하는 질량이 가장 크고, 광도가 큰 별로부터 오른쪽 하단에 위치하는 질량도 작고 광도도 작은 별까지 순차적으로 질량이 감소하는 별의 연속된 계열이다.(그림 3.18)

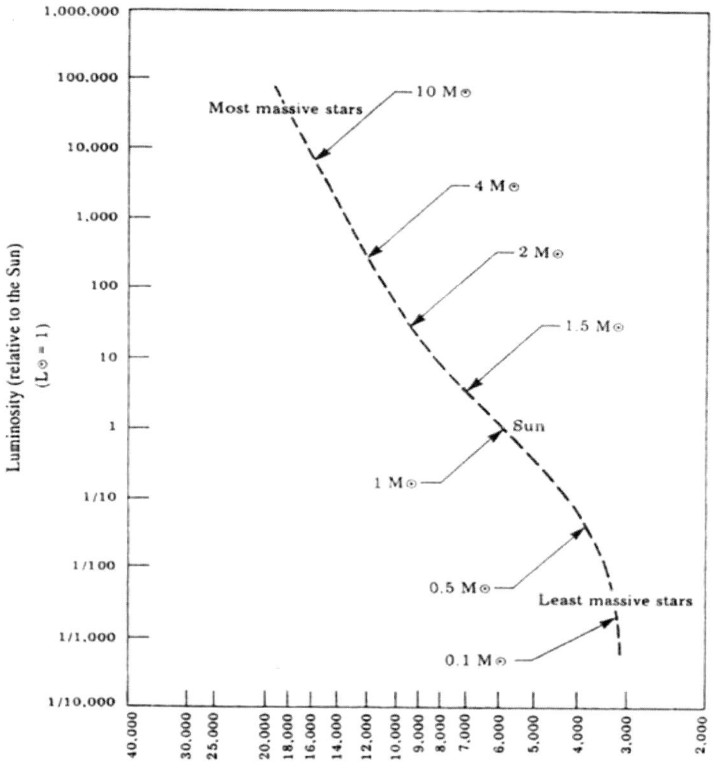

그림 3.18. 몇가지 전형적인 주계열성의 질량.(M⊙ = 태양의질량)

쌍성으로부터 알아낸 경험적인 **질량-광도 관계(mass-luminosity relation)**에 따르면 주계열성은 질량이 클수록 광도도 크다는 것이다. 즉, 별의 광도는 대략 그 질량의 3.5제곱에 비례한다.

태양의 질량, M⊙= 2×10^{30}kg은 지구 질량의 대략 333,000배 이다. 별의 광도는 엄청나게 다양한 반면, 주계열성의 질량은 그렇게 다양하지 않다. 어두운 적색왜성은 태양의 1/10정도의 질량을 갖는다. **갈색왜성(brown dwarf**-태양의 1/10에서 1/100정도의 질량을 가진 가스로 된 천체)은 약한 빛을 낼 수 있지만 질량이 작아서 별이 될 만큼의 충분한 질량을 가지지 못한다. 안정한 별의 가장 큰 질량은 약 태양의 60~75배 정도이다.

문 H-R도상의 주계열에서 별의 위치를 결정하는 기본 물리량은 무엇인가? 즉, 무엇이 그 별의 광도와 온도를 결정하는가? ______

답 : 질량.

3.20 크기와 밀도(SIZES AND DENSITIES)

우리의 태양은 직접적으로 그 크기를 측정할 수 있는 유일한 별이다. 태양의 직경은 1.39×10^6km(약 864,000mile)로 109개의 지구를 일렬로 나열한 것과 같다.

만약 어떤 별의 절대등급과 광도가 결정된다면, **Stefan-Boltzman 법칙(Stefan-Boltzman radiation law)**으로부터 그 별의 크기를 계산할 수 있다. 이 법칙은 별의 광도(L)는 별의 반경(R)의 제곱에 비례하고, 별의 표면온도(T)의 네제곱에 비례한다는 것이다. 식으로 나타내면 다음과 같다:

$$L = 4\pi R^2\sigma T^4$$

여기서 σ는 Stefan - Boltzman 상수이다(부록 2).

주계열성은 큰 청백색 거성($25R_\odot$)에서부터 온도가 낮은 적색왜성($1/10R_\odot$)까지 크기가 연속적으로 변한다.

크기가 가장 큰 별은 오리온의 Betelgeuse같은 초거성으로 약 태양의 400배 정도 되는 반경을 갖는다. 여러분은 Betelgeuse안에 태양과 같은 별을 백만 개 이상 채울 수 있을 것이다! 가장 작은 별은 대략 지구 크기인 백색왜성이다.

태양의 평균밀도(mean density)는 1.4 g/cm^3으로 물보다 약간 높다. 적색거성과 백색왜성은 모두 태양과 비슷한 질량을 갖지만 크기는 매우 다르다.

문 적색거성과 백색왜성의 밀도에 대하여 태양과 비교하여 설명하라. ______

답 : 적색거성은 태양에 비하면 매우 낮은 밀도를 갖는다. 적색거성은 질량에 비하여 훨씬 더 큰 부피 즉 크기를 갖는다.(평균밀도가 약 지구근처의 진공의 밀도와 비슷하다.)
백색왜성은 극단적인 큰 밀도를 갖는다. 백색왜성은 질량에 비하여 크기가 매우 작다(티스푼 한개 정도의 백색왜성의 물질이 지구에서는 수 톤의 무게를 가질 것이다.)

3.21 쌍성계(DOUBLE STAR SYSTEMS)

육안으로 한 개의 별로 보이지만 실제로는 그렇지 않은 별들이 많다. **쌍성(binary star)**은 별들이 쌍을 이루어 공통의 무게중심 주위를 회전하며 우주공간을 같이 움직인다(그림 3.19). 쌍성의 각각 별들의 질량은 두 별 사이의 각거리와 그들의 공전궤도주기로부터 계산될 수 있다.

쌍성은 관측되는지는 방법에 따라 분류된다.

안시쌍성(visual binary)은 망원경으로 분해될 수 있어서 두개로 분리된 별을 볼 수 있다. 7만개 이상의 안시쌍성이 알려져 있다. 큰곰자리의 Mizar는 1650년에 처음으로 발견된 쌍성이다. 백조자리의 아름다운 Albireo는 노란별과 푸른별로 이루어진 별이다. 여러분들은 이 별들 외에도 작은 망원경을 통하여 더 많은 안시쌍성들을 볼 수 있다.

많은 별들은 두 별 가운데 어느 한 별이 너무 어두워 잘 안 보이는 동반성을 가지고 있다. 이러한 별을 **측성쌍성(astrometric binary)**이라 하는데 눈으로 보이는 주성과 보이지 않는 동반성으로 되어있다. 보이지 않는 동반성의 존재는 눈에 보이는 주성이 주기적인 고유한 운동을 통해 추정된다. 큰개자리에서 밝게 빛나는 Sirius (Sirius A)는 1844년부터 1862년까지 그별의 주기적인 고유한 운동을 발견하게 되어 측성쌍성이 되었고, 어두운 동반성(Sirius B)도 관측되었다.

분광쌍성(spectroscopic binary)은 망원경으로 분해되어 볼 수 없고, 쌍성적인 특성은 스펙트럼을 통해 나타난다. 별들이 지구에 가까워지고 멀어짐에 따라 스펙트럼선의 도플러이동이 뚜렷하게 나타나는데, 거의 천개의 분광쌍성이 분석되어 있다. Mizar (Mizar A)의 두 별 가운데 더 밝은 별이 분광쌍성이다.

식쌍성(eclipsing binary)은 한 별이 다른 별의 앞을 가로질러 지나감으로써 일정 시간에

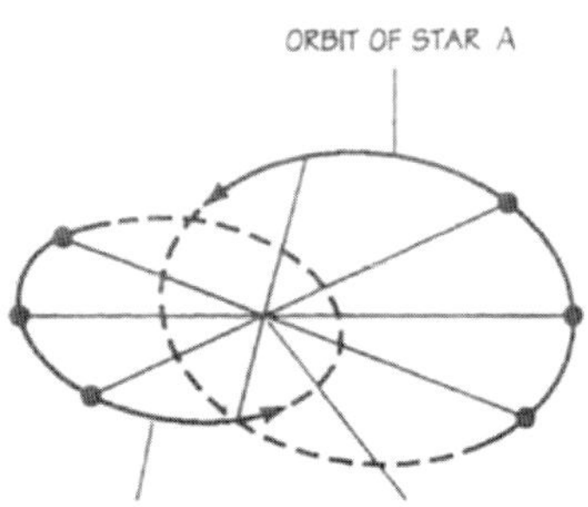

그림 3.19. 별 A와 B로 이루어진 쌍성.
서로의 중력에 의해 묶이어 공통의 질량중심을 돌고 있다.

우리의 시야로부터 빛을 차단하여 보통 밝기가 변한다. 가장 유명한 식쌍성으로는 Perseus 자리의 Algol("악마"라는 뜻)로서 Algol은 약 2일 21시간을 주기로 2.2등급에서 3.5등급까지 밝기가 변한다.

광학적 이중성(optical binary)은 지구에서 볼 때 같은 시선방향에 놓여있어 각각의 별이 가까이 있는 것처럼 보이는 이중성이다. 실제로는 한별이 다른 별보다 훨씬 멀리 떨어져 있고, 이들은 서로 아무런 물리적인 관계도 가지고 있지 않다.

큰곰자리에 북두칠성의 국자자루부분에 있는 광학적 이중성인 Mizar와 Alcor(별명으로 "시력검사별")를 찾아보아 여러분의 시력을 테스트해 보아라.

문 광학적 이중성과 안시쌍성은 어떻게 다른가?____________________

답 : 광학적 이중성의 별들은 멀리 떨어져있고 실제 서로 아무런 관계가 없다. 안시쌍성의 별들은 상호간에 중력으로 같이 묶여있다.

자가 평가(SELF-TEST)

자가 평가는 여러분이 3장의 내용들을 충분히 이해하고 있는지를 평가하기 위한 것이다. 각각의 질문에 대하여 답하시오. 자가 평가 문제의 끝 부분에 정답과 점검 사항들을 제시하였다.

1. 3.17절에 있는 표를 참고하여 Barnard 별의 시차로부터 이 별의 거리를 (a)__________pc으로 (b)__________광년으로 나타내 보시오.

2. 어떤 원소에 의한 흡수 및 방출에 의한 흡수스펙트럼 선이나 방출스펙트럼 선이 그 원소의 고유한 성질을 나타낸다는 것을 설명하여 보시오.____________________

3. 별의 스펙트럼은 어떻게 만들어지지 설명하시오.____________________

4. 별의 스펙트럼 상에 아래와 같은 스펙트럼선을 보였다. 온도가 감소하는 순서로 나열하시오.

   ______(1) 매우 강한 수소선
   ______(2) 이온화된 헬륨
   ______(3) 산화티타늄 분자 밴드
   ______(4) 중성 헬륨
   ______(5) 중성의 금속선
   ______(6) 이온화된 금속선

5. 별의 스펙트럼을 이용한 여러 가지 방법으로부터 얻어낼 수 있는 별의 성질과 서로 관련되는 것끼리 연결하시오.

______(a) 화학적조성	(1) 도플러편이
______(b) 온도	(2) 분광형
______(c) 시선속도	(3) 스펙트럼선의 모양
______(d) 가스밀도, 자전, 자장	(4) 스펙트럼의 특정한 선

6. Sirius의 고유운동은 1.34″/year이다. 1,000년 후 Sirius의 천구상의 위치 변화는 얼마나 될까?

7. 별의 공간속도를 정의하시오.____

8. 표 1.1.로부터 겉보기등급, 절대등급 및 분광형을 고려하여 다음 4개의 별들 가운데 그 설명에 해당되는 별을 찾아보시오.

_______(a) 가장 온도가 높은 별
_______(b) 가장 온도가 낮은 별
_______(c) 광도가 가장 큰 별
_______(d) 광도가 가장 작은 별
_______(e) 가장 밝은 별
_______(f) 가장 어두운 별
_______(g) 가장 가까운 별
_______(h) 가장 거리가 먼 별

(1) Betelgeuse
(2) Procyon
(3) Spica
(4) Sirius

9. 아래의 내용에 해당되는 별의 번호를 그림 3.20의 H-R도에 표시하시오.

(1) 별의 표면온도(K)
(2) 절대광도(태양=1)
(3) 분광형
(4) 절대등급
(5) 주계열
(6) 적색거성
(7) 백색왜성
(8) 초거성
(9) 청색거성
(10) 적색왜성

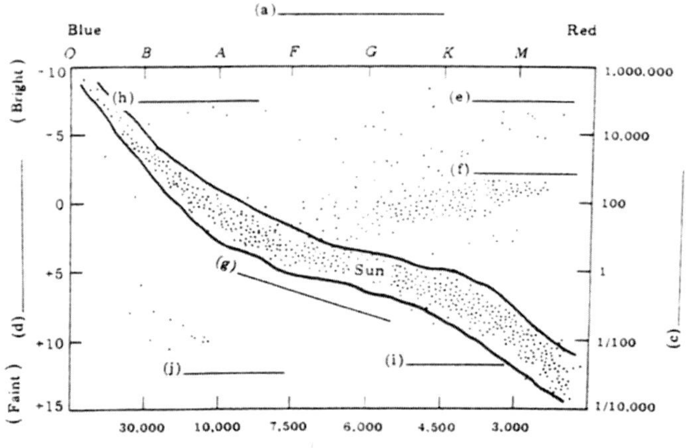

그림 3.20. H-R도.

10. H-R도상의 주계열에서 별의 위치를 결정하는 기본 물리량은 무엇인가?

____

11. H-R도를 이용하여 왜 적색거성은 태양에 비하여 크고 백색왜성은 작아야하지를 설명하시오.

____

____

12. 서로 관련된 것끼리 짝지으시오.

______(a) 망원경을 통하여 분해된다.	(1) 측성쌍성
______(b) 두 별 가운데 한별은 어두워서 보이지 않지만 다른 한 별이 공간운동을 한다.	(2) 식쌍성
______(c) 스펙트럼을 통하여 쌍성임을 확인	(3) 광학적 이중성
______(d) 시선방향에서 동반성이 주성을 가리이 밝기가 변한다.	(4) 분광쌍성
______(e) 쌍을 이룬 두 별은 물리적인 관련성이 없다.	(5) 안시쌍성

해답(ANSWERS)

아래 주어진 답들과 여러분 스스로 풀어본 답들과 비교하시오. 만약 모든 문제의 정답이 일치하면 다음 장을 공부할 수 있는 실력입니다. 만약 약간의 오답이 있는 경우 그 문제에 해당되는 각 절을 재검토한 후 답을 수정하고, 많은 문제에서 오답이 있을 경우 전체 장을 주의 깊게 다시 읽고 답하시오.

1. (a) 1.8pc; (2) 6.0 ly (3.1절)
2. 각각의 스펙트럼 선은 원자내의 전자가 높은 에너지 궤도와 낮은 에너지 궤도 사이의 천이에 의하여 흡수 및 방출에 의한 특정 파장의 빛이다. 그런데 각각의 원소는 그 원소에 상응하는 고유한 에너지 궤도를 갖고 있다. 따라서 각각의 원소에 의한 스펙트럼 선은 그 원소의 특성에 기인하는 것이다. (3.2, 3.3절)
3. 별은 많은 종류의 원자들이 모든 색깔의 빛을 방출하는 가스로 된 구이다. 별의 표면으로부터 방출되는 이러한 빛은 별의 바깥대기층을 통하여 나온다. 따라서 각각의 원소의 원자들은 그들의 고유한 파장을 흡수하며 연속적인 색의 밴드에 검은 선인 흡수선의 형태를 갖게 한다. 이것이 별의 스펙트럼이다. (3.3, 3.4절)
4. 2; 4; 1; 6; 5; 3. (3.7절)
5. (a) 4; (b) 2; (c) 1; (d) 3. (3.3, 3.5~3.10절)
6. 1340″; 고유운동이 1.34″/year 따라서 1.34″/year x 1000 year = 1340″ (3.9절)
7. 태양에 관한 별의 속도 (3.9절)
8. (a) 3; (b) 1; (c) 1; (d) 2; (e) 4; (f) 3; (g) 4; (h) 1 (3.6, 3.7, 3.12~3.16절)
9. (a) 3; (b) 1; (c) 2; (d) 4; (e) 8; (f) 6; (g) 5; (h) 9; (i) 10; (j) 7 (3.18절)
10. 질량 (3.18절)
11. 적색거성은 상대적으로 온도가 낮지만 밝기는 밝다. 따라서 이들은 매우 큰 복사에너지 면적을 가진다. 한편, 백색왜성은 상대적으로 온도가 높으나 밝기는 작다. 따라서 이들은 작은 복사에너지 면적을 갖는다. (3.18~3.20절)
12. (a) 5; (b) 1; (c) 4; (d) 2; (e) 3 (3.21절)

제4장

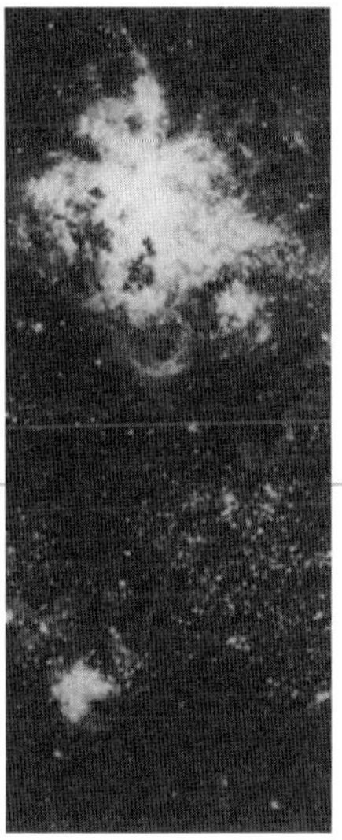

태양
(The Sun)

그래, 새벽녘 하늘 지평선의 아름다움이여,
살아있는 광휘는 생명의 시작이려니!

고대 이집트 아키네이톤(1386 - 1358 B.C.)
태양에 찬미

목표

☆ 천문학자들이 태양을 연구하는 이유를 열거하여 보자.
☆ 태양상수를 정의하고, 태양상수가 시간에 따라 일정한지 아닌지를 안다는 것이 왜 중요한가를 설명하여 보자.
☆ 천문단위, AU를 정의하여 보자.
☆ 태양의 형성, 특성 그리고 운동을 별과 관련지어 알아보자.
☆ 태양의 코로나, 채층, 광구, 대류층, 복사층, 핵과 함께 태양의 구조를 알아보자.
☆ 태양의 자전과 자기장을 설명하여 보자.
☆ 태양의 기본적인 물리량을 열거하여 보자.
☆ 태양을 연구하기 위한 현대적 관측 기기와 기술들을 알아보자.
☆ 흑점의 형성, 특성, 주기적 성질을 설명하고, 흑점의 변화와 태양 활동과의 관계를 설명하여 보자.
☆ 쌀알무늬, 백반, 플라쥐, 플레어 그리고 홍염의 형성과 그 성질들을 비교 설명하여 보자.
☆ 태양풍의 형성과 그 성질을 알아보자.
☆ 태양 중성미자 관측 결과와 목표를 알아보자.

4.1 태양과 지구(SUN AND EARTH)

태양은 지구에서 가장 가까운 별로서 인류에게 빛과 열과 에너지를 공급하고 있다. 고대인들은 태양을 삶의 생명을 주는 신으로서 숭배하였고, 태양신의 이름에는 Aton, Apollo,

Helios, Sol들이 있다. 오늘날 과학자들에게는 태양에 대한 연구가 매우 먼 거리에 있어서 자세히 관측 할 수 없는 별들을 이해하는 실마리를 제공한다.

태양이 방출하는 총 에너지는 매우 크며 실제 **태양광도(Sun's luminosity; L⊙)**는 3.86 × 10^{33}erg/sec나 된다. 이러한 태양 에너지 값은 무한에 가까운 것이라 하겠다. 지구 대기 밖에서 지구가 태양으로부터 단위초당 단위면적당 받는 에너지인 소위 **태양상수(solar constant)**는 1.368 × 10^{6}erg/sec/cm^{2}이다. 이러한 에너지는 우리가 보전하고 이용할 수 있는 모든 천연가스와 석탄과 기름의 일주일 분량의 열과 에너지에 해당되는 양이다.

우리 태양은 역동적으로 끓어오르는 가스체로서(그림 4.1) 경우에 따라서는 매우 활동적일 때가 있는가 하면 상대적으로 매우 조용한 경우도 있다. 한편, 태양의 에너지 방출의 변화는 현대와 같은 동적인 힘의 전달계의 변화로부터 지구의 기후, 대기 및 날씨에 영향을 주게 된다. 이러한 변화를 연구함으로서 태양이 지구에게 어떻게 영향을 주는가를 알게 된다.

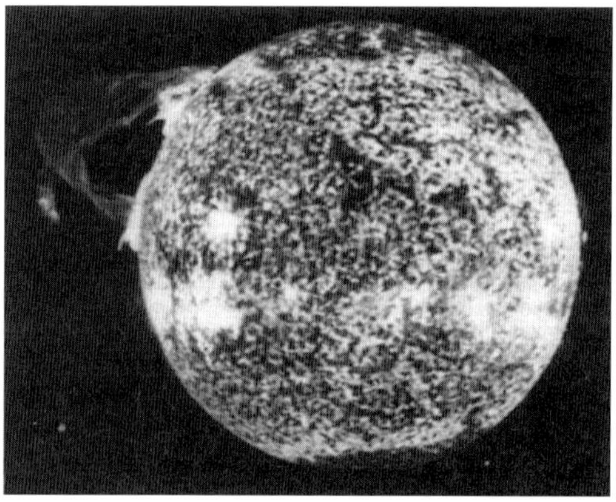

그림 4.1. 활동하는 태양. 미국의 Skylab의 자외선 분광사진기의 이온화된 헬륨으로 찍은 태양 사진으로 많은 플레어와 큰 아취모양의 홍염이 보인다. 왼쪽 위의 큰 플레어는 태양 표면의 588,000 km까지 뻗쳐있다.

문 **과학자들이 태양의 본질적 특성을 알아내기 위하여 가장 정교한 기술을 사용하는 3가지 이유를 말하시오.**____________________

답 : (1) 태양은 현재뿐만 아니라 미래까지 사용할 수 있고 무공해, 무한대의 에너지원이다.
(2) 태양은 매우 가깝고 자세히 관측할 수 있는 유일한별로서 천문학자가 다른 별을 규명하는데 활용한다.
(3) 태양에서 방출되는 에너지의 변화는 지구 기후, 대기 및 날씨뿐만 아니라 에너지 전달 및 통신체계에도 영향을 미친다.

4.2 거리와 크기(DISTANCE AND SIZE)

지구와 태양 사이의 평균 거리인 **천문단위(astronomical unit: AU)**는 약 1.5 × 10^8km이며, 이 거리는 레이더 측정방법에 의하여 얻어진 행성들의 데이터로부터 계산되었다. 천문단위는 태양계내의 거리 측정 단위로 사용하고 있다.

태양은 거대한 기체구로서 그 **반경($R_\odot$)**은 약 696,000km(432,000마일)이다. **태양의 각직경(Sun's angular diameter)**은 32′(약 1/2°)로서 보름달의 각직경과 거의 같다. 이것은 지구로부터 태양의 거리가 달보다 400배 더 멀리 있기 때문이다.

특별히 여러분들은 특수한 태양필터를 사용하지 않고 광학적인 관측기구를 통하여 태양을 관측해서는 절대 안 된다.

경고: 만약 특별한 주위를 무시하고 태양을 관측한다면 우리의 눈은 치명적인 상해를 입게 될 것이다. 특수한 태양필터로 태양의 전체를 가리지 않고 태양을 직접 관측하여서는 절대 안 된다.

특수한 태양필터를 사용하지 않을 경우 태양을 관측하는 방법은 스크린에 태양을 투영시켜서 투영된 태양의 이미지를 관측하는 것이다(그림 4.2와 그림 4.3).

문 태양빛은 1AU를 지나는데 몇 분이나 걸릴까?

답 : 약 8.3분(즉 태양빛이 태양을 출발한 후 지구에서 약 8.3분 후에 관측하게 된다).
해 : 빛의 속도 = 300,000 km/sec, 1 AU = 150,000,000km
시간 = 150,000,000 km/ 300,000 km/sec = 500초 = 8.3분

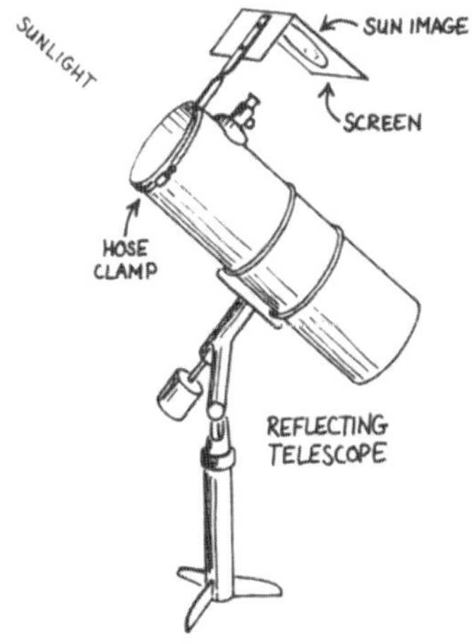

그림 4.2. 반사망원경의 접안렌즈 뒤로 투영된 태양의 이미지.

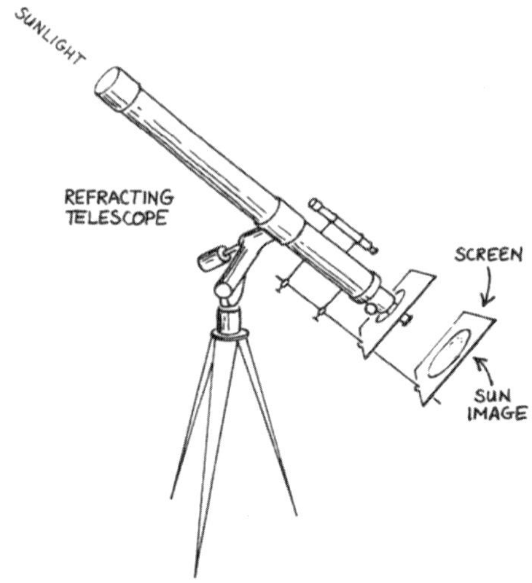

그림 4.3. 굴절망원경의 접안렌즈 뒤로 투영된 태양의 이미지.

4.3 형성(MAKEUP)

독일의 철학자인 Immanuel Kant(1724 - 1804)에 의해 처음으로 제시된 **성운설(nebula theory)**에 따르면 태양과 행성들은 약 50억 년 전에 **태양운(solar nebula)**이라 불리는 성간먼지와 가스의 구름이 회전하면서 함께 형성되었다는 것이다. 태양운은 태양을 중심으로 회전하는 먼지와 가스 원반을 만들고 이 원반에서 행성, 달 및 그 외에 여러 소천체들을 형성하게 되었다(그림 4.4). 태양은 태양계 전체 질량의 99%를 차지하며 주위의 행성들을 태양 주위로 공전하게 하는 중력을 제공한다. 실제 태양의 중력은 지구 중력의 28배나 된다.

태양의 스펙트럼에서 대략 70개 이상의 화학원소를 확인하였으며 태양의 표면층에서는 태양이 초기에 태어날 때와 같은 화학구성성분인 수소 약 73%, 헬륨 약 25% 그 외의 원소 2%를 가지고 있음을 알게 되었다. 태양의 중심(core)은 지속적인 수소 핵융합반응에 인하여 지금은 약 38%의 헬륨을 가지게 되었다.

문 **왜 천문학자들은 다른 별에서도 그 별 주위를 돌고 있는 행성을 갖은 별이 발견되기를 기대하는가?**______________________________

답 : 성운설에 따르면 태양 주위를 돌고 있는 행성들은 태양과 함께 태어났고 말한다. 다른 별들과 마찬가지로 태양은 전형적인 별로서 다른 별들에서도 행성들을 형성했을 것으로 생각하기 때문이다.

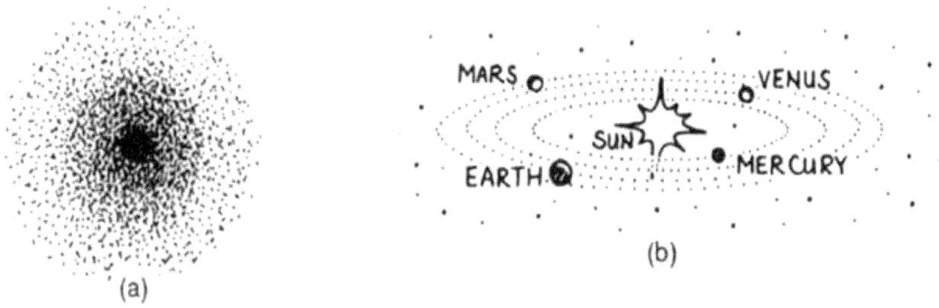

그림 4.4. 태양운 이론. (a) 태양으로 압축하여 회전하는 성운이 수축하는 원반으로 싸여있고, (b) 여기서 행성계가 태어나고 있다.

4.4 태양의 구조(THE SUN'S STRUCTURE)

태양의 구조는 태양표면층의 직접적인 관측과 함께 우리가 직접 관측 할 수 없는 내부 가스층의 이론적인 계산을 통하여 얻게 된다.

태양의 표면은 3개의 대기층으로 이루어져 있다.

그리스말로 "light ball"인 **광구(photosphere)**는 우리가 보는 태양의 표면층으로 뜨겁고, 엷으며 온도가 약 5800K의 에너지를 우주 공간으로 복사하는 불투명한 가스층이다. 태양의 겉보기 가장자리를 **주연(limb)**이라 부르며 태양의 중심보다 가장 자리로 갈수록 어둡게 관측되는 소위 **주연감광(limb darkening)**효과는 태양의 가장자리로 갈수록 더 높아서 온도가 더 낮은 광구층을 보기 때문에 나타나는 현상이다.

그리스말로 "color ball"인 **채층(chromosphere)**은 광구위에 약 10,000 km의 폭을 갖는 얇고 투명한 가스층으로 개기일식일 때에만 보이며 수소 가스층으로 인해 붉게 빛난다. 채층

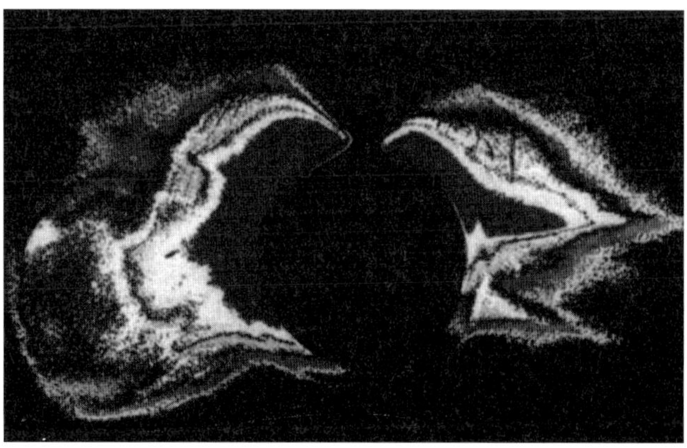

그림 4.5. 차별화된 태양 밝기. 개기식이 일어날 때 미국의 Skylab의 코로나그래프가 찍은 태양 이미지로 코로나가 수백만 km까지 뻗어있다.

의 온도는 표면에서 더 올라갈수록 상상 의외로 온도가 증가하며 평균적으로 15,000 K정도를 갖는다.

라틴말로 "crown"인 **코로나**(corona)는 채층위의 최외각층으로 수백만 km의 넓은 층을 갖는 온도가 매우 높고 희박한 가스층이다. 코로나는 2백만도 이상의 높은 온도 때문에 X선 파장 영역에서도 밝게 빛나며 개기일식 때에는 광구 주위로 길게 뻗쳐진 흰 헤일로로 뚜렷하게 보인다(그림 4.5).

광구 아래의 태양의 내부는 표면으로부터 태양 중심으로 갈수록 온도와 밀도가 증가한다. 어떠한 원소라도 태양 내부와 같은 극단적으로 높은 온도에서는 액체나 고체로서 존재할 수 없기 때문에 태양은 전체적으로 매우 온도가 높은 가스체로만 존재할 수가 있다.

태양의 깊은 내부의 온도는 1,500만도 이상이 되며, 압력은 2천억 대기압, 밀도는 물의 밀도의 100배 이상이나 된다. 태양의 핵(core)은 수소가 헬륨으로 핵융합을 일으켜서 태양에너지(5.5절)를 생산하는 에너지공장이다.

태양의 핵에서 방출되는 강력한 에너지는 태양 내부의 온도를 높여주며 태양의 내부로 향하는 중력과 평형을 유지하기 위한 충분한 압력을 공급하며 서서히 태양 밖으로 전달된다. 광자들은 태양 내부의 대부분을 차지하고 있는 낮은 에너지의 **복사층**(radiative zone)에서 흡수와 재 방출을 반복하게 된다. 복사층의 위의 **대류층**(convective zone)에서는 가스가 대류를 일으키면서 대부분의 에너지를 열로서 태양 밖으로 전달하게 된다. 태양의 핵에서 표면까지 에너지가 전달되어 빛을 나오게 하기까지는 약 2천만년이 걸리게 된다.

문 그림 4.6은 태양의 구조로서 각각의 이름들을 말하시오. (a)__________; (b)__________; (c)__________; (d)__________; (e)__________; (f)__________

답 : a-코로나층; b-채층; c-광구; d-대류층; e-복사층; f-핵.

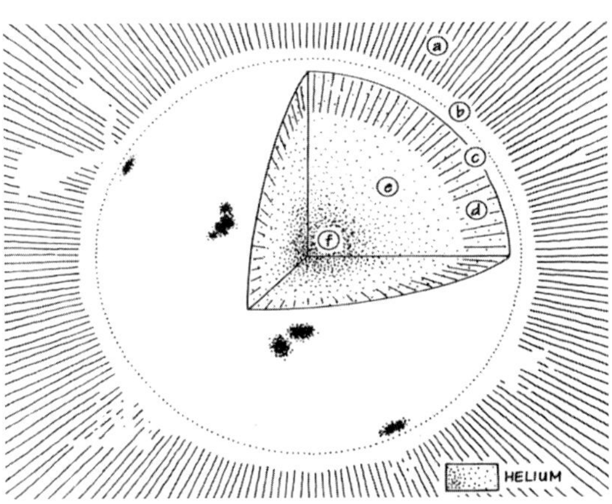

그림 4.6. 태양.

4.5 자전(ROTATION)

태양은 지구와 마찬가지로 서쪽에서 동쪽으로 자신의 축을 중심으로 자전한다. 그러나 태양은 가스체이기 때문에 지구와 같이 하루에 한번 자전하는 것이 아니라 전체적으로 서로 다른 차등자전을 한다.

태양의 **자전주기(period of rotation)** 즉 완전히 한바퀴 회전하는 시간은 태양의 적도에서 가장 짧으며(약 25일) 중위도로 갈수록 점점 길어지다가 극에서는 가장 긴 약 35일이 된다. 이와 같은 특이한 자전 형태는 태양에서 일어나는 격렬한 활동에 기여하게 된다.

문 전체적으로 하루에 한번 자전하는 지구와는 다르게 태양은 어떻게 위도에 따라 서로 다른 자전 주기를 갖는가?______________________________

____

답 : 태양은 지구와 같은 단단한 고체가 아닌 기체구이다.

4.6 데이터(DATA)

태양의 성질에 대한 여러 가지 기본 데이터를 표 4.1에 정리하시오.

표 4.1 태양의 일반적 특성

데이터	측정방법	값
(a) 지구로부터의 거리	행성들의 레이더 반사시간	________
(b) 각직경	직접 측정	________
(c) 직경	각직경과 거리	________
(d) 질량	행성의 궤도운동	________
(e) 평균 밀도	질량과 체적	________
(f) 태양상수	인공위성으로부터 측광	________
(g) 광도	태양상수와 거리	________
(h) 표면온도	광도와 반경	________
(i) 분광형	분광기	________
(j) 겉보기등급(혹은 실시등급)	측광기	________
(k) 절대등급	겉보기등급과 거리	________
(l) 자전주기	흑점 및 도플러효과	________
(m) 표면의 화학조성	태양 흡수스펙트럼	________
(n) 표면중력	질량과 반경	________

답 : (a) 약 1.5 × 10^8 km; (b) 32′; (c) 1,390,000 km; (d) 2 × 10^{30} kg; (e) 1.4 g/cm^3; (f) 1.368 × 10^6 erg/s/cm^2; (g) 3.86 × 10^{33} erg/s; (h) 약 5,800 K; (i) G2; (j) −26.72; (k) 4.8; (l) 적도 약 25일, 극, 약 35일; (m) 수소: 약 73%, 헬륨: 25%, 그 외의 중원소 2%; (n) 지구의 28배 혹은 294 m/s^2.

4.7 관측(OBSERVATIONS)

천문학자들은 예전보다 더 정교한 기구와 기술을 사용하여 태양을 보다 가까이, 보다 자세하게 관측하게 되었다.

미국 국립태양천문대(▶www.nso.edu◀)의 태양망원경과 전 세계적으로 설치되어 있는 태양천체망원경으로 시시각각으로 변하는 태양의 표면 이미지를 지속적으로 관측하고 있다(그림 4.7). 또한 거대하게 배열되어있는 전파망원경으로 통하여 태양 전파를 받고 기록하고 있으며, **자외선망원경(infrared telescopes)**으로 태양의 가장자리와 흑점을 관측하고 있다.

색필터와 **태양분광단색사진기(spectroheliograph)**는 기본적으로 특정파장의 빛을 찍게 되며 이러한 **태양분광사진(spectroheliogram)**들은 수소나 칼슘과 같은 어느 한 가스에 속하는 특정파장의 태양 사진을 얻게 된다. 이러한 사진으로 서로 다른 가스의 분포와 지역적인 현상들을 알게 된다(그림 4.8).

한편, 태양의 구조, 복사, 입자 및 태양의 여러 분야를 관측하기 위한 전 파장의 전자기

(a)

(b)

그림 4.7. (a) Kitt Peak에 있는 세계에서 가장 큰 1.5 m McMath-Pierce 태양광학망원경. 맨 위의 거울이 태양 빛을 경사진 긴 튜브 따라 아래로 반사시키어. (b) 연구실내에서 태양 이미지를 관측 분석한다(www.nsokp.edu).

그림 4.8. 수소의 $H\alpha$ 필터인 6563A 의 스펙트럼선으로 찍은 태양 사진으로 서쪽 가장자리에 플레어가 보인다.

스펙트럼의 태양 관측 기기들은 대부분 지구의 대기에 의하여 차단된다. 따라서 인공위성을 통한 자외선, X신 그리고 감마선 망원경으로 온도가 매우 높고 매우 활동적인 태양 영역을 관측하게 된다.

초기에는 태양의 채층과 코로나는 밝은 광구가 가려지는 개기일식이 일어나는 수분 동안만 직접 관측 할 수가 있었다. 그러나 지금의 관측자들은 이러한 자연적인 현상이 일어나기만을 기다리지 않는다. 인공적으로 식을 만들 수 있도록 고안된 **코로나그래프(coronagraph)**를 사용하여 지상에서나 우주에서나 코로나를 관측할 수가 있다.

코로나는 매우 온도가 높고, 역동적이며 종종 대전되지 않은 에너지 복사와 질량을 갖는다. 유럽의 태양 관측 위성인 Solar and Heliospheric Observatory(SOHO)(1995 -)가 처음으로 태양의 대기, 태양풍, 내부 및 태양 여러 환경등을 지속적으로 관측하고 있다. SOHO는 태양으로부터 1.5×10^6 km 떨어져 있는 소위 태양과 지구의 중력이 상호 같은 점에 해당되는 **라그랑주점(Lagrangian point, L1)**에서 어떤 영향도 받지 않고 태양 주위를 돌면서 관측하고 있다(▶sohowww.nascom.nasa.gov◀). 또한 L1에 위치하여 태양 주위를 돌면서 관측하고 있는 미국의 태양 위성인 Genesis(2001 -)는 태양풍의 입자들을 수집한 최초의 위성이다. Genesis가 수집한 약 10 - 20 microgram(100만분의 1 그램)의 입자들은 활동적인 태양 물질들을 분석하고자하는 열성적인 과학자들에게 소중한 것이다(▶www.genesismission.org◀).

한편, 황도에 수직한 궤도를 돌고 있는 유럽/미국의 위성인 Ulysses(1991 -)는 태양

위도에 따른 태양 자기장의 변화, 복사와 입자들 그리고 환경 등을 관측하고 있다. Ulysses는 태양 활동이 최소기였던 1994 - 1995년과 최대기였던 2000 - 2001년에 태양의 극지역을 돌면서 관측하였고, 3번째로 궤도를 돌고 있다(▶http://ulysses.jpl.nasa.gov◀).

문 **태양을 가시광선, 자외선, X선 등의 서로 다른 파장으로 관측하면 왜 서로 다른 모습으로 나타나는가? 참고: 필요하면 2.10절을 참고하라.**

답 : 서로 다른 조건과 활동을 갖고, 온도가 서로 다름에 따라 서로 다른 파장을 만들어 낸다.

4.8 관측된 모습(SEETHING SURFACE)

광구는 소위 **쌀알무늬(granulation)**라고 부르는 작은 입자의 모습으로 보인다. 쌀알입자는 쌀알모양과 같은 밝은 점들로 고분해의 이미지로 볼 때 태양면에서 보이게 된다(그림 4.9).

쌀알입자의 크기는 큰 것은 1,000km(625마일)이나 되며 대류층으로부터 높은 온도의 가스가 태양 표면으로 올라왔다가 내려가며 평균 5분정도 지속된다. 이들은 주위의 어두운 지역보다 대략 300° 정도 온도가 더 높기 때문에 밝게 나타난다. 어두운 지역은 차가운 가스가 다시 내려가는 것이다.

쌀알입자들이 모인 **초대형쌀알무늬(supergranules)**의 크기는 큰 것은 30,000 km(19,000마일)로 대형의 대류세포에 해당되며 평균 수 시간정도 지속된다. 일반적인 쌀알무늬가 수직적인 가스의 흐름인 것에 비하여 초대형쌀알무늬는 중심에서 가장자리로 흐르는 수평적인 가스의 흐름이다.

스피쿨(spicule)은 초대형쌀알무늬의 가장자리에서 채층으로 날카롭고 격렬하게 튀어오르는, 크기가 1,000 km(600마일)이고 높이가 10,000 km(6,000마일)인 제트모양의 가스 흐름이다. 이들은 급격히 모습이 변하며 약 5 - 15분정도 지속된다.

라틴어로 "little torches"라고 불리는 밝고 흰 표면 반점인 **백반(faculae)**은 태양의 가장자리에서 종종 보이며 이들의 출현은 태양 활동이 활발해 질 것이라는 징후이다.

문 **쌀알무늬란 무엇인가?**

답 : 온도가 높은 태양 내부로부터 나오는 가스흐름.

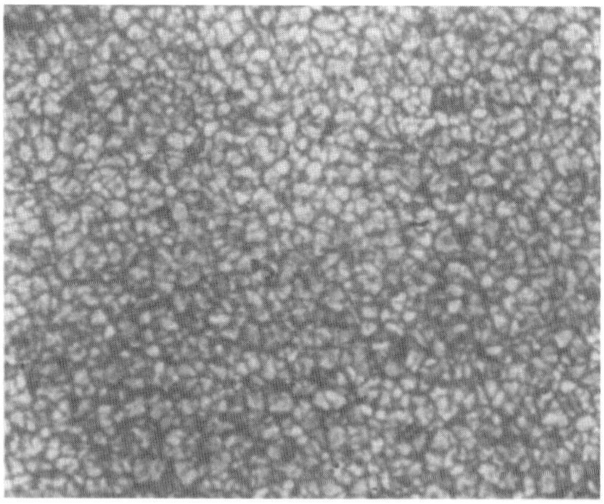

그림 4.9. 태양의 쌀알무늬.

4.9 흑점(SUNSPOT)

흑점(sunspot)은 광구에서 상대적으로 온도가 낮고 검은 일시적인 반점이다. 이들은 대부분 2개 혹은 그 이상의 구룹으로 나타나며 개개의 흑점은 수 시간에서 수개월 동안 지속된다.

흑점의 관측은 기원전 800년경에 중국에서 처음으로 관측되었다는 기록이 있다. 일반적으로 전형적인 흑점은 지구 정도의 크기를 가지며 매우 큰 흑점은 지구 크기의 수십 배가 되기도 한다.

흑점은 사실 매우 온도가 낮은 별보다는 더 밝기도 하다. 흑점은 상대적으로 온도가 높고 밝은 광구에 비교하여 온도가 낮아 어둡게 보이는 것이다. 흑점의 중심인 **암부 혹은 본영(umbra)**의 온도는 약 4,200 K이며 암부의 가장자리인 **반암부 혹은 반영(penumbra)**은 광구보다 수백도 낮다.

흑점은 종종 태양 활동이 매우 격렬하게 나타나는 태양활동(solar active) 영역에서 구룹으로 나타난다. Galileo는 1910년 처음으로 망원경으로 통하여 흑점의 운동과 모습을 관측하였으며(8.7절) 흑점의 움직임을 통해 태양이 자전한다는 것을 확인하였다.

문 그림 4.10의 a, b, c에서 각각 암부, 반암부 그리고 광구를 확인하고 암부의 대략적인 온도를 말하시오. (a)________________; (b)________________; (c)________________

답 : (a) 광구; (b) 반암부; (c) 암부 약 4,200 K.

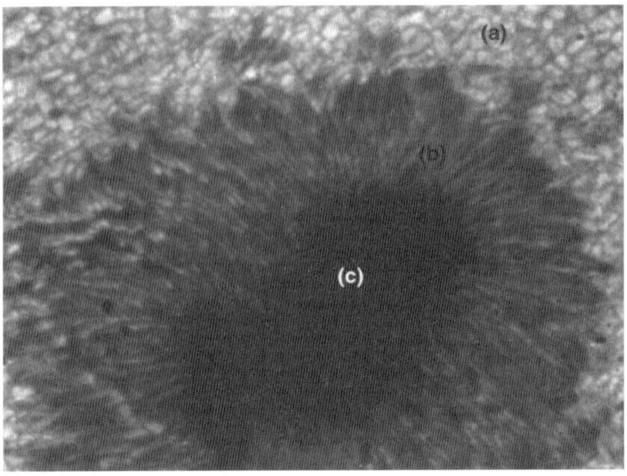

그림 4.10. 광구의 쌀알무늬와 함께 흑점의 암부와 반암부.

4.10 태양활동주기(ACTIVITY CYCLES)

때때로 300개 이상의 흑점이 태양 표면에서 관측(흑점이 전혀 나타나지 않는 때도 있지만)되며 흑점수는 소위 **흑점주기(sunspot cycle)**라 부르는 11년의 규칙적인 주기로 흑점의 수가 최대와 최소를 반복한다.

태양활동주기(solar activity cycle)를 알려주는 흑점주기는 지구에서 자세히 관측(그림 4.11)되는데 흑점이 가장 많이 나타나는 **흑점최대기(sunspot maximum)**인 대략 4년 동안은 가장 활동적인 태양으로서 막대한 에너지와 복사를 방출하게 된다. 지난 2001년이 활발한

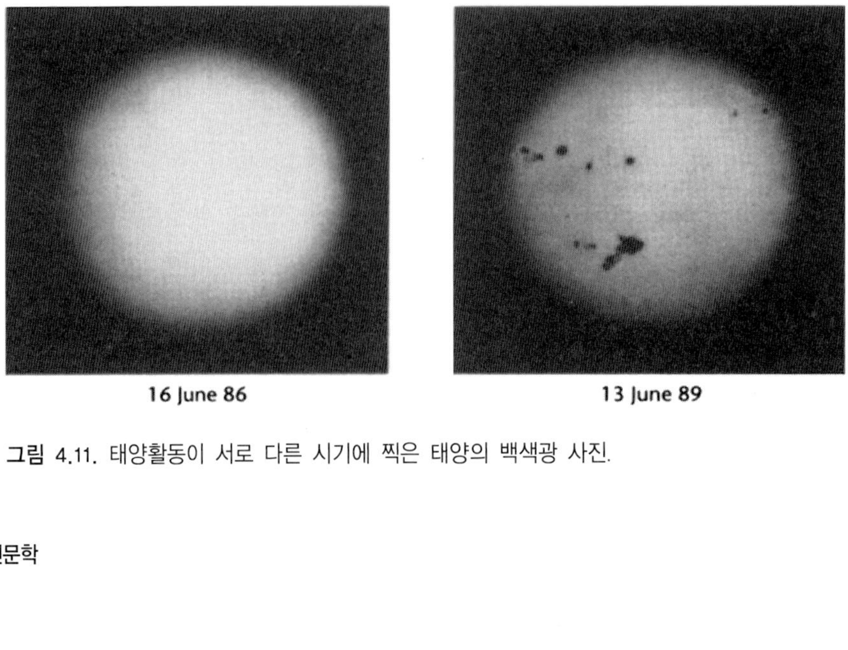

그림 4.11. 태양활동이 서로 다른 시기에 찍은 태양의 백색광 사진.

활동을 보였던 태양으로서 흑점수가 가장 많이 나타났던 해였다. 그 후 흑점수가 점진적으로 적어지는 **흑점최소기(sunspot minimum)**를 맞는다.

태양천문학자들은 다가오는 태양활동을 예상하지는 못하나 신뢰할 만한 예측으로 태양활동주기를 이해하려고 한다.

문 **흑점주기의 경향을 안다는 것이 왜 중요한가?**

답 : 흑점최대기 동안 태양 활동이 활발하여 막대한 에너지와 복사가 지구 환경에 영향을 준다.

4.11 태양자기(MAGNETISM)

흑점은 거대한 자석으로서 흑점의 강한 자기장은 전형적으로 지구의 자기장에 비해 수천 배나 강하다. 흑점의 자기장은 흑점이 발생하기 전부터 소멸한 후에도 측정되어진다. 따라서 자기장은 태양의 지역적인 조건에 의해 형성 유지되는 것 같다. 자기장의 세기는 Zeeman 스펙트럼 선 분리(3.10절)를 측정하여 분석한다.

태양은 전체적으로 약한 자기장을 갖는다. 태양자기장의 축은 태양자전 축과 15° 기울어 있으며 자기북극과 자기남극의 두 반구로 나누어져 있다. 자기장의 세기를 나타내는 것을 **자기장기록계(magnetograph)**라고 한다.

대체적으로 태양의 자기장은 태양의 북반구에서 나와 약 60억 km(40억 마일)의 명왕성 밖의 태양계 가장 자리인 태양계 전체에 까지 영향을 미치며 다시 태양의 남반구로 되돌아온다.

복잡한 태양 자기장은 온도가 높은 가스로 구성되어 있는 전기적으로 전하를 띤 입자들을 회전과 대류를 일으키게 한다. 실질적으로 자기장은 태양의 격렬한 물질들의 방출과 복사를 일으키고 조정한다.

태양자기장의 극성은 흑점최대기주기 후 대략 11년을 주기로 반전된다. 즉 11년의 흑점주기의 2배를 갖고 태양의 자극과 흑점의 자극이 반복하여 반전된다. 따라서 극성에 따른 태양의 활동주기는 처음의 극성으로 되기까지 걸리는 시간인 22년이 주기가 된다.

문 **대체적으로 태양의 어떤 활동들이 결렬한 물질들의 방출을 일으키나?**

답 : 태양흑점과 관련된 매우 강한 자기장.

여러분은 종이 위에 철가루를 뿌려 놓고 자석을 놓아서 자력선을 따라 철가루가 일정한 선을 이루고 있는 것을 관찰할 수가 있다. 그러면 자력이 미치는 자기장 영역을 확인 할 수가 있다.

4.12 플레어(FLARE)와 코로나질량방출(CORONAL MASS EJECTION)

태양 플레어(flare)란 태양으로부터 빛과 눈에 보이지 않는 복사와 물질들이 갑작스럽고 엄청난 폭발을 말한다. 규모가 좀 큰 태양 플레어는 전 세계가 100,000년 동안 사용할 수 있는 엄청난 에너지를 방출한다(그림 4.12).

플레어는 일반적으로 수 분 동안의 짧은 생애를 갖지만 아주 큰 것은 수 시간 지속되기도 한다. 이들은 흑점 근처에서 발생되며 특히 흑점극대기의 주기와도 관련이 있다. 플레어는 강한 국부적인 자기장에 의하여 에너지를 방출하는 것처럼 보인다(그림 4.13)

플레어는 흔히 코로나로부터 폭풍의 플라스마(plasma)를 발생시키는 **코로나질량방출(coronal mass ejection)**과 같은 태양 폭발에 의한 거대한 에너지를 동반한다. 코로나질량방출은 태양의 가장 자리에서 수천 km의 높이까지 솟아오르는 이온화된 불꽃같은 아취모양의 가스 흐름인 **홍염(prominence)**을 발생시키기도 한다(그림 4.1).

문 **플레어와 홍염에서 불출되는 가스는 어떤 영향을 받아 휘는가?**________________

답 : 흑점 근처에의 강한 자기장에 의하여.

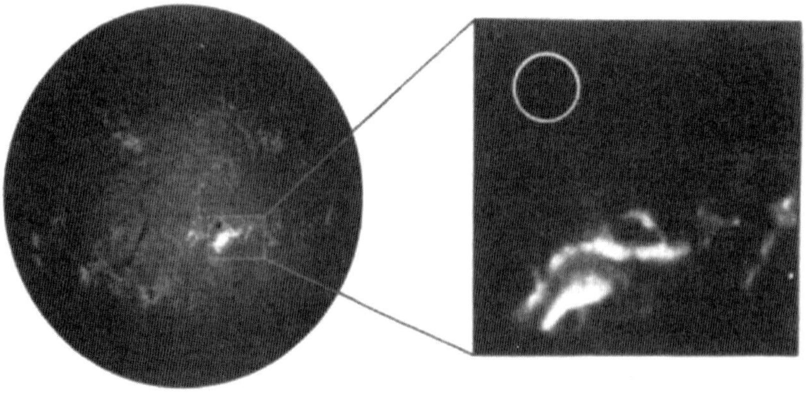

그림 4.12. 미국의 Solar maximum Mission 위성이 찍은 300,000km의 높이와 52억 km를 갖는 태양 플레어. 20배로 확대한 오른쪽 그림에서 플레어로부터 자외선이 방출되고 있는 것을 볼 수 있으며 둥근 원이 지구의 크기와 같다.

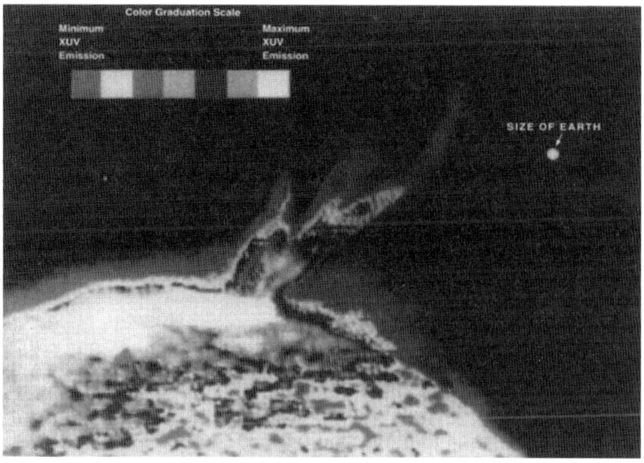

그림 4.13. 밝기가 서로 다르게 나타나는 태양 플레어의 X선과 자외선 이미지.

4.13 태양 플레어는 지구에 어떤 영향을 미치는가 (HOW SOLAR FLARES AFFECT EARTH)

거대한 플레어는 태양계로 수소폭탄의 수십억 배와 같은 엄청난 에너지를 갖는 고에너지의 복사와 전기적으로 전하를 띤 입자들을 불어오게 한다.

이러한 폭발에 의하여 발생된 감마선, X선 그리고 자외선들은 단지 8.3분 후에 지구에 도달하게 되며, 플레어 입자들은 수 시간 또는 하루 후에 도달하게 된다. 따라서 만약 이들이 지구의 대기나 지구 자기장에 의하여 차단되지 않는다면 지구상의 모든 생명체는 파괴될 것이다. 극단적인 태양 복사는 항공기 탑승자나 우주인 또는 우주선에 위협을 주게 된다.

태양으로부터 불어나오는 전기적으로 전하를 띠고 있는 입자들이 지구 대기와 충돌하게 되면, 이들은 빛을 방출하기 위하여 지구 대기의 원자나 이온들을 자극하게 되어 오로라(북극에서는 aurora borealis로 남극에서는 aurora australis라 부른다)를 일으킨다. 오로라는 플레어가 발생한 후 2일 정도에 북극이나 남극 때때로는 중위도 지방까지도 밤하늘에 나타나는 빛의 띠(band)이며 일반적으로 흑점최대기 후 2년 정도에서 가장 활발하다.

강한 폭발의 전기적인 태양 입자들은 지구 자기장과 반응을 하고 충돌하여 지구자기폭풍을 일으키기도 한다. 이러한 지구자기폭풍은 나침판이 작동하지 못하게 하고, 대기폭풍, 인공위성파괴, 전력과 전화선의 불통등을 일으키게 한다.

고에너지 복사는 상층 지구대기와 충돌하고 대기를 확장시키어 낮은 궤도의 인공위성과의 마찰을 증가시킨다. 이러한 마찰은 태양 활동이 극대기인 시기에 더 크게 나타나며 인공위성의 궤도를 바꾸게 하여 다시 진입할 때 파괴시킨다. 미국 최초의 우주정거장인

Skylab(1973 - 1979)에서 태양 활동이 극대기일 때 이런 일들이 일어났었다. 증가된 이온에 의한 태양폭풍은 전파 통신 및 항해중의 신호를 방해 한다.

태양 flare가 현대 삶에 크게 영향을 미치기 때문에 미국 국립해양대기협회(NOAA)는 전 세계의 연구기관과 협력하여 매일 매일 태양 자기장과 활동을 관측하고 있다(그림 4.14). NOAA의 대기환경국(▶www.sec.noaa.gov◀)은 우주대기경계, 경보 및 예보를 하고 있다.

문 **매우 큰 태양 flare가 현대 지구상의 과학기술에 영향을 미치는 2가지를 말하시오.**

(1)______________________________; (2)______________________________

답 : (1) 에너지 전달의 방해; (2) 전파 통신의 방해.

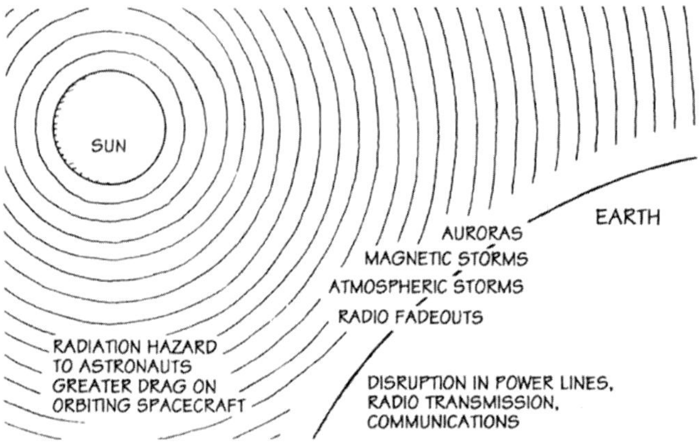

그림 4.14. 지구에 영향을 미치는 태양 플레어.

4.14 태양풍(SOLAR WIND)

태양풍(solar wind)은 항상 태양으로부터 불어나오는 전기적으로 전하를 띠고 있는 입자로서 에너지 흐름인 플라스마(plasma)이다. 이것은 지구상의 어떤 바람보다 희박하지만 빠르고 높은 온도를 갖는다.

태양풍은 지구 대기권 위의 인공위성에 기구를 실어 관측한다. 태양풍은 지구 가까이에서 평균속도가 대략 450 km/sec(1백만 마일/시간)이지만, 지구 대기와 지구 자기장에 의하여 태양풍으로 인한 피해를 막아주고 있다.

매우 큰 태양풍의 폭풍은 코로나질량방출을 일으키며, 이러한 태양풍은 태양 활동이 활발하고 흑점이 많이 나타나는 기간일 때 더 강하다. 또한 강한 폭풍의 태양풍은 좀 더 화려한 오로라를 발생 시킨다(▶www.spaceweather.com◀).

태양풍은 주로 가스의 밀도가 작고 자지장이 상대적으로 약한 지역인 즉, 고속도의 태양풍의 탈출이 용이한 영역인 **코로나구멍(coronal hole)**으로부터 나온다.

인공위성 Voyager(8.12절)는 지속적으로 태양풍을 측정하고 있으며, 태양풍이 별들 사이로 확산되어 퍼져나가는 경계인 **태양권의 경계(heliopause)**를 찾아낼 수가 있을 것이다.

문 태양풍이란 무엇인가?

답 : 태양으로부터 불어나오는 전기적으로 전하를 띠고 있는 입자로서 에너지 흐름.

4.15 태양내부문제(PROBING THE INTERIOR)

과학자들은 태양에서의 **중성미자(neutrino)**의 발생에 관심을 가지며 태양이 어떻게 빛을 내는가를 이해하고 있다.

이론적으로 태양의 에너지는 수소가 헬륨으로 전환되는 핵융합 반응에 의하여 생성되며, 거의 질량을 갖지 않는 중성의 태양 중성미자를 발생하게 된다. 따라서 중성미자는 물질들과의 상호 작용이 거의 없이 사실상 빛의 속도로 전달된다.

과학자들은 직접적으로 태양의 깊은 중심핵을 관측할 수가 없기 때문에 그들의 이론을 직접 검증할 수는 없다. 그러나 이들은 태양의 중심핵에서 생성되어 방출하는 중성미자로부터 그 이론을 검증하기 위하여 중성미자를 찾고 있다.

실제 태양의 중심에서 생성된 중성미자를 검출함으로서 그들의 이론이 기본적으로 옳다는 것을 보여주고 있다.

과학자들은 지상에 중성미자 검출 장치를 설치하였다. 그러나 지난 30년 동안 검출된 중성미자의 수가 이론적으로 예측된 개수보다는 적게 검출되었다. 새로운 실험 장치와 분석을 통하여 이러한 **태양 중성미자문제(solar neutrino problem)**는 중성미자 진동 때문이라는 것을 알게 되었다. 중성미자는 한 형태에서 다른 형태로 변하며 때때로는 검출이 안 되기도 한다.

태양지진학(helioseismology)은 태양 표면에서 일어나는 진동을 측정함으로서 태양 내부 구조와 조건을 연구하는 것이다. 지구의 지진파로부터 지구 내부를 추론하는 것과 마찬가지로 태양에서의 압력 파동은 태양의 밀도, 온도 그리고 자전 등을 알 수 있게 한다. 태양 진동은 어떤 스펙트럼 선(3.9절)의 도플러 편이를 통하여 분광학적으로 관측되어 진다. 이러한 관측은 전 세계적으로 6개의 Global Oscillation Network Group(GONG)에서 지속적으로 관측하고 있다(▶www.gong.noao.edu◀).

문 **지상에서 검출되는 태양 중성미자의 개수가 작은 이유는 무엇인가?**______________

답 : 중성미자 진동: 중성미자는 한 형태에서 다른 형태로 변하며 때때로는 검출이 안 되기도 한다.

4.16 공통적인 구조(COMMON FEATURES)

태양지진학과 마찬가지로 **항성지진학(astroseismology)**도 일반적인 별들의 연구로 영역을 넓히고 있다. 비록 별들은 거리가 멀어서 그들의 스펙트럼선이나 밝기의 변화들을 직접적으로 관측하기에는 다소 힘들겠지만, 별들에서도 태양의 흑점과 같은 **항성흑점(starspot)**이나 **항성흑점 주기(starspot cycles)** 등을 포함한 태양과 유사한 격렬한 활동 영역을 갖는다. 최근 X선 관측으로부터 수백만도의 온도를 갖는 코로나와 유사한 것들이 거의 모든 분류의 별들에서도 존재한다는 것을 알게 되었다.

태양에서의 격렬한 활동들은 대부분 매우 강한 국지적인 자기장에 의하여 나타나는데 이들의 영향을 받는 것 같다.

문 **태양(혹은 별들에 관하여)에서 격렬한 활동에 의하여 나타나는 현상 3가지를 제시하고 그 현상을 설명하여 보시오.**______________

답 : (1) 흑점, 광구에 존재하는 상대적으로 온도가 낮고 검은 점들.
(2) flare, 흑점 주위의 빛과 물질들의 갑작스럽고 짧은 주기를 갖는 태양면 폭발.
(3) 코로나질량방출, 코로나로부터 발생하는 플라스마의 폭발.

4.17 공간 운동(MOTIONS IN SPACE)

모든 다른 별들과 마찬가지로 태양도 공간 운동을 한다. 태양은 태양계내의 행성들과 함께 태양 근처의 별들에 관하여 Hercules 별자리를 향하여 20 km/sec(45,000 마일/시간)로 공간 운동을 하고 있다. 이와 함께 태양을 포함한 태양계는 우리 은하계(Milky Way Galaxy) 중심을 기준으로 약 250 km/sec(563,000 마일/시간)의 속도로 회전하고 있다(註* 최근 우리 은하계에서 태양계의 회전속도를 220 km/sec로 수정하였음) (6.2절).

자가 평가(SELF-TEST)

자가 평가는 여러분이 4장의 내용들을 충분히 이해하고 있는지를 평가하기 위한 것이다. 각각의 질문에 대하여 답하시오. 자가 평가 문제의 끝 부분에 정답과 점검 사항들을 제시하였다.

1. 현대 천문학자들이 태양을 연구하려는 3가지 이유를 말하시오.

(1)______________________________

(2)______________________________

(3)______________________________

2. 서로 유사한 것끼리 연결하시오.

_____(a) 온도가 높은 활동 영역의 관측	(1) 코로나사진기(coronagraph)
_____(b) 개기식에서의 코로나 사진관측	(2) 광학 망원경
_____(c) 태양표면의 안시 사진 관측	(3) 전파 망원경
_____(d) 특정한 원소 파장의 사진 관측	(4) 태양분광단색사진기
_____(e) 전파를 이용한 관측	(5) 자외선, X 선, 감사선 망원경

3. 천문단위(AU)를 정의하시오.____________________

4. 태양을 그려서, 코로나, 채층, 광구, 대류층, 복사층, 중심핵을 나타내시오.__________

5. (a) 태양 직경________; (b) 태양 질량________; (c) 태양표면 온도________를 조사하시오.

6. 왜 우리는 태양의 흑점주기를 관측, 조사하는가?____________________

7. 태양에서 나타나는 여러 현상에 관하여 서로 짝지어 보시오.

______(a) 태양풍의 근원인 코로나의 낮은 밀도 지역	(1) Flare
______(b) 광구에서 쌀알 입자와 같은 밝은 조직	(2) 쌀알무늬
______(c) 밝은 광구에 비해 상대적으로 어둡게 나타나는 지역	(3) 코로나 구멍
______(d) 태양 중심의 핵융합반응에 의하여 생성되는 원소입자	(4) 태양 뉴트리노
______(e) 매우 짧은 일생을 가지며 활동적인 폭발로써 빛과 물질을 방출	(5) 흑점

8. 태양풍이란 무엇인가?______________________________

9. flare와 대규모 태양풍 폭발이 지구 환경에 미치는 영향 4가지를 말하시오.

(1)______________________________

(2)______________________________

(3)______________________________

(4)______________________________

10. (a) 태양 상수란 무엇이며 (b) 태양 상수가 일정한 값을 갖는지 혹은 변하는지를 안다는 것이 왜 중요한 가를 설명하시오.______________________________

____

____

해답(ANSWERS)

아래 주어진 답들과 여러분 스스로 풀어본 답들과 비교하시오. 만약 모든 문제의 정답이 일치하면 다음 장을 공부할 수 있는 실력입니다. 만약 약간의 오답이 있는 경우 그 문제에 해당되는 각 절을 재검토한 후 답을 수정하고, 많은 문제에서 오답이 있을 경우 전체 장을 주의 깊게 다시 읽고 답하시오.

1. (1) 태양은 현재뿐만 아니라 미래까지 사용할 수 있고 무공해, 무한대의 에너지원이다.
   (2) 태양은 매우 가까워서 자세히 관측할 수 있는 유일한별로서 천문학자가 다른 별을 규명하는데 활용한다.
   (3) 태양에서 방출되는 에너지의 변화는 지구 기후, 대기 및 날씨뿐만 아니라 에너지 전달 및 통신체계에 영향을 미친다 (4.1절, 4.13절).
2. (a) 5; (b) 1; (c) 2; (d) 4; (e) 3 (4.7절)
3. 천문단위(AU)란 지구와 태양사이의 평균거리로써 약 1.5 × 10^8 km(공식적으로 149,597,870km) 이다 (4.2절).
4. 그림 4.6의 참조하라. (a) 코로나; (b) 채층; (c) 광구; (d) 대류층; (e) 복사층; (f) 중심핵 (4.4절)
5. (a) 1,390,000km; (b) 2 × 10^{30}kg; (c) 5800 K(10,000°F) (4.2, 4.4, 4.6절)
6. 태양 흑섬수기는 태양활동의 지표이다. 흑점이 최대로 많이 나타나는 때는 태양활동이 가장 활발할 때이며, 큰 에너지와 복사를 가장 활발하게 방출한다. 반대로 흑점수가 최소일 때 태양활동이 매우 미약하다 (4.10. 4.13. 4.14절)
7. (a) 3; (b) 2; (c) 5; (d) 4; (e) 1 (4.8, 4.9, 4.12, 4.14, 4.15절)
8. 태양으로부터 불어나오는 전기적으로 전하를 띈 에너지 흐름 (4.24절)
9. (1) 해로운 복사의 증가; (2) 오로라; (3) 자기폭풍; (4) 대기폭풍 (4.13, 4.14절)
10. (a) 지구대기권 밖에서 단위면적당, 단위시간당 받는 태양에너지는 1.368 × 10^6 ergs/sec. cm^2
    (b) 태양상수의 변화는 지구의 기후와 대기의 지대한 변화를 일으킨다 (4.1, 4.13절).

제5장

항성 진화

(Stellar Evolution)

삼라만상에는 다 때가 있나니,
모두 신의 뜻에 따라 만물은 생겨나고 다시 돌아가나니.

구약 전도서 3장 1-2절

목표

☆ 항성 진화를 정의하여보자.
☆ 현대의 항성 진화 이론에 따른 태양과 같은 별의 진화 단계를 열거하여 보자.
☆ 항성 진화 이론을 위하여 H-R도의 중요성을 설명하여 보자.
☆ 별의 나이와 H-R도상의 위치와의 관련성을 설명하여 보자.
☆ 항성 탄생의 주요 단계를 열거하여보자.
☆ 주계열에서의 에너지 평형과 압력 평형에 대하여 기술하여보자.
☆ 질량이 큰 별과 작은 별이 행성상성운, 백색왜성, 초신성, 펄서와 중성자성 그리고 블랙홀로의 진화 단계를 서로 비교하여 보시오.
☆ 밤하늘에서 성운, 주계열성, 청색거성, 적색거성, 맥동변광성들을 관측하여 보자.
☆ 초신성과 펄서는 어떻게 관측되어지는 설명하여 보시오.
☆ 서로 다른 화학 원소의 기원과 새로운 별의 탄생을 위한 초신성의 중요성을 설명하여 보자.
☆ 블랙홀의 관측적 증거를 제시하여 보자.

5.1 별의 일생(LIFE CYCLE OF STARS)

별은 영원히 빛을 내지는 못한다. **항성 진화**(stellar evolution)란 별이 시간이 지남에 따라 별에서 나타나는 변화인, 별의 일생의 주기라 하겠다. 그런데 별의 일생은 대략 수백만년에서 수십억 년 이상을 갖기 때문에 우리의 육안으로 직접 이러한 변화를 관찰할 수는 없다. 천문학자들은 여러 가지 물리 법칙을 적용하여 항성 진화의 이론을 정립하고 있다. 이와 함께 이들은 별빛을 관측하여 그 들의 이론들을 확인하고 있다.

천문학자들은 관측을 통하여 그들의 이론을 확인하기 위하여 H - R도를 이용한다. 이론적인 예측은 별이 탄생하여 소멸되는 과정에서 그 별의 광도와 온도가 지속적으로 변화하는 일련의 과정을 고려하여 만들어진다. 이러한 일련의 변화 과정을 H - R도에 나타낸 것이 별의 이론적인 **진화 경로(tracks of evolution)**이며, 이로부터 이론적인 H - R도와 실제 집단으로 이루어진 별들의 H - R도를 비교하게 된다(6.4절)

이 장에서 기술된 현대 항성 진화 이론의 예측들은 실제 별에서 관측된 관측치들과 잘 일치하고 있다.

문 **항성 진화란 무엇인가?**

답 : 항성의 일생의 주기로서 시간에 따른 항성 변화를 말한다.

5.2 별의 탄생 장소(BIRTHPLACES)

별은 우주에 존재하는 성간물질에서 생성된다. 별이 탄생하는 장소는 별과 별사이에 있는 가스나 먼지로 이루어진 거대한 **성간운(interstellar cloud)**에서 탄생한다. 우리는 직접 천구에서 가까운 성간운에서 새로 생성되고 있는 별들을 볼 수 있다. 대략 1,500광년 거리에 위치한 오리온 별자리내의 그 유명한 오리온성운이 별이 탄생하고 있는 지역이다(그림 5.1).

겨울철에 오리온성운을 찾아보자. 성도에서 보면 오리온성운은 오리온자리 사냥꾼의 검(칼) 자리 안에 위치해 있음을 볼 수 있다. 우리의 육안으로 오리온성운을 보면 그것은 마치 흐린 구름덩어리처럼 보일 뿐이다. 망원경을 이용하여 관찰하면 녹색 빛을 띠고 반짝이는 것을 확인할 수 있다. 이러한 지역에서 새롭게 탄생하는 고온의 별들은 불타는 가스로 이루어져 있다.

문 **현재에도 별들은 탄생되고 있는가? 그 위치는 어디인가?**

답 : 예. 오리온성운에서와 같은 가스와 먼지의 거대한 성운에서 별들은 탄생되고 있다.

(a)

(b)

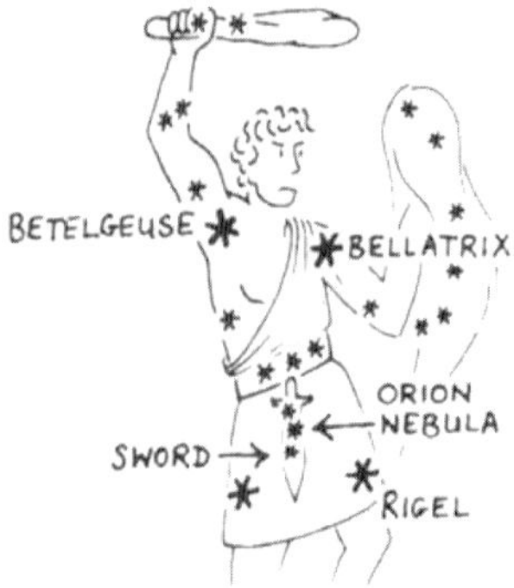

그림 5.1. 오리온 별자리의 오리온 대성운.

5.3 별의 탄생(BIRTH)

원시성(protostar)은 별의 초기 진화 단계의 별로서 지금 막 태어나는 별이라고 생각할 수가 있다. 원시성은 우연히 우주에 존재하는 먼지나 대부분 수소로 구성된 가스의 난기류 내부의 고밀도 성운에서 생성된다. 그리하여 초신성과 같은 폭발하는 별로부터 오는 충격파가 별로서 형성되도록 촉발시키는 것 같다.

원시성은 중력에 의해 뭉쳐 생성된다. 중력은 다소 밀도가 높은 중심으로 물질들을 끄려드리고 수축하여 중심의 밀도를 더 높이고 더욱더 수축하여 원시성으로서 성장하여 간다. 중력에 의해 뭉쳐지는 성운으로서의 원시성 내부는 점진적으로 높은 온도와 압력을 형성시킨다.

열은 뜨거운 내부 중심부에서 온도가 낮은 외부 표면으로 이동하여 원시성은 중심부에서 생성된 에너지를 우주로 방출하게 된다. 그리하여 긴 파장의 적외선의 빛을 낸다.

회전하는 성운에 의해 원시성 주위에는 먼지와 가스의 원반이 만들어지고 이러한 원반은 에너지를 적외선으로 재 방출하게 된다. 원반 안에 있는 입자들은 행성으로서 형성된다(그림 12.2).

원시성 중심부의 온도가 10^7 K에 이르면 원자핵 융합 작용이 시작된다. 이 원자핵 융합 작용은 막대한 에너지를 방출한다. 중심부에서 생성된 에너지는 급속히 우주로 방출하고 내부의 매우 높은 온도와 압력은 유지되어 간다. 따라서 고온의 가스에 의한 외부로 향하는 압력과 내부로 향하는 중력은 서로 균형을 이루게 된다(그림 5.2). 이러한 균형을 **정유체평형(hydrostatic equilibrium)**이라 부른다. 이후 원시성의 수축작용은 멈추고, 지속적으로 일정한 빛을 우주로 발산하게 된다. 이렇게 원시성은 새로운 별로서 탄생하게 된다. 우리 태양도 대략 50억 년 전 이러한 과정을 통하여 탄생되었다.

최근 이러한 별의 탄생 이론은 관측을 통하여 입증되고 있다. 밀도가 높은 가스성운안의 원시성들이 적외선파장으로 관측되고 있으며 젊은 별들에서 제트 가스의 흐름들이 나타나고 있다. 이러한 것들은 행성을 형성하는 주의 원반일 가능도 있다.

문 **항성 탄생의 주요 3단계를 설명하시오.**

답 : 1단계 : 가스나 먼지층이 중력에 의해 뭉친다.
2단계 : 온도와 압력이 내부에서 상승된다.
3단계 : 원자핵 융합이 발생한다.

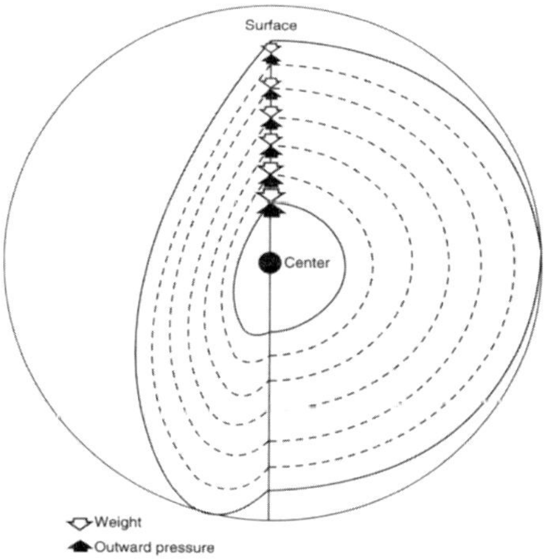

그림 5.2. 별의 각각의 내부층은 밖으로 향하는 가스의 압력과 중력이 평형을 이루고 있다.

5.4 별의 생애(LIFETIMES)

원시성을 형성하는 성운들의 질량과 화학적 구성성분은 항성마다 모두 같지는 않다. 별이 진화하는 시간인 별의 일생의 주기는 그의 **질량(mass)**과 **화학조성(chemical composition)**에 좌우된다.

별의 질량과 화학적 구성성분이 같은 별들은 서로가 같은 생애 주기와 항성 진화 단계를 거치게 된다. 서로 비슷한 화학성분을 갖은 질량이 매우 큰 별은 빨리 진화하고, 질량이 작은 별은 다소 긴 생애를 갖는다.

그림 5.3의 H-R도상의 별의 이론적인 진화 경로는 원시성의 광도와 온도가 별로서 탄생하기 위하여 수축하여오는 과정에서 그 값들이 어떻게 변하는가를 보여주고 있다.

문 **다음의 각각의 원시성이 영년주계열에 도달하기 까지 걸리는 시간은 얼마일까? (a) 태양과 같은 별__________; (b) 태양보다 질량이 큰 별__________; (c) 태양보다 질량이 작은 별__________**

답 : (a) 약 3천만년; (b) 약 백만 년; (c) 약 1억년.

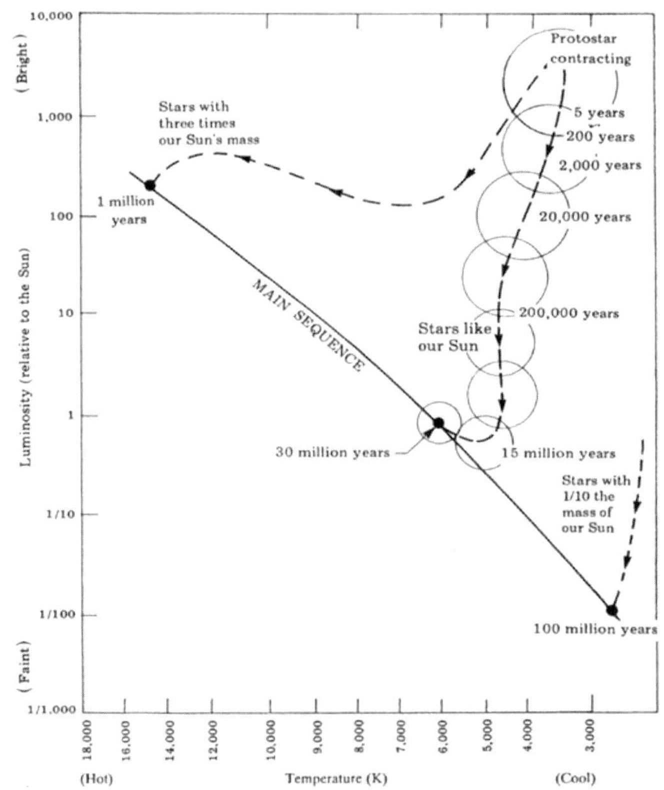

그림 5.3. 서로 다른 질량의 원시성이 중력수축하여 광도와 온도가 변화하는 과정의 이론적인 진화 경로와 주계열까지의 중력수축하는데 걸리는 시간.

5.5. 어떻게 빛을 내는가(WHY STARS SHINE)

우리는 정상적인 별로서 **주계열(main sequence)**의 별을 생각할 수 있다. 원시성의 변화와 비교해 볼 때 주계열성의 진화는 매우 느리다. H-R도상의 주계열은 온도와 밝기에 따라 그 위치가 다르며 그 일생의 대부분을 주계열에서 보낸다.

주계열의 별은, 별의 중심에 있는 수소가 헬륨으로 변하는 **핵융합반응(nuclear fusion reaction)**으로부터 에너지를 얻는다. 4개의 수소 핵은 하나의 좀 더 가벼운 헬륨으로 융합된다. 그 손실된 질량이 에너지로 변화하여 방출한다.(수소 폭탄의 에너지도 같은 과정이다)

핵융합 반응으로 만들어진 에너지는 최종적으로 별의 표면에 이르게 된다. 그 때 별은 에너지를 우주로 내보내 빛을 발하게 된다.

핵융합반응에 의하여 생성된 총 에너지는 미국의 물리학자인 Albert Einstein(독일에서 출생)의 유명한 방정식인,

$$E = mc^2$$

(E: 에너지, m: 질량, c: 빛의 속도)

로 계산 할 수 있다.

Einstein의 방정식에 따르면, 많은 핵융합반응이 동시에 일어났을 때 막대한 양의 에너지를 방출할 수가 있다. 현재 태양은 크기와 온도의 변화가 없이 일정하게 빛을 내는 거대한 가스체이다. 태양의 밝기 정도를 생성하려면 5백만 톤/초의 수소가 헬륨으로 바뀌어야 한다. 그러나 그 양은 10억년 동안 태양 빛을 내는 총 질량 변화의 0.01%보다 작은 양이다.

문 주계열에서 별이 빛을 내는 주된 에너지원 무엇인가?

답 : 수소가 헬륨으로 변하는 핵융합 반응

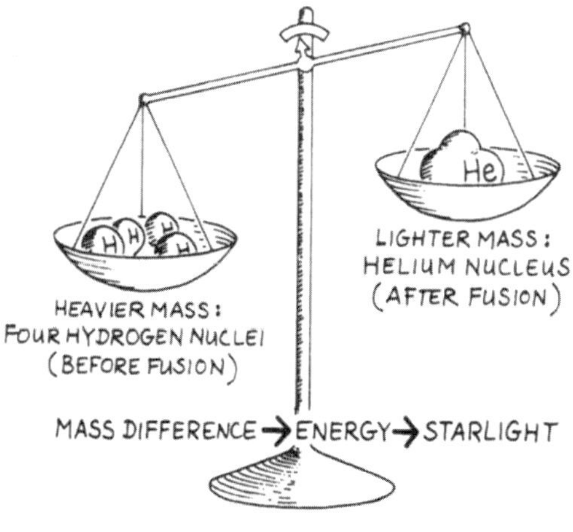

그림 5.4. 4개의 수소의 질량과 1개의 헬륨의 질량 비교로서 수소핵융합 반응에 의한 에너지 생성의 설명.

5.6. 늙은 별(OLD AGE)

별들은 자신의 중심에 있는 이용 가능한 모든 수소가 헬륨으로 바뀌어 질 때까지 주계열의 별로서 지속적으로 빛을 발하게 된다. 그 후 별들은 죽어가기 시작한다.

우리의 태양은 보통 크기의 별이다. 태양은 50억년 동안 안정된 주계열 별로서 빛을 발해 오고 있고, 앞으로 50억년동안 계속 빛을 발하게 될 것이다.

질량이 대단히 크고, 온도가 높고, 밝은 별은 빨리 진화하여 죽어간다. 왜냐하면 그들의 수소를 급격히 소모해 버리기 때문이다. 오리온자리의 Rigel과 같은 질량이 대단히 큰 청색 거성은 주계열에서 단지 몇 백 년 동안만 빛을 발산하게 된다.

최소의 질량을 지닌, 온도가 낮고 희미한 별은 수소 연료를 최대한 천천히 소모하기 때문에 가장 오래 동안 살아가게 된다. 작은 질량의 적색왜성(註: 주계열에 해당되는 별)은 가장 오래된 별로서, 주계열의 대부분을 차지한다. 이 별들의 수명은 1조년 정도이다.

문 **(a) 가장 오래 동안 살 것으로 기대되는 별의 형태는?**________________

(b) 가장 짧은 동안 살 것으로 기대되는 별의 형태는?________________

(c) 현재 빛을 발하고 있는 태양은 얼마나 더 빛을 낼 수 있는가?________________

답 : (a) 적색왜성과 같은 작은 질량을 가진 별.
(b) 대단히 질량이 큰 청색 거성.
(c) 50억년.

5.7 적색거성(RED GIANTS)

별의 중심에서 수소가 다 소모된 후, 별의 핵 내에는 더 이상의 에너지원이 없게 된다. 따라서 헬륨으로 구성된 중심핵은 중력 수축을 시작하게 된다. 그러나 중심의 헬륨 핵을 둘러싸고 있는 수소 표피층에서는 수소핵융합반응이 계속 연소된다.

헬륨 핵의 중력 수축은 그 별의 온도를 증가시키고, 이러한 높은 온도는 더욱더 수소 표피층의 수소 연소를 가속시켜 별의 밝기를 증가시킨다.

이러한 수소 연소에 의해 방출된 막대한 에너지와 중력의 수축은 엄청난 크기의 별로 팽창시키게 된다. 그 후 별의 밀도는 중심을 제외하고는 전체적으로 매우 낮아진다(그림 5.5).

별이 팽창함에 따라 표면 온도는 낮아지고 표면색은 붉은 색으로 변한다. 별은 거대하고, 밝고, 적색의 늙은 **적색 거성**(red giant)이나 **초거성**(supergiant)으로 변화한다. 이 때 별의 온도는 낮지만 그기가 크기 때문에 밝은 별이 된다. 이별은 H - R도상의 오른쪽 위의 적색 거성 영역에 해당하는 온도와 밝기 값을 갖게 된다.

밤하늘에 몇몇 거대한 적색거성들이 빛나는 것을 볼 수 있다. 그 좋은 예로 오리온자리의 Betelgeuse와 전갈자리의 Antares는 태양 직경의 400배 정도에 달하는 것이다.(표 1.1과 표 2.1)

모든 별과 같이 우리의 태양도 죽어 갈 때는 거대한 적색 거성으로 변할 것으로 기대된다. 태양이 적색 거성이 되면, 태양은 대단히 많은 빛을 발산하게 되어 바위를 녹이고, 바다를 증발 시키어, 지구상의 모든 생명체에게 종말을 가져올게 될 것이다.

문 **별들은 언제 주계열에서 적색 거성으로 변하는가?**

답 : 중심에 있는 모든 사용 가능한 수소가 헬륨으로 변했을 때.

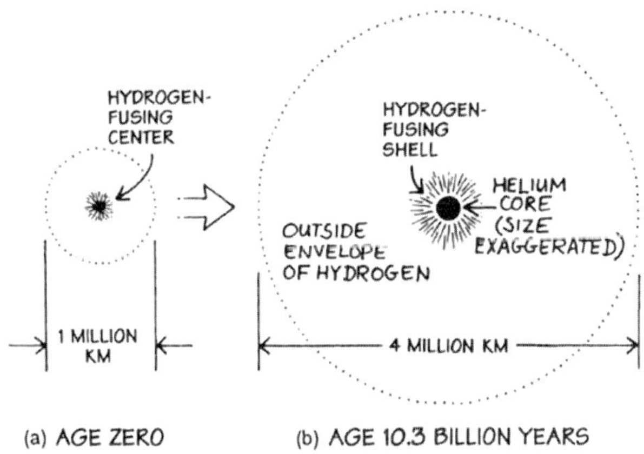

그림 5.5. 태양 질량과 같은 별의 (a) 주계열에서 출발하여 (b) 거성으로 진화.

5.8 중원소 합성(SYNTHESIS OF HEAVIER ELEMENTS)

중력 수축은 적색 거성의 헬륨 핵 내부 온도를 1억 K 만큼 상승시키게 된다. 이러한 온도에서 헬륨은 핵융합 반응에 의해 탄소로 전환된다(그림 5.6).

헬륨으로 구성된 핵은 헬륨이 타기 시작할 때 더 이상 확장되지 않는다. 냉각되지 않고 급격히 온도가 상승하게 되는 안정된 팽창을 하게 된다. 헬륨 핵은 급격히 연소되고 핵은 점점 온도가 상승하게 된다. 이와 같이 폭발적인 헬륨 연소를 **헬륨 섬광**(helium flash)이라 부른다.

얼마의 시간이 경과하면 온도는 충분히 상승되고 핵이 팽창한다. 냉각이 일어나고 헬륨의 연소는 일정한 비율을 유지하게 된다.

질량이 매우 큰 적색 거성의 내부에서는 또 다른 융합 반응에 의해 산소, 알루미늄, 칼슘과 같은 탄소보다 더 무거운 원소들이 만들어진다(부록 4).

문 **생명 현상에 필수적 요소인 산소, 탄소와 같은 원소는 어디에서 만들어진다고 생각하는가?**

답 : 적색 거성의 내부.

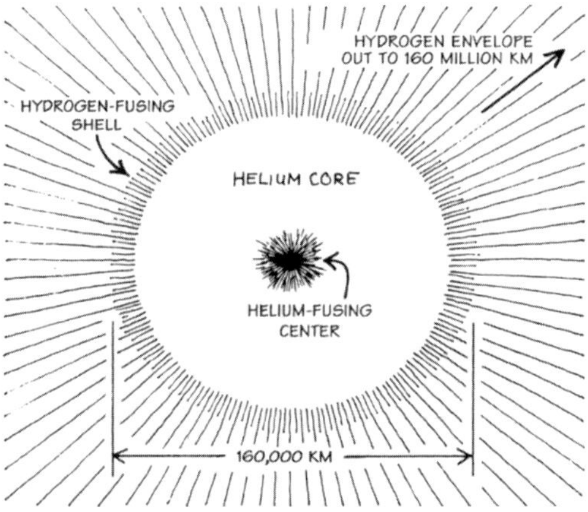

그림 5.6. 적색 거성의 구조.

5.9 변광성(VARIABLE STARS)

별의 진화에 대하여 아직까지 완전하게 이해하지는 못했지만, 별은 자신의 생애의 마지막 단계에 들어가기 전에 적색거성과 주계열 쪽으로 여러 번 앞뒤로 움직인다. 아마도 대부분의 별들은 적색 거성으로부터 최종적으로 소멸하기 전 **맥동 변광성(pulsating variable stars)** 단계를 거치게 되는 것 같다. 즉, 맥동 변광성은 주기적으로 팽창과 수축을 하여 그 밝기가 밝아졌다 어두워졌다한다.

매우 밝고 큰 노란색의 별인 **세페이드(Cepheid)** 형 변광성은 맥동주기가 1일에서 70일 사이의 주기를 가지고 밝기가 변화한다. 세페이드 변광성 가운데 제일 처음으로 관측된 별은 δ 세페이드(Delta Cephei) 변광성으로서 이 별이 이러한 부류의 별의 대표적인 별이다(그림 5.7).

우리 은하계에는 700개 이상의 세페이드 변광성들이 알려져 있다. 북극성 Polaris는 우리에게 가장 가까운 맥동변광성으로서 주기는 약 4일이며 2.5등급에서 2.6등급의 밝기 변화를 갖는다.

미국의 천문학자 Henrietta Leavitt(1868 – 1921)는 세페이드 맥동변광성의 변광 주기가 길면 길수록 더 밝다는 것을 알아내었다. 천문학자들은 세페이드 변광성의 맥동 주기를 측정한 후에 **주기-광도 관계(period-luminosity relation)**를 사용하여 절대등급을 결정한다.

절대 등급과 겉보기 등급을 사용하여 천문학자들은 세페이드 변광성의 거리를 알아내고, 그들이 포함된 별의 그룹까지의 거리를 알아낸다. 따라서 세페이드 변광성은 약 3 Mpc(약 1,000만 광년)밖의 거리까지 알아내는 **"거리척도"(distance markers)**로 사용된다.

거문고(Lyra) 별자리에서 발견된 RR번째 변광성이란 의미의 RR Lyrae 변광성들은 변광 주기가 1일 미만의 푸른 거성에 속하는 맥동 변광성이다. 대략 4,500개의 RR Lyrae 별들이 우리 은하계에서 알려졌다. RR Lyrae 별들은 약 20만 pc(6십만 광년)밖의 그들이 속한 성단의 거리 측정에 사용되기도 한다.

고래(Cetus) 자리의 Mira라는 고유명으로 더 잘 알려진 **장주기 변광성 Mira(Long-period Mira)**그룹의 별들은 80일에서 1000일 정도의 변광 주기를 갖는 적색거성의 별들이다. 약 40 pc(130 광년) 거리에 있는 Mira는 맥동 주기가 332일로 가장 밝은 적색에서 별이 눈에 보이지 않을 정도의 최소 밝기까지 다양하게 나타나는 것에 깜짝 놀란 초기의 관측자에 의해"굉장하다"(Wonderful)는 의미의 Mira로 명명되었다.

문 주기적으로 변하는 맥동변광성의 3가지 특성은 무엇인가? (a)________________; (b)____________________; (c)____________________

답 : (a) 크기; (b) 광도; (c) 온도.

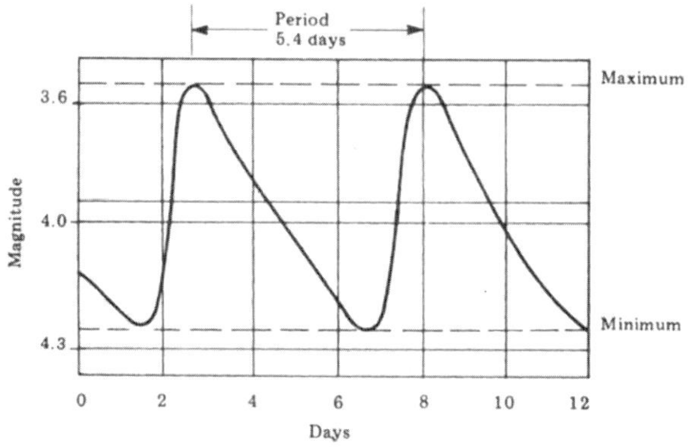

그림 5.7. 세페이드 변광성을 대표하는 δ 세페이드(Delta Cephei)의 광도곡선.

5.10 종말(DEATH)

모든 별은 비록 수명이 서로 다를지라도, 별의 핵 부분이 대부분 탄소로 축적될 때까지 비슷한 경로를 가지고 진화한다(그림 5.8). 별의 진화에서 마지막 단계나, 별이 최종적으로 소멸하는 것은 주로 별의 질량에 의존한다.

대략 태양 질량의 1.4배 정도까지의 작은 별은 폭발 없이 우주의 암흑 속으로 조용하게 빛을 잃고 결국에는 소멸한다. 아주 질량이 큰 별은 그 일생을 마치기전에 밝게 타오르는 초신성과 같이 격렬한 폭발로 끝난다.

문 **별이 최종적으로 소멸하는 경로를 결정하는 별의 특성은 무엇인가?**

답 : 별의 질량.

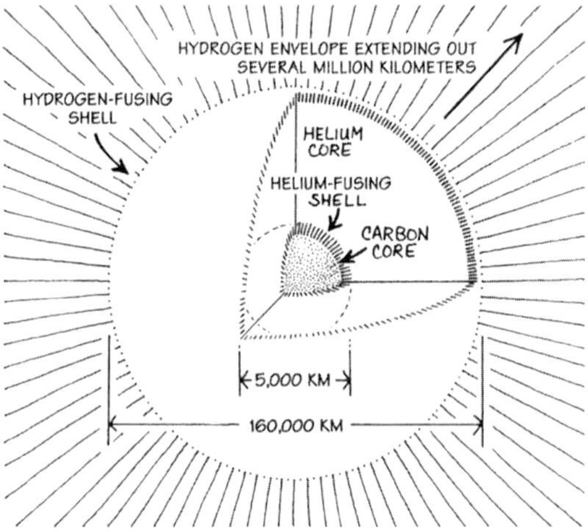

그림 5.8. 커지고 있는 탄소핵을 갖은 별의 구조.

5.11 질량손실(MASS LOSS)

태양과 같은 질량의 별이 이용할 수 있는 헬륨 연료를 모두 소모했을 때, 별은 마지막에 부풀어 오르는 적색 거성이 된다.(별의 일생 중 이 단계에서 우리의 태양은 수성, 금성, 지구, 화성을 포함시켜버릴 정도로 커질 것이다.)

적색 거성은 그 다음에 자신의 질량 대부분을 방출한다. 적색 거성의 중원소가 풍부한 가장 바깥쪽 수소가스층은 우주 공간으로 날아간다. 따라서 **항성풍(stellar wind**; 4.14절의 태양풍 참조)이라 불리는 전기적으로 전하를 띤 입자들이 불어나오게 된다. 그리하여 더 깊은 층이 불어나오게 되어 약 1/2광년에서 1광년정도의 크기의 팽창 가스층을 갖고 약 20~30km/sec(45,000~67,500mile/hour)정도의 속도로 방출하는 가스층을 갖은 소위 행성상 성운(planetary nebula)이 된다. 그 후 이 별은 중심 부분의 핵이 남게 된다.

약 1,600여개의 **행성상 성운(planetary nebula)**들이 알려져 있으며, 이들은 성운에서 가스원자가 빠르게 이탈하는 되어 행성상 성운으로서의 삶은 대체적으로 50,000년보다 짧을 것이다. 그리하여 약 100,000년 후에 외각층을 벗어 버려서 볼 수 없을 것이다.

문 그림 5.9에서 별의 핵과 행성상 성운을 구분하시오. (a)______________________; (b)________________________________

답 : (a) 행성상 성운; (b) 별의 핵.

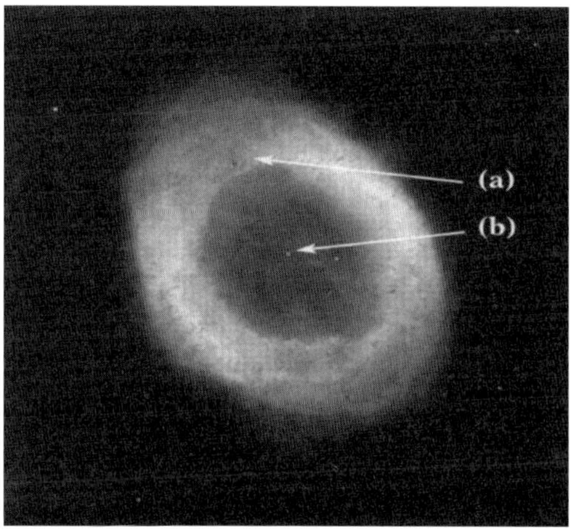

그림 5.9. 거문고자리에 있는 유명한 고리성운인 행성상성운으로 중심에 별이 있다.

5.12 백색왜성(WHITE DWARFS)

행성상 성운이 자신의 가스층을 모두 방출한 후, 그 별은 헬륨 연소층으로 둘러싸인 탄소 핵이 남게 된다.

별의 핵반응 연료를 모두 써버린 별은 더 이상 중력에 의해 끌어당기는 힘을 이겨낼 수 없게 된다. 별은 물질을 중심으로 끌어당기는 힘에 의해 다시 수축한다. 중력 수축은 온도와 압력을 아주 높아지게 하고, 전자들은 원자로부터 떨어져 나온다. 그별은 작고, 뜨거워지게 되어 **백색 왜성(white dwarf)**이 된다. 백색 왜성은 주로 전자들과 핵들로 이루어져 있다. 이러한 원자보다 작은 입자들은 모든 원자들이 할 수 있는 것보다 훨씬 더 빽빽하게 서로 간에 짓눌려 찌그러져 있다.

결국에, 백색왜성이 지구 크기 정도에 도달하게 될 때, 백색 왜성은 더 이상 수축하지 않게 된다. 태양과 같은 질량의 백색왜성은 지구 크기의 별 속에 태양정도의 모든 질량을 채워 넣었기 때문에 매우 밀도가 크다. 백색왜성과 같은 별에서 중력의 세기는 지구 위에서보다 약 350,000배 크다. 만약 당신이 백색왜성의 별 위에 있다면, 당신은 당신이 지구 위에 있을 때보다 350,000배 무거울 것이다.

만약 쌍성계에 속한 백색왜성이 그 반성으로부터 질량을 받게 된다면 이 별은 밝게 빛나며 활활 타는 별, 즉 신성(Nova)이 만들어진다. 또는 핵융합의 여파가 더 크게 몰아치어 엄청난 폭발에 의해 제 **Ia형 초신성(Type Ia supernova)**이 만들어진다.

점차 백색왜성은 차가워지고, 흐릿한 적색이 되며, 우주 공간으로 마지막 에너지를 방출할 것이다. 그 다음에 백색왜성은 우주의 묘지 속에서 **흑색왜성(black dwarf)**으로 죽게 될 것이다.

문 백색왜성이란 어떤 별인가?____________________________

____

답 : 낮은 광도와 높은 표면온도의 작고 조밀한 죽어가는 별, 대표적으로 지구 정도의 크기에 태양과 같은 질량을 가진 별.

5.13 태양과 비슷한 별의 일생(LIFE CYCLE OF SUNLIKE STARS)

문 **그림 5.10에서 순차적으로 분류될 때, 우리 태양과 같은 별의 일생을 각 단계별로 분류해 보아라.**

(a)____

(b)____

(c)____

(d)____

(e)____

(f)____

(g)____

(h)____

답 : (a) 가스와 먼지의 성운이 중력 수축을 한 원시성

(b) 핵융합(수소에서 헬륨으로 전환되는)으로 빛을 내는 안정적인 주계열성
(c) 헬륨 핵이 형성되는 적색 거성으로 진화
(d) 헬륨의 연소에 의해 빛을 내는 적색 거성
(e) 탄소 핵이 형성되는 변광성
(f) 우주로 수소가스체를 분출하는 행성상 성운
(g) 대략 지구 크기 정도의 별에 질량을 채워 넣는 백색 왜성
(h) 우주에서검은 왜성으로 죽음

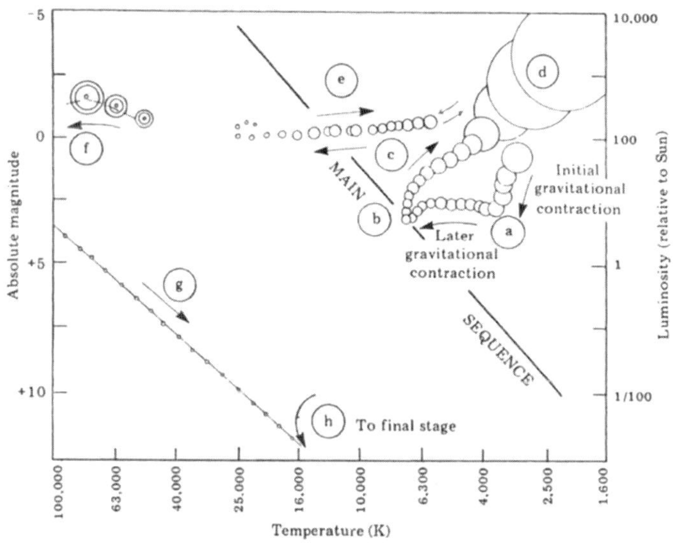

그림 5.10. 태양 정도의 질량을 갖는 별의 진화 경로.

5.14 폭발하는 별(EXPLODING STARS)

초신성(supernova)은 엄청난 항성 폭발로서 짧은 시간에 전체 은하로 밝게 빛나게 된다.

태양 질량의 8배 이상의 질량을 갖는 대부분의 별들은 **제II형 초신성(Type II Supernova)**라 부르는 화려한 폭발을 통하여 죽어간다. 이리하여 탄소 핵은 중력에 의하여 수축하여 점점 더 작아진다. 그러나 질량이 더 큰 별에서 핵의 온도가 6×10^8 까지 계속 올라가고 그 단계에서 탄소핵은 마그네슘으로 연소를 시작한다. 핵에서 탄소가 모두 소모되면 붕괴는 멈춘다. 중력수축과 같은 새로운 순환이 시작되어 온도가 올라가고 또 다른 핵반응이 일어나서 새로운 원소를 만들게 되어 다시 붕괴가 멈춘다. 결과적으로 질소나 규소 같은 탄소보다 더 무거운 원소들이 핵이 주로 철로 될 때까지 별 안에서 생산된다.

핵융합반응에 의한 에너지가 더 이상 방출되지 않기 때문에 핵 연소 순환과 붕괴는 철

에서 끝이 난다. 운명을 다하는 별은 더 이상 수축되지 않을 때까지 마지막 동안에 붕괴하고 별은 격렬하게 폭발한다. 초신성의 빛은 태양 광도에 10억 배에 이른다.

폭발에 의한 방출되는 에너지의 대부분은 보이지는 않지만 붕괴하는 핵으로부터 나오는 굉장히 큰 고에너지의 복사와 중성미자에서 빛의 속도로 불어나오게 된다. 항성 폭발에 의한 이러한 에너지는 초신성에 의하여 불어나오는 다양하고 많은 양의 화학 원소의 공장이라 하겠다.

초신성 1987A는 망원경이 발명된 이래 발견된 최초의 가장 밝은 초신성으로서 1987년 대마젤란성운에서 발견되었다. 이 초신성은 한 달 동안 남반구에서 눈으로도 볼 수 있었다 (그림 5.11). 중성미자도 예상했던 만큼 정확하게 측정되어졌으며, 폭발 할 때 핵의 온도는 2천억 K를 가졌어야 만 한다! 최근 천문학자들은 초신성 1987A의 관측 데이터를 사용하여 별의 종말에 관한 이론을 점검하여 정립하고 있다.

문 **어떤 종류의 별이 제 II형 초신성으로 죽어 가는가?**

답 : 질량이 큰 별(대략 태양 질량의 8배 이상의 별).

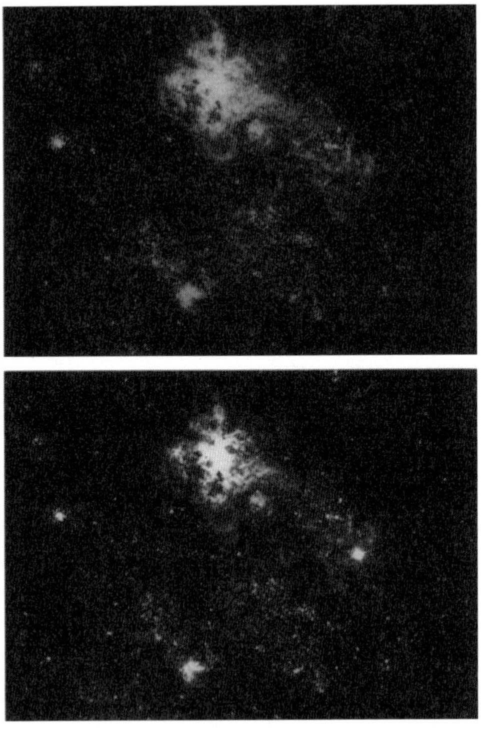

그림 5.11. 폭발하기 전 1969년의 초신성 1987A(위)와 폭발 1주일 후인 1987년 2월의 초신성 1987A(밑).

5.15 초신성 잔해(SUPERNOVA REMNANTS)

여러분도 별의 먼지로부터 만들어졌다고 말할 수 있다. 수소와 헬륨은 우주가 탄생했을 때 아마 유일한 원소였다. 생명에 필수적인 탄소, 산소, 질소와 같은 원소는 진화된 별의 불타는 핵에서 만들어졌다. 금과 납과 같은 무거운 원소들은 초신성의 폭발에 의한 극히 높은 온도와 강한 중성자 에너지에 하여 생성되었다.

우주공간에 이와 같은 새로운 원소는 초신성의 폭발로 뿌려진다. 이것들은 이미 그곳에서 있었던 수소와 헬륨과 먼지와 혼합된다. 질량이 큰 별의 폭발로 우주 공간에 뿌려졌던 모든 물질은 새로운 별과 행성의 형성에 사용되게 된다. 우리 태양과 지구는 이러한 방법으로 수소와 헬륨이 풍부한 성운에서 약 50억 년 전에 생성되었다.

1054년에 중국인과 아메리카 인디언들이 낮 시간 동안에 하늘에서 폭발하는 찬란한 새로운 별, 초신성을 관측했던 기록이 있다. 1600km/sec의 속도로 팽창하고 있는 성운인 황소자리의 게성운은 초신성이 관측되었던 그 지점에서 관측되고 있다. 이것은 약 3pc(10광년)의 크기로 중심에 폭발된 별의 잔재 핵을 가지고 있다.

문 **철보다 가벼운 원소 또는 철보다 무거운 원소들 중, 우주에서 보다 많은 것이 무엇이라고 생각하는가? 왜 그럴까?**____________________

____

____

답 : 가벼운 원소들. 가벼운 원소들이 생성되기 위해서는 보다 많은 시간이 필요하다. 철보다 가벼운 원소들은 질량이 큰 별의 핵 안에서 오랜 시간동안 최초의 수소로부터 생산되어지고 반면에 무거운 것들은 별의 마지막 단계에서 초신성과 같은 폭발하는 별에서 폭발할 때 짧은 시간에 생산된다.

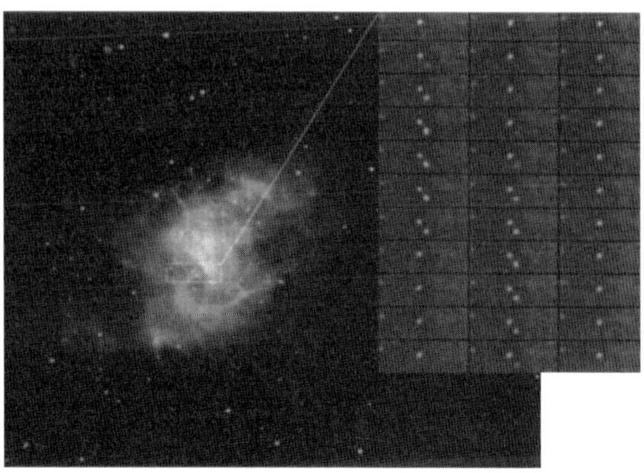

그림 5.12. 중심에 아직도 밝게 빛나는 과거에 폭발했던 별을 가지고 있는 황소자리의 게성운. 펄서.

5.16 초고밀도성(SUPERDENSE STARS)

매우 질량이 큰 별이 폭발한 후 남은 태양 정도의 질량을 갖은 별은 대략 16 km 크기 정도의 별로 매우 단단하게 압축되게 된다. 이와 같은 고밀도의 별은 전하를 띠지 않은 원자핵 입자인 중성자들로만 이루어진 **중성자성(neutron star)**이 된다.

맥동하는 전파 별인 **펄서(pulsars)**는 1967년 영국의 Cambridge 대학교 대학원생인 Jocelyn Bell에 의하여 최초로 관측되었다. 펄서는 1/10~4초 사이의 간격의 주기를 갖고 시계와 같은 정확한 규칙성을 가지고 지구를 향하여 정확하고 강하게 전파를 보내고 있다. **X선 폭발원(X-ray burster)**은 산발적으로 X선을 폭발하는 천체이다.

이론적으로 중성자별이 게성운(Crab nebula)의 중심에 존재할 것이라고 예측하였으며 게성운에서 1968년 펄서를 발견하게 되었다(그림 5.12). 그 이래로 게성운의 펄서는 전파에서 γ-선까지 모든 전자기파에서 관측되어왔다.

펄서는 강한 자기장을 갖는 빠른 회전을 갖는 중성자별이다(그림 5.13). 특징적으로 매우 짧고 규칙적인 펄스는 중성자별이 주기적으로 자전함으로서 지구를 향하여 매우 강력하게 가속된 전하 입자에 의하여 방출되는 복사 빔으로부터 나오는 것이다. 자전과 펄스의 비율은 에너지를 방출함에 따라 점진적으로 줄어들게 된다.

X선 폭발은 매우 크고 높은 온도의 헬륨형성에 의한 폭발이 일어나는 쌍성계의 가속된 중성자별로서부터 나온다.

문 **펄서의 표면의 중력과 지구의 중력과 비교하시오.**

답 : 펄서의 중력은 더 크다. 중력은 가까운 물질을 끌어들이며 펄서는 밀도가 매우 크다.

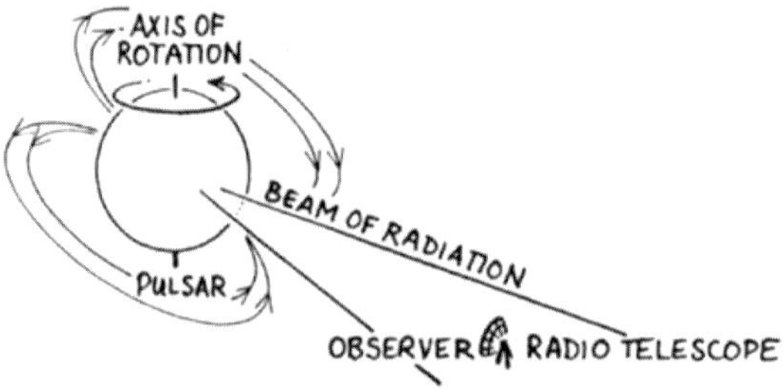

그림 5.13. 펄서와 중성자성. 회전하는 자기장의 축으로부터 방출하는 복사가 규칙적인 펄서로 관측된다.

5.17 블랙홀(BLACK HOLE)

실제로 질량이 큰 별은 펄서 단계 후 계속적으로 붕괴하여 **블랙홀(black hole)**이라는 신기한 천체가 된다(그림 5.14).

블랙홀은 실제 존재하는 구멍이 아니라 큰 질량에 비하여 크기가 매우 작아서 어마어마하게 큰 밀도는 갖는 천체이다. Einstein의 상대성이론에 따른다면 이와 같은 물체에서 중력이 매우 크기 때문에 이런 물체는 모든 물질이나 빛을 빨아들이게 된다.

블랙홀은 그 이름처럼 중력 때문에 그 어떤 종류의 신호나, 빛과 물질들이 빠져 나올 수 없기 때문에 우리가 결코 볼 수가 없게 된다. 블랙홀의 표면 혹은 빛이 빠져 나올 수 없는 경계를 **사건의 지평선(event horizon)**이라 부른다.

구형의 대칭성을 갖는 질량이 큰 천체가 블랙홀이 되는 임계 반경을 **Schwarzschild 반경**(R_s)라 한다. 그 식은

$$R_s = 2GM/c^2$$

이다. 여기서 G는 중력 상수이고 M은 천체의 질량을 c는 빛의 속도(부록 2)이다. 태양 정도의 질량인 경우 그 크기는 약 3 km(2마일)이며, 지구 질량 정도인 경우는 1 cm(0.4 inch)이다.

이론적으로 최종 붕괴에서 태양 질량의 3배 이상 되는 별은 사건의 지평선(event horizon)의 크기를 갖게 되고, 우리 시야에서 사라지게 된다. 어느 누구도 지속되는 붕괴를 멈추게

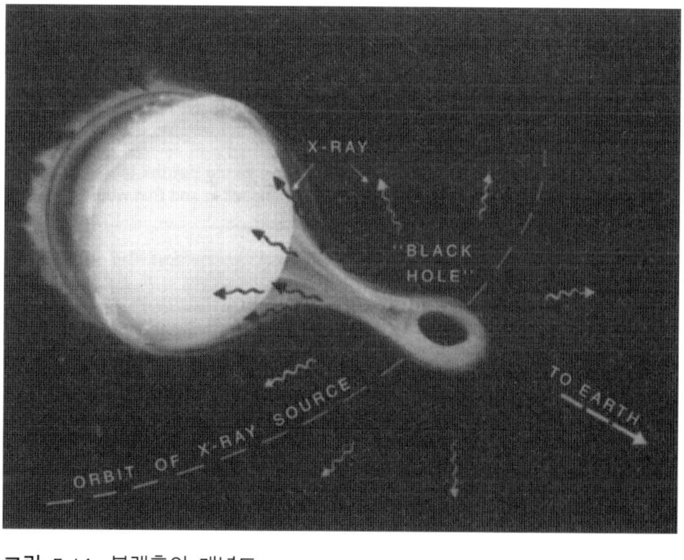

그림 5.14. 블랙홀의 개념도.

할 수 있는 힘은 모르며 별은 수축되어 중심의 한점인 **특이점(singularity)**으로 된다.

Cygnus X-1은 2,500 pc(8000광년)거리의 백조자리에 있는 강한 X-선원이다. 이 별은 1966년 공전주기가 5.6일의 식쌍성으로서 보이지 않는 반성이 블랙홀이라고 처음으로 알려졌다. 쌍성계로서 밝게 보이는 주성은 청색의 초거성으로 매일 밤 스펙트럼의 모습이 변화를 보인다. 한편, 보이지 않는 반성인 블랙홀이 주성인 밝은 초거성으로부터 강한 중력에 의하여 물질을 빨아들임으로서 X선을 방출하게 되어 관측된다.

미래에는 많은 과학자들이 더 많은 탐구를 통하여 이러한 신비스러운 블랙홀에 대해 보다 더 확실한 이야기를 듣게 될 것이다.

문 **불행하게도 우주에서 블랙홀 근처로 우주선이 지나간다고 가정한다면 어떤 일이 발생하는지를 생각해 보시오.**

답 : 블랙홀의 강력한 중력은 우주선을 안쪽으로 끌어당길 것이며, 결국 우주선을 잡아당기는 파괴적인 힘이 증가하여 우주선은 안으로 끌어당기어 사라질 것이다.

자가 평가(SELF-TEST)

자가 평가는 여러분이 5장의 내용들을 충분히 이해하고 있는지를 평가하기 위한 것이다. 각각의 질문에 대하여 답하시오. 자가 평가 문제의 끝 부분에 정답과 점검 사항들을 제시하였다.

1. 항성 진화를 정의하시오.______________________________

2. 천문학자들은 항성 진화 이론을 어떻게 검증하는가?______________________________

3. 항성 탄생의 주요 3단계를 설명하시오.______________________________

4. 주계열 단계에서의 주된 에너지원은 무엇인가?______________________________

5. 초기에 같은 화학적 조성을 가진 별은 어떤 물리적 성질에 따라 진화의 시간이 결정되는가?
____

6. 태양은 왜 50억년 후 주계열에서의 생애를 끝나게 되는가?______________________________

7. 태양과 같은 별이 탄생하여 죽어가는 순환 과정을 7단계로 제시하여 보시오.
   (1)______________ (5)______________
   (2)______________ (6)______________
   (3)______________ (7)______________
   (4)______________

8. 질량이 매우 큰 별이 탄생하여 죽어가는 순환 과정을 7단계로 제시하여 보시오.
   (1)______________ (5)______________
   (2)______________ (6)______________
   (3)______________ (7)______________
   (4)______________

9. 왜 우주에는 철보다 가벼운 수소, 헬륨, 탄소, 산소와 같은 원소가 철보다 더 많은가?

____

____

10. 별의 진화 이론에 따라 실제 별들과 관련된 것끼리 연결하시오.

______(a) 별의 탄생 장소	(1) 오리온자리 베텔규스
______(b) 블랙홀 후보	(2) 황소자리 게성운
______(c) 청색거성	(3) 황소자리 펄서
______(d) 주계열성	(4) 백조자리 X-1
______(e) 중성자성	(5) 고래자리 미라
______(f) 맥동변광성	(6) 오리온 성운
______(g) 적색거성	(7) 오리온자리 리겔
______(h) 초신성잔해	(8) 태양

11. 블랙홀이란 무엇인가?____

____

해답(ANSWERS)

아래 주어진 답들과 여러분 스스로 풀어본 답들과 비교하시오. 만약 모든 문제의 정답이 일치하면 다음 장을 공부할 수 있는 실력입니다. 만약 약간의 오답이 있는 경우 그 문제에 해당되는 각 절을 재검토한 후 답을 수정하고, 많은 문제에서 오답이 있을 경우 전체 장을 주의 깊게 다시 읽고 답하시오.

1. 시간에 따라 별에서 일어나는 변화, 즉 별의 일생 주기 (5.1절)
2. 별들은 시간에 따라 광도와 온도가 변화하게 되며 이러한 변화를 H-R도상의 이론적인 진화 경로와 그룹을 이룬 실제의 별들에 대한 H-R도를 비교하여 진화를 예측한다. (5.1절)
3. 1단계 : 가스나 먼지의 성운이 중력 수축
   2단계 : 내부 온도와 압력의 상승
   3단계 : 원자핵 융합 반응 (5.3절)
4. 4개의 수소가 1개의 헬륨으로 전화하는 핵에서의 수소핵 융합 반응 (5.3, 5.5절)
5. 질량 (5.4절)
6. 태양 중심부의 핵에서 수소가 모두 소진되어 더 이상 내부 에너지원이 없을 때 태양은 주계열을 떠나게 된다. (主: 현재 이론적으로 태양 질량의 1/10 수소가 헬륨으로 전환되었을 때).
7. (1) 원시성; (2) 주계열성; (3) 적색거상; (4) 변광성; (5) 행성상성운과 표피 방출; (6) 백색왜성; (7) 검은왜성 (5.3, 5.5, 5.13절)
8. (1) 원시성; (2) 주계열성; (3) 적색거상; (4) 변광성; (5) 제 II형 초신성; (6) 펄서나 중성자성 (7) 블랙홀로 예상 (5.3, 5.5, 5.7, 5.9, 5.14, 5.16, 5.17절)
9. 수소와 약간의 헬륨이 우주 초기의 구성 원소이다. 철보다 더 가벼운 여러 원소들은 별의 여러 순환 주기를 거쳐 형성되었으며 철 보다 더 무거운 원소들은 초신성과 폭발과 같은 짧은 시간에 형성 되었다.(5.15절)
10. (a) 6; (b) 4; (c) 7; (d) 8; (e) 3; (f) 5; (g) 1; (h) 2 (5.2, 5.5, 5.7, 5.9, 5.14, 5.17절)
11. 초고밀도의 중력 붕괴된 물체 어떤 종류의 신호나, 빛, 물질도 탈출 할 수 없는 천체 (5.17절)

제6장

은하
(Galaxies)

미지의 무궁무진한 자연의 책이여,
내가 읽을 수 있는 것은 조금밖에 없구나.

윌리엄 세익스피어(1564 – 1616)
안토니오와 클레오파트라 제 1막 중에

목표

☆ 은하를 정의하여보자.
☆ 우리 은하의 모양, 크기, 구조, 구성성분, 형성에 관한 관측적 증거를 제시하고 태양의 위치를 알아보자.
☆ 산개성단과 구상성단을 비교 설명하여 보자.
☆ H-R도상에서 성단의 나이를 결정하는 방법을 설명하여 보자.
☆ 성간물질의 구성과 그 진화를 설명하여 보자.
☆ 발광성운과 반사성운을 비교하여 보자.
☆ 서로 다른 파장 영역에서 우리 은하의 구조는 어떻게 나타났겠는지 설명하여 보자.
☆ 눈으로 볼 수 있는 매우 먼 천체를 찾아 설명하여 보자.
☆ 타원은하, 나선은하, 불규칙은하의 성질을 비교 설명하여 보자.
☆ 은하의 형성과 진화에 대한 2가지 서로 다른 모델을 비교하여 보자.
☆ 은하단과 초은하단을 정의하여 보자
☆ 우주에서 가장 큰 규모의 관측적인 증거를 제시하여 보자.
☆ 보통은하와 활동은하의 성질을 비교 설명하여 보자.
☆ 퀘이사의 관측적인 성질과 그 모델을 설명하여 보자.

6.1 항성계(STAR SYSTEMS)

은하계(galaxy)는 수백만 또는 수십억의 별들과 가스 및 먼지들이 중력에 의하여 뭉친 집단이다. 태양을 포함한 천구상의 보이는 모든 별들은 **우리 은하계(Milky Way Galaxy)**에 속한다. 우리는 맑은 밤하늘에서 하늘을 가로지르는 구름띠를 볼 수 있는데, 고대인들은 이 구름띠를 마치 아기를 보는 여신이 길에 우유를 흘린 듯 보인다하다 하여 Milky Way라 이름 지었다. 이와 같은 우유띠는 우리 거대 은하내의 밝게 빛나는 수백만 개의 별들의 집합인 것이다(그림 6.1).

여름철이나 겨울철에 하늘에서 은하수를 찾아보자. 가능하다면, 쌍안경이나 망원경을 이용하여 은하수가 수많은 별들의 집합임을 관측해보라. 우리 은하계에는 2,000억 이상의 별들로 구성되어 있으며, 이러한 수많은 별들 간에는 서로가 엄청난 거리에 자리하고 있다. 항성간의 거리는 평균적으로 대략 5광년 가량 떨어져있다.

문 은하계란 무엇인가? ________________________________

답 : 무수히 많은 항성들, 가스와 먼지가 중력에 의하여 우주에서 무리지어 있는 것이다.

그림 6.1. 우리 은하계 중심의 궁수자리 방향. 은하의 중심에는 가스, 먼지운과 수많은 별들이 있다.

6.2 우리 은하계(MILKY WAY GALAXY)

우리는 거대한 은하계 내의 태양계에 있으므로 우리 은하계를 벗어나 우리 은하계를 사진에 담는 것은 불가능하다. 따라서 우리 은하계를 이해하려면 다른 은하계의 사진을 대신

그림 6.2. 우리 은하계와 닮은 사냥개(Canum Venaticorum) 별자리의 나선은하 M51(NGC 5194).

그림 6.3. 우리은하 원반을 형성하고 있는 별과 가스운의 적외선 이미지(미국의 COBE 위성). 태양계는 은하 중심으로부터 약 25,000 광년의 은하원반 가장자리에 있다.

이용하여야 한다(그림 6.2).

우리가 만일 우주에 멀리 나아가서 우리 은하계를 위에서 내려다보고 있다고 가정하면, 우리 은하는 밝게 빛나는 나선형의 팔랑개비 모양으로 직경이 30 kpc (100,000 광년)의 태양 주위를 공전하는 지구가 Orion 나선팔에 위치하고 있음을 볼 수가 있을 것이다.

우리가 측면에서 우리 은하계를 볼 수 있다고 가정 한다면, 그 모양은 마치 중심부가 불룩한 레코드판 모양처럼 볼일 것이다. 은하계 중심부의 **핵 팽대부(nuclear bulge)**의 두께는 대략 3 kpc(1만 광년)이며, 전체적인 은하면의 두께는 1 kpc(3,000 광년) 정도이다. 여기서 우리 태양은 중심부로부터 약 8 kpc(25,000광년; 註 8.5 kpc 사용) 거리에 놓여있다(그림 6.3).

우리 은하계가 회전하고 있는 사실은 나선팔에서 나오는 전자기파의 도플러 편이로부터 알 수가 있다. 태양과 주위의 항성들도 은하계 중심부를 중심으로 약 250 km/sec(563,000 마일/시간, 註: 220km/sec 로 수정됨)으로 회전하고 있다. 이러한 믿기 어려운 만큼의 속도로 회전함에 따라 태양계가 우리 은하를 한번 회전하는 시간은 약 2억2천만년이 걸린다.

우리 은하계는 우주에서 바다뱀 별자리를 향해 600 km/sec 속도로 나아가고 있는 것 같다(註: 태양은 헤르쿨러스 별자리 방향으로 19.5 km/sec의 태양 운동(solar motion)을 하고 있다.)

문 빛의 속도로 우리 은하의 끝에서 끝까지는 얼마나 걸릴까?

답 : 100,000년 - 직경(10만 광년)/속도(1광년/년).

6.3 별들의 위치(LOCATIONS OF STARS)

우리 은하는 나선 은하로서 대부분의 별들은 핵을 감싸고 있는 나선팔과 은하 중심 핵에 집중되어 있다.

한편 은하내의 약간의 별들은 홑별로서 존재하지만 많은 별들이 상호 중력에 의하여 묶여서 한 구룹을 이루는 **성단(star cluster)**으로서도 존재 한다. 성단내의 별들은 거대한 한 무리의 성운에서 함께 탄생된 것이다. 성단내의 별들은 서로 다른 질량을 갖고 있지만 같이 태어나 같은 나이를 갖고 있기 때문에 천문학자들에게는 이러한 별들이 매우 중요하다. 성단은 수백만 태양질량을 갖는 분자운에서 별들이 태어났다는 증거를 알고 있다.

대략 10개에서 10,000개의 별들이 다소 느슨하게 묶여져 있는 수천 개의 **산개(혹은 은하) 성단(open or galactic cluster)**들이 관측되어지고 있으며, 이들은 은하면과 함께 움직이며 주로 나선팔에 분포하고 있다. 산개성단의 별들은 상대적으로 젊고 온도가 높은 밝은 별들로 이루어져 있다(그림 6.4).

이외의 일부 별들은 은하면을 구면으로 둘러 싸고 있는 **헤일로(halo)** 안에 **구상성단 (globular cluster)** 내에 있다. 대략 100,000개에서 백만 개의 별들이 매우 조밀하게 묶여져 있는 약 150개의 구상성단들이 발견되었으며 이들에는 다소 늙은 별들을 포함하고 있다 (그림 6.5).

일부의 구상성단에서는 전형적으로 온도가 높고, 푸르며 매우 밝은 별들로 이루어진 **청색낙오성(blue straggler)**들을 포함하고 있다. 이들은 쌍성계의 질량이동 혹은 충돌에 의하여 더 많은 연료를 공급하기 때문에 성단내의 일반적인 별에 비하여 대부분 더 오랜 기간 동안 수소핵 반응을 하게 된다.

문 **표 6.1을 참조하여 우리 은하계 내에서 발견되는 산개성단과 구상성단의 차이점 3가지를 제시하시오.**____________________________________

답 : (1) 산개성단은 은하면에서 발견되며, 주로 젊은 별들로 이루어져 있으며, 집단을 이루고 있는 별의 수가 다소 적다.

(2) 구상성단은 주로 헤일로에서 발견되며, 다소 늙은 별들로 이루어져 있으며, 집단적으로 많은 수의 별들을 갖고 있다.

표 6.1 산개성단과 구성성단의 특성

	산개(은하)성단	구상성단
위치	은하면	헤일로와 핵 팽대부
직경	약 100 광년	100 광년 이상
나이	상대적으로 젊은 별	늙은 별
별의 개수	10,000개 이하	백만 개 이하
색	청색과 붉은색	붉은 색

그림 6.4. 6개의 별들이 구름을 이루고 있는 황소별자리의 산개성단 Pleiades(M45). 400광년 거리의 수백개의 별들로 이루어져 있으며 성간먼지에 의하여 별빛이 반사되어 별 주위가 밝게 나타나고 있다.

그림 6.5. 2번째로 밝은 구상성단인 큰부리새 별자리의 47 Tucanae (NGC 104). 이 성단은 13,000 광년 거리의 약 5등급 정도로서 핵에 여러 개의 청색낙오성이 관측된다.

6.4 이론적 검증(THEORY CHECK)

성단은 항성 진화 이론을 검증하기 위한 알맞은 데이터를 제공한다.

먼저 나이가 서로 다른 별들의 진화에 대한 이론적인 H-R도를 만들고, 그 후 관측된 성단의 H-R도를 만들어 비교함으로서 실제 이론과 관측에 의한 별의 진화를 검증하게 된다.

그림 6.6의 H-R도는 이론적으로 계산된 별의 진화경로를 보여주고 있다. 별들의 진화는 그들이 태어난 주계열에서부터 출발하는데 질량이 큰 별들은 주계열의 좌상에, 질량이 다소 작은 별들은 우하에 놓이며 이들은 시간이 지남에 따라서 질량이 큰 별이 먼저 주계열을 떠나게 된다. 따라서 나이가 젊은 성단의 전향점(turnoff pont)은 주계열상의 좀더 위쪽에서 나타난다.

문 **그림 6.7의 산개성단 좀생이(Pleiades)와 그림 6.8의 구상성단 M3의 H-R도상의 이론적인 진화 경로를 비교하여 어느 성단이 (a) 젊은 성단이고____________________**

(b) 늙은 성단____________________ 인지를 말하고 그 이유를 설명하시오.

답 : (a) 좀생이 성단 Pleiades가 상대적으로 젊다. 그 이유는 대부분의 별들이 심지어 다소 질량이 큰 별들도 아직 주계열에 놓여 있다(Pleiades 성단은 약 7천만 전에 태어났다).

(b) M3은 상대적으로 늙은 성단이다. 대부분의 별들이 주계열을 떠나 적색거성 단계에 와있다(M3은 약 백억 년 전에 태어났다).

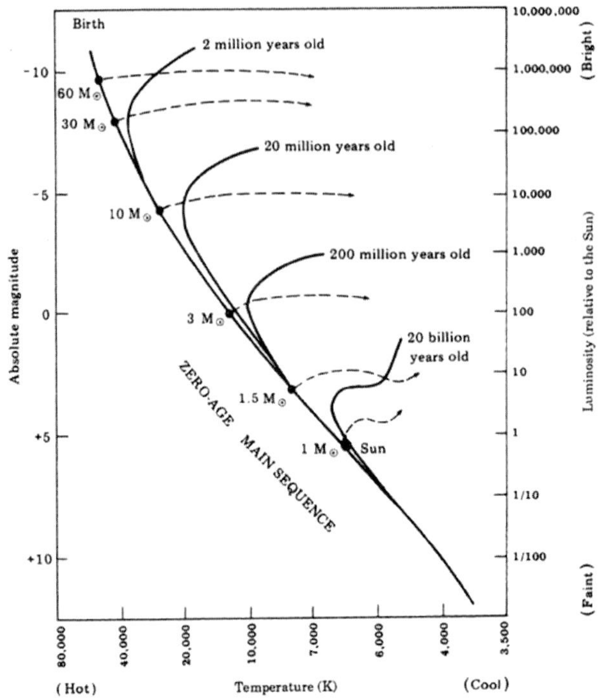

그림 6.6. 검은선은 서로 다른 성단의 별들의 위치이며, 주계열상의 전향점은 그 성단의 나이를 말한다. 점선은 각각의 질량에 따른 진화 경로이다($M_\odot$=태양 질량).

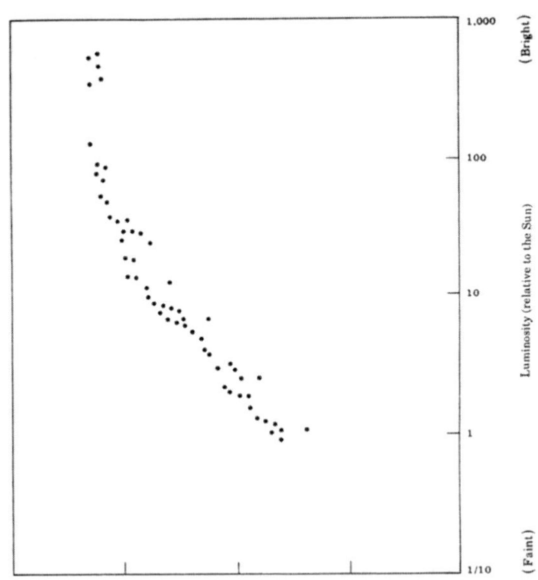

그림 6.7. 산개성단 Pleiades의 H-R도.

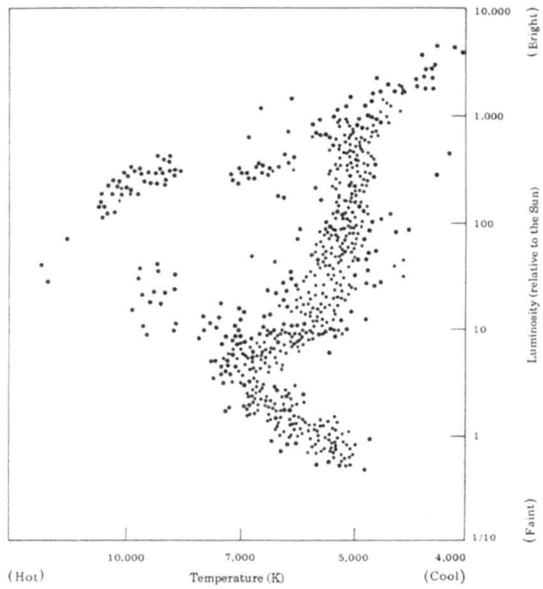

그림 6.8. 구상성단 M3의 H-R도.

6.5 질량(MASS)

우리 은하계와 같은 보통 은하들은 태양의 질량(2×10^{30}kg)과 같은 별들로 이루어져 있다. Vera Rubin(1928 -)은 빛을 내는 물질들의 중력만으로는 은하계나 은하단내의 별들과 성운들의 관측된 속도들을 설명할 수 없다는 것을 알았다. 우주내의 대부분의 질량은 우리 눈에 보이지 않는 **암흑물질**(dark matter)들로 이루어져 있으며 우리 눈에 보이는 은하는 매우 거대한 질량의 암흑물질의 **은하 헤일**(galactic halo)로 둘러 싸여 있어야만 한다.

문 **태양 정도의 질량은 갖은 별들로 이루어진 우리 은하의 질량은 얼마나 될까? (참고 6.1절의 대체적인 별의 개수를 사용)**________________

답 : 약 태양 질량의 2천억 배 혹은 약 4 × 10^{41} kg.

Note : 암흑 물질이 존재한다면, 우리 은하계의 질량은 최소한 태양 질량의 1조배가 되어야만 한다

6.6 별과 별사이(BETWEEN THE STARS)

별과 별 사이는 텅 빈 공간이 아니다. **성간매질**(interstellar medium)은 별과 별 사이의 **우주선**(cosmic ray - 거의 빛의 속도로 움직이는 입자)과 자기장으로 채워진 물질과 복사이다.

성간물질(interstellar matter)은 새로운 별 및 행성들을 탄생시키기 위한 가장 중요한 기본적인 물질이다. 이들은 대체적으로 99%가 가스(질량의 75%는 수소이며 23%는 헬륨으로 구성)이며 너머지 1%는 매우 작은 고체 알갱이로 이루어진 **성간먼지**(interstellar dust)이다. 우리 은하에 있는 대부분의 성간 가스와 먼지는 우리 은하의 나선팔에 집중되어 있으며 새로 태어난 별들은 주로 나선팔에 놓여있다.

이러한 다양한 성운의 가스와 먼지들은 대체적으로 밀도가 크며 초신성과 항성풍 등에 의하여 방출되는 물질들에 의하여 지속적으로 더욱더 풍부하게 된다. 가장 풍부한 가스인 수소는 중성 원자의 형태인 HI 영역내에서 중성 원자의 형태로, H_2 영역내에서 분자 상태로, 또는 HII **영역**내의 젊은 별로부터 나오는 자외선에 의한 이온화된 상태로 존재한다.

수소 이외에 100개 이상의 **성간분자**(interstellar molecules)들이 밀도가 크고, 다소 온도가 낮은 거대 **분자운**(molecular clouds)에서 확인되고 있다. 성간 물질 가운데 수증기와 유기분자들은 매우 흥미로운 것들로서 이들은 지구상의 모든 생명체에게 중요한 성분인 것이다. 우주에서 이러한 발견은 우주에서의 생명의 기원에 대한 흥미로운 질문을 가져오게 한다.

문 **항성 진화 이론에서 성간물질이 어떤 시기에 구성된 것이지를 안다는 것이 왜 중요한가?**____________________

답 : 성간물질은 새로운 별과 행성들을 탄생시키는 기본 물질이다.

6.7 거대 성운(GREAT CLOUDS)

역사적으로 **성운**(nebula)이란 "cloud"라는 라틴어에서 온 말로서 지금까지 알려진 많은 성단 혹은 은하와 함께 천구상의 가스와 먼지가 밀집된 모든 희뿌연 구름 덩어리를 말한다.

밝은 **발광성운**(emission nebula)이나 HII 영역은 가까이에 있는 온도가 높은 젊은 별에 나오는 빛을 흡수하여 재 방출함으로 밝게 빛나는 성운으로서 대표적인 발광성운으로는 오리온성운(Orion Nebula)이 있다(그림 5.1).

암흑성운(dark nebula) 혹은 분자운은 성간먼지가 별 빛을 흡수 산란하고 별 빛을 가리는 다소 밀도가 큰 성간 물질들을 말한다.

문 **어떤 성운들은 그들의 모습에 따라 매우 재미있는 이름이 주어진다. 그림 6.9의 "말머리 성운"은 무엇으로 이루어진 것인가?**____________________

답 : 밀도가 다소 큰 성간먼지.

그림 6.9. 약 1,000광년 거리에 있는 암흑성운인 오리온 별자리의 말머리성운(NGC 2024).

6.8 우리 은하 모습(MAPPING OUR GALAXY)

우리는 아무리 큰 망원경으로 천체를 관측하다 하여도 성간먼지 때문에 우리 은하의 어느 방향에서도 약 1,000광년 이상을 볼 수가 없다. 따라서 천문학자들은 이러한 성간먼지를 통과하여 더 먼 우주를 관측하기 위하여 전파, 적외선 및 고에너지 파를 사용한다.

우리 은하의 나선구조는 21 cm 전파를 관측하여 알게 되었다. **21 cm 전파 복사**는 중성수소에 의하여 방출되는데, 이러한 중성수소는 주로 우리 은하의 나선팔에 집중되어 있다. 따라서 나선팔에서 21 cm 전파가 가장 강하게 나온다(그림 6.10).

온도가 높고 큰 규모의 가스운은 **연속적인 전파 방출**(continuous radio emission)의 관측을 통하여 알게 되는데 이러한 연속 전파 방출은 온도가 높은 HII 영역의 들뜸 가스에서 집중되어 있다.

그러나 온도가 낮고 어두운 분자운에서는 고밀도의 밀집된 수소를 찾기가 다소 어렵다. 이러한 영역에서는 대부분 수소 원자는 수소 분자로서 형성되어 있다. 전파 천문학자들은 일산화탄소와 그 외의 가스의 강한 방출을 조사하여 밀도가 큰 집중된 가스를 알아내었다. 21 cm 전파를 거의 방출하지 않는 수소 분자는 적외선이나 자외선파로 관측된다.

자외선에 의한 항성 코로나와 매우 온도가 높은 성간 가스의 관측들과 같은 새로운 관측들은 우리를 놀라게 하고 있다. 별과 가스운의 운동은 질량이 큰 암흑 헤일로의 존재를 알려주고 있으며, 특히 은하핵으로부터 강한 전파, 적외선 그리고 감마 X선들이 관측되고 있다(그림 6.11)

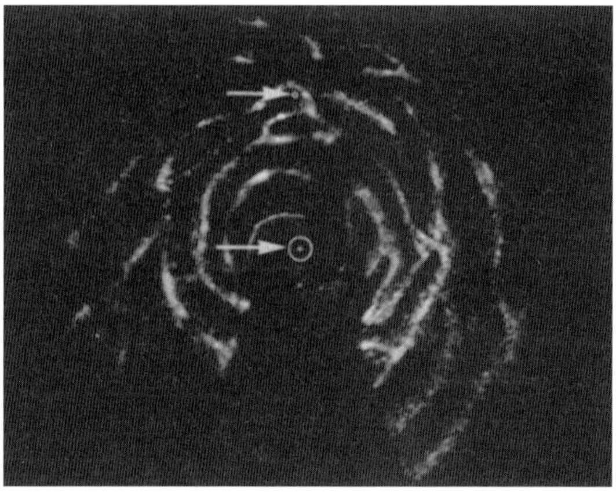

그림 6.10. 21 cm 전파 복사선의 관측을 통하여 얻은 우리 은하의 나선 구조(Leiden 천문대). 큰 원은 은하의 중심이고, 위의 작은 원은 태양계의 위치이다.

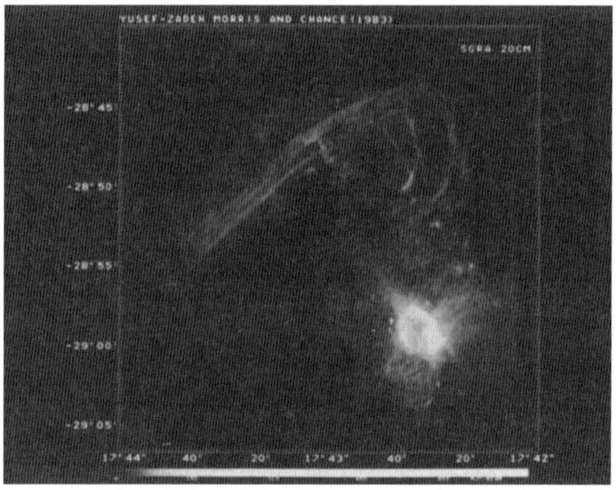

그림 6.11. 은하 중심 방향의 전파 이미지.

우리 은하핵은 매우 특이하고 질량이 매우 큰 Sagittarius A라 부르는 매우 뜨겁고 복잡한 가스와 먼지운에 의하여 둘러 쌓여 있는 밀집된 물체를 포함하고 있다. 이러한 신비스러운 성질은 질량이 큰 블랙홀이 중심가스를 넘치게 하고 강력한 광량을 갖도록 한다는 것을 암시하고 있다. 따라서 중심으로 물질들이 떨어짐으로서 중심은 압축되어 수 백반도의 온도를 갖게 되어 X선이 내게 된다.

최근의 관측에 의하면, 만일 우리 은하계가 막대나선은하라고 한다면 중심으로 떨어지는 물질의 비율이 정상나선은하보다 더 큰 것으로 생각된다. 그리고 매우 많은 수의 밝고 질량이 큰 별들이 형성되는 중심에서의 격렬한 **항성폭발(starbursts)**들이 일어나고 있다.

문 **우리 은하내의 상대적으로 밀도가 큰 밀집된 가스 영역이 왜 특별한 흥미를 갖는가?**

답 : 별들이 형성되는 영역이기 때문에.

6.9 별의 종족(STAR POPULATION)

1944년 미국의 천문학자 Walter Baade(1893 - 1960)는 별들을 두 종류로 나누었다. 지금으로서는 다소 단순한 것일지는 모르겠지만 이러한 분류는 별과 은하들이 어떤 나이와 어떤 역학적 관계를 갖으며 원소들이 어떻게 생성되었는가를 설명하기 위하여 사용되었다.

종족 Ⅰ(population Ⅰ)는 온도가 높고 밝은 별들을 포함하고 있는데, 이들은 상대적으로 젊은 별들로서 이들을 탄생하게 한 먼지나 가스를 품고 있는 은하면 특별히 나선팔에 주로 놓여있다. 이들은 수소와 헬륨과 함께 상대적으로 종족 Ⅱ에 비해 더 많은 중원소(태양도 이와 비슷하며 질량의 약 1%정도 포함하고 있음)를 가지고 있다.

종족 Ⅱ(population Ⅱ)는 구성성단과 같이 은하핵과 헤일로에서 관측되며 다소 늙은 별들이며 거의 대부분 수소와 헬륨으로 구성되어 있다.

문 **항성진화 이론에서는 종족 Ⅰ과 종족 Ⅱ의 별사이의 차이점을 어떻게 설명하고 있나?**

답 : 별의 중심핵의 구성성분은 진화하지만 항성 대기는 그렇지 못하고 또한 서로가 섞이지는 않는다. 종족 II는 주로 수소와 헬륨에 의하여 형성되었으며, 종족 I은 별이 진화하면서 생성된 먼지와 가스와 함께 초신성이나 항성풍에 의하여 방출된 먼지나 가스에 의해 그 후 생성된 것이다.

6.10 우리 은하의 형성(FORMATION OF OUR GALAXY)

우리 은하는 우주가 탄생된 후 약 1억년 지난 후인 대략 100억 년 전에 형성되었으며 가장 오래된 별은 대략 130억에서 180억년 정도이다.

이론가들은 우리 은하는 수소와 헬륨으로 이루어진 암흑물질 덩어리에서 탄생되었다고 말한다. 이러한 암흑물질 안에 있는 요동치는 우주 가스운들이 성단이나 작은 은하들로 응축되어 가스, 복사, 회전 그리고 중력의 힘들이 합해지고 우리 은하의 형태를 만들고 현재의 은하로 탄생되었다.

문 은하 탄생의 모델에서 우리 은하내의 (a) 늙은 별들과 (b) 젊은 별들이 어떻게 만들어지었는지를 설명하여 보시오. (a)________________; (b)________________

답 : (a) 우리 은하가 형성된 초기의 수소와 헬륨; (b) 수소와 헬륨 및 그 외의 많은 원소. 즉 별들이 탄생하는 성간물질은 초기에는 수소와 헬륨으로 구성되어 있지만, 그 후 초신성과 항성풍들에 의한 또 다른 원소들을 구성하게 된다.

6.11 우리은하의 구조(STRUCTURE OF THE MILKY WAY GALAXY)

문 그림 6.12를 참고하여 우리은하와 관련된 여러 영역들을 확인 정리하시오.
(a) 은하 원반________; (b) 헤일로________; (c) 나선팔________; (d) 은하핵________; (e) 태양의 위치________; (f) 구성성단의 위치________; (g) 은하팽대부________

답 : (a) 2; (b) 1; (c) 3; (d) 4; (e) 6; (f) 5; (g) 7.

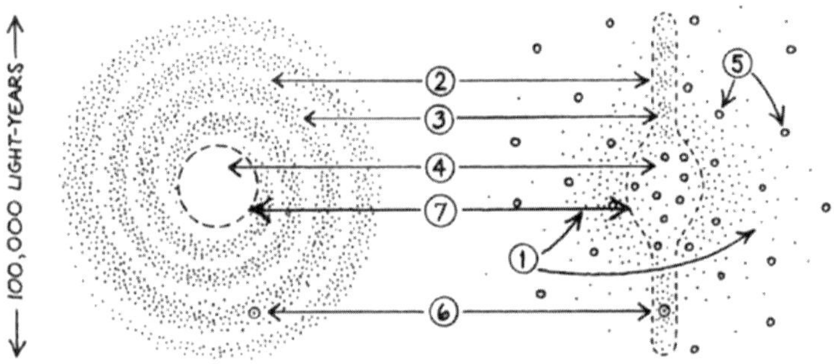

그림 6.12. 우리 은하의 평면도와 측면도.

6.12 외부은하(BEYOND THE MILKY WAY GALAXY)

1924년까지는 우리 은하만이 우주에서 유일한 것으로 알았다. 그 후 미국의 천문학자 Edwin Hubble(1889 - 1953)은 세페이드 변광성을 관측 분석하여 그 전까지 관측된 약간의 희미한 "성운(nebula)"들이 아주 먼 거리에 있는 은하라는 것을 알았다.

덴마크의 천문학자 Johann Dreyer(1852 - 1926)는 1888년 홑별이 아닌 이러한 천체들의 목록인 New General Catalog(NGC)을 출판하였으며 이 목록에는 7849개의 성운들이 들어 있다. 그 후 1895년에는 보정판인 Index Catalog(IC)가 출판되었으며 다시 1908년에는 2번째 보정판인 2nd Index Catalog가 출판되었다. 한편, 1784년 프랑스의 천문학자인 Charles

Messier(1730 - 1817)는 희미한 밝기를 갖는 새로운 혜성들과 혼동을 피하기 위하여 초기의 45개의 희미한 천체들을 포함한 110개의 성운, 성단과 은하들(부록 6)의 목록인 **Messier Catalog(M)**를 만들었다.

우주에는 약 1,000억 개의 별들로 이루어진 약 1,000억 개의 은하가 있으며 대부분의 밝은 은하들은 NGC, IC 혹은 M 목록 번호로 확인 된다. 그리고 NASA/IPAC의 외부은하 database인(▶http://nedwww.jpac.caltech.edu◀)에는 수백만 개의 은하 사진과 데이터를 가지고 있다.

2개의 작고 불규칙한 은하인 큰부리새 별자리의 대마젤란성운(Large Magellanic Cloud; LMC)과 황새치 별자리의 소마젤란성운(Small Magellanic Cloud; SMC)은 우리은하에 제일

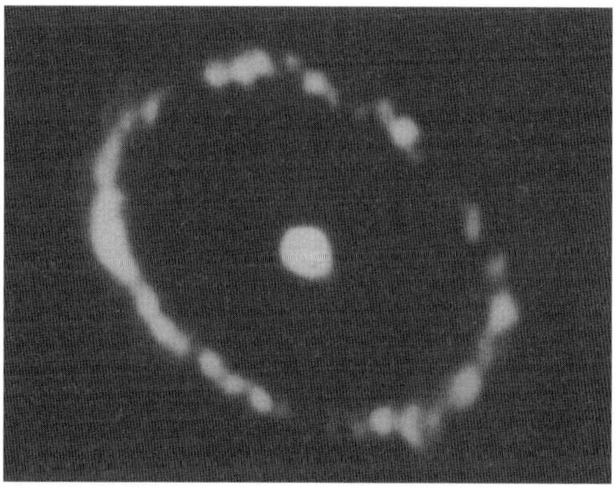

그림 6.13. 큰부리새(Tucana) 별자리의 대마젤란성운의 고리와 중앙의 1987A 초신성.

그림 6.14. 밝은 동반은하인 NGC205(위)와 M32(아래)를 갖고 있는 Andromeda 은하(1.2m 망원경으로 촬영). 나선은하인 Andromeda 은하는 우리 은하보다 다소 크며 수십억 개의 별들을 갖고 있다.

가까운 위성 은하이다. 이들은 각각 52Kpc(169,000광년)과 60Kpc(210,000광년) 거리의 우리 은하의 중력 하에 놓여있다. LMC까지의 거리는 적색 초거성에서 폭발했던 1987A 초신성(그림 6.13) 주위의 타원 고리의 관측으로부터 그 거리가 5% 오차 이내로 줄게 되었다.

남반구에서 보이는 마젤란성운은 포르트갈의 탐험가인 Ferdinand Magellan(1480 - 1521)이 그의 역사적인 세계 여행에서 처음으로 기록되어졌으며, 이들 성운내의 거대한 보이지 않는 수소 층에서는 21 cm 전파가 확인된다.

안드로메다은하(M31, NGC 224)는 우리 은하와 비슷한 가장 가까운 나선은하(그림 6.14)로서 약 670 Kpc(2.5백만 광년) 거리에 있으며 맨눈 혹은 소형 망원경으로 가을 하늘에 안드로메다 별자리에서 희미한 밝기로 관측할 수가 있다.

문 **은하들 사이의 거리 개념을 알기위해 우리은하와 가까운 안드로메다은하 사이에는 우리은하가 몇 개나 놓이는지 조사하여 보시오.**

답 : 25개. 해) 안드로메다은하까지의 거리/우리 은하의 직경 = 2,500,000광년/100,000광년 = 25.

6.13 은하의 분류(CLASSIFICATION OF GALAXIES)

은하들은 모양과 크기가 서로 다르다. 1926년 Edwin Hubble은 처음으로 은하의 형태에 따라 은하들을 분류하였다(그림 6.15)

"E"로 표시되는 **타원은하(Elliptical Galaxies)**는 계란모양으로서 완전한 구형의 E0에서 거의 편평한 E7까지 분류된다. 타원은하는 주로 늙은 별들을 포함하고 있으며 가스와 먼지가 거의 없다. 그러나 약간의 적외선과 X선이 관측된다.

나선은하(Spiral Galaxies)는 두 가지 형으로 다시 분류되는데 "S"형인 **정상나선은하(Normal spiral galaxies)**는 은하핵의 팽대부로부터 감겨져 나온 밝은 나선팔을 갖고 있다. 이들은 중심 팽대부의 크기와 나선팔이 어떻게 잘 감겨져 있느냐에 따라 다시 Sa, Sb, Sc로 분류된다. 한편, 나선팔은 없고 밝고 편평한 은하 원반을 가진 또 다른 SO형이 있다. 다음으로는 "SB"형인 **막대나선은하(Barred spiral galaxies)**는 정상나선은하와 비슷하지만 중심에 막대모양으로 집중된 물질이 있으며 이로부터 나선팔이 감겨져 있다. 나선은하는 은하 원반에 대량의 가스와 먼지를 가지고 있으며 젊은 별, 중간정도의 젊은 별, 늙은 별들을 모두 포함하고 있다.

"Ir"형인 **불규칙은하(Irregular galaxies)**는 규칙적인 모양을 가지고 있지 않으며 이들은

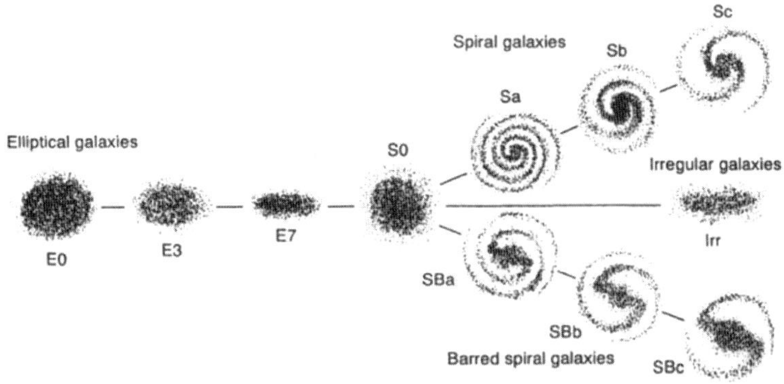

그림 6.15. 은하 형태에 따른 Hubble의 은하분류와 소리굽쇠도표.

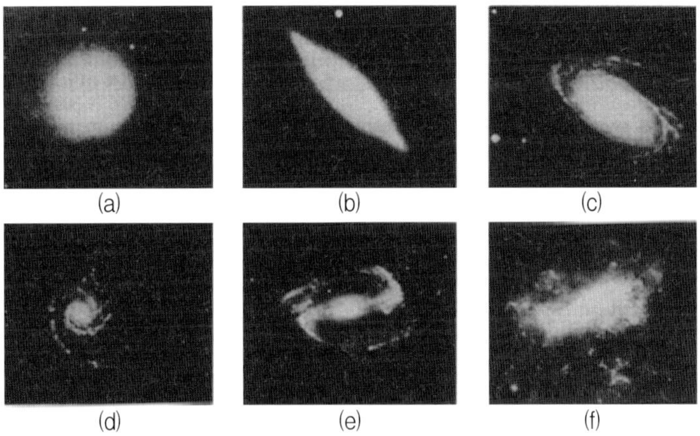

그림 6.16. 여러 종류의 은하들.

가스와 먼지를 포함한 약간의 늙은 별들과 함께 대부분 밝고 젊은 별들과 이온화된 가스 운들을 가지고 있다.

Hubble은 1918년부터 1938까지는 세계에서 가장 컸던 망원경인 2.5m(100인치) Mount Wilson 망원경을 사용하여 먼 거리의 은하들도 체계적으로 연구하였으며 오늘날에는 매우 많은 연구 데이터가 축적되었다. SO형인 **렌즈형은하(Lenticular galaxies)**는 은하면은 가지고 있으나 나선팔과 최근에 형성된 별은 가지고 있지 않다. **왜소은하(Dwarf galaxies)**는 질량과 광도가 적은 작은 은하로서 흔한 종류의 은하이다.

문 그림 6.16의 은하들을 분류하시오. (a)________; (b)________; (c)________; (d)________; (e)________; (f)________

답 : (a) E0; (b) E7; (c) Sb; (d) Sc; (e) SBb; (f) Ir.

6.14 은하의 성질(GALACTIC PROPERTIES)

은하의 거리를 안다는 것은 은하의 기본 성질을 이해하는 결정적인 요소이지만 아직까지도 거리의 측정은 부정확하고 어려움이 있다. 따라서 은하의 여러 중요 데이터의 결정에도 어려움이 있다.

표준 촉광(standard candle) 즉 표준기준을 이용하여 은하의 이미 잘 알려진 광도와 측정된 밝기로부터 그 은하의 거리를 결정한다. 세페이드 변광성을 포함한 표준기준을 이용하면 30 Mpc(1억 광년)까지 알 수 있으며 일반적인 은하의 거리는 150 Mpc(5억 광년)까지 나타난다. Tully-Fisher 관계에 따르면 나선은하의 21 cm파의 세기와 광도의 상관관계로부터 절대등급을 얻게 된다.

제 Ia 형 초신성은 태양보다 약 40억 배나 밝은데 초신성 폭발 후 가장 밝아 진후 서서히 어두워지는 비율과 그들의 색지수에 대한 정보로부터 10%까지의 정확도 이내에서 약 100억 광년까지의 거리를 결정할 수가 있다.

은하의 거리가 결정되어지면, 은하의 겉보기 등급과 겉보기 크기로부터 실제의 크기와 광도를 결정하게 할 수가 있다.

은하의 질량은 은하내의 별들과 가스운 혹은 가까운 은하들에 적용되는 관측된 중력 효과를 통하여 구하게 된다. 관측된 결과에 따르면 은하의 질량의 대부분은 보이지 않는 암흑물질들이라는 것이다.

문 **표 6.2의 지금까지 수집되어 정리된 데이터를 참고하여 나선은하와 타원은하의 차이점을 기술하시오.**

답 : 나선은하는 새로운 별을 탄생시키는 먼지와 가스를 가지고 있으며 젊은 별과 늙은 별을 모두 포함하고 있다. 타원은하는 성간 가스와 먼지가 거의 없으며 늙은 별들을 가지고 있다.

표 6.2 은하의 일반적 특성

값	나선은하	타원은하	불규칙 은하
질량(우리은하 질량=1)	0.005 - 2	0.000001 - 50	0.0005 - 0.15
직경(우리은하 직경=1)	0.2 - 1.5	0.01 - 5	0.05 - 50.25
광도(우리은하 광도=1)	0.005 - 10	0.00005 - 100	0.00005 - 0.1
별의 종족	늙는 별, 젊은 별	늙은 별	젊은 별, 늙은 별
밝은 성간 물질	정당한 가스와 먼지	가스와 먼지 거의 없다	가스와 먼지가 많다

6.15 은하의 진화(GALACTIC EVOLUTION)

천문학자들은 아직도 은하에 대한 많은 의문점에 도전하고 있다. 은하가 먼저 만들어 졌는가? 아니면 별이 먼저 만들어 졌는가? 은하에서 복사를 방출하여 그 빛이 우리에게 도달하기까지의 기간인 **look-back time**으로 보면 오랜 거리를 빛이 지나왔다. 우리들은 먼 거리의 은하들을 관측함으로서 초기 시대의 있던 젊은 은하들을 볼 수가 있다.

은하들은 어떻게 탄생되었을까? 이론에 의하면 암흑 물질이 초기 우주의 다소 고밀도 영역에서 뭉치고 가스를 모아서 급속이 수축되어 성단이나 조그만 은하가 만들어지고 합치어진다. Next Generation Space Telescope(NGSP)으로 **원시은하(protogalaxy)** 혹은 형성되고 있는 은하들을 찾을 수가 있다(▶http://ngst.gsfc.nasa.gov◀).

은하가 탄생된 후 은하들은 점점 더 커지거나 혹은 거대한 가스운이 급속히 수축하여 최종적인 크기를 가질 수 있을까? 관측에 의하면 약 60억년동안 은하들은 역학적으로 은하들의 상호작용에 의해 성장하고 별들의 탄생이 더 높여진다는 것이다. 초기의 수소와 헬륨으로부터 진화한 성간물질들은 지속적으로 별들을 탄생, 진화하여 죽어가고 다시 중원소가 풍부한 물질로 돌아간다.

그러면 은하의 모양은 언제 만들어 질까? 이것은 초기의 질량, 밀도와 각운동량들에 의하여 결정된다. 대부분 수백만 년에 걸쳐 조그만 은하는 충돌과 합병을 통해 헤일로 주위에 별들을 갖은 더 큰 타원은하와 나선은하를 형성하게 된다.

은하의 화학석 조성, 색 그리고 광도는 수십억 년 동안 어떻게 변할까? 약 100억년의 젊은 은하와 좀 더 늙은 은하와의 look-back time으로 은하를 비교하여 보면 좀더 먼 거리의 젊은 은하가 밝고 더 푸르게 보인다. 실질적으로 늙은 은하보다 더 젊은 은하가 온도가 높은 푸른 별을 빠른 비율로 형성한다.

많은 은하들이 초기 단계에서 극단적인 에너지를 냈겠는가? 많은 활동은하(active galaxy)들을 보면 사실 더 먼 거리에 있고, 또 많은 은하들이 중심에서 에너지를 생산했던 퀘이사(quasar, 크기가 작고 극단적으로 밝은 천체)로서 초기 단계에서 극단적인 에너지를 냈던 단계를 거쳐 왔다.

문 **그림 6.15와 표 6.2를 참고하여 서로 다른 은하의 형태(분류)가 각각의 은하 진화의 단계를 대표하지 않는 다는 것을 어떤 관측 데이터로부터 알 수가 있겠는가?**__________

답 : 타원은하, 나선은하 및 타원은하는 모두 늙은 별들을 가지고 있다. 이 사실은 나선은하와 불규칙은하도 타원은하 만 큼이나 늙었다는 것이며 이들이 각각의 은하들이 진화 일생의 마지막 단계일수는 없다. 타원은하가 은하 일생의 초기 단계는 아니지만 나선은하나 불규칙은하에서 보이는 새로운 별들이 태어날 수 있는 먼지와 가스는 가지고 있지 않다.

6.16 은하집단(GROUPING)

전 하늘을 사진 탐사하여 보면 대부분의 은하들이 소위 **은하단**(cluster of galaxies)이라는 집단을 이루고 있다. 이들 집단은 수천 개의 은하들이 중력에 의하여 모여 있으며 서로의 궤도 운동 속도는 약 1,000km/sec를 갖고 있다. 은하의 집단이라는 구조를 갖고 집단내의 어느 정도 밝은 많은 은하들이 풍부하게 있다(그림 6.17).

우리 은하계는 대략 30개 이상의 은하들이 모인 소규모의 집단인 **국부은하군**(Local Group)에 속한다. "Local"이라는 뜻은 대략 3백만 광년내의 크기라는 의미이다. 국부은하군내의 3개의 은하인 우리은하, 안드로메다은하(M31), M33만이 나선은하이며 그 이외에 타원은하(M31의 밝은 동반은하인 NGC 205와 M32를 포함)와 불규칙은하(마젤란성운을 포함)들로 이루어져 있다. 대부분은 수천광년내의 조그만 은하인 왜소은하들이다.

은하단은 그 형태에 따라 규칙적인 은하단과 불규칙적인 은하단의 2가지로 분류한다. **규칙적인 은하단**(regular cluster)은 상대적으로 은하들이 중심으로 밀도가 크게 밀집되어있으며 대부분이 타원은하와 SO 은하들이다. 많은 규칙적인 은하단은 활동은하와 은하들 사이의 가스로부터 전파를 복사하고 약 1억 K의 **은하간 가스**(intergalactic gas)로부터는 X선을 방출하기도 한다.

이에 비해 국부은하군을 포함한 **불규적인 은하단**(irregular cluster)은 중심으로의 집중도가 약하며 느슨하게 모여 있고 온도가 높은 가스가 매우 적으며 대부분이 나선은하와 불규칙은하들로 전파와 X선의 방출이 거의 없다.

초은하단(supercluster of galaxies)은 은하단위의 더 큰 은하단으로서 지금까지 관측된 가장 큰 규모로 중력에 의해 묶여져있는 은하단의 집단이다. 이들의 규모는 약 1억에서부터 10억 광년의 크기를 갖으며 우리은하가 속해있는 국부은하군과 함께 처녀은하단이 **국부초은하단**(local supercluster)의 일원이다.

초은하단은 은하들이 거의 관측되지 않는 **빈터**(void)를 경계로 얇은 막에 놓여있다. 빈터는 이들의 표면을 따라 은하단을 갖는 거대한 거품과 같다. 관측되는 우주는 초은하단 사이의 거대한 빈터들로 구성되었다.

문 우주를 구성하고 있는 가장 큰 규모는 무엇인가?

답 : 초은하단.

그림 6.17. 수천 개의 은하를 포함한 Virgo은하단약 5,000광년거리의 국부은하군을 포함한 가장 가까운 거대은하단.

6.17 특이한 은하(EXTRAORDINARY ACTIVITY IN GALAXIES)

어떤 은하들은 매우 특이한 성질과 형대를 이룬다.

활동은하(active galaxy)는 매우 거대한량의 에너지를 방출하는 핵으로만 이루진 은하 즉 **활동은하핵**(active galactic nucleus : AGN)이다. 활동은하의 에너지는 보통 은하에서 핵융합반응에 의하여 나오는 전체 에너지를 훨씬 초과하며, 가끔은 매우 빠른 속도로 방출되는 jet 수소 가스를 가지고 있다(그림 6.18).

이러한 거대한 에너지는 활동은하 중심에서 물질들을 빨아드리는 강력한 중력체가 있다는 것이다. 태양 질량의 수백만 배를 갖는 질량의 큰 블랙홀이라면 이러한 인력을 가질 수 있을 것이다. 이러한 모델에서는 먼지나 가스와 별들이 블랙홀로 빨려 들어가며 가속되어 온도가 높아지며, 매우 뜨거운 고밀도로 빨려 들어가는 물질들에 의하여 복사를 방출하게 된다. 블랙홀로 추정되는 질량은 물질들이 빨려 들어가는 속도로부터 추정할 수가 있다.

문 그림 6.18과 같은 은하에서의 결렬한 활동은 무엇으로 설명할 수가 있는가?

답 : 은하중심에서의 블랙홀.

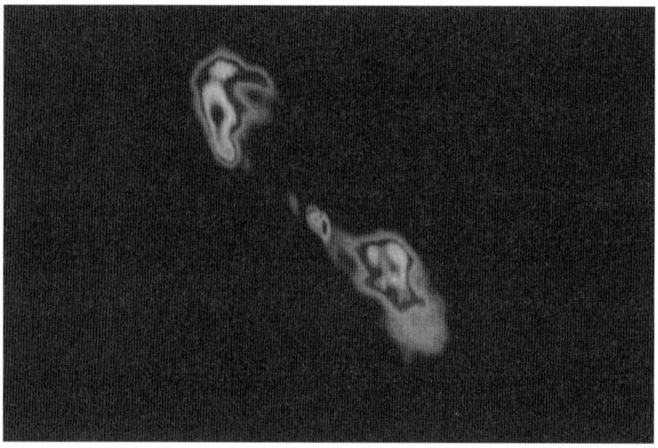

그림 6.18. 1,100광년 거리의 가장 가까운 활동은하인 Centaurus A(NGC 5128)의 전파사진.

6.18 전파은하(RADIO GALAXIES)

전파은하(radio galaxies)는 활동은하 가운데 가장 대표적인 분류에 속한다(그림 6.19).

전형적인 전파은하의 전파그래프는 눈으로 보이는 실제 은하의 양옆으로 전파 에너지가 두개의 큰 형태를 갖는 것으로 보인다. 전파에너지는 보통 **싱크로트론복사**(synchrotron radiation) 즉 전자가 강한 자기장에 의하여 빛의 속도로 그 주위를 회전하면서 생성되는

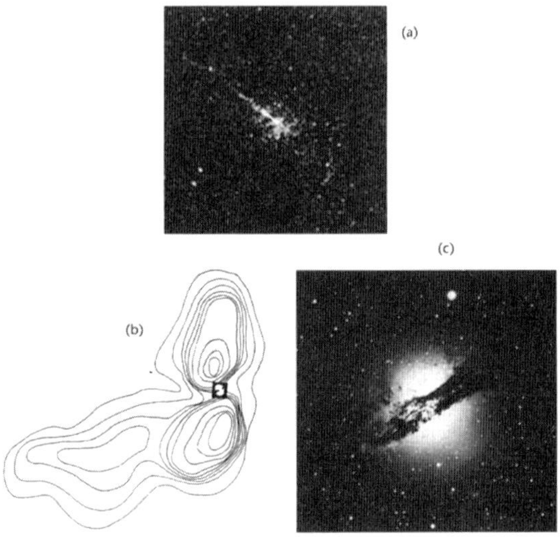

그림 6.19. 중심에 고에너지의 입자의 jet를 가진 타원은하 Centaurus A의 (a) x선 이미지, (b) 전파 지도, (c) 가시광선 이미지.

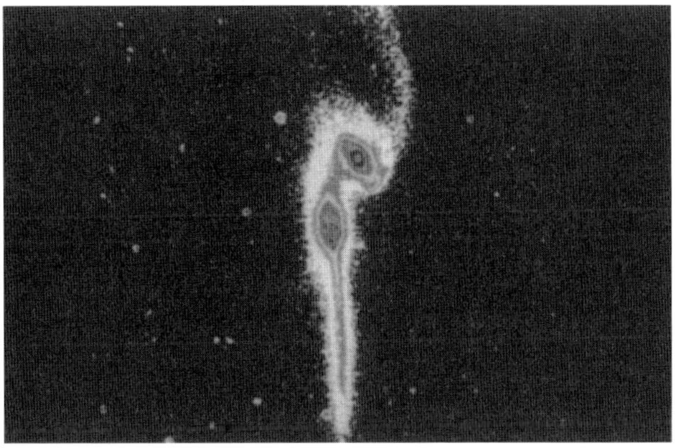

그림 6.20. 은하충돌에 의한 은하의 중심영역으로부터 긴 꼬리의 "Mice"라 부르는 충돌은하인 NGC 4676A/NGC 4676B은하.

복사에 의하여 나오게 된다.

만일 은하의 중심에 블랙홀이 존재한다면, 블랙홀로 빨려 들어갈 때 높은 속도의 전자 jet가 물질로부터 방출하게 된다. 그리고 전자는 강한 자기장에 의하여 가속되며 엄청난 전파 에너지를 방출하게 된다.

서로 가까운 은하들은 합체하여 거대한 물질들을 공급하게 되어 블랙홀은 그러한 물질들을 빨아들인다.

은하들은 서로 가까이 근접할 때 두 은하는 충돌을 한다. 우리 은하의 궤도 내의 Sagittarius 왜소은하에 대한 새로운 관측에 따르면 이 은하가 우리 은하의 중심 영역으로 빠지고 있는 것으로 보인다. **충돌은하(colliding galaxies)** 내에서의 먼지와 가스운은 매우 밀도가 커지게 될 것이며 폭발적인 별의 탄생을 일으키거나 블랙홀로 이르게 할 것이다(그림 6.20).

은하잡아먹기(galactic cannibalism)는 거대은하 주위에 조그만 은하가 지날 때 거대은하는 그 은하를 끌어드린다("eat"). 거대 질량의 은하는 먼지, 가스와 별들의 작은 원반을 만든다. 거대 질량의 은하 중심으로 떨어지는 작은 핵은 수백만 년 동안 방출하는 많은 에너지를 공급하게 될 것이다.

문 우리 은하가 다른 은하와 충돌한다면 우리의 삶은 어떻게 될 것이라 생각하는가?

답 : 아마 그런 것은 없을 것이다.

6.19 적외선은하(INFRARED GALAXIES)

적외선은하(infrared galaxy)는 적외선파장에서 밝게 빛나는 활동은하이다.

미국의 천문학자인 Carl K. Seyfert(1911 - 1960)가 처음으로 언급했던 **Seyfert 은하**는 모든 나선은하의 약 1%이다(그림 6.21).

대체적으로 10광년정도 크기의 Seyfert 핵은 보통 나선은하보다 수십 배 밝으며 스펙트럼에서는 수천 km/sec의 속도를 갖는 뜨거운 가스의 요통에 의한 넓은 방출 스펙트럼이 나타난다. 그리고 핵주위의 뜨거운 먼지는 활동적인 핵으로부터 방출되는 고에너지의 복사를 흡수하여 보다 더 긴 파장의 적외선을 재 방출한다.

폭발적 항성생성 은하(starburst galaxy)는 우리 은하에 비해 수백 배의 비율로 별을 탄생시키는 은하로서 두개의 가스가 풍부한 나선은하의 충돌에 의해 생긴 것으로 2개의 서로 다른 은하중심을 가진 것으로 나타난다.

문 Seyfert 은하는 보통의 나선은하와 어떻게 다른가?

답 : Seyfert 은하는 작고 매우 밝은 핵을 갖고 넓은 방출 스펙트럼을 보이고 있다.

그림 6.21. Seyfert 은하 Perseus A(NGC 1275)는 전파원이며 x선원이다. 긴줄무늬의 확장모습은 2,500 km/sec의 속도로 퍼져나가는 물질들이다.

6.20 신비한 퀘이사(MYSTERIOUS QUASARS)

퀘이사(quasar)는 사진건판 상에 희미한 작은 별처럼 보이는 강한 전파원인 준항성전파원(quasi-stellar radio source)을 줄여서 퀘이사라고 부르게 되었다(그림 6.22).

수천 개의 퀘이사들은 대부분 전파에서 감사선까지 넓은 파장 영역에서 강력한 에너지를 방출한다. 퀘이사는 초기에 알려진 것과 같이 비록 강한 전파원은 아니지만 대부분이 매우 밝은 활동은하핵이다.

퀘이사는 약 1광일(우리 태양계보다 크지 않은) 정도로 크기가 매우 작지만 보통 은하의 수천 배의 밝기로 빛나며 대부분 불규칙적인 밝기를 보인다. 그리고 강한 감마선을 방출하는 것을 **blazar**이라 부른다.

퀘이사는 매우 큰 적색편이를 나타내는데 도플러 편이에 따르면 그 속도는 빛의 속도에 약 90% 이상을 나타낸다. 따라서 큰 적색편이를 갖는 퀘이사에 의하여 방출되는 청색의 빛이 지구에서는 적색으로 나타난다. 이러한 적색편이는 퀘이사가 매우 먼 거리에 있으며 우주가 젊었을 때 빛을 내었던 것으로 생각된다.

CCD의 관측에 따르면 매우 먼 거리의 은하 중심에 밝고 작은 퀘이사들을 볼 수가 있다. 그리고 2개 또는 그 이상의 똑 같은 겉보기 퀘이사의 상이 보인다는 것은 퀘이사가 우주론적 거리에 있다는 것이다. Einstein의 일반상대성 이론에 따른다면, 질량이 큰 물체 가까이 벌 빛이 시나간다면 빛이 휜다는 것이다. 따라서 시선반향에서 어떤 퀘이사보다 더 가까이에 은하가 있다면 **중력렌즈(gravitational lens)**효과에 의해 퀘이사는 여러 개의 상을 만들게 된다(그림 6.23).

작은 퀘이사의 강력한 에너지 방출을 설명하기 위한 서로 다른 가설들이 제안되었다. Einstein의 일반상대성 이론은 퀘이사의 엄청난 적색편이는 퀘이사가 가까이 있고 강한 에너지를 갖지는 않았지만 엄청난 중력 때문일 것이라는 것이다. 그리고 **반물질(antimatter)**을 갖은 물질의 충돌을 가져왔다는 것이다.

퀘이사는 초거대 질량의 블랙홀이라는 증거를 보인다. 그리고 퀘이사는 오늘날보다 우주 초기에 보다 흔하게 활동을 가졌기 때문에 퀘이사는 젊은 은하의 진화 단계일수도 있다.

퀘이사가 매우 먼 거리에 있기 때문에 먼 거리의 수소운의 유용한 탐사체가 된다. 퀘이사 빛이 은하간 성운을 통하여 지나온다면 일부는 흡수된다. 퀘이사의 스펙트럼에서의 흡수선들은 초기 우주에서의 은하의 탄생 장소의 단서를 갖게 한다.

천문학자들은 우주들 좀더 이해하기 위하여 수많은 은하와 퀘이사들의 크기, 모양, 밝기, 색, 적색편이 그리고 분포들을 분석하고 있다. Sloan Digital Sky Survey는 3차원으로 하늘을 1/4일 관측하여 기록하고 있다(▶www.sdss.org◀).

문 **퀘이사의 신비스러운 비밀은 무엇인가?**

답 : 퀘이사가 매우 먼 거리에 있으면서 엄청난 에너지의 방출원.

(a) (b)

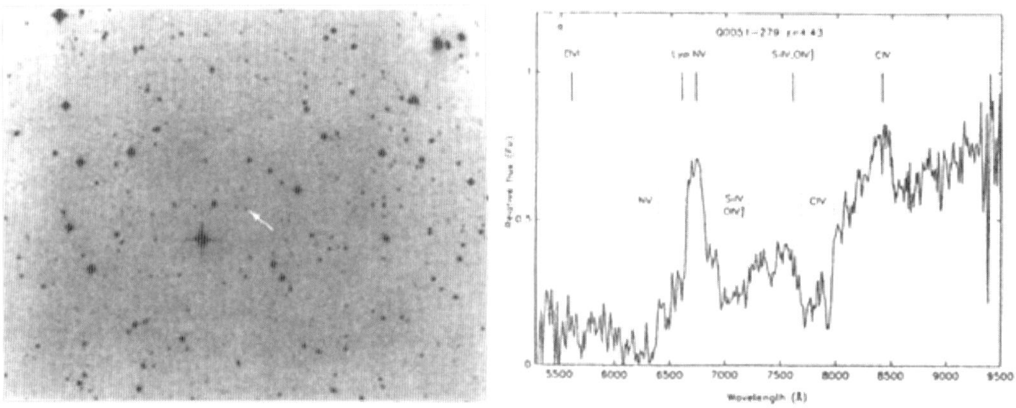

그림 6.22. 매우 먼 거리의 퀘이사 Q0051-279로서 (a) 일반적인 별과 특별하게 구별 되지는 않는다. (b) 우주 탄생 초기에나 있을 것 같은 거리를 갖은 매우 큰 적색편이를 갖는다.

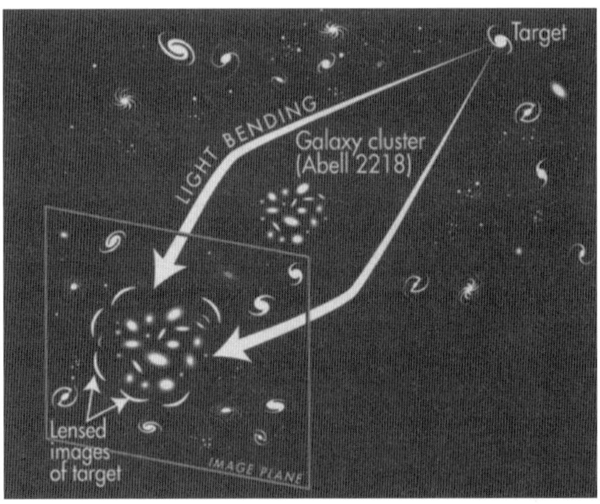

그림 6.23. 중력렌즈. 은하단의 중력렌즈 역할로 인하여 먼거리의 은하(target)가 빛을 휘게하고, 확대하고 찌그려 틀린다.

자가 평가(SELF-TEST)

자가 평가는 여러분이 6장의 내용들을 충분히 이해하고 있는지를 평가하기 위한 것이다. 각각의 질문에 대하여 답하시오. 자가 평가 문제의 끝 부분에 정답과 점검 사항들을 제시하였다.

1. 은하를 정의하시오.____

2. 다음의 천체들을 크기에 따라 정렬하시오: 별, 행성, 은하, 은하단, 산개성단, 초은하단, 태양계.

____

3. 옆에서 본 우리 은하를 그림으로 그리고, 각각 (a) 직경, (b) 원반, (c) 핵, (d) 나선팔, (e) 헤일로, (f) 태양과 지구의 위치, (g) 구상성단의 위치를 표시하시오.

4. 성간물질에서 확인된 것들을 고르시오.
   예) 수소가스, 복사, 박테리아, 작은 고체먼지 알갱이, 바이러스, 수증기, 탄산음료, 수소보다 더 무거운 원소들, 유기분자, 해초

____

5. 성간물질이 어느 시기에 구성된 것인가를 안다는 것이 항성 진화에서 왜 중요한가?

____

6. 그림 6.9를 참고하여 말머리성운 뒤에는 별들이 없는 공간인지 아닌지를 설명하시오.

____

7. 우리 은하의 구조를 이해하는데 있어 가시광선보다는 수소 원자에서 방출되는 21 cm 전파가 왜 중요한가?____

8. 그림 6.24(a)와 6.24(b)의 성단 1과 성단2의 H-R도를 참고하여 답하시오.
   (a) 어느 성단이 더 늙었는가?____________________
   (b) 어느 성단이 종족 I의 별을 가지고 있는가?____________________
   (c) 어느 성단이 상대적으로 중원소가 풍부한 별을 가지고 있는가?____________________
   (d) 어느 성단이 구상성단인가?____________________

(e) 어느 성단이 밝고 푸른 별들을 더 많이 가지고 있는가?______________________

(f) 천만 개 이상을 별들로 구성된 성단은 어느 것인가?______________________

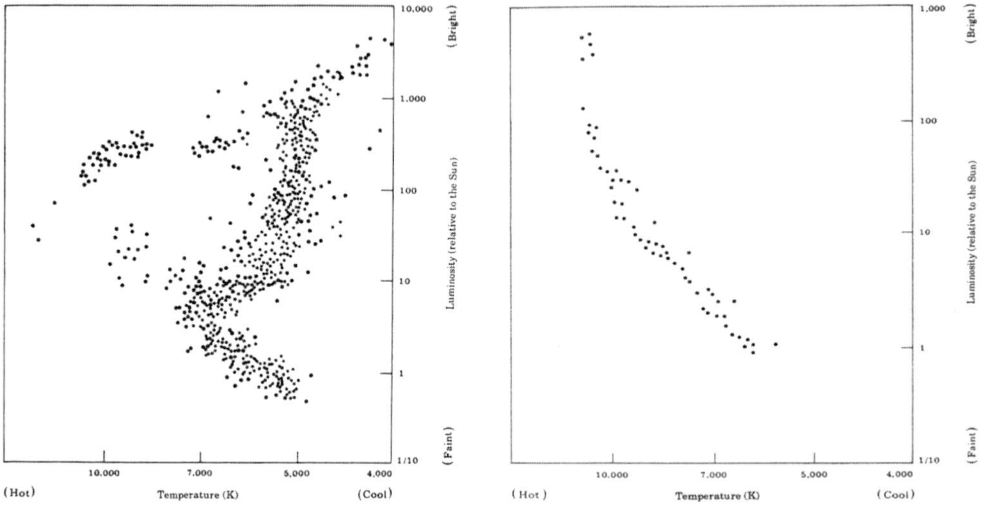

(a) (b)

그림 6.24 (a) 성단 1의 H-R도, (b) 성단 2의 H-R도.

9. 우리 은하와 같은 나선은하로서 가장 가까운 은하는 무엇이며 이 은하까지는 거리는 얼마인가?

____

10. Hubble이 분류한 세 가지 은하 형은 무엇이며, 이러한 분류가 은하의 진화 단계가 아니라는 것은 어떻게 설명할 수가 있나?______________________

____

11. 활동은하에서 방출하는 엄청난 에너지를 설명하기 위한 대표적인 설명은 무엇인가?

____

12. 서로 관련된 것끼리 연결하시오.

______(a) 적색편이가 매우 크다.	(1) 충돌은하
______(b) 매우 밀도가 높은 먼지와 가스운으로 형성	(2) Seyfert은하
______(c) 두개의 큰 전파원이 실제 보이는 은하의 양쪽 가장자리에 보인다.	(3) 보통은하
	(4) 퀘이사
______(d) 넓은 방출스펙트럼을 갖은 작고 밝은 핵을 가진다.	(5) 전파은하
______(e) 많은 각각의 별로 구성되어 밝은 광도를 가진다.	

해답(ANSWERS)

아래 주어진 답들과 여러분 스스로 풀어본 답들과 비교하시오. 만약 모든 문제의 정답이 일치하면 다음 장을 공부할 수 있는 실력입니다. 만약 약간의 오답이 있는 경우 그 문제에 해당되는 각 절을 재검토한 후 답을 수정하고, 많은 문제에서 오답이 있을 경우 전체 장을 주의 깊게 다시 읽고 답하시오.

1. 별, 가스, 먼지들이 중력에 의하여 묶여져있는 거대 구조 (6.1절)
2. 행성, 별, 태양계, 산개성단, 은하, 은하단, 초은하단. (6.1에서 6.3절, 6.16절)
3. 다음의 그림 6.25를 참조하시오. (6.2, 6.3, 6.11절)

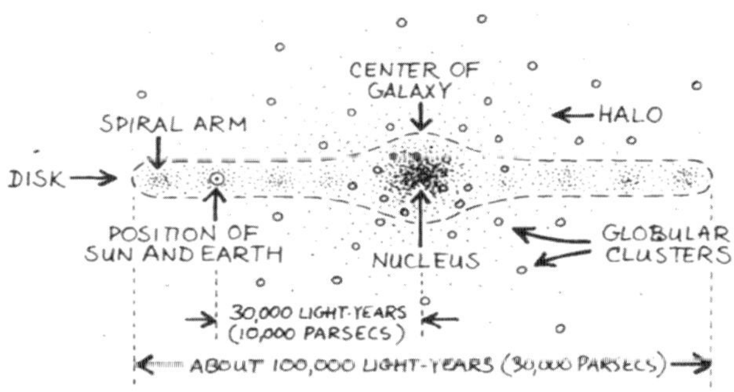

그림 6.25. 우리 은하의 단면도.

4. 수소가스, 복사, 작은 고체먼지 알갱이, 바이러스, 수증기, 수소보다 더 무거운 원소들, 유기분자. (6.6절)
5. 성간물질은 새로운 별과 행성을 형성하는 물질이다. (6.6, 6.8절)
6. 아니오. 말머리성운은 암흑성운으로서 먼지로 구성된 성간물질로서 흡수와 산란을 일으키며 뒤에는 오는 별 빛을 가린다. (6.7절)
7. 우리 은하 원반의 성간먼지를 통하여 전파가 가시광선보다는 더 효과적으로 통과한다.(6.8절)
8. (a) 1; (b) 2; (c) 2; (d) 1; (e) 2; (f) 1 (6.3, 6.4, 6.9절)
9. (a) 안드로메다은하; (b) 약 2백5십만 광년 (6.12절)
10. 타원은하, 나선은하, 불규칙은하. 이들 은하는 모두 늙은 별들을 가지고 있으며 그 은하의 나이 거의 같은 나이를 갖는다.
11. 은하 중심에 매우 큰 질량을 갖는 블랙홀 (6.17절)
12. (a) 4; (b) 1; (c) 5; (d) 2; (e) 3 (6.5, 6.17에서 6.20절)

제7장

우주
(The UNIVERSE)

태초에 하나님이 천지를 창조하시니라. 땅이 혼돈하고 공허하며
흑암이 깊음 위에 있고 하나님의 신은 수면에 운행하시니라.
하나님이 가라사대 빛이 있으라 하시매 빛이 있었고
그 빛이 하나님의 보시기에 좋았더라.

창세기 1장 1절 - 4절

목표

☆ 우주론을 정의하여보자.
☆ 우주론의 기본적인 가정과 한계를 기술하여보자.
☆ 우주가 팽창한다는 증거를 설명하여보자.
☆ 허블의 법칙을 설명하여보자.
☆ 허블 상수의 중요성을 설명하여보자.
☆ 빅뱅이론에 의거하여 우주의 과거와 현재를 기술하여보자.
☆ 열린 우주, 편평한 우주, 닫힌 우주 모형에 의거하여 우주의 미래를 비교하여보자.
☆ 빅뱅이론을 뒷받침하는 중요한 관측들을 열거하여보자.
☆ 열린 우주, 편평한 우주, 닫힌 우주 모형을 구분하는 방법을 제시하여보자.
☆ 표준 빅뱅이론의 문제점과 급팽창우주모형에 의한 그 해결책을 기술하여보자.
☆ 우주의 나이와 크기를 측정하는 천문학적 방법론을 기술하여보자.

7.1 영원히 풀리지 않는 의문(ETERNAL QUESTIONS)

사람들은 세상이 어떻게 창조되었으며 그 종말은 올 것인지에 대해 의문을 가져왔다. 고대의 신화와 철학, 이론들은 여러 모형을 제시하고 있다. **우주론(cosmology)**은 우주의 기원과 현재구조, 우주의 진화, 그리고 그 종말에 대한 연구이다.

천문학자들은 **우주론 모형**(cosmological models)들, 즉 어떻게 우주가 시작되었는가, 시간이 지남에 따라 우주가 어떻게 변화하는가, 그리고 미래의 우주에 무슨 일이 일어날 것인가를 설명하는 수학적인 기술들을 만들고 있다. 이러한 모형들은 행성과 은하계에 대한 우리의 관측 자료와 일치해야만 한다.

진화우조론(evolutionary)과 **정상우주론**(steady state)의 2가지 기본 모델이 지난 반세기동안 검증되어 왔으며, 그 결과 진화우주론으로 구체화 되고 있다.

문 우주론의 유형은 우주에 대한 종교적인 설명과는 근본적으로 다르다. 그 차이를 설명할 수 있는가?

답 : 우주론은 물리적 현상에 대한 초자연적인 원인이나 의미를 제공하지 않지만 자연의 법칙과 수학의 법칙만을 이용하여 이 현상들을 설명하려고 한다.

7.2 팽창하는 우주(THE EXPANDING UNIVERSE)

어떠한 우주론의 모델에서도 설명 되어져야만 하는 기본적인 관측은 먼 은하계로부터 오는 빛의 파장이 스펙트럼상의 적색 편이가 나타난다는 것이다. 이러한 현상을 **우주론적 석색편이**(cosmological redshift)라고 불린다.

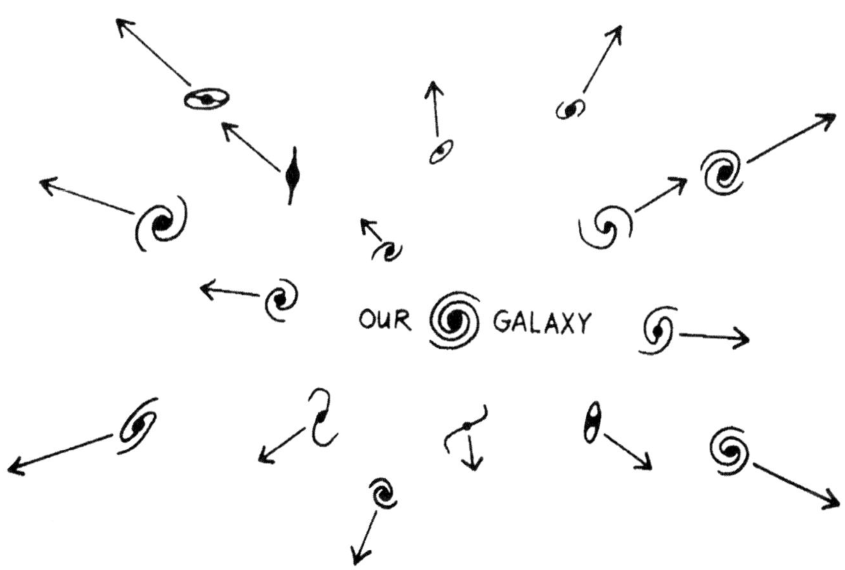

그림 7.1. 우리 은하계에서 볼 때 은하들은 멀어진다(화살표는 속도를 나타낸다).

근대의 이론은 이 적색편이(z)가 우리 우주의 팽창의 결과이며 그래서 다른 은하계들은 우리 은하계로부터 멀어진다는 것을 뜻하는 것이다. 따라서 더 큰 적색편이는 보인다는 것은 초기에 해당되는 더 먼 거리의 은하계인 것이다. 우리가 관측하는 가장 먼 거리의 가장 젊은 은하계가 가장 큰 적색편이를 갖고, 그러한 은하계가 가장 빠르게 멀어져간다(그림 7.1).

문 **우리가 우주를 조사할 때 우리는 은하계가 우리로부터 멀어지는 것을 알 수 있다. 이 관측사실이 우주에 대해 말해주는 것은 무엇인가?**____________________

답 : 우주는 팽창함이 틀림없다.

7.3 적색편이(REDSHIFTS)

그림 7.2는 우리로부터 서로 다른 거리에 있는 5개의 은하계의 적색편이와 그에 상응하는 적색편이 속도를 보여주고 있다.

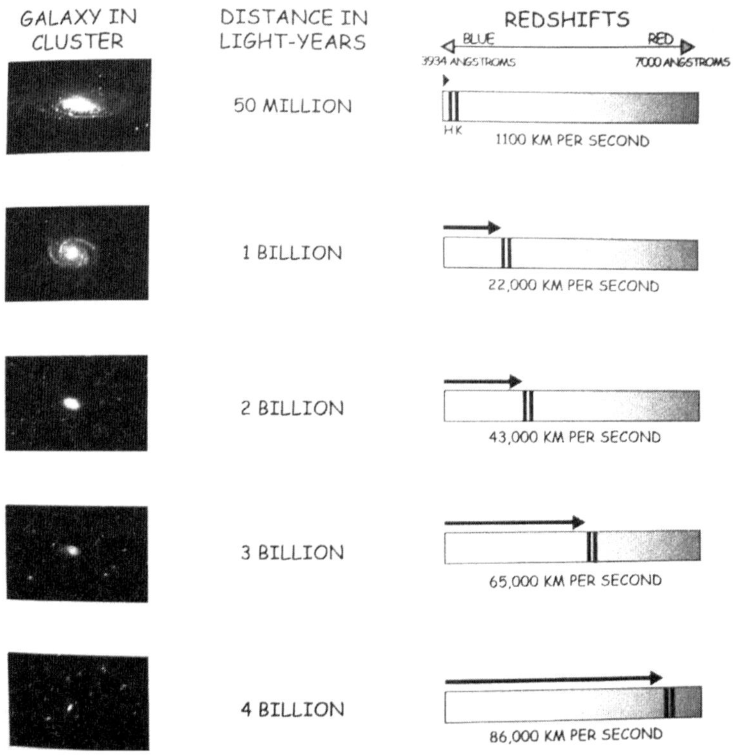

그림 7.2. 허블의 법칙. 5개 은하의 적색편이와 그에 상응하는 속도.

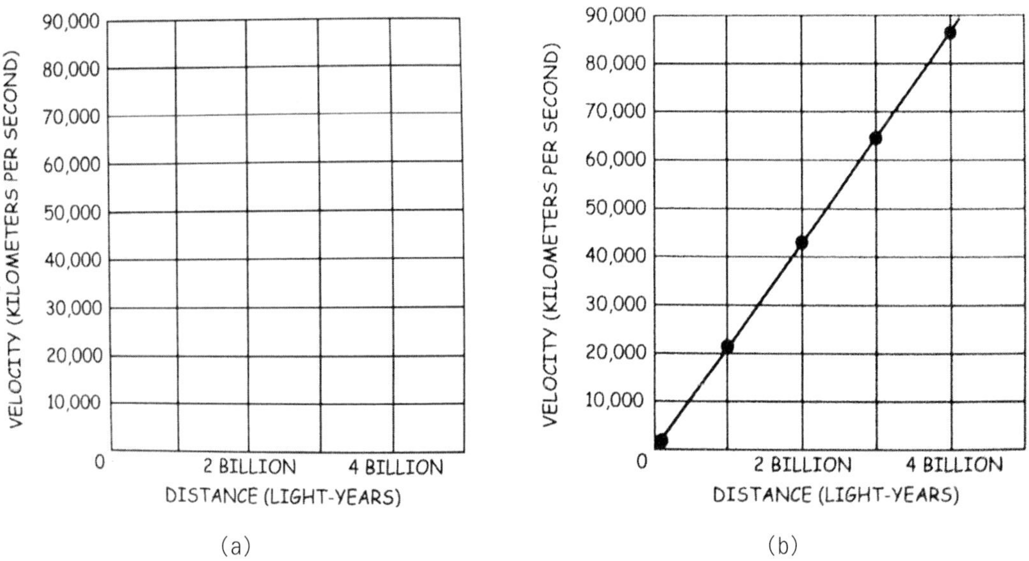

그림 7.3 (a) 속도와 거리의 눈금도표, (b) 5개 은하계의 허블 도표.

이 5개의 은하계에서 두 개(H와 K 선)의 스펙트럼선이 오른쪽에 보이며, 더 멀리 있는 은하계일수록 그 크기가 더 작게 보인다. 한 쌍의 검은 흡수선인 이온화된 칼슘의 H와 K 선이 눈에 잘 띄며 각각의 은하 스펙트럼 위에 있는 화살표는 이 두 선이 은하계가 더 멀리 있을수록 그 양이 증가하여 적색 방향으로 더 편이되어 있다.

문 **그림 7.3a에 각 은하의 거리와 후퇴속도를 그림으로 그리시오. 이 다섯 개의 점을 통과하는 선은 어떤 관측을 의미하는가?**______________________________

____

답 : 그 지점들은 모두 직선근처에 있다(그림 7.3b). 후퇴속도와 그 은하계들이 우리와 떨어진 거리 사이에는 1차적인 상관관계가 있다는 것을 의미한다.(우린 아직 가장 멀리 떨어진 은하계에 대해서는 아는바가 없다.)

7.4 속도-거리 관계(VELOCITY-DISTANCE RELATION)

은하계 연구에 일생을 바친 미국 천문학자 Edwin Hubble은 많은 은하들의 후퇴속도와 그 은하들의 떨어진 거리사이의 관계를 연구하여 이들 사이에는 일차적인 상관관계가 있음을 밝혀냈다. 즉, 은하계가 멀리 떨어져있을수록, 그것은 더 빨리 멀어진다.

Hubble법칙(1929)은 어떤 은하의 후퇴속도(v)는 우리와 떨어진 거리(d)에 정비례한다는 것

을 말해준다. 그 공식은

$$v=H_0d \quad (H_0\text{는 허블 상수})$$

허블상수는 매우 중요하다. 허블상수는 은하계가 후퇴하는 비율 혹은 우주가 팽창하는 비율을 의미한다. 허블상수는 또한 은하계의 측정된 적색편이로부터 그 은하계의 거리를 계산하는 허블의 법칙으로도 사용된다.

허블 상수 H_0를 정확하게 결정하는 것은 은하계 공간 규모의 불확실성 때문에 매우 어렵다. 이 값은 자주 개정되지만 현재 언급된 측정치는 대략 50～100km/sec/Mpc (15～30km/초/백만광년)이다. 가장 최신의 측정치는 H_0=70km/sec/Mpc (22km/초/백반광년)±10%이다.

문 **퀘이사는 지금까지 관측된 천체 가운데 가장 큰 적색편이를 보인다. 퀘이사가 지금까지 알려진 어떤 은하보다 더 빨리 멀어지며 또한 우주의 팽창에 참여하는 현상이라면, 퀘이사의 거리에 대한 어떤 말을 할 수 있겠는가? 설명하여보시오.**

답 : 퀘이사는 우리가 관측할 수 있는 가장 멀리 떨어진 천체이다. 허블의 법칙은 가장 멀리 떨어진 천체는 가장 빨리 멀어진다고 말하고 있다.

7.5 전제(PREMISE)

우리가 우주를 이해하려는 시도 가운데 가장 기본적인 가정을 **우주론원리(cosmological principle)**라고 불린다.

이 우주론원리는 크게 보면 우주는 **동질적(homogeneous)**이고 **등방적(isotropic)**이라는 것이다. 우주는 어떤 시간에나 물질의 분포가 우주의 어느 곳이든 같고 어느 방향에서든 우주는 똑같아 보인다는 것이다.

우주에서의 우리의 이웃은 특별한 것이 아니며 모두 물리 법칙을 따른다. 크게 보면 우주 안의 어떤 곳의 어떤 관찰자도 우리가 보는 것과 똑같은 것을 어떤 시간에든 볼 수 있다.

우주론원리는 우리가 볼 수 있는 우주의 작은 부분이 사실 우리가 볼 수 없는 우주의 나머지 부분을 대표한다는 것을 짐작할 수 있게 한다는 면에서 중요하다. 이것은 우리가 관찰할 수 없는 부분을 포함한 전체 우주를 설명하는 이론을 형성하게 한다.

문 우리의 관찰은 멀리 떨어진 은하계는 우리로부터 빨리 멀어진다는 것을 보여준다. 이것은 우리 은하계가 전체 우주의 중심이라는 의미인가? 설명하시오.________________

답 : 아니다. 우주론원리는 당신이 어느 은하계를 가서 우주를 관찰하든지간에 우주의 모든 방향에 위치한 거의 같은 수의 멀어지는 은하계를 볼 수 있을 것이라고 말한다.

♣ 이 원리를 설명하는 간단한 실험을 해보자(그림 7.4). 풍선을 준비하자. 풍선의 표면은 3차원 공간을 나타낸다. 은하계를 나타내기 위한 스티커를 임의로 풍선에 붙이자. 우리 은하를 나타내는 MW(Milky Way)를 스티커에 표시하자. 풍선을 불어서 이것에 '4번째 차원'을 부여하자. 풍선의 표면이 확장함에 따라 얼마나 이 스티커들(은하계)이 더 멀리 떨어지게 되는지(서로로부터의 후퇴) 관찰하자. ('4번째 차원'은 시간이다. 풍선안의 부피는 과거의 현상을, 풍선 밖은 미래의 현상을 나타낸다.)

그림 7.4. 팽창하는 풍선은 팽창 우주 모델의 개념 설명한다.

7.6 표준 빅뱅이론(STANDARD BIG BANG THEORY)

빅뱅이론(Big Bang)은 우리의 우주는 빅뱅이라고 불리는 어느 찰나에 결렬한 폭발을 했고, 그 이후로 진화하고 있다고 말한다. 그 시작은 대략 10%의 오차범위 내에서 약 137억 년 전으로 거슬러 올라간다.

현재의 우주의 모든 물질과 복사는 함께 뭉쳐있던 엄청나게 뜨겁고 고밀도인 **원시화구(primeval fireball)**에서부터 우주는 급격하게 팽창했다. 빅뱅은 우리가 알고 있는 시간과 공간의 시작이었다.

그 초기 지옥과 같은 불덩어리에서 물질과 복사는 급격하게 팽창하였고 냉각하였다. 단 몇 초 사이에 양자(수소핵), 중성자, 전자가 형성되었고, 몇 분 만에 중수소과 헬륨핵, 그리고 몇몇 가벼운 미량원소들이 생겨났다.

수 백 만년 후에, 물질과 복사는 분리되었고, 은하계와 별들이 형성되기 시작했다. 우주는 공간 시간 속에서 팽창을 계속하였고, 그 이후로 은하계는 계속해서 서로에게서 멀어지기 시작했다.

오늘날 우리는 우주가 여전히 팽창 하는 것을 관측한다. 별들은 빅뱅에서 나온 원시의 수소를 사용하여 여전히 은하계 안에서 형성된다. 이 우주의 관측된 물질들은 대략 74% 수소와 25% 헬륨, 그리고 중수소와 리튬과 같은 미량원소들이다.

대부분의 천문학자들은 빅뱅이론이 말하는 우주의 과거와 현재 단계의 설명을 수용한다. 원시수소가 별들 속에서 다 사용되고, 별들이 빛나지 않을 미래에 대한 예측은 다양하다.

우주의 궁극적인 운명은 바깥쪽으로의 팽창과 안쪽으로의 인력사이의 경쟁에 의해 결정될 것이다.

열린 우주모형(open universe model)은 우주가 계속해서 영원히 팽창할 것이라 말한다.

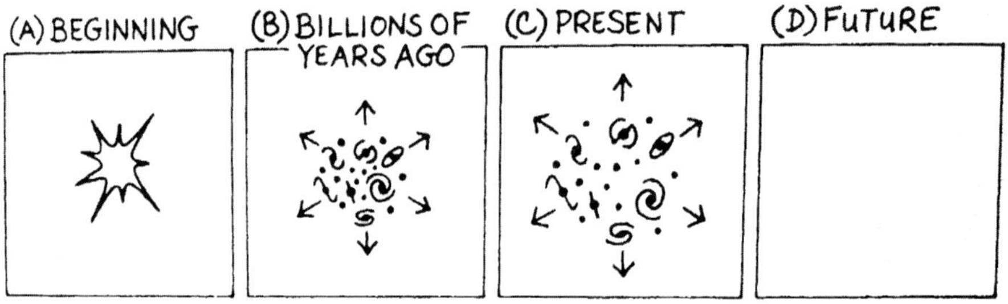

그림 7.5. 열린 우주와 편평한 우주의 단계(빅뱅이론).
(a) 시작 (b) 수십억 년 전 (c) 현재 (d) 미래

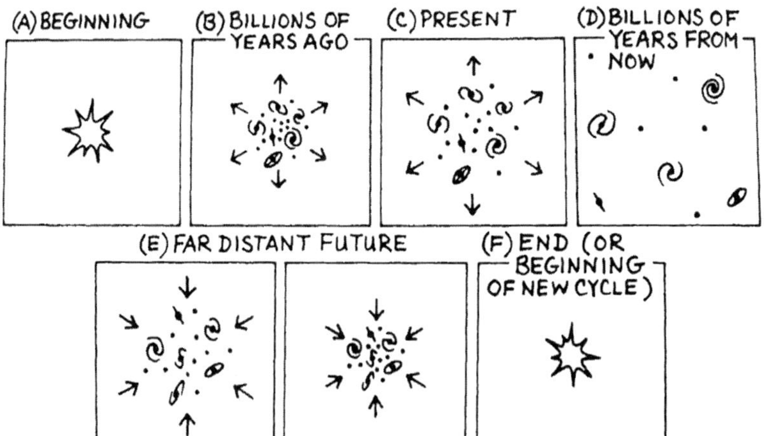

그림 7.6. 닫힌(혹은 진동) 우주의 단계(빅뱅이론).
(a) 시작 (b) 수십억 년 전 (c) 현재 (d) 수십억 년 후 (e) 먼 미래
(f) 끝(또는 새로운 주기의 시작)

편평한 우주모형(flat universe model)은 만약 물질만 존재한다면 지속적이지만 시간이 무한대로 감에 따라 제로에 가까운 느린 팽창일 것이라 예상한다.

문 **그림 7.5를 보고 답하시오. 빅뱅이론에 따른 열린 우주와 편평한 우주를 단계로 구별하고 간단히 설명하시오. (a)________________________; (b)________________________ (c)________________________; (d)________________________**

답 : (a) 빅뱅 폭발이 발생한다. (b) 은하계가 형성된다. (c) 은하계가 계속 후퇴한다; 우주는 팽창한다. (d) 원시수소가 고갈 된다; 결과적으로 춥고 어두운 우주는 계속해서 영원히 팽창하고, 그 속도는 감속한다.

7.7 거대한 뭉침(BIG CRUNCH)

닫힌 우주모형(closed universe)은 빅뱅과 함께 시작된 우리 우주는 영원히 팽창하지는 않을 것이라고 말한다. 중력이 팽창을 멈출 것이고, 붕괴를 가져올 것이다.

만약 닫힌 우주가 된다 하여도 지금의 팽창은 우리는 관측되어진다. 그리고 미래에는 우리의 팽창한 우주는 속도를 늦추고 완전히 멈추게 되며, 수축할 것이다. 우주가 수축할 때, 은하계는 모든 물질이 다시 한 번 하나의 뜨겁고 밀도 높은 상태로 뭉치게 될 때까지 다른 은하계를 향해 안쪽으로 향할 것이다.

진동우주(oscillating universe)모형은 거대한 뭉침 이후에 또 다른 빅뱅이 일어날 것이라 말한다. 그 후 새로운 팽창우주는 같은 물질로부터 생겨날 것이다. 우주는 영원히 진동한다.

문 **그림 7.6을 참조하여, 빅뱅이론에 의거하여 닫힌 우주의 단계를 간단히 기술하시오.**
(a)____________________; (b)____________________; (c)____________________
(d)____________________; (e)____________________; (f)____________________

답 : (a) 빅뱅이 발생한다. (b) 은하계가 형성되고 지속적으로 후퇴한다. (c) 우리는 팽창하는 우주에 산다; 오늘날 은하계는 다른 은하계로부터 멀어진다. (d) 은하계가 멈춘다. (e) 우주가 수축한다; 은하계는 안쪽으로 줄어든다. (f) 물질이 다시 하나로 뭉친다.

7.8 정상 상태 이론(STEADY STATE THEORY)

정상상태 이론(steady state theory)은 수십 년 전에는 빅뱅이론의 경쟁이론으로서 우주는 진화하거나 변화하지 않는다고 말한다. 과거에 시작점도 없었고, 미래에 끝도 없다는 것이다. 과거, 현재, 미래 - 우주는 영원히 똑같다.

이 이론은 우주는 크게 보면 어디든, 언제든 똑같다고 말하는 **완전우주원리(perfect cosmological principle)**를 가정한다. 우주의 물질은 영원히 같은 평균밀도를 갖는다는 것이다.

우주가 팽창하고 있다는 관측을 설명하기 위해, 정상상태 이론에서는 후퇴하는 은하계에 의해 멀어지는 물질을 대처하기에 충분할 정도의 새로운 수소가 빈 우주 공간에서 계속해서 만들어진다고 말한다. 그러나 이 이론은 어디서 이 새로운 수소가 나오는지 설명하지 못한다.

대부분의 천문학자들은 정상상태 이론은 관측과 모순 된다는 이유로 부정적이다. 설명할 수 없는 새로운 질량의 탄생과 에너지의 탄생은 에너지 보존 법칙 이라는 자연의 법칙에 어긋나는 것으로 고립된 체계 안에서의 전체 에너지는 언제나 같은 양으로 존재하기 때문이다. 에너지는 어떤 체계 안에서 비록 변형되어 전환이 일어날 수는 있지만 새롭게 창출되거나 파괴되지 않는다.

이에 반하여, 정상상태 이론은 철학적인 호소력을 가졌을 뿐이다. 이것은 우주를 과거에도 언제나 존재해왔고 미래에도 언제나 존재할 것이라고 정의 내린다. 무거운 원소들이 별들의 폭발로 만들어진다는 가설은 빅뱅이 없이도 어떻게 이러한 원소들이 얻어지는 가를 설명하기 위한 진화 모델로서 발전되어 살아남았다.

문 **그림 7.7을 참고하여 정상 상태 이론에 의거하여 우주를 간단히 설명하시오.**

(a)____

(b)____

답 : (a) 은하계는 후퇴하고, 우주는 팽창하며, 새로운 물질이 창출되고, 새로운 은하계가 형성된다. (b) 같은 형태가 일어날 것이며, 우주는 같은 평균 밀도를 영원히 유지한다.

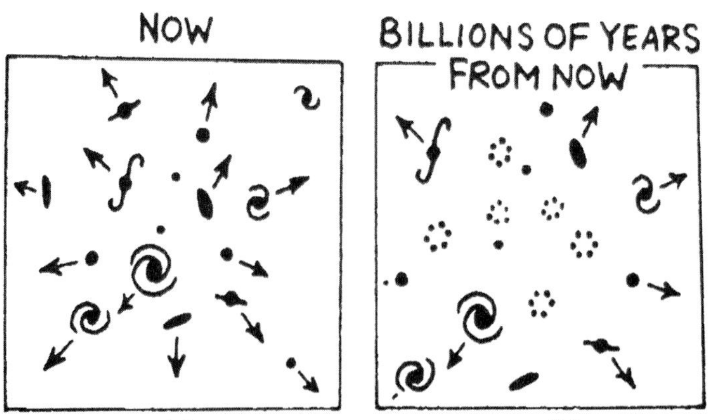

(a) (b)

그림 7.7. 우주의 정상 상태 이론.

7.9 관측적인 테스트(OBSERVATIONAL TESTS)

천문학자들은 우주론적인 모델을 그것이 우리가 우주에 관해 가지고 있는 관측적인 모든 데이터와 일치하는지를 조사하여 봄으로써 테스트한다.

우주가 어떻게 진화했는지를 점검하는 가장 직접적인 방법은 현재 우리가 보는 우주와 수십억 년 전에 보였던 우주를 비교하는 것이다. 그런데 실제로 우리가 우주의 나이와 같은 몇 십억 년을 관측할 수 없으므로 천문학자들은 우리로부터 먼 거리에 있는 서로 다른 은하계를 대신해서 찾아본다.

비록 이러한 생각 - 우리가 먼 거리의 은히계의 시대들을 공부하며 거슬러 올려 보는 깃 - 은 단순하나 이것을 실행에 옮기기는 매우 어렵다. 우리는 스펙트럼의 적색편이를 쉽게 관측 할 수 있으나 아직 정확한 거리를 측정하기에는 기술적으로 충분히 개발되어있지 못하다.

따라서 우주론적인 모델들을 점검하기 위하여 사용되어질지 모르는 모든 데이터들은 불확실성으로 가득 차 있다. 새로운 데이터는 지구는 평편하다는 것을 말해주고 있다. 이런 모델들 중 어떤 하나라도 완전히 옳다는 것을 말하기 위해서는 더 많은 테스트들이 요구된다.

문 어떻게 천문학자들이 우주가 (a) 2백만 년 전에는 어떠했을 지를 발견할 수 있나? (b) 3백만 년 전의 것은 어떻게 알 수 있는가?

답 : 그들은 먼 거리 은하계에서 방출되는 복사들-예를 들어, 지구로부터 2백5십만 광년 정도 떨어져 있는 Andromeda나 3십억 광년 떨어져 있는 Hydra와 같은-을 검사한다. 빛이 1광년의 거리를 여행하는 데는 1년이 걸린다. 우리가 지금 받는 빛은 Andromeda에서 2백 5십만 년 전에, Hydra에서는 3십억 년 전에 떠난 것이다. 이것은 우리에게 우주가 그때 어떠했는지를 말해준다.

7.10 일정치 않은 허블상수(INCONSTANT HUBBLE CONSTANT)

우주론자들은 그들의 예측을 검증하기 위하여 현재의 허블 상수 값과 수십억 년 전의 허블 상수 값을 비교한다.

허블상수는 시대에 걸쳐 불변이 아니다. 우주의 팽창은 시대에 걸쳐 감속하기도 하고 가속되기도 한다.

이론적으로는 중력만이 있다면 감속이 예상된다. 우주의 구성요소들은 중력 때문에 서로 서로를 잡아당긴다.

제 Ia형 초신성을 관측해 보면 그것들이 측정했던 거리 보다 더 먼 거리에서 더 희미하다는 것을 보여준다. 이것은 우주의 팽창이 가속화되고 있다는 것을 말해준다.

이러한 초신성 데이터는 중력에 대항하는 강한 반대의 압력이 있다는 것을 의미한다. 우리의 우주는 아직도 잘 안 알려지지 않은 중력 반발의 원천으로서의 **암흑 에너지(dark energy)**로 가득 차 있다.

허블상수의 결과들은 매우 불확실하여 결론을 내릴 수가 없다. 왜냐하면 아직도 우리는 높은 정확도로 은하단의 거리를 측정할 수 없기 때문이다.

문 **왜 허블 상수 값을 정확하게 측정하는 것이 그렇게 중요한가?**

답 : 허블상수의 정확한 값은 기술된 우주론 모델들 중 하나를 설명할 수 있는 아주 강력한 증거가 될 수 있다. 허블상수는 우주의 나이와 크기를 계산하는 데 사용된다.

7.11 물질과 에너지(MATTER AND ENERGY)

우주안의 에너지와 물질의 밀도에 대한 관측은 서로 다른 우주론적인 모델들을 결정하는 데 아주 중요하다.

임계밀도(critical density)란 우주의 팽창을 되돌리지 않고 팽창을 멈추게 하기 위한 중력을 갖게 되는 최소한의 물질의 평균밀도로서 그 계산된 값 즉, 허블 상수 값에 의존하고 있는 그 값은 대략 10^{-29}g/cm^3 (또는 몇 개의 수소원자/m^3)이다.

오늘날 우주공간의 중수소의 함량은 우리 우주 안에 흔한 물질들의 최대 가능한 양의 한계에 있다. 본질적으로 모든 존재하는 중수소는 빅뱅에서 창조되어진 걸로 추정되며, 그것은 물질의 초기 밀도와 아주 밀접하게 관련되어 있다. 관측결과 우주의 물질의 밀도가 임계값의 단지 5%가 보통의 물질이고 25%가 암흑 물질로 나타낸다. 결과적으로 관측된 중력은 팽창을 최종적으로 중지시키는데 필요한 것보다 더 적은 값이다.

복사 혹은 중력효과에 의해 관측되어진 모든 물질의 평균 밀도와 임계밀도의 비율 즉, **Omega(Ω)**는 현재 1보다 작다. 만약 이론대로 지구가 편평하다면, 나머지는 70%의 암흑 에너지(dark energy)로 만들어졌음에 틀림없다.

아직 확인되지 않은 암흑 물질과 암흑 에너지는 물질의 임계 평균밀도를 알기 위해서는 필수적인 것이다. 거대한 중성미자, MACHOs - 무겁고 밀집된 헤일로 물질 또는 WLMPs - 약하게 상호작용하는 무거운 입자들이 존재 할 런지도 모른다. 아인슈타인의 일반상대성 이론에서 소개된 우주의 반발작용에 상응하는 암흑 에너지라고 불리는 **우주론적인 상수**

(cosmological constant ; Λ)는 중력의 당김의 문제에 직면할 수 있다.

문 우주에서 지금까지 관측되지 않은 암흑물질과 암흑 에너지의 새로운 발견의 우주론적인 중요성은 무엇인가?

답 : 우주에서의 물질의 밀도는 임계값에 가까워질 수 있을 것이다. 그것은 우주의 팽창 혹은 수축을 멈추는데 충분할지 모른다. 비록 오늘날 우주가 편평해 보여도 우주는 아마 열리거나 닫힐 것이다.

7.12 우주복사(universal radiation)

빅뱅이론은 우주는 아직까지도 **우주 배경 복사**(cosmic background radiation) 즉, 초기의 빅뱅으로부터 나온 복사에너지들로 가득 차 있다는 것을 예상하게 한다.

원시 화구는 강한 단파복사(수십조정도의 온도에 상응하는)를 거대한 원자폭탄이 폭파하는 것과 같이 우주의 모든 방향으로 복사됐을 것이다. 그 때 복사가 퍼지고, 차가워지고, 그리고 일제히 팽창하는 우주를 채우게 될 것이다. 현재까지 그것은 절대온도의 0도에서 단지 몇도 위의 온도에 상응하는 초단파 복사로서 지구로 전달됐을 것이다.

1965년 미국 물리학자 Arno Penzias와 Robert Wilson은 낮과 밤 그리고 하늘의 모든 방향으로부터 평등하게 나오는 초단파 복사를 매년 감지하였다. 이 복사는 2.7K의 온도의 흑체에 해당되는 복사로서 어느 곳에나 일정하게 복사되고 있다.

실질적으로 천문학자들은 빅뱅에 의해 나온 원시화구의 복사를 감지해 오고 있다.

문 정상 상태 이론에 대한 우주 배경 복사의 발견은 어떤 의미를 갖는가?

답 : 이것은 정상 상태 이론으로는 우주 배경 복사를 설명할 수 없기 때문에 정상 상태 이론은 의미를 갖지 못한다.

7.13 빅뱅 모델 성공(BIG BANG MODEL SUCCESSES)

문 빅뱅 모델을 성공적으로 설명할 수 있는 관측들 요약하여라.

답 : 1) 먼 거리 은하계의 스펙트럼상의 적색 편이; 2) 우주 배경 복사; 3) 수소와 헬륨의 풍부함.

7.14 빅뱅 의문점들(BIG BANG QUESTIONS)

표준 빅뱅 모델은 어떻게 폭발이 시작되어 결과적으로 균일한 등방성의 우주 배경 복사와 관측할 수 있는 매우 큰 규모의 우주를 만들었는가를 설명하지 못한다.

만약 초기의 에너지와 질량의 분포가 일정하였다면, 단지 중력만으로는 계산된 우주의 생애(나이) 안에서 관측된 은하단이나 초은하단으로 물질들을 응집시킬 수 없었을 것이다. 따라서 우주는 아마 초기에는 비등방성과 비균질성이었을 것이다.

1981년, 미국의 물리학자 Alan Guth는 거대한 우주의 넓이와 그것의 균일성을 설명하기 위하여 빅뱅 바로 직후에 믿기지 않게 빠른 짧은 팽창 단계인 **급팽창**(inflation)을 제안했다. 우주의 초기의 밀도가 아주 놀랍게도 우주 임계 밀도에 엄청나게 가까워진 이유를 설명하는 방법에 관한 **평탄화문제**(flatness problem)는 빅뱅 이론에 **급팽창 우주**(inflationary universe)를 더함으로써 해결되었다. 이런 팽창은 질량-에너지가 중력에 반발할 때 가속되는 것이다.

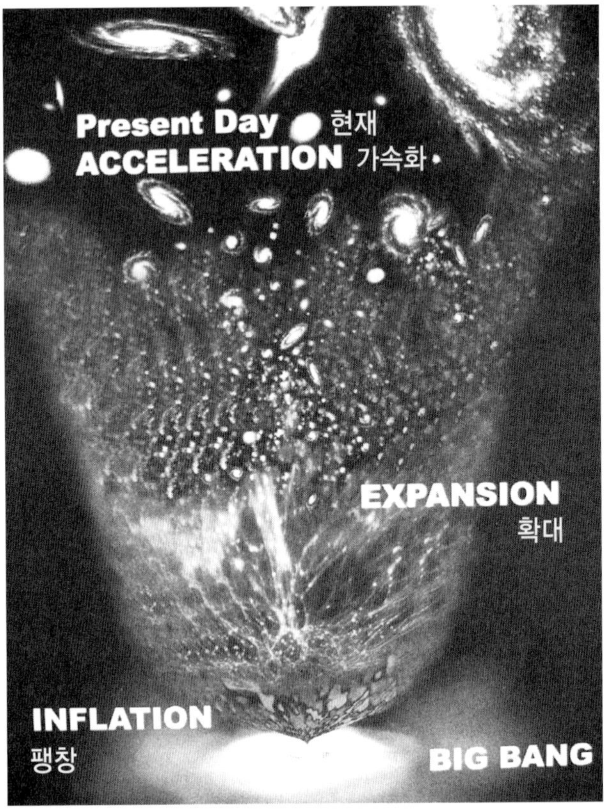

그림 7.8 빅뱅에서 현재까지의 우주의 역사.

미국 로봇위성 Wilkinson Microwave Anisotropic probe은 평균 2.7K 온도 내에서 약간의 변화를 갖는 온도를 측정하였다. 이런 변화들이 오늘의 은하계와 은하단 그리고 우주의 빈 터로 성장하게 할 수 있는 기초를 제공했다(그림 7.8)(▶http://map.gsfc.nasa.gov◀).

급팽창 우주론의 **Einstein-de Sitter 모델**에는 균질성의 평평한 우주를 요구한다. 이 모델의 지지자들은 우주 안에 거대한 양의 물질 또는 에너지는 특이하고 확인되지 않는다고 가정한다. 미래 관측들은 얼마나 많은 어떤 종류들의 질량과 에너지가 실제로 존재하는지를 테스트할 것이다.

문 **몇몇 천문학자들 중에는 빅뱅 이론을 받아들이기를 거부하는 사람도 있다. 그 두 가지 주요 관점은 무엇인가? (1)____________________**

(2)____________________

답 : (1) 빅뱅의 첫 순간 후 우주에서 관측되어진 큰 규모의 규조와 일치하는 우주가 어떻게 진화했는지의 모델; (2) 친숙한 또는 특이한 형태로의 암흑 물질과 암흑 에너지의 확실한 발견.

7.15 나이(AGE)

우주의 나이의 예상은 성경에서 인용한 수 천 년으로부터 수 백 만년 그 후 수십 억 만 넌으로 거슬러 올라가는 것 같다.

우주의 표준 예상 나이는 허블 상수 값에 근거를 두고 있다. 빅뱅의 시대 이래로 우주의 나이인 **허블 시간(Hubble time)**은 1/H와 같다. 계산되어진 우주의 나이는 과거의 우주 감속과 지금의 가속의 대략적인 정확성을 가지고 허블 상수 값(아직은 부정확한)에 크게 의존하고 있다. 이 방법은 약 140억 년 전에 빅뱅의 시대가 있었다고 설명한다.

암석과 운석들의 방사성 연대의 나이는 대략 비슷하다는 결과를 얻는다. 미국의 천문학자 David N. Schramm(1945–1997)는 우주의 나이를 그 구성요소가 우리 은하가 형성된 역사 초기 이후 얼마나 많은 방사성 동위 원소 ^{187}Rh(레늄)이 붕괴되었는지를 계산함으로서 200억 살로 알아냈다. 또 다른 나이는 가장 오래된 별들로부터 유도할 수 있다. 이러한 방법에 의하면, 우주의 나이는 130억 살에서 180억 살 정도이다.

문 **우주의 나이를 계산(추청)하는 세 가지의 방법들을 제시하시오.**

(1)____________________

(2)____________________

(3)____

답 : 1) 허블상수로서 1/H인 허블 시간.
2) 방사성 동위원소의 암석들과 운석들의 방사성 동위원소.
3) 관측되는 가장 오래된 별들의 나이에 근거하여 계산.

7.16 크기(SIZE)

우주 반경의 측정도 허블 상수 값에 아주 많이 의존을 하고 있다. 관측 가능한 우주의 가장 자리 끝까지의 거리인 **허블 반경(Hubble radius)**은 허블상수에 의해 나눠지는 빛의 속도 즉, c/H와 동일하다. 그 결과 우주의 반경을 120억과 160억 광년 중간 정도로 추정한다(그림 7.9).

인간의 영원한 질문들 - 세상이 어떻게 시작되었고, 그것이 또 어떻게 끝날 것인지? - 은 오늘날 과학으로 답할 수 없다. 다음 표를 완성함으로써 우주에 관해 우리가 가지고 있는 측정의 범위를 다시 한 번 살펴보시오.

오늘날 관측 가능한 우주(가장 최근의 관측들)

문 (a) 먼 은하계의 후퇴의 속도(허블상수)________________;
(b) 대략적인 반경________________; (c) 대략 현재 형태의 나이________________

답 : (a) 먼 은하계의 후퇴의 속도(허블상수)는 대략 70km/sec/Mpc(22km/sec/백만광년); (b) 120억년에서 160억년 광년; (c) 140억년 정도.

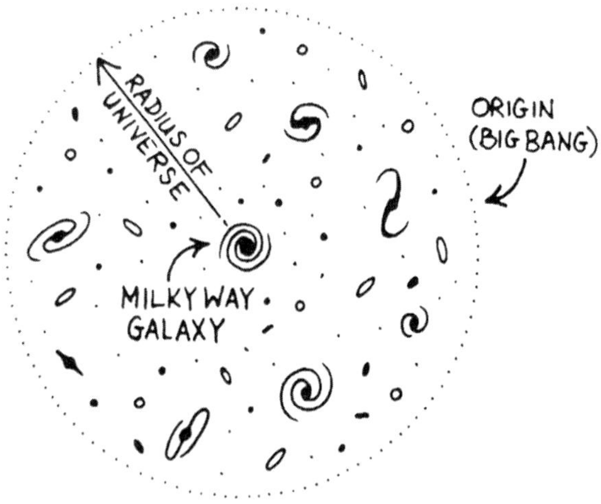

그림 7.9. 허블 반경.

자가 평가(SELF – TEST)

자가 평가는 여러분이 7장의 내용들을 충분히 이해하고 있는지를 평가하기 위한 것이다. 각각의 질문에 대하여 답하시오. 자가 평가 문제의 끝 부분에 정답과 점검 사항들을 제시하였다.

1. 우주론을 정의하시오.____

2. 우주론적인 모델들이 종교적인 우주의 팽창설들과는 어떻게 다른가?____

3. 우주가 팽창하고 있다는 증거를 기술하시오.____

4. 허블 법칙을 설명하시오.____

5. 왜 허블상수가 우주론에 있어서 그렇게 중요한가?____

6. 모든 우주론적인 모델들의 기본 가설을 설명하시오.____

7. 세 개의 주요 우주론적인 모델들(빅뱅이론) 가운데 하나 또는 그 이상을 각각 질문과 연결시키시오.

_____(a) 137억 년 전 우주는 극적으로 밀도가 높고 뜨거운 상태로부터 폭발하였다.
_____(b) 우주에 있는 막대한 양의 암흑물질과 암흑에너지는 독특하고 발견되기 힘들다.
_____(c) 은하계는 거리에 따라 증가하는 속도를 가지고 서로 서로 멀리 이동해 간다.
_____(d) 미래에 우주는 무한정 팽창될 것이다.
_____(e) 미래에 우주는 팽창을 멈추고 수축할 것이다.

(1) 열린 우주(open)
(2) 닫힌 우주(close)
(3) 편평한 우주(Flat)

8. 우주의 궁극적인 운명을 결정하는데 도움을 줄 수 있는 두 가지 기본 관측을 제시하시오.

(1)____

(2)____

9. 우주 배경 복사의 우주론적인 중요성은 무엇인가?__________________________

____

10. 급팽창 우주 모델이 빅뱅이론에 기여한 주요 공헌을 기술하시오.__________________

____

____

11. (a) 우주의 허블나이____

(b) 허블 반경의 대략적인 값을 제시하시오.____________________________

해답(ANSWERS)

아래 주어진 답들과 여러분 스스로 풀어본 답들과 비교하시오. 만약 모든 문제의 정답이 일치하면 다음 장을 공부할 수 있는 실력입니다. 만약 약간의 오답이 있는 경우 그 문제에 해당되는 각 절을 재검토한 후 답을 수정하고, 많은 문제에서 오답이 있을 경우 전체 장을 주의 깊게 다시 읽고 답하시오.

1. 우주론은 우주의 기원, 현재 구조, 진화 그리고 최종 운명에 관련된 과학 분야이다. (7.1절)
2. 우주론적인 모델들은 물리적인 사건들에 초자연적인 원인이나 의미를 주지 않는다. 그러나 그러한 사건들을 오직 자연과 수학의 법칙들을 사용하여 설명하려 노력한다. (7.2절)
3. 먼 은하계로부터 빛은 적색편이라고 불리어지는 현상인 스펙트럼의 붉은 파장으로 편이된다. 은하계가 더 멀어지면 멀어질수록, 적색편이는 더욱더 커진다. 가장 먼 은하계는 일제히 우리로부터 멀어지고 서로로부터 멀어진다. (7.3절)
4. 허블 법칙은 은하계의 후퇴속도(v)와 거리(d)와 직접적인 비례를 보인다는 것이다. 허블 법칙은 아래와 같다.
   $v = Hd$ (H는 허블상수) (7.4절)
5. 허블상수는 매우 중요하다. 왜냐하면 그것은 은하계가 후퇴하는 속도를 제시하고, 우주가 팽창하는 비율을 일러주기 때문이다. 그것은 우주의 크기와 나이를 계산하는 기본이나. (7.4, 7.10, 7.15, 7.16절)
6. 우주론적인 원리는 충분히 큰 규모에서, 우주는 어떤 시대에든지 균질하고, 등방성을 가진다는 것을 말해준다. (7.5절)
7. (a) 1,2,3; (b) 2,3; (c) 1,2,3; (d) 1,3; (e) 2 (7.2, 7.6, 7.7, 7.10, 7.11, 7.14절)
8. (1) 시간에 따른 허블상수의 변화율 (2) 우주 물질의 밀도 (7.10, 7.11절)
9. 우주 공간에서 모든 방향들로부터 지구로 들어오는 초단파 복사는 빅뱅 모델에 대한 강한 증거를 제공한다. 그것은 빅뱅에서 방출된 복사의 적색편이 잔재로 나타난다. (7.12절)
10. 빅뱅 바로 직후에 믿을 수 없을 정도의 빠른 짧은 급격한 팽창 단계는 어떻게 폭발이 시작하여 결과적으로 균일한 등방성의 우주배경복사와 관측할 수 있는 매우 큰 규모의 우주를 만들었는가를 설명할 수가 있다. (7.14절)
11. (a) 약 140억년; (b) 120억년 160억년 광년 (7.15, 7.16절)

제8장

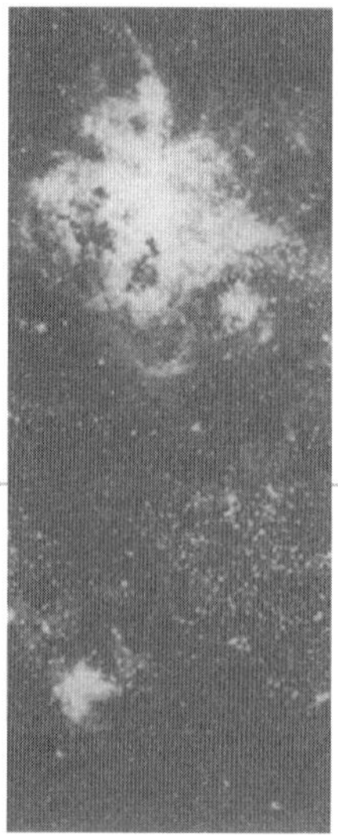

태양계 탐험
(EXPLORING THE SOLAR SYSTEM)

마침내 태양 자신을 우주의 중심에 두게 되었다.

코페르니쿠스
천체의 회전에 관하여 (543)

목표

☆ 태양계의 구성원들을 열거하여보자.
☆ 행성과 별간의 본질적인 차이를 기술하여보자.
☆ 태양계의 형성에서 성운설을 지지하는 증거를 기술하여보자.
☆ 달의 위상에 대하여 설명하여보자.
☆ 태양계에 대한 Ptolemy, Copernicus, Galileo, Tycho Brahe, Kepler 그리고 Newton의 기여를 포함하여 태양계의 이해를 위한 발달 과정을 개괄적으로 말해보자.
☆ 중력하에 있는 물체들의 운동을 지배하는 법칙들의 기술하여보자.
☆ 역행운동을 포함하여 행성들의 운동들을 설명하여보자.
☆ 달의 항성월(sidereal)과 삭망월(synodic)이 왜 다른지를 설명하여보자.
☆ 천체의 공전과 자전을 구별하여보자.
☆ 지구의 궤도를 도는 위성들과 행성간의 우주선들의 운동을 설명하여보자.
☆ 8개의 큰 행성들과 그 행성들의 달에 대한 보편적 특징들을 비교하고 대조하여보자.
☆ 소행성에 대하여 설명하여보자.

8.1 태양계가족(INVENTORY)

우리의 **태양계(solar system)**는 태양과 중력적으로 태양에 구속되어 있는 모든 물체들, 즉 위성인 달을 거느린 8개의 행성, 소행성(asteroids, 또는 minor planets이라 불림), 혜성, 그리고 행성간에 존재하는 먼지와 가스들을 포함하고 있다.

행성(Planets)은 직접 별의 궤도 주위를 도는 천체이고 **달(moons)**은 행성의 궤도 주위를 도는 천체이다. 행성과 달은 별보다 질량이 매우 작고 더 온도가 낮다. 별들은 스스로 빛을 낸다, 그러나 행성과 달은 핵융합 반응이 발화시킬 만큼 충분한 질량을 갖지 못한다. 행성과 달은 별빛을 반사시킴으로써 빛을 낸다.

우리 태양계의 행성들은 가장 가벼운 수성에서 지구의 질량에 318배인 가장 무거운 목성에 이르기까지 그 질량이 다양하다. 모든 행성들의 질량의 총 합계는 겨우 태양 질량의 0.001이다.

행성들은 크기면에서 가장 작은 수성급에서 지름이 태양의 0.1인 가장 큰 목성까지 그 범위가 다양하다(그림 8.1).

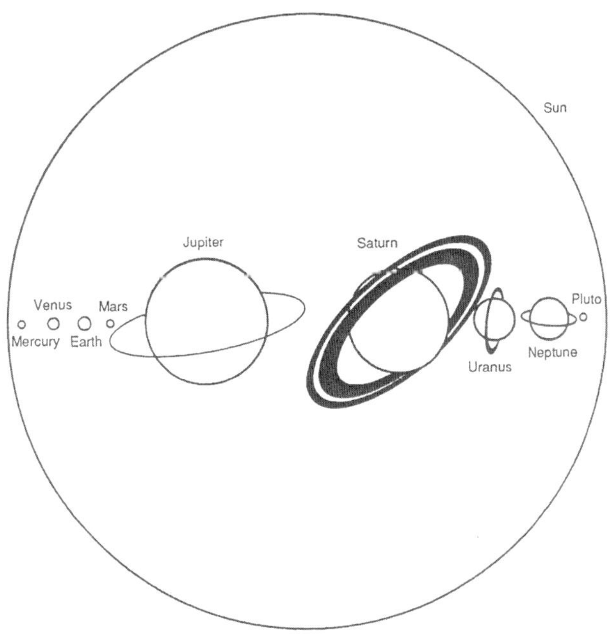

그림 8.1. 행성의 상대적 크기. (태양의 도식적인 그림임)

문 행성과 별간의 본질적인 차이는 무엇인가?

답 : 행성과 달은 별보다 질량이 매우 작고 더 온도가 낮다. 행성은 별에서 나오는 빛을 반사시킴으로써 빛을 낸다. (반면, 별은 스스로 빛을 낸다)

8.2 행성의 기원(ORIGIN OF THE PLANETS)

태양성운설(solar nebular model)에 따르면 태양계는 약 50억 년 전에 별과 별 사이의 회전하는 별 구름으로부터 형성되었다(4.3절). 이 성운은 축소되어 원시 태양이 되고, 먼지와 가스로 형성된 원반으로부터 행성이 형성되었다(그림 4.4). 태양은 대부분 잔여의 가스와 먼지를 날려버렸다.

이 성운설은 오늘날 태양계의 일반적 특성들에 의해 지지받고 있다.

모든 행성들은 공전, 즉 태양 주변 여기저기를 서쪽에서 동쪽으로 같은 방향으로 움직이며, 태양계 위에서 보면, 시계 반대방향으로 회전한다. 이러한 운동을 **순행**(direct motion)이라 한다(그림 8.2). 행성들은 그 행성들이 공전과 같은 방향으로 자전한다. 행성들의 자전은 (금성과 천왕성은 제외하고) 순행한다.

태양 주위를 도는 지구의 궤도의 평균한 궤도를 **황도**(ecliptic)라고 한다. 모든 행성들의 궤도는 달리는 철도위의 레인처럼 거의 같은 평면에 있다. 행성의 지위를 잃은 명왕성의 궤도 평면과 황도 사이의 각도인 명왕성의 경사각은 예외적이다(표 8.2).

행성들의 궤도가 지구 궤도의 바깥쪽이면 **외행성**(superior)이라고 불리는 반면에, 지구보다 태양에 가까운 행성은 **내행성**(inferior)이라고 불린다.

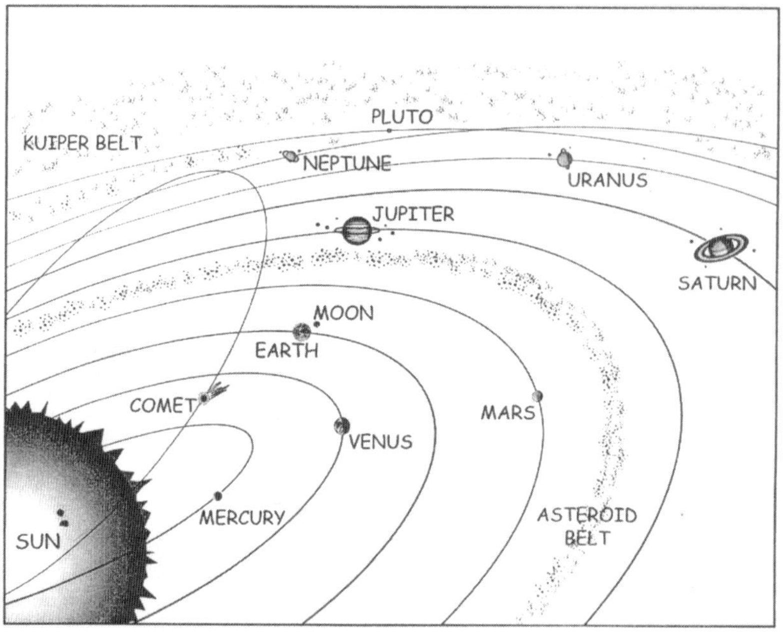

그림 8.2. 태양계(모식적 그림).

문 그림 8.2를 참고하여 (a) 내행성(inferior)과 (b) 외행성(superior)을 열거하시오.

(a)________________________________; (b)________________________________

답 : (a) 수성, 금성.
(b) 화성, 목성, 토성, 천왕성, 해왕성, 명왕성(註 : 왜소행성임).

8.3 요일 이름(DAY NAMES)

5개의 행성 - 수성, 금성, 화성, 목성, 그리고 토성 - 은 하늘에 있는 밝은 별처럼 보인다. 태양, 달, 그리고 위의 5개의 밝은 행성들은 고내에서부터 알려져 있었다. 이들은 각 각은 일주일의 하루를 지배하는 것으로 생각되었고, 그리고 이들은 라틴어로 된 요일의 이름을 얻었다.

Anglo - Saxons족으로부터 한 주의 요일을 위한 이름을 취하기도 하였는데, Anglo - Saxons족들은 로마신들의 이름 대신에 이와 동등한 그들이 믿는 남신과 여신의 이름을 사용했다. 프랑스와 스페인어로 된 이름들이 라틴어 대신 쓰이기도 하였다. (동양에서는 서양과 유사하게 5행(行)과 일(日), 월(月)을 사용한다.)

문 표 8.1을 참고하시오. (a) 한 주의 어떤 요일들이 원래의 라틴족 신(Latin god's)의 이름에 가장 가깝나?________________________; (b) 한 주의 어떤 날들이 앵글로색슨 족신 (Anglo-Saxon gods)의 이름을 따르고 있나?________________________

답 : (a) 토요일 (Saturday); (b) 화요일 (Tuesday), 수요일 (Wednesday), 목요일 (Thursday), 금요일 (Friday).

표 8.1 주와 요일

요일 (동양,서양)	행성 (Ruling Planet)	앵글로색슨 (Anglo-Saxon)	라틴 (Latin)	프랑스 (French)	스페인 (Spanish)
월(Sunday)	태양(Sun)	-	*Dies Solis*	*Dimanche*	*Domingo*
월(Monday)	달(Moon)	-	*Dies Lunae*	*Lundi*	*Lunes*
화(Tuesday)	화성(Mars)	Tiw	*Dies martis*	*Mardi*	*Martes*
수(Wednesday)	수성(Mercury)	Woden	*Dies Mercurii*	*Mercredi*	*Miecoles*
목(Thursday)	목성(Jupiter, Jove)	Thor	*Dies Jovis*	*Jeudi*	*Jueves*
금(Friday)	금성(Venus)	Frigg	*Dies Veneris*	*Vendredi*	*Viernes*
토(Saturday)	토성(Saturn)	Seterne	*Dies Saturni*	*Samedi*	*Sabado*

8.4 달의 위상(MOON PHASES)

달은 지구가 태양주위를 공전할 때 우리 주위의 궤도를 도는 지구의 유일한 자연적인 위성이다. 달은 태양빛을 반사하여 하늘에서 빛을 낸다.

달의 모양은 매달 규칙적으로 변한다. 달의 반쪽은 항상 태양에 의해 비춰지며, 우리가 지구로부터 보는 그 밝은 부분의 모습을 위상(phase)이라고 부르는데, 그 위상은 달이 우리 행성 지구 주위를 돌 때 변한다. 이런 되풀이 되는 모양의 변화 주기를 달의 위상이라고 부른다.

그림 8.3을 참고하여 보자. **삭(new Moon)**은 어둡다. 달의 어두운 면이 지구를 향하고 있기 때문에 하늘에서 보이지 않는다. 차차 커지는 **초승달(waxing crescent Moon)**이 며칠 뒤에 그 뒤이어 나타난다. 여러분은 종종 지구에서 반사되는 햇빛, 즉 지구의 반사광에 의해 희미하게 비쳐진 그 표면을 볼 수 도 있다.

삭의 지점에서 약 7일 후에, 즉 지구주위를 약 1/4 공전할 때, 그 달은 거의 정오 무렵에 동쪽에 떠오르는데, 그때 우리는 **상현달(first quarter)**의 빛을 관찰한다. 그 뒤에 차차 커지는 빛나는 오른쪽이 커지는 달의 위상이 뒤따르고, 이윽고 달의 반 이상이 밝은 표면

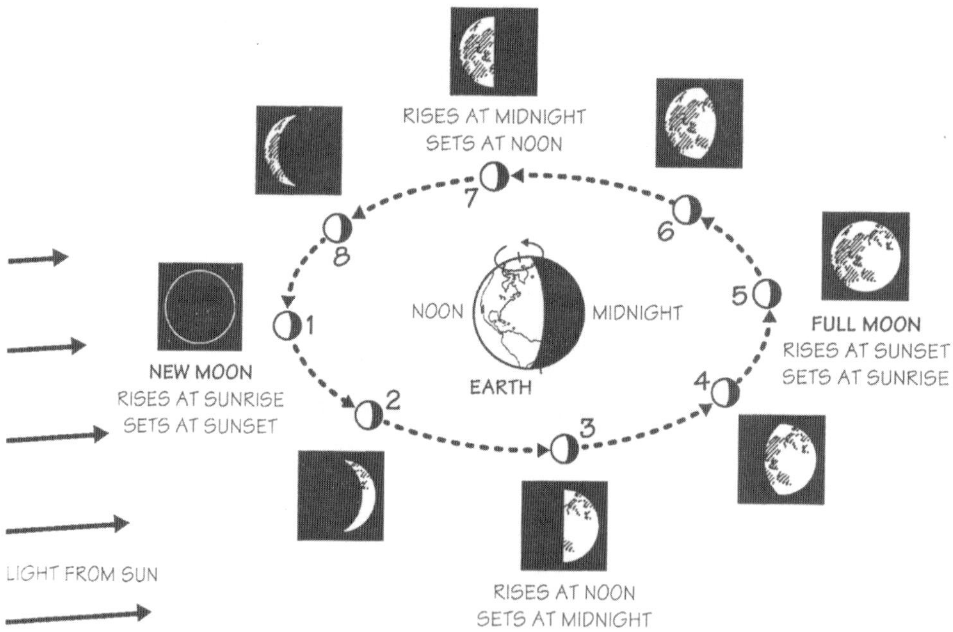

그림 8.3. 지구에서 본 달의 위상이 사각(box)안에 그려져 있다. 달의 반절은 항시 태양을 향하여 태양빛에 밝게 비추이고, 이때의 모습이 안쪽 원에 그려져 있다. 달의 이각에 따라 동쪽 방향으로 순서를 매겨졌다. 이각이 0°, 90°, 180°, 270°위치는 각각 삭, 상현, 만월, 하현에 해당한다.

으로 보이면서 지구를 향한다.

주기가 약 2주가 된 시점에서 달은 **만월**(full Moon)로 모든 원반이 다 밝아 보인 채 깜깜한 밤의 하늘을 밤 내내 비춘다. 만월은 일 년에 12.37번 발생한다. 그래서 평균적으로 매 2.72년마다 2번의 만월을 가진 양력 달이 한 번씩 발생한다. 이러한 특이한 양력 12개월의 어느 한 달 중에서의 2번째 발생하는 만월을 **블루문**(blue Moon)이라 불린다(동양에서는 윤달과 같은 의미의 블루문은, 서양에서는 Once in a blue moon에 쓰이는데, 이는 매우 드물다는 의미이다). 2월 달은 28일 정도이므로 한 개의 만월을 가지지 못하기도 하므로, 대략 매 19년마다 어느 한 해는 2번의 만월을 가진 2개의 월이 있기도 한다.

만월 이후에 달은 마지막 2주 동안 지구 주위의 공전하는데, 이 때 눈에 보이는 달의 밝은 표면 부분이 이지러지기도 하지만 크기도 감소한다.

달의 위상이 반복되는 주기를 **삭망월**(synodic) 또는 **태음월**(lunation)이라고 불리는데, 약 29.5일이다. 달의 날 수는 삭 이후의 시간이다.

문 **그림 8.3에서 표시된 번호에 따라 각 각 궤도 위치와 일치하는 달의 위상을 쓰시오.** (a) **차가는 초승달**(waxing crescent)__________; (b) **상현달**(first quarter)__________; (c) **차가는 현망간의 달**(waxing gibbous moon)___________; (d) **이지러지는 현망간의 달**(waning gibbous moon)___________; (e) **하현달**(third quarter)___________; (f) **이지러지는 그믐달**(waning crescent)__________

답 : (a) 2; (b) 3; (c) 4; (d) 6; (e) 7; (f) 8.

8.5 행성 관찰(PLANET WATCHING)

행성의 위치들은 별자리표에 표시되지 않는다. 별들은 수십 년 동안 하늘에서 상대적으로 같은 위치를 유지하지만, 행성은 그렇지 않다. "행성"이라는 단어는 "방랑자(wanderer)"라는 그리스어에서 왔다. 밝은 행성들은 황도 근처에 있는 천구를 지나 이동한다.

금성과 수성은 지구에서 볼 때 태양의 양쪽위에서 앞뒤로 움직이는 것처럼 보인다. 태양의 동쪽이나 서쪽으로 최대로 떨어질 수 있는 거리, 즉 최대의 **이각**(elongation)은 금성의 경우 48°이고, 수성은 28°이다.

화성, 목성, 그리고 토성은 보통 황도대의 별자리를 통과하여 동쪽으로 방랑한다. 때때로 행성들은 순행을 다시 하기 전에 거꾸로 즉 서쪽으로 이동하는 **역행**(retrograde motion)을 하기도 한다. 역행을 한 후 다시 전진 운동을 하는 원형을 **역행루프**(retrograde loop)라고 한다(그림 8.4).

여러분은 천문학에 관한 출판물과 Web사이트, 컴퓨터 소프트웨어와 책력(여러 자료들)들로부터, 관측하고자 하는 어느 날 밤 행성들의 정확한 위치를 찾아볼 수 있다. 가령 다음 Web사이트(▶www.viley.com/go/moche◀)를 연결해보라.

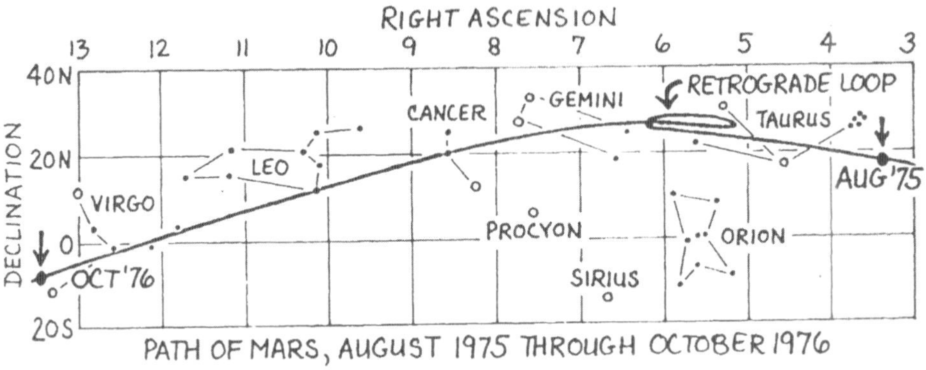

그림 8.4. 역사적인 미국의 바이킹(Viking)위성이 여행 동안 붉은 행성인 화성이 황도대를 따라 관측된 움직이는 연속적인 위치를 표시한 것이다.

문 **오늘밤 하늘에서 목성과 같은 특정한 행성을 발견하는 방법을 제시하시오.**________

답 : 천문학에 대한 출판물이나 Web사이트, 컴퓨터 소프트웨어, 책력 또는 이 책에서 제시한 Web사이트(▶www.viley.com/go/moche◀) 등을 사용하여 황도대 별자리에 오늘 목성이 어디에 있는지 찾는다. 별자리표 위에 그 별자리를 표시한다. 예를 들면, 목성이 황소자리에 있다고 가정하자. 만약 황소자리가 오늘밤 하늘에 있다면, 당신은 쉽게 목성을 발견할 수 있다. 이 목성은 별자리의 구성원에 속하지 않는 밝은 "별"이기 때문이다. (그림 8.5)

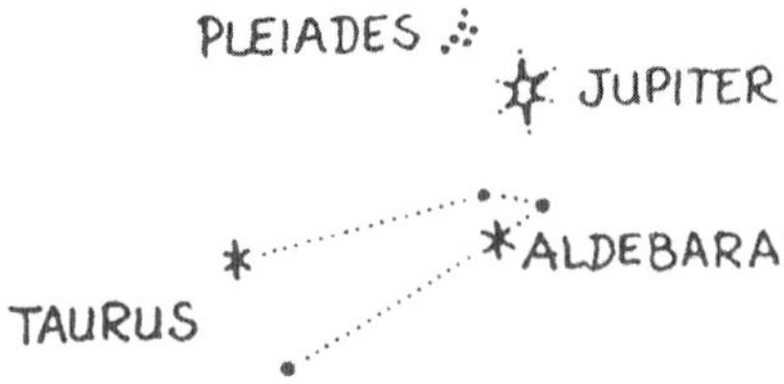

그림 8.5. 황소자리에 있는 목성.

관찰 실습 활동 : 몇 개월 동안 금성과 화성의 위치를 계속 기록하라. 가능하다면, 하늘에 있는 금성과 화성을 관찰하시오. 당신이 관찰하고 있는 운동을 설명하기 위

해 이 장에서 설명하고 있는 정보를 사용하라. 아마추어 천문가들을 위한 유용한 조언 정보는 달과 행성 관찰자 모임(Association of Lunar and Planetary Observers)에서 찾을 수 있다(▶www.lpl.arizona.edu◀).

8.6 간결한 역사(BRIEF HISTORY)

하늘에서 관측된 행성들의 운동에 대한 간단한 설명을 위한 연구는 인류의 세계에 대한 관점을 변화시켰다.

약 A.D. 150년경에 쓰여진 Almagest에서, 알렉산드리아 천문학자 Ptolemy(Claudius Ptolemaeus)는 고대 **지구중심설(geocentric model)**, 즉 지구가 중심인 우주 모델을 기술했다. 당시 도입한 원의 개념은 "완전한" 원이어야 했다. 이러한 원을 조합하여 태양, 달, 그리고 행

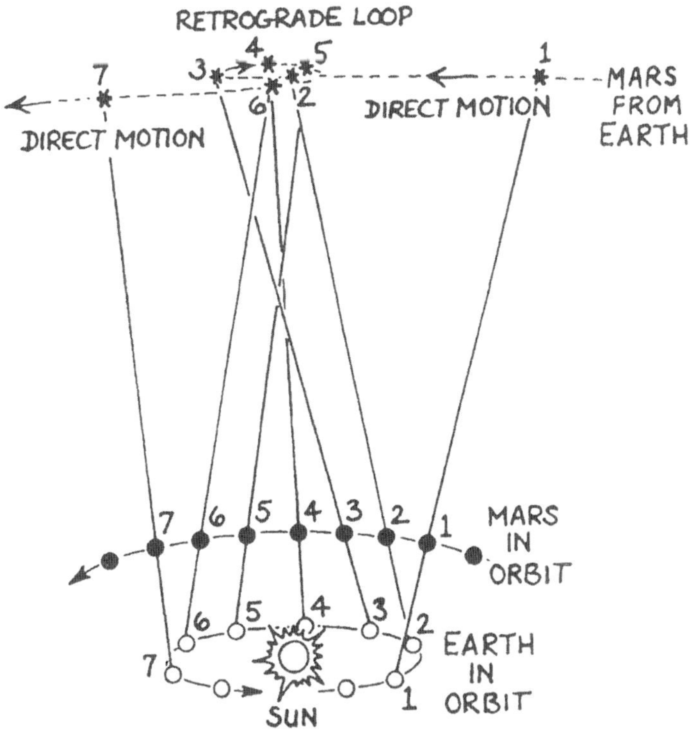

그림 8.6. 화성의 겉보기 운동을 태양 중심 모델로 설명. 숫자는 한 달 간격으로 표시한 지점임. (1-3): 화성이 지구에 따라 잡히면서 순행을 한다. (4): 화성이 지구가 추월하여 뒤로 움직이는 것처럼 보인다. (5-7): 화성이 지구보다 빨리 순행을 한 것처럼 보인다.

성들은 **주전원** (epicycle)이라고 불리는 작은 원 위를 이동하고, 그 주전원의 중심은 지구를 둘러싼 **가상의 원** (deferents)이라고 불리는 큰 원위에서 지구 주위를 공전한다.

14세기 이상동안, 이 **천동설** (Ptolemaic system)은 천문학적 연구의 근본으로 받아들여졌다. 천동설은 그 당시에 알려진 천체의 위치와 운동 관찰이 상당한 정확성을 가지고 기술하였다. 그 천동설은 당시 사람들이 하늘을 관찰하면서 가졌던 보이는 대로의 세계관과도 부합했다. 약간의 수정을 가하여, 이 지구중심 이론은 중세 로마 가톨릭 교회 교리가 되었다.

폴란드 천문학자 Nicolaus Copernicus(1473 - 1543)는 혁신적인 **태양중심설** (heliocentric), 즉 태양이 중심인 모델을 공표한 후, 그 해에 죽었다. 태양중심설에서, 지구를 포함하여 모든 행성들은 중앙에 고정된 태양 주위를 돈다. Copernicus모델에 따르면, 행성들의 겉보기 운동은 지구와 관측된 행성들 모두의 실제적인 궤도운동의 결합된 결과이기도 하다.

그림 8.6에서 묘사된 화성의 운동은 다음과 같다. 화성은 정말로 역행하는 궤도 운동을 하지 않는다. 행성들은 항상 앞으로 순행하는데, 하늘에서의 역행으로 보이는 것은 지구와 화성의 상대적인 운동에 의해 일어난다. 즉 좀 더 빨리 이동하는 지구는 화성의 위치를 따라잡아 화성을 뒤로 제치고 나아간다. 그래서 멀리 떨어져 있는 화성은 마치 뒤로 이동하는 것처럼 보인다. 이것은 당신이 빠른 차로 느린 차를 추월하는 동안에 느린 차를 바라보는 것과 같다.

문 **사람들로 하여금 지구중심설 대신에 태양중심설을 받아들이는 것은 지구에 대해서 어떠한 철학적인 관점의 변화를 일으켰는가?**____________________

답 : 지구는 더 이상 전 우주의 중심으로 간주되지 않고 대단히 중요하거나 진귀한 것으로 간주되지 않는다.

8.7 첫 망원경의 자료(FIRST TELESCOPIC DATA)

이탈리아 과학자 Galileo Galilei(1562 - 1642)는 1609년 하늘을 관찰하기 위해 망원경을 사용한 첫 사람이었다. 그의 관찰들은 Copernicus의 지동설을 위한 중요한 증거 자료들을 제공했다.

태양흑점 및 그들의 움직임뿐만 아니라 달 위에 있는 산, 운석 구덩이, 그리고 광범위한 어둠에 대한 시각적 정보는 천국(하늘)이 완전하지도 불변하지도 않는다는 것을 갈릴레오에게 확신시켰다. 목성의 궤도를 도는 4개의 큰 달의 발견은 지구가 모든 천체운동의 중

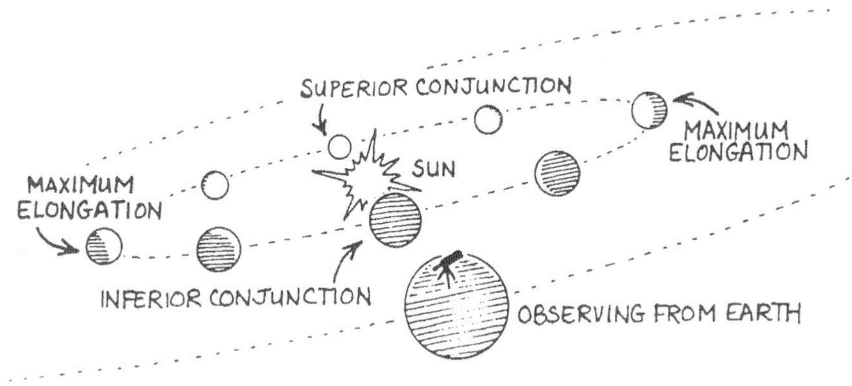

그림 8.7. 지구에서 망원경으로 본 금성의 위상.

심이 아니라는 것을 확신시켰다.

Galileo는 밝은 금성이 주기를 가지고 그 모양과 크기가 변화한다는 것을 관찰했다. Ptolemaic의 천동설은 금성의 위상변화를 설명할 수 없었다. 그러나 지동설은 이것을 간단히 설명했다.

그림 8.7을 참고하면, 2개의 내행성인 금성과 수성이 그들의 궤도 안에 서로 다른 장소들로부터 지구로 햇빛을 반사할 때 그 금성과 수성이 있는 위상들을 알 수가 있다. 지구 안쪽에 있는 내행성은 **외합**(superior conjunction) 근처, 즉 지구로부터 먼 태양의 저편 근처에서 작은 반지름의 현망간 위상으로 비쳐진다. 지구 안쪽에 있는 행성은 지구와 태양 사이에 있는 점, 즉 **내합**(inferior conjunction) 근처에서는 가장 큰 초승달처럼 그리고 가장 크게 보인다.

1616년에 로마 가톨릭교회는 Copernicus 지동설을 지지했던 책들을 금지했다. Galileo는 이단 견해를 유지하거나, 가르치거나 지지하지 않을 것이라는 맹세 하에, 계속 연구할 것을 허락받았다. 그러나 1632년에 출판된 그의 "2개의 주요한 세계관에 관한 담화"에서 지동설을 지지했다.

다음해에 화려한 경력을 가진, 거의 70세가 된 Galileo는 종교재판에 의해 강제로 그의 천문학적인 발견들을 부정해야했고 가택 연금이라는 선고를 받았다. 종교와 과학의 일치성에 대한 논쟁들은 여전히 고조에 달하고 있다. 가톨릭교회는 서서히 파렴치한 평결의 잘못을 없애기 위해 마침내 1992년에서야 Galileo를 사면시켰다. 이탈리아 플로렌스에 있는 과학 역사박물관을 찾아 Galileo의 유물을 찾아보자(▶http://galileo.imss.firenze.it/museo/4◀).

8.8 행성운동의 법칙(LAWS OF PLANETARY MOTION)

독일 천문학자 Johannes Kelper(1577 - 1630)는 행성 운동에 대해 간단하고도 정확한 설명을 찾아냈다. Kepler는 거의 20년 동안 전례가 없는 정확성으로 별과 행성들의 위치를 관찰하여 기록했던 덴마크인 천문학자 Tycho Brahe(1546 - 1601)로부터 물려받은 기록들을 가지고 작업했다. Brahe의 관찰과 유물 자료들은 지금 벤(Ven)이라는 스웨덴의 섬에 보관 전시하고 있다.

행성운동에 대한 **케플러 법칙(Kepler's laws)**은 행성 위치에 대한 정확한 예측을 크게 향상시켰다. 그 세 가지 법칙을 기술하면:

1. 각각의 행성은 한 초점을 태양에 둔 타원인 궤도 안에서 태양 주위를 이동한다.
2. 각각의 행성은 태양과 그 행성을 있는 상상의 선이 같은 시간에 같은 면적을 휩쓸고 지난다. 그림 8.8에서 묘사된 것처럼, 행성은 A에서 B까지, C에서 D까지 같은 면적을 같은 시간 동안 지나간다. 즉, 행성들이 태양에 가까워질 때인 **근일점(perihelion)**에 있을 때 가장 빨리 이동하고 행성들이 태양에 멀리 있을 때인 **원일점(apherion)**에 있을 때 가장 느리게 이동한다.
3. 어떤 2개의 행성들이 태양주위를 한 바퀴 공전하는데 걸리는 시간인 주기의 제곱은 태양으로부터 행성까지의 평균거리의 세제곱이 같은 비율이다.

만일 태양에서 지구의 평균거리 1AU라고 하면, 케플러의 세 번째 법칙을 이용하여 태양과 행성사이의 평균 거리(d)를 찾기 위해 사용될 수 있다. 그 행성의 공전주기, p는 관측으로 알 수 있다. 그때 케플러 제3 법칙은 $d^3 = p^2$이다.

예를 들어, 목성의 궤도 주기는 11.86년이다. 그래서 태양에서 목성의 평균거리 d는 $d^3 = (11.86)^2 \simeq 141$이다. $d = \sqrt[3]{141}$로, 답은 d=5.2 AU이다.

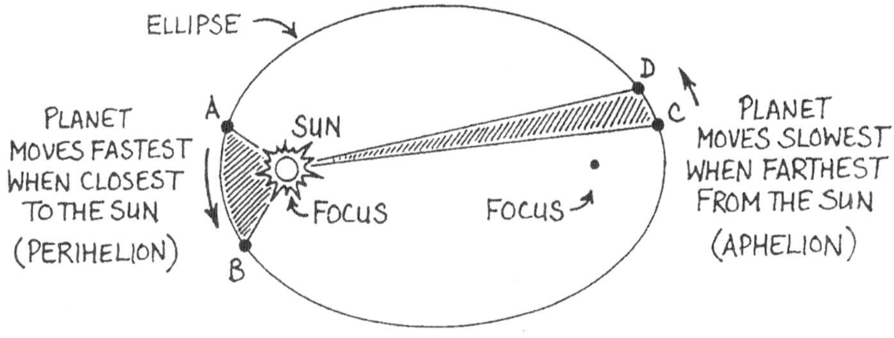

그림 8.8. 행성의 운동.

문 한 행성의 궤도 주기가 8년으로 관측된다면, 그 행성은 태양에서 얼마나 먼가 답하시오.____

____

답 : 4AU, 또는 지구의 평균거리의 4배. 케플러의 3번째 법칙에 따라 $d^3 = p^2$, 그래서 $d^3 = (8)^2 = 64$. 그리고 $d = \sqrt[3]{64} = 4$.

Note : 타원은 곡선의 어떤 점에서 2개의 고정된 점, 즉 초점들까지의 거리의 합계가 불변하는 폐쇄된 곡선이다. 최대 직경의 반인 장반경축(semi-major axis)이 크기를 정의한다. 이심률, 즉 장축에 의해 나누어진 초점들 사이의 거리 비율은 타원이 원에서 얼마나 많이 벗어나는 지를 알려준다.

탐구학습 : 책상위에 두 초점을 고정하여 타원을 그려보자. 초점에 줄을 고정시키고, 연필로 느슨한 줄을 당겨서 타원을 만들 수 있다(그림 8.9).

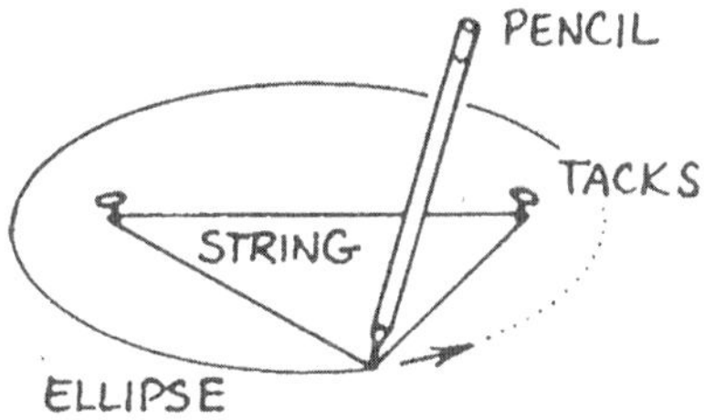

그림 8.9. 타원그리기.

8.9 운동과 중력(MOTION AND GRAVITY)

케플러의 법칙들은 행성들이 어떻게 움직이는 지를 설명한다. 영국인 물리학자이자 수학자 Sir Isaac Newton(1642 - 1727)은 행성들이 왜 이동하는 지를 설명하는 법칙을 공식화했으며, 그의 책 자연철학에 관한 수학적 원리(The Mathematical principles of Natural Philosophy)를 1687년에 출판되었다.

뉴턴의 운동법칙(Newton's laws of motion)은 다음의 법칙을 기술 한다:

1. 물체는 외부의 힘이 그 물체에 작용하지 않으면 정지 상태이거나 일정한 운동 상태에 머문다.
2. 물체에 작용하는 순힘(net force), F는 가속도 a와 질량 m을 곱한 것과 같다. 공식은 $F = ma$이다.
3. 한 물체가 제2의 물체에 힘을 작용할 때마다, 제2의 물체는 제1의 물체와 똑같고 그리고 그 반대의 방향의 힘이 작용한다.

뉴턴의 **중력의 법칙(law of gravity)**은 다음과 같다: 거리 d에 의해 서로 떨어진 어떤 m_1과

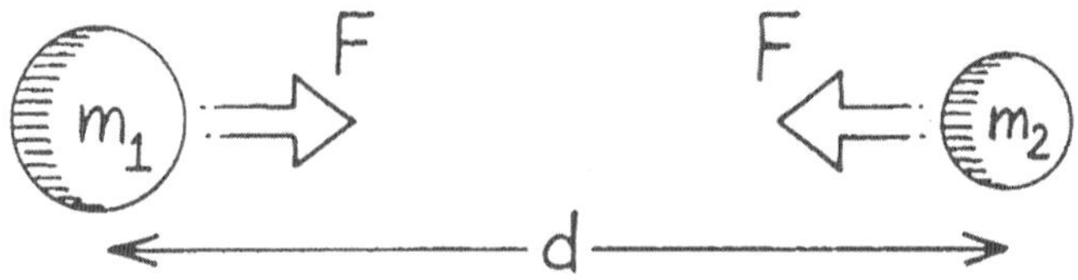

그림 8.10. 뉴튼의 중력법칙.

m_2의 질량을 가진 2개의 물체들은 중력이라 불리는 힘 F로 서로 끌어당긴다. 즉 이것은 그들의 질량에는 정비례하고 거리의 제곱에는 반비례한다. 그 공식은

$$F \quad \frac{Gm_1m_2}{d^2} \quad \text{여기서 G는 중력상수임 (부록 2)}$$

인력은 행성들이 태양주위의 궤도 운동을 유지하기 위해 필요하다. 이런 힘이 없으면, 행성들이 우주 공간에 직진으로 이동할 것이다. 태양 중력에 의한 힘은 지속적으로 태양 쪽으로 행성들을 잡아당기는 힘으로 작용한다.

행성들의 전진 운동과 중력의 영향을 받아 태양 쪽으로 가려는 운동의 결합은 태양주위에 행성들이 계속 궤도를 따라 공전하게 한다(그림 8.11).

Newton의 천재성은 그의 중력법칙이 지구에 떨어지는 물체뿐 만 아니라, 달과 행성들의 운동까지, 그리고 만유(모든 물체)에 까지 적용된다는 것을 깨달았기 때문이다. 그는 그의 중력법칙과 그의 3가지 운동법칙이 물리학의 기본 법칙이라는 것을 제안했다. 그의 법칙은 보편적이고, 우주 모든 곳에 있는 모든 물체에 적용된다.

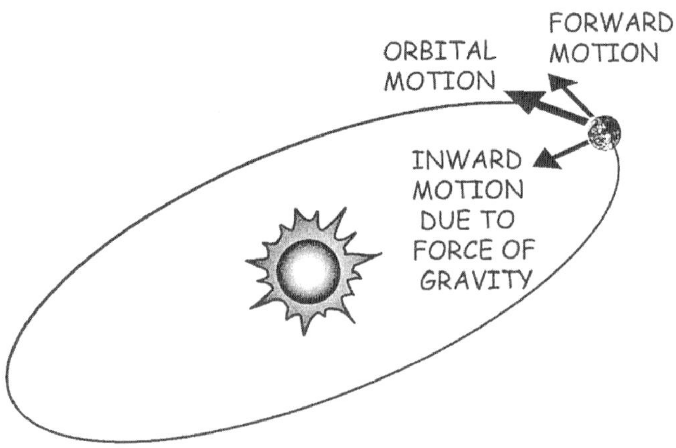

그림 8.11. 궤도 운동을 하는 행성을 유지시키기 위한 두 운동의 결합.

Newton은 기본 이론들로부터 Kepler의 행성운동 법칙을 일반화시키고 수학적으로 유도하였다. 그는 그의 연구에서 미적분학(calculus)이라고 부르는 수학의 한 분야를 발명했고 사용했다.

문 **달이 모행성 주변의 궤도에 왜 머물러 있는지를 설명하기 위해 뉴턴의 법칙을 적용하시오.**____

____

답 : 밖으로 나가려는 원심력과 모행성이 당기는 중력 운동의 결합은 달이 계속 그 모행성의 궤도 안에 있게 한다.

8.10 달의 궤도 운동(MOON'S ORBITAL MOTION)

달의 궤도는 지구를 초점으로 한 타원으로 평균 1.02km/sec 속도로 회전한다.

달이 별을 기준으로 하여 지구 주위의 공전을 한번 완료하기 위한 시간은 약 27.3일이고, 이 시간을 **항성월**(sidereal month)이라고 부른다.

천구상의 달의 평균 각직경은 약 0.5° (31′ 5″)이다. 달은 **근지점**(perigee), 즉 지구에 가장 가까운 점에서 좀 더 크게 보이고, 지구에서 가장 먼 점인 **원지점**(apogee)에서는 좀 더 작게 보인다.

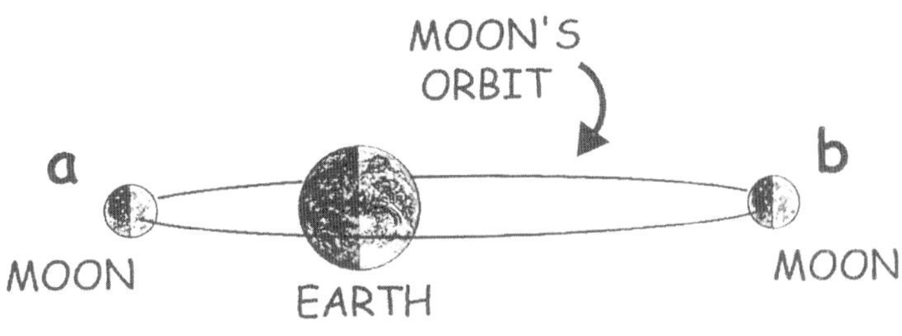

그림 8.12. 지구를 공전하는 달 궤도.

문 **그림 8.12에 있는 원지점과 근지점을 표시하시오, 그리고 그 달이 평균보다 더 큰 곳 그리고 평균보다 더 작은 것처럼 보이는 곳을 말하시오. (a)**________________________ **; (b)**________________________

답 : (a) 근지점 - 달이 커 보인다; (b) 원지점 - 달이 작아 보인다.

8.11 삭망(SYZYGY)

만약 당신이 영어로 글자 맞추기 놀이나 단어 퍼즐을 즐긴다면, **삭망(syzygy)**이 좋은 단어임을 발견할 것이다. 그러한 삭망은 태양 - 달 - 지구와 같이 일렬로 있는 3개의 천체를 의미한다.

문 **그림 8.13을 참고하여 왜 삭망월, 즉 달의 위상주기가 항성월보다 2일이 더 긴지를 설명하시오.**____________________________________

답 : 달의 위상을 ①번 삭부터 시작하자. ②번인 27.3일 후에, 그 달은 지구 주위를 완벽히 공전한다. 그러나 지구와 달은 또한 그 시간동안 태양 주위를 함께 공전한다. ③과 같이 달, 지구, 그리고 태양이 한 줄로 늘어서려면 이틀 더 지나야 하기 때문에 달은 다시 삭이 된다.

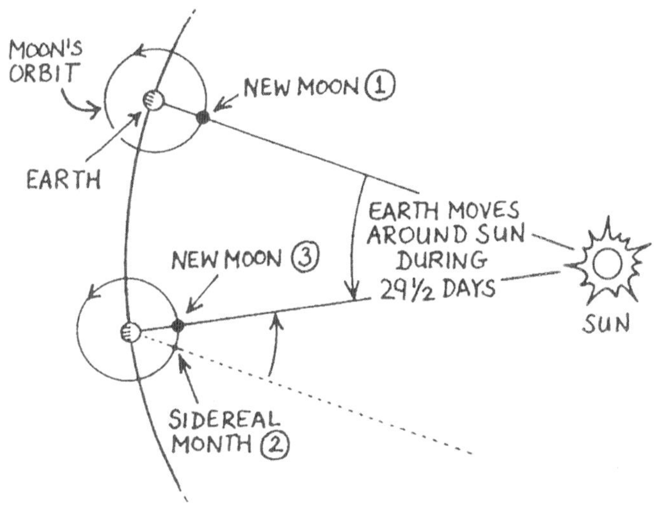

그림 8.13. 한 삭에서 다음 삭까지 기간인 삭망월이 항성월보다 2일 긴 이유.

8.12 우주비행(SPACEFLIGHT)

우주선(spacecraft)은 본질적으로 천체가 받는 것과 같은 기초 물리학법칙을 따른다.

좀 더 커다란 모체 주위를 궤도 운동하는 물체를 **위성(satellite)**이라 부른다. 로켓은 적어도 8km/sec (시간당 27,800km)의 속도로 지구 궤도를 향해 인공위성을 발사해야 한다. 그 위성들의 전진운동과 지구를 향해서 당기는 지구의 중력의 결합은 위성으로 하여금 궤도 안에 머물게 한다. 만약 대부분의 위성들이 대기 속에 있게 되면, 위성들은 마찰 때문에 태워지게 설계되어 있다. 조종하는 비행선과 탑재 위성(payload)로켓은 반면 대기권으로의 마찰을 견디고 안전하게 착륙하도록 만들어진다.

송신 장치와 배터리를 가진 82kg의 러시아 Sputnik 1호는 첫 인공위성이었다. 1957년 10월 4일 우주로 발사된, Sputnik 1호는 우주 시대의 개막 신호를 알렸다. 오늘날 많은 나라들의 수 백 만 개의 통신, 날씨, 조사, 항공, 그리고 군용위성들이 지구 궤도에 작동시키고 있다.

로봇 우주선은 행성을 탐사하기 위해 보내졌다. 이러한 우주선들은 태양 주위의 궤도에서 전진속도로 발사되고 있다. 이들의 운동들은 행성들의 운동과 마찬가지로 뉴턴의 법칙을 사용하여 계산한다.

명왕성을 제외한 모든 행성들이 로봇우주선에 의해 가까운 거리에서 관측되었다. 이러한 위성 탐사는 직접적인 인간과의 상호작용을 자동원격으로 작동시키기 위한 프로그램화된 카메라, 데이터 감지기, 그리고 컴퓨터들로 채워졌다. 어떠한 것도 여태껏 돌아온 것이 없다. 그것들은 영상과 데이터의 분석을 위해 지구로 다시 무선으로 보내고 있다(▶http://solarsystem.nasa.gov/missions◀).

가장 야심찬 우주 비행기는 여전히 미국의 보이저 계획(Project Voyager)이다. 쌍둥이 보

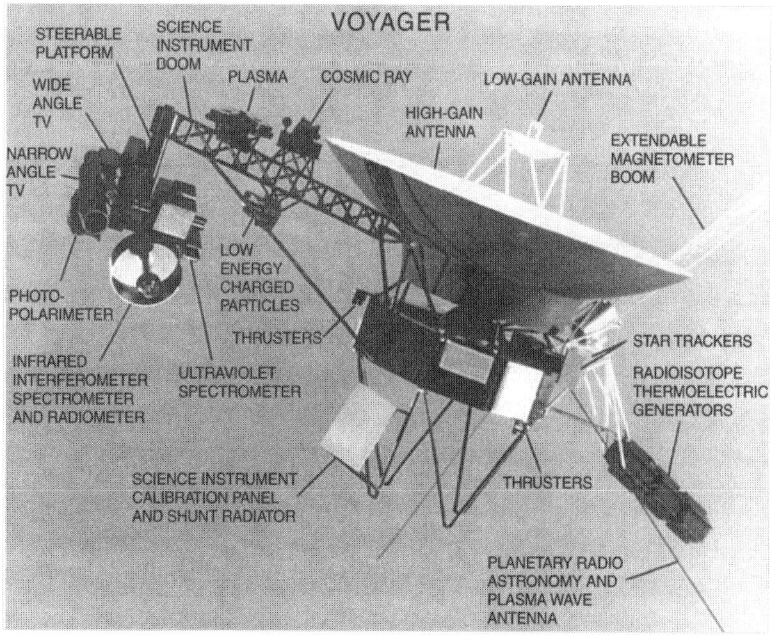

그림 8.14. 거의 1톤인 800 kg의 보이저 우주선. 목표지향 장치, 입자, 배경, 파동 측정기 등 11개의 장치가 있다. 핵전기로 우주선의 검출기, 전파, 컴퓨터가 작동된다.

이저(Voyager) 1호와 보이저(Voyager) 2호(그림 8.14)는 1977년에 발사되어서, 176년 만에 한 번 있을 4개의 행성의 정렬을 이용하여 탐사하게 되었다.

철저한 행성궤도 계획이 행해졌다. 연료소비 없이 우주선의 속도를 변화시키는 행성의 중력 범위를 사용하는 기술인 중력 보조장치(gravity assist)는 보이저의 속도를 가속시키고 다음 목적지까지 운반할 만큼 충분히 비행경로로 발길을 돌리게 한다.

Voyage 1호와 2호는 총 118,000의 영상 이미지와 자료를 전송하여 행성천문학의 대혁명을 일으켰다. Voyage 1호는 매년 약 5억 2천만 km의 속도와 약 30°의 각도로 황도면 위로 태양계로부터 떠났다. Voyage 2호는 매년 4억 7천만 km 약 30°의 각도로 황도면 아래로 멀어져 갔다(▶http://ringmaster.arc.nasa.gov/voyager◀).

문 **그림 8.15를 참고하시오. 보이저 2호가 발사 후 몇 년이 걸려야 다음 행성에 도달 하는가? (a) 목성까지?____________; (b) 토성까지?____________; (c) 천왕성까지?____________; (d) 해왕성까지?____________**

답 : (a) 2년; (b) 4년; (c) 8.5년; (d) 12년.

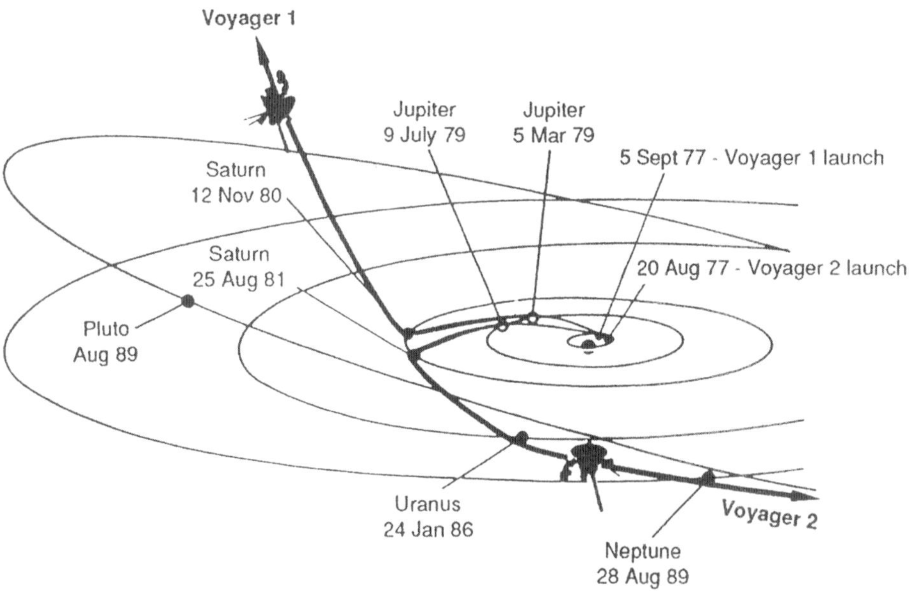

그림 8.15. Voyage 계획서. 12년의 임무는 목성, 토성, 천왕성, 해왕성, 그리고 고리와 위성들과의 조우를 포함하고 있다. Voyage 2가 처음 발사되고, Voyage 1호는 빠른 단거리 경로로 가도록 늦게 발사되었다. 위성과 행성과 조위가 일어나는 곳에 날짜를 표시했다.

표 8.2 행성의 일반적 특성

	수성	금성	지구	화성	목성	토성	천왕성	해왕성	명왕성(註:왜소행 성)
태양으로부터 평균거리 (10^6km)	57.9	108.2	149.6	227.9	778.3	1429.4	2875.0	4504.4	5915.8
천문단위, AU	0.39	0.72	1.00	1.52	5.20	9.56	19.22	30.11	39.55
평균궤도속도, km/s	47.87	35.02	29.79	24.13	13.06	9.65	6.80	5.43	4.74
공전주기(항성기준)	87.97일	224.70일	365.26일	686.98일	11.86년	29.46년	84.01년	164.79년	247.69년
회합주기	116일	584일	-	780일	399일	378일	370일	367일	367일
자전주기(항성기준)	38.6일	243.019일	23시56분4초	24시37분26초	9.842시간	10.656시간	17.239시간	16.109시간	6.39시간
황도에 대한 궤도경시각	7°00′	3°24′	0°00′	1°48′	1°18′	2°30′	0°48′	1°48′	17°6′
궤도 이심률	0.206	0.007	0.017	0.093	0.048	0.056	0.046	0.009	0.249
편평도	0	0	0.0034	0.0065	0.065	0.098	0.023	0.017	0?
적도직경, km	4,879	12,104	12,756	6,794	142,980	120,540	51,120	49,530	2,300
질량(지구=1)	0.06	0.82	1.00	0.11	317.83	95.16	14.50	17.20	0.003
밀도, 톤/m^3	5.43	5.24	5.52	3.94	1.33	0.70	1.30	1.76	1.1
표면 중력(지구=1)	0.38	0.90	1.00	0.38	2.54	1.08	0.91	1.19	0.06
위성(달)	0	0	1(달)	2	38(註: 63)+고리	30(註: 60)+고리	21(註: 27)+고리	8(註: 13)+고리	1

8.13 행성탐사(PLANET SURVEY)

비교행성학 (comparative planetology)은 한 개의 행성을 다른 행성들과 비교하는 것으로서, 우리 자신의 세계뿐만 아니라 태양계의 여러 가지를 좀 더 잘 이해하도록 도와준다. 8개 행성과 왜소행성인 명왕성의 일반적인 특성들이 표 8.2에 열거되어 있다.

수성, 금성, 지구와 화성은 물리적 특성과 궤도 운동이 서로 유사하다. 이들을 **지구형** (terrestrial) 행성, 즉 지구와 같은 행성들이라고 불린다. 목성, 토성, 천왕성, 그리고 해왕성 또한 서로 유사하고 이들을 거대행성 또는 **목성형** (jovian) 행성이라고 불린다. 명왕성은 어떠한 그룹 안에도 적합한 곳이 없으며 따라서 최근 왜소행성으로 분류되었다.

문 **표 8.2를 참고하여 지구형 행성과 목성형 행성과 다음의 어느 점에서 다른가 말하시오.** (a) 태양으로부터 거리는? (b) 크기는? (c) 질량은? (d) 밀도는?

지구행성	목성형 행성
(a)________	(a)________
(b)________	(b)________
(c)________	(c)________
(d)________	(d)________

답 :

	지구행성	목성 행성
(a)	태양에 가까움	태양에서 멀음
(b)	작은 지름	큰 지름
(c)	적은 질량	큰 질량
(d)	높은 밀도	낮은 밀도

8.14 일과 년(DAYS AND YEARS)

공전 주기 (period of revolution)는 천체가 그 궤도를 한번 도는 데 걸리는 시간의 길이이다.

행성의 **항성주기** (sidereal revolution period)는 먼 곳의 별을 기준하여 측정한다. 그것은 지구시간으로 환산한 행성의 1년 길이이다. 행성의 **회합주기** (synodic revolution period)는 지구에서 보인 그 행성의 궤도주기이다. 그것은 한 행성이 특정한 각거리(aspect)로 돌아오는 시간, 즉 삭과 같이 지구에서 보인 것처럼 태양에 대한 상대적 위치를 고려한 주기이다.

행성의 회합의 주기는 그 항성주기와 다르다. 왜냐하면 지구 자체 역시 태양주위의 궤도를 이동하기 때문이다.

자전주기(period rotation)는 천체가 그 회전축을 한번 돌기 위해 필요한 시간의 길이이다. 행성의 **항성자전주기(sidereal rotation period)**는 그 행성의 하루 항성일의 길이이다(1.23절). 행성의 **회합자전주기(synodic rotation period)**는 그 행성에서의 하루 태양일의 길이이다. 그것은 그 행성의 한 위치에서 관찰할 때, 연속적으로 2번 태양이 자오선을 통과하는 사이의 시간이다.

지구의 자전은 시간의 척도로 오랫동안 사용되어 왔다. 그러나 지구의 자전은 정확하게 일정한 것은 아니며 그 정확도는 매일 약 0.001초를 가신다. 세슘, 수소, 또는 수은과 같이 주어진 원자의 공명빈도를 측정함으로써 작동되는 원자시계는 하루에 1초의 10억분의 1만큼 정확하다. 국제지구자전국(International Earth Rotation Service)은 2개의 시간척도의 차이를 점검하고 필요시 1초 간격을 더하여 세계 시간을 수정하는 **윤초(leap seconds)** 작업을 한다.

문 **표 8.2를 검토하시오. (a) 어느 목성형 행성이 가장 긴 1년을 가졌으며, 그것은 지구 시간으로 따질 때 몇 년과 같은가?______________________; (b) 가장 긴 항성일은 가진 행성은 무엇이고, 그것은 지구일로 따질 때 며칠과 같은가?__________________**

답 : (a) 해왕성. 지구의 164.8년과 같다. (b) 금성, 지구의 243일과 같다.

8.15 소행성(ASTEROIDS)

작은 행성들인 **소행성(asteroids or minor planets)**은 태양 중심을 궤도로 하는 작고 불규칙적인 모양을 지닌 암석체이다. 대부분의 소행성들은 화성과 목성 궤도 사이에 있는 **소행성대(asteroid belt)**라고 불리는 지역 안쪽의 궤도를 따라 움직인다.

망원경을 통해, 소행성(astroid, 그리스어로 "별 같은")은 별처럼 보인다. 가장 큰 소행성은 1801년 시실리아(Sicilia) 천문학자 Giuseppi Piazzi(1746－1826)에 의해 처음 발견되었다. 1번의 번호와 세레스(Ceres)라는 이름이 부여된 이 소행성은 지름이 950km이다. 약 400,000개의 소행성들이 관측되었다.(註: 세레스는 왜소행성으로 분류됨) 65,000 이상의 소행성들에 번호가 부쳐졌고 10,000 이상에 또한 이름을 매겼다. 점점 더 많은 소행성들이 매년 추가되고 있다. 하지만 이들의 총 질량은 지구 질량의 0.0001도 안된다.

미국의 로봇위성 갈릴레오는 1991년에는 951 가스프라(Gaspra) 소행성에 처음으로 접근했고, 1993년에는 243 이다(Ida) 궤도를 도는 작은 위성인 닥틸(Dactyl)에 접근했다. 미국 로봇위성 Near Shoemaker(1996–2001)는 처음으로 433 에로스(Eros) 궤도를 돌다가 착륙하여 자료를 보냈다. 영상은 파편과 흙에 의해 덮여진 운석 구멍이 있고 회전하는 영상을 보여준다(▶http://neo.jpl.nasa.gov/images/eros.html◀).

다른 소행성들이 지구에 반사하는 햇빛의 양은 다양하고 세기는 수 시간 만에 변한다. 이것은 그 소행성들이 또한 불규칙한 모양을 가지고 있고 회전한다는 것을 가리킨다.

소행성들은 특정 파장영역 안의 등급을 정확히 측정하는 **분광측광기(spectrophotometry)**를 사용하여 3개의 유형으로 분류되었다. 탄소의 성분이 있는 것 같아 보여서 불리는 **C형 소행성(C-type asteroids)**들은 매우 어둡고 소행성대 바깥에 대부분 분포한다. 금속과 혼합된 규산염을 포함하는 **S형 소행성(S-type asteroids)**들은 보통 밝고 소행성 띠 안에 분포한다. 금속인 것처럼 보이는 **M형 소행성(M-type asteroids)**들은 매우 밝다.

밝은 소행성들은 아마도 원시 태양성운에서 농축된 질량의 모임이지만, 결코 큰 행성을 형성할 정도까지 충분한 크기는 도달하지 못했다. 가장 밝은 4 베스타(Vesta)는 지름이 530km이다. 좀 더 희미한 소행성들은 아마도 무수한 충돌의 결과로 만들어진 파편들이다.

지구근접천체(Near-Earth objects, NEOs)는 규칙적으로 지구 근처 가까이에 오는 소행성들과 혜성들이다. **아텐(Aten) 소행성**들은 지구의 궤도 안쪽에서 돌고 있다. **아폴로(Apollo) 소행성**

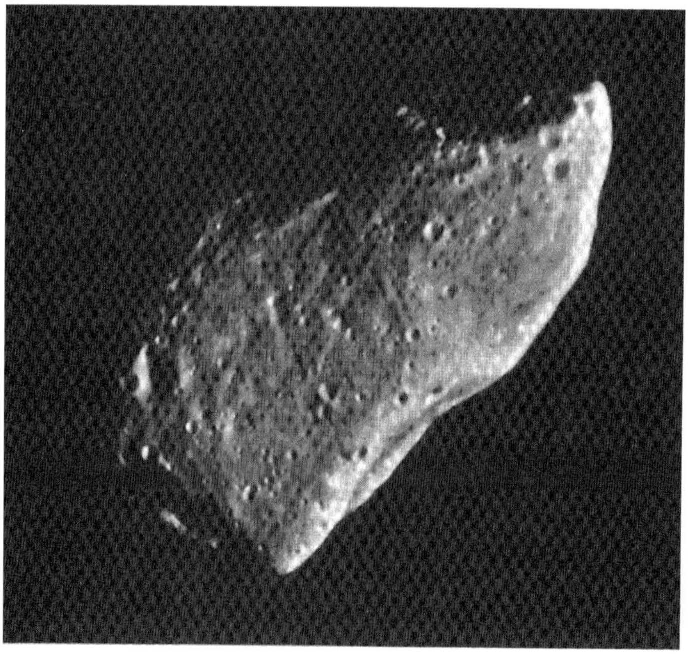

그림 8.16. 미국 로봇위성 Galileo가 16,000 km까지 근접하여 촬영한 951 가스프라(Gaspra). 가스프라는 20×12×11 km의 크기이다. 가정 작은 운석구는 300m 크기였다.

들은 지구의 궤도를 통과하여 안쪽의 근일점으로 다가 간다. 몇몇 소행성들은 백만 km까지 오기도 한다. 1과 1.3AU사이의 궤도에 있는 **아모르(Amor) 소행성**들은 지구의 궤도 너머에 머물러 있다.

가까운 소행성이 처음에 보일 때, 많은 사람들은 불길한 충돌을 두려워한다. 천문학자들은 지름이 1km보다 큰 소행성들을 가장 큰 위협으로 판단한다. 현대 망원경들은 아마도 그 큰 소행성이 지구에 도착하기 수 십 년 전에 관측해서 재앙을 도중에 예방될 수 있게 할 수 있다.

최근에 한 소행성에서 나온 레이더 신호에 대한 분석에 의하면 지구 근처에 궤도를 돌고 있는 금속성분의 소행성을 처음으로 확인하였다. 수화수의 형태인 물이 1 세레스(Ceres)에서 처음 탐지되었다. 지구 주위에 있는 금속 소행성들의 원소광물들은 우주 개척자들과 행성간의 탐험자들에 의해서 21세기에는 채굴되는 날이 있을 것이다.

카이퍼 벨트 천체(Kuiper Belt Objects, KBOs)들은 소행성들과 같은 작은 얼음 물체들이다. 네덜란드계 미국인 천문학자 카이퍼(Gerard Kuiper, 1905 - 1973)는 1950년대에 행성형성이론으로부터 KBO의 존재를 예언했다. 이들은 아마도 거대한 기체가 원시의 태양계로 형성될 때, 행성으로 합체되지 않는 찌꺼기들이다. 많은 KBO는 황도면 근처의 거대한 원반(CD) 모양을 지닌 **카이퍼 벨트(Kuiper Belt)**안에서 태양 궤도를 돌고 있는 것이 목격되었다. 태양의 중심으로 해왕성의 궤도에서 지구의 궤도보다 150,000배 먼 곳까지 뻗어있다. 이러한 해왕성 통과 천체들(trans - Neptunian bodies) 중 몇몇은 큰 위성들을 가지고 있다.

문 소행성은 어떤 천체인가?

답 : 대부분은 화성과 목성 사이의 궤도사이에 있고, 태양을 중심으로 궤도를 도는 불규칙한 암석체의 무리이다.

8.16 위성(달)들의 비교(MOON COMPARISONS)

목성형 행성들은 지구형 행성들보다 훨씬 무거워 더 강한 중력을 가지고 있다. 그래서 목성형 행성들은 근처에서 형성되거나 지나가는 위성(달)을 좀 더 쉽게 포획할 수 있었다.

문 표 8.2와 8.3을 참고하시오. (a) 지구 행성들은 모두 합하여 얼마나 많은 수의 위성들을 가지고 있나? (b) 목성형 행성들은 얼마나 많이 확인된 위성들을 가지고 있나? (c) 달보다 큰 다른 행성들이 가진 위성들 달들을 열거하시오. (d) 태양계에서 가장 크다고 알려진 위성은 어떤 것인가?

(a)____

(b)____

(c)____

(d)____

답 : (a) 지구형 행성들은 오로지 3개의 달만을 가지고 있다.-지구는 한개; 화성은 2개를 가지고 있다. (b) 목성형 행성들은 많은 달과 고리들을 가지고 있다; 98개의 달과 4개의 고리가 확인되었다. (c) 목성: 가니메데, 카리스토, 이오(Ganymede, Callisto, Io); 토성: 타이탄(Titan). (d) 가니메데(Ganymede).

표 8.3 태양계의 유명한 위성들

행성	위성	직경 (km)	행성으로부터 평균거리[a] (10^3km)	공전주기[b] (일)	발견(자)
지구	달(Moon)	3,475	384.3	27.322	
화성	포보스(Phobos)	22	9.4	0.319	홀(Hall), 1877
	데이모스(Deimos)	12	23.5	1.262	홀(Hall), 1877
목성	메티스(Metis)	43	128	0.3	보이저(Voyager)2, 1980
	아드라스티아(Adrastea)	16	129	0.3	주이트(Jewett), 다니엘슨(Danielson), 1979
	아말티아(Amalthea)	167	181.4	0.5	바나드(Barnard), 1892
	테베(Thebe)	99	221.9	0.7	보이저(Voyager)1, 1980
	이오(Io)	3,643	421.8	1.8	갈릴레오(Galileo), 1610
	유로파(Europa)	3,122	671.1	3.6	갈릴레오(Galileo), 1610
	가니메데(Ganymede)	5,262	1,070.4	7.2	갈릴레오(Galileo), 1610
	칼리스토(Callisto)	4,821	1,882.7	16.7	갈릴레오(Galileo), 1610
	테미스토(Themisto)	8	7,507	130.0	코왈(Kowal), 1975
	레다(Leda)	20	11,165	240.9	코월(Kowal), 1974
	히말리아(Himalia)	170	11,461	250.6	페린느(Perrine), 1905
	리시티아(Lysithea)	36	11,717	259.2	니콜슨(Nicholson), 1938
	엘라라(Elara)	86	11,741	259.6	페린느(Perrine), 1905
	유포리(Euporie)	4	19,394	553R	셰퍼드(Sheppard et al.), 2001
	이오카스테(Iocaste)	5	20,216	632R	셰퍼드(Sheppard et al.), 2000
	유안테(Euanthe)	6	21,027	621R	셰퍼드(Sheppard et al.), 2001
	하르팔리케(Harpalyke)	4	21,132	623R	셰퍼드(Sheppard et al.), 2000
	프락시디케(Praxidike)	7	21,147	625R	셰퍼드(Sheppard et al.), 2000
	오르토시에(Orthosie)	4	21,168	623R	셰퍼드(Sheppard et al.), 2001
	헤르미페(Hermippe)	4	21,252	632R	셰퍼드(Sheppard et al.), 2001
	아난케(Ananke)	28	21,276	630R	니콜슨(Nicholson), 1951
	티온느(Thyone)	8	21,312	632R	셰퍼드(Sheppard et al.), 2001
	파시테(Pasithee)	4	23,029	716R	셰퍼드(Sheppard et al.), 2001
	이소노에(Isonoe)	4	23,078	726R	셰퍼드(Sheppard et al.), 2000

행성	위성	직경 (km)	행성으로부터 평균거리[a] (10^3km)	공전주기[b] (일)	발견(자)
목성	칼레(Kale)	4	23,124	721R	셰퍼드(Sheppard et al.), 2001
	에우리도메(Eurydome)	6	23,219	721R	셰퍼드(Sheppard et al.), 2001
	에리노메(Erinome)	3	23,279	728R	셰퍼드(Sheppard et al.), 2000
	테이제테(Taygete)	5	23,312	730R	셰퍼드(Sheppard et al.), 2000
	칼데네(Chaldene)	4	23,387	734R	셰퍼드(Sheppard et al.), 2000
	카르메(Carme)	46	23,404	734R	니콜슨(Nicholson), 1938
	에이트네(Aitne)	6	23,547	741R	셰퍼드(Sheppard et al.), 2001
	칼리게(Kalyke)	5	23,583	743R	셰퍼드(Sheppard et al.), 2000
	파시페(Pasiphae)	60	23,624	745R	멜로트(Melotte), 1908
	스폰데(Sponde)	4	23,808	749R	셰퍼드(Sheppard et al.), 2001
	메가클리테(Megaclite)	5	23,911	753R	셰퍼드(Sheppard et al.), 2000
	시노페(Sinope)	38	23,939	758R	니콜슨(Nicholoson), 1914
	칼리르호에(Callirrhoe)	9	24,102	759R	스코티(Scotti et al.), 1999
	아우토노에(Autonoe)	8	24,122	763R	셰퍼드(Sheppard et al.), 2001
토성	판(Pan)	20	133.6	0.6	쇼월터(Showalter)/ 보이저(Voyager)2, 1990[c]
	아틀라스(Atlas)	32	137.7	0.6	보이저(Voyager)1, 1980
	프로메테우스(Prometheus)	100	139.4	0.6	보이저(Voyager)1, 1980
	판도라(Pandora)	84	141.7	0.6	보이저(Voyager)1, 1980
	야누스(Janus)*	178	151.5	0.7	돌푸스(Dollfus), 1966
	에피메테우스(Epimetheus)*	119	151.4	0.7	보이저(Voyager)1, 1980
	미마스(Mimas)	397	185.6	0.9	허스켈(Herschel), 1789
	엔셀라두스(Enceladus)	499	238.1	1.4	허스켈(Herschel), 1789
	테티스(Tethys)	1,060	294.7	1.9	카시니(Cassini), 1684
	텔레스토(Telesto)	24	294.7	1.9	보이저(Voyager)1, 1980
	칼립소(Calypso)	19	294.7	1.9	보이저(Voyager)1, 1980
	디오네(Dione)	1,118	377.4	2.7	카시니(Cassini), 1684
	헬레네(Helene)	32	377.4	2.7	라쿠즈(Laques), 레카코(Lecacheux), 1980
	레아(Rhea)	1,528	527.1	4.5	카시니(Cassini), 1672
	타이탄(Titan)	5,150	1,221.9	16.0	허이겐스(Huygens), 1655
	히페리온(Hyperion)	283	1,464.1	21.3	본드(Bond), 라셀(Lassell), 1848
	이페투스(Ipetus)	1,436	3,560.8	79.3	카시니(Cassini), 1671
	키비유크(Kiviuq)	14	11,365	449	글라드만(Gladman), 2000
	이지라크(Ijiraq)	10	11,440	451	카벨라스(Kavelaars et al.), 2000
	피비(Phoebe)	220	12,944.3	550.4R	피케링(Pickering), 1898
	팔리아크(Paaliaq)	19	15,119	687	글라드만(Gladman), 2000
	스카디(Skadi)	6	15,647	729R	카벨라스(Kavelaars et al.), 2000
	알비오릭스(Albiorix)	26	16,404	783	홀맨(Holman), 스파르(Spahr), 2000

행성	위성	직경 (km)	행성으로부터 평균거리[a] (10^3km)	공전주기[b] (일)	발견(자)
토성	에리아포(Erriapo)	9	17,616	872	카벨라스(Kavelaars et al.), 2000
	시아르나크(Siarnaq)	32	18,160	893	글라드만(Gladman et al.), 2000
	타르보스(Tarvos)	13	18,247	926	카벨라스Kavelaars et al.), 2000
	먼딜파리(Mundilfari)	6	18,709	951R	글라드만(Gladman et al.), 2000
	수퉁(Suttung)	6	19,463	1010R	글라드만(Gladman et al.), 2000
	스림(Thrym)	6	20,382	1087R	글라드만(Gladman et al.), 2000
	이미르(Ymir)	16	23,096	1312R	글라드만(Gladman), 2000
천왕성	코델리아(Cordelia)	40	49.8	0.4	보이저(Voyager)2, 1986
	오펠리아(Ophelia)	23	53.8	0.4	보이저(Voyager)2, 1986
	비안카(Bianca)	51	59.2	0.4	보이저(Voyager)2, 1986
	크레시다(Cressida)	80	61.8	0.5	보이저(Voyager)2, 1986
	데스데모나(Desedmona)	64	62.7	0.5	보이저(Voyager)2, 1986
	줄리엣(Juliet)	94	64.4	0.5	보이저(Voyager)2, 1986
	포르티아(Portia)	135	66.1	0.5	보이저(Voyager)2, 1986
	로살린드(Rosalind)	72	69.9	0.6	보이저(Voyager)2, 1986
	벨린다(Belinda)	81	75.3	0.6	보이저(Voyager)2, 1986
	퍼크(Puck)	162	86	0.8	보이저(Voyager)2, 1985
	미란다(Miranda)	472	129.9	1.4	퀴퍼(Kuiper), 1948
	아리엘(Ariel)	1,158	190.9	2.5	라셀(Lassell), 1851
	엄브리엘(Umbriel)	1,169	266	4.1	라셀(Lassell), 1851
	티타니아(Titania)	1,578	436.3	8.7	허스켈(Herschel), 1787
	오베론(Oberon)	1,523	583.5	13.5	허스켈(Herschel), 1787
	칼리반(Caliban)	98	7,231	579.7R	글라드만(Gladman et al.), 1997
	스테파노(Stephano)	20	8,004	677R	글라드만(Gladman et al.), 1997
	트린큘로(Trinculo)	10	8,578	759R	홀맨(Holman et al.), 2001
	시코락스(Sycorax)	190	12,179	1288R	니콜슨(Nicholson et al.), 1997
	프로스페로(Prospero)	30	16,243	1977R	홀맨(Holman et al.), 1999
	세테보스(Setebos)	30	17,501	2235R	카벨라스(Kavelaars et al.), 1999
해왕성	나이아드(Naiad)	58	48.2	0.3	보이저(Voyager)2, 1989
	탈라사(Thalassa)	80	50.1	0.3	보이저(Voyager)2, 1989
	데스피나(Edspina)	148	52.5	0.3	보이저(Voyager)2, 1989
	갈라티아(Galatea)	158	62	0.4	보이저(Voyager)2, 1989
	라리사(Larissa)	192	73.5	0.6	보이저(Voyager)2, 1989
	프로테우스(Proteus)	416	117.6	1.1	보이저(Voyager)2, 1989
	트리톤(Triton)	2,707	354.8	5.9R	라셀(Lassell), 1846
	네레이드(Nereid)	340	5,513.4	360.1	퀴퍼(Kuiper), 1949
명왕성	카론(Charon)	1,186	19.4	6.4	크리스티(Christy), 1978

[a] 평균 반대 거리에서 [b] 항성 주기 R=역행궤도 * 공동궤도 위성들

[c] 보이저 1호와 2호에 의해 보고된 영상의 차후 분석으로부터 얻어진 발견. 최초로 위성을 발견한 사람과 발견 년도는 우주선 옆에 적혀있다.

자가 평가(SELF-TEST)

자가 평가는 여러분이 8장의 내용들을 충분히 이해하고 있는지를 평가하기 위한 것이다. 각각의 질문에 대하여 답하시오. 자가 평가 문제의 끝 부분에 정답과 점검 사항들을 제시하였다.

1. 태양계를 이루고 있는 구성원들을 적어보시오.________________

2. 항성(별)과 행성의 본질적인 차이점이 무엇인가?________________

____

3. 태양계의 형성에서 성운설을 지지할 만한 두 가지 사실을 적어라.________________

____

4. 북쪽 중앙 위도 하늘에 달이 떴을 때 우리가 볼 수 있는 달의 면은?
   (a) 오후 6시?________________; (b) 정오에?________________

5. 우리가 태양계를 이해할 수 있도록 빌달에 기어힌 사람들을 알맞게 배치시켜라.

______(a) A.D. 150에 알마게스트에 우주의 천동설을 주장했다.	(1) 코페르니쿠스
______(b) 관측 자료에 입각하여 행성 운동의 3가지 법칙을 제시하였다.	(2) 갈릴레오
______(c) 처음으로 천문학 망원경을 사용하였고 금성의 면을 발견하였다.	(3) 케플러
______(d) 이 사람이 죽은 1543년, 행성 모형을 태양 중심으로 모델 삼아서 쓴 책이 출판되었다.	(4) 뉴턴
______(e) 운동의 기본 3법칙을 제시하였고 우주 중력의 법칙을 제시하였다.	(5) 프톨레마이오스
______(f) 거의 20년 동안 행성의 운동을 관찰하고 기록하였다.	(6) 티코 브라헤

6. 무엇이 행성들로 하여금 태양주위에 있는 궤도에 계속 있게 하느냐?________________

____

7. 그림 8.17을 참조하여 알맞게 적어라.
   (a) 태양________________; (b) 타원________________; (c) 원일점________________;
   (d) 근일점________________; (e) 중력이 최고인 곳________________;
   (f) 가장 느리게 움직이는 행성________________.

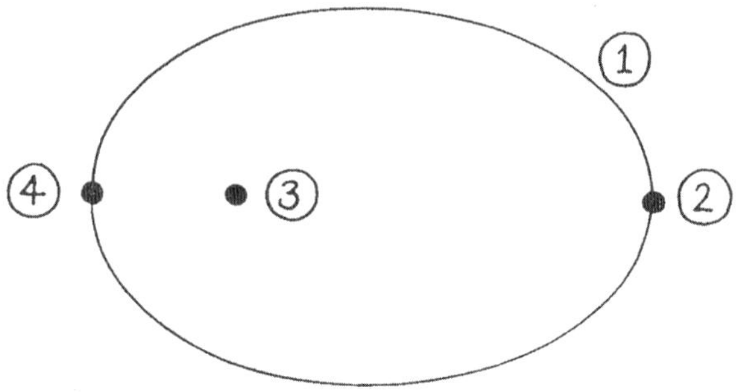

그림 8.17. 행성의 운동.

8. 달의 항성월과 삭망월의 차이는 얼마인가? 설명해 보아라.____________________

9. 태양계를 여행 할 때 그들의 궤도에 우주선을 유지할 수 있는 힘은 무엇인가?__________

10. 지구형 행성과 목성형 행성의 특징에 따라 각각 구분하여라.
   (a) 태양으로 부터 멀다__________
   (b) 작은 지름__________
   (c) 큰 부피__________
   (d) 저밀도__________
   (e) 짧은 기간의 공전(주기)__________
   (f) 짧은 기간의 자전__________
   (g) 많은 위성들__________

11. 행성들을 적절한 특징에 맞게 각각 배치시켜라.

______(a) 태양에 가장 가까움	(1) 수성
______(b) 황도를 가장 많이 포함시킨 궤도	(2) 금성
______(c) 가장 긴 항성일을 갖고 있다	(3) 지구
______(d) 대체적으로 2년의 공전주기	(4) 화성
______(e) 가장 질량이 크다	(5) 목성
______(f) 고밀도	(6) 토성
	(7) 천왕성
	(8) 해왕성
	(9) 명왕성

12. 소행성이란?____________________

해답(ANSWERS)

아래 주어진 답들과 여러분 스스로 풀어본 답들과 비교하시오. 만약 모든 문제의 정답이 일치하면 다음 장을 공부할 수 있는 실력입니다. 만약 약간의 오답이 있는 경우 그 문제에 해당되는 각 절을 재검토한 후 답을 수정하고, 많은 문제에서 오답이 있을 경우 전체 장을 주의 깊게 다시 읽고 답하시오.

1. 별, 태양, 달·소행성·혜성·행성간의 먼지와 가스를 가지고 돌고 있는 9개의 행성들 (8.1절)
2. 질량. 행성은 항성보다 덜 무겁고 춥다. 항성은 스스로 빛을 내는 반면 행성의 빛은 항성으로부터 나온 빛을 반사시켜서 나온다. (8.1절)
3. 모든 행성들은 태양 주변에서 같은 방향으로 돈다. 명왕성을 제외한 모든 행성들은 거의 황도에 놓여있다. (8.2절)
4. (a) 보름달; (b) 상현달 (8.4절)
5. (a) 5; (b) 3; (c) 2; (d) 1; (e) 4; (f) 6 (8.6, 8.9절)
6. 행성들의 전진운동과 태양의 중력 아래서 태양을 향한 운동의 조합. (8.9절)
7. (a) 3; (b) 1; (c) 2; (d) 4; (e) 4; (f) 2 (8.8, 8.9절)
8. 이틀. 달이 지구 주변을 도는 동안 지구와 달은 태양 주변을 함께 돈다. (8.10, 8.11절)
9. 중력. (8.12절)
10. (a) 2; (b) 1; (c) 2; (d) 2; (e) 1; (f) 2; (g) 2. (8.13~8.15절, 표 8.2)
11. (a) 1; (b) 9; (c) 2; (d) 4; (e) 5; (f) 3 (8.2, 8.13, 8.14절, 표 8.2)
12. 불규칙, 태양을 도는 돌덩어리, 대부분 목성과 화성 궤도 사이에 놓여있다. (8.1, 8.16절)
    참고: 2006년 국제천문연맹(IAU)의 결정으로 명왕성은 행성이 아닌 왜소행성(dwarf planet)으로 분류됨

제9장

태양계 행성
(The PLANETS)

지구는 인류의 요들이지만,
영원히 머무르지는 못하는 곳이다.

차이코프스키 (1857 - 1935)

목표

☆ 수성, 금성, 지구 그리고, 화성의 일반적인 특성과 표면 상태를 비교하여보자.
☆ '새벽별'과 '저녁별'이 무엇을 의미하는지 설명하여보자.
☆ 수성,금성,지구,화성,목성,토성,천왕성,해왕성,명왕성의 대기를 비교하여보자.
☆ 화성에서 우주선 착륙지점의 상태를 알아보자.
☆ 화성에서 한때에는 물이 흘렀다는 2가지 관측적인 증거를 말해보자.
☆ 지구와 목성의 내부구조를 비교하여보자.
☆ 지구의 지질학적 관계에서 판구조론(대륙이동)을 설명하여보자.
☆ 지구대기에 관련한 두 가지 환경적인 영향을 알아보자.
☆ 소규모의 망원경에서 보이는 금성, 화성, 목성, 토성의 중요한 특징들에 대한 현재의 의미를 알아보자.
☆ 목성, 토성, 천왕성, 해왕성의 일반적인 특성을 비교하여보자.
☆ 화성, 목성, 토성, 천왕성, 해왕성, 명왕성의 위성들에 대하여 알려진 것을 알아보자.
☆ 명왕성의 알려진 성질을 알아보자.

9.1 수성 (PLANET MERCURY)

수성(Mercury)은 태양과 가장 가까이에 있는 행성으로 종종 태양의 밝기 때문에 그 빛이 가려진다 (그림 9.1). 수성은 대략적으로 타락한 로마의 전령의 신으로 이름 붙여졌다.

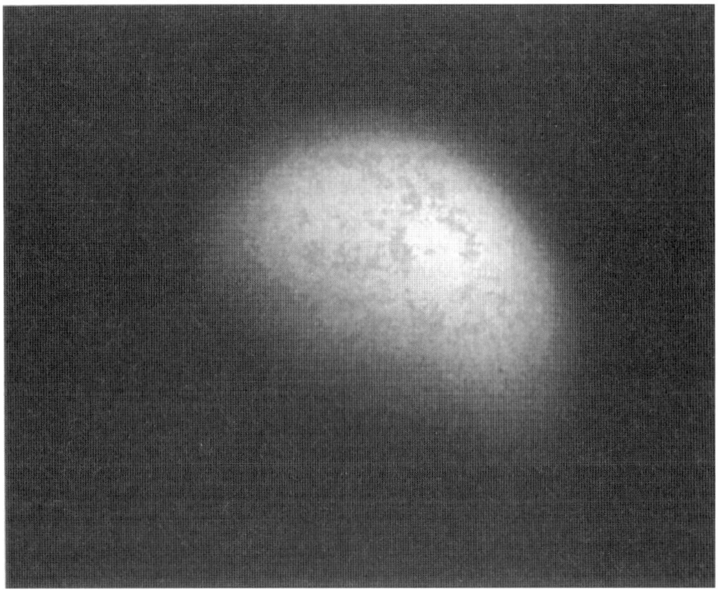

그림 9.1. 지구에 기초를 둔 망원경으로부터 얻을 수 있는 수성의 최고의 사진.

수성은 평균 172,000km/hour의 속도로 모든 행성 중에서 가장 빠르게 태양 주위를 돌고 있다.

수성의 첫 번째 근접 사진은 미국 로봇 우주선 마리너(Mariner) 10호에 의해 1974년부터 1975년까지 세 차례의 접근을 통해 수성 표면의 절반이 촬영되었다(그림 9.2).

수성은 우리의 달과 닮았다. 표면에는 오래되고 많은 충돌 구덩이(crater)가 있으며 이 구덩이는 수성 형성의 마지막단계에서 운석들이 내행성들에 충돌로 생긴 것으로 본다. 가장 큰 구덩이인 칼로리스 분지(Caloris Basin)는 지름이 1300km이다. 큰 것은 달의 바다인 마리아(maria)와 닮았는데 과거에 광범위하게 용암이 흘러내려 매끄럽게 생겼다.

거대한 내벽 또는 절벽의 높이는 2km보다 높고 길이는 1500km이다. 그것은 보기에는 수성의 내부가 냉각되고, 표면이 강하게 오므라들면서 생성된 것으로 보인다.

수성의 자전축은 (지구의 자전축과 다르게) 직각을 이루고 있어서, 태양은 항상 수성의 적도면을 비춘다. 수성은 계절이 없고, 약간의 태양빛이 항상 수성의 극 부분을 비춘다.

온도는 태양이 비출 때는 700 K (430℃, 800°F)로 극도로 뜨겁고, 태양이 비추지 않는 어두운 곳은 90 K (－180℃, －300°F)로 매우 춥다.

매우 높은 온도는 표면으로부터 일시적으로 휘발성 물질을 방출하여 극단적으로 얇은 대기를 만들어낸다. 대기에는 헬륨, 나트륨, 수소, 그리고 약간의 산소가 검출되었다. 표면기압은 겨우 지구 해면기압의 1조분의 2정도이다($<2\times10^{-9}$밀리바). 수증기를 포함하는

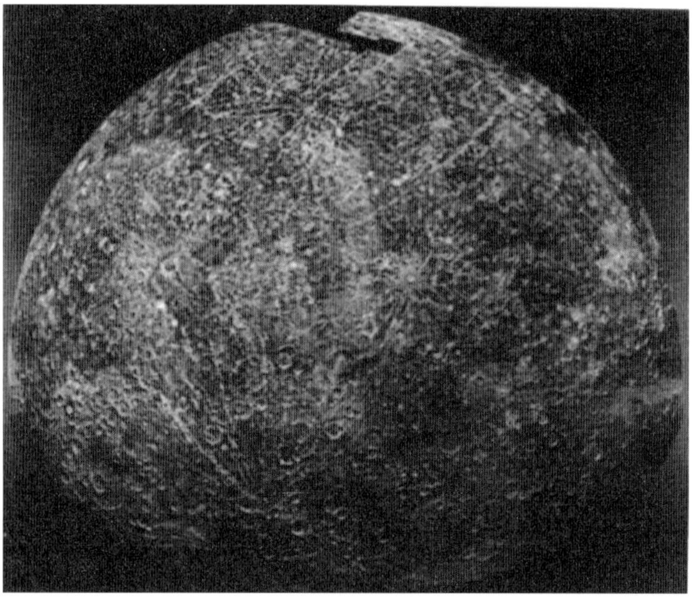

그림 9.2. 수성-Mariner 10호에 의해 얻어진 200개 이상의 사진 모자이크. 가장 큰 구덩이는 직경이 약 170km(100 miles)이다. 밝은 선은 새로운 충돌 구덩이, 매끄러운 어두운 평지, 그리고 큰 경사면에서 보인다.

대부분의 기체는 행성으로부터 달아났으나, 약간의 기체는 극지방의 차가운 영역에서 잡혀서, 눈과 같이 응결되었다.

수성의 촬영되지 않은 반구는 1991년에 지구에서 레이더로 첫 번째 이미지를 얻었다. 수성 표면에 대한 레이더 신호의 반사율로 그 지형을 조사했다. 수성의 극지방에는 아마도 얼음이 있을 것이다. 극지방의 온도는 얼음을 포함하기에 충분한 온도인 것처럼 보인다(125K, -148℃, -235°F). 매우 약한 자기장은 태양풍에서 대전된 입자의 움직임과 얇은 대기에서 나트륨 함량의 다양성에 영향을 미친다. 미국에서는 로봇 위성에 의한 수성 표면의 지화학적인 환경 탐사 임무 (Mecury Surface Space Enviroment Geochemistry, and Ranging Mission, MESSENGER)의 정찰 여행이 예정되어있다.

문 **만약, 수성이 표면에 (물의 밀도보다 평균 3배정도 높은) 밝은 규산염 암석을 포함한다면, 물보다 거의 5.5배정도 큰 수성의 밀도를 어떻게 설명하겠는가?**____________

답 : 수성은 아마도 매우 큰 밀도의 핵을 가졌을 것이다.(과학자들은 수성이 암석껍질로 둘러싸이고, 우리 달의 크기와 비슷한 철성분의 고밀도 핵을 가진다고 추정한다)

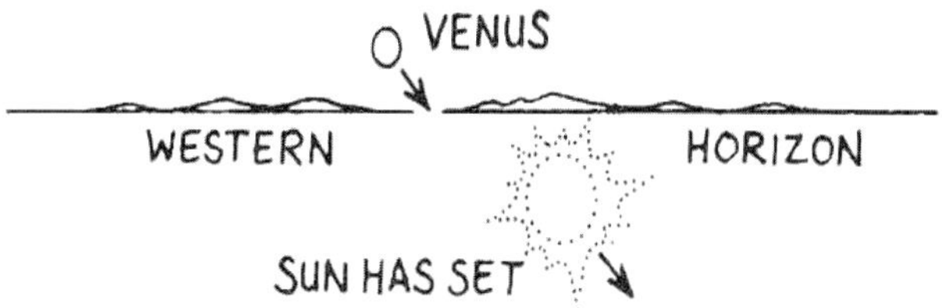

그림 9.3. 일몰 후 서쪽 하늘에 저녁별로서의 금성.

9.2 금성: 관찰 (VENUS: OBSERVING)

빛나는 **금성 (Venus)**는 로마의 사랑과 아름다움의 여신 이름으로부터 유래되었다. 금성은 밤하늘에서 모든 별들 중에 가장 밝게 빛난다. 금성은 눈에 잘 보여서 종종 미확인 비행물체 (UFO)로 잘못 보고되기도 한다 (그림 9.3, 9.4).

금성은 수성과 같이 지구궤도 안쪽에서 태양을 돈다. 그 결과 두 행성은 천구상에서 태양에 가까이 있다. 따라서 이들은 태양이 지고난후 동방 최대이각 가까이의 서쪽 하늘에서 잠시 빛날 뿐이다. 즉 그들은 하늘을 가로지르는 태양을 뒤따라 다닌다. 이런 이유 때문에 그들은 종종 **초저녁별 (evening stars)**이라고 불린다.

이들은 동쪽하늘에서는 태양이 뜨기 전 서방최대이각 가까이의 동쪽에서 잠시 보이는 **새벽별 (morning stars)**이다. 그때 그들은 하늘을 가로지르는 태양에 앞에 있게 된다.

금성과 수성은 모두 소형 망원경으로 볼 때 그림 8.7에서 같은 위상 변화를 보이며 움직인다. 금성은 동에서 서로 **역행(retrograde)**을 하며 움직인다.

일반적으로 수성과 금성은 합일 때 태양의 위 또는 아래를 지난다. 수성은 1세기에 약 13번 정도, 금성은 그보다 더 적은 수로 합일 때 태양의 정면 또는 후면을 직접적으로 통과한다. 이때 관측자들은 밝은 태양 면을 지나 통과하는 작은 점을 보게 된다. 수성은 2006년 11월 8일 그리고 2016년 3월 9일 태양 전면을 지나게 되고, 금성은 2004년 6월 8일, 2012년 6월 5일에 통과하게 된다(▶http://sunearth.gsfc.nasa.gov/eclipse/transit/transit.html◀).

금성은 584일 주기로 내합을 갖는다. 이때 어떤 다른 행성들보다 더 가까이(약 4000만 km) 지구에 근접하게 된다.

문 **그림 9.5를 보고, 금성이 (a) 초저녁별일 때________; (b) 새벽별일 때________; (c) 내합일 때__________가 언제인지 결정하여라.**

답 : (a) 1; (b) 2; (c) 3.

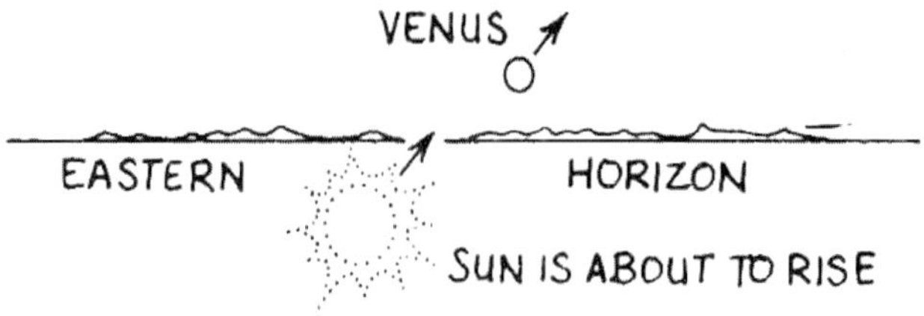

그림 9.4. 일출 직전 동쪽하늘에 새벽별로서의 금성.

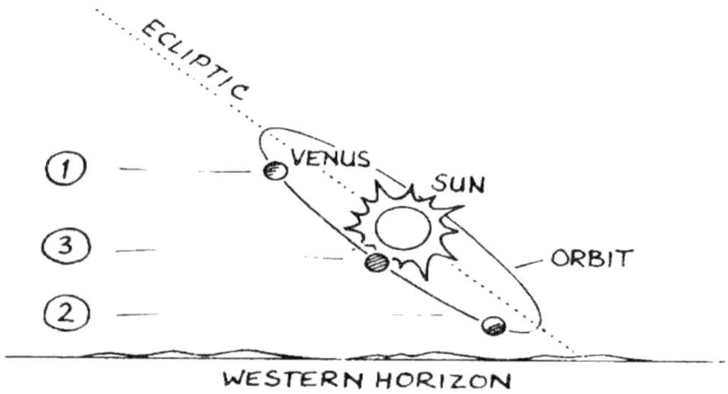

그림 9.5. 금성 궤도.

9.3 금성: 행성 (VENUS: THE PLANET)

금성은 두꺼운 대기로 둘러싸여 있어서 많은 양의 태양빛을 반사하고 밝게 빛난다. 이 같은 두꺼운 대기 때문에 우리는 금성의 표면을 직접적으로 보기가 힘들다.

20개 이상의 미국과 러시아의 우주선들이 금성을 성공적으로 탐사하고, 화상처리와 분석을 위한 자료를 지구로 전송해 주었다. 1962년 마리너 2호(Mariner 2)가 최초로 금성에 다가갔고, 1965년 베네라 3호(Venera 3)가 접근 충돌하였고, 1970년 베네라 7호(Venera 7)가 연착륙을 하였고, 1975년 베네라 9호(Venera 9)가 금성의 전경을 촬영하였다(그림 9.6).

금성의 대기는 97%의 이산화탄소와 극소량의 수증기, 헬륨, 네온, 아르곤, 황 혼합물, 그리고 산소와 함께 1에서 3%의 질소로 이루어져있으며 금성 전체적으로 순환한다. 상부대기의 온도는 약 250 K로서 구름층은 두께가 19km이고, 금성표면에서 50 - 70km위에 까지 덮혀 있다. 부식성의 황산에 의해 노란색인 것처럼 보인다.

Venera는 1975년에 처음으로 표면사진을 촬영하였다. 암석과 토양은 두꺼운 구름아래 오렌지색으로 보였다. 지구에 태양광이 암석에 직접적으로 비출 때 그들은 회색으로 보인

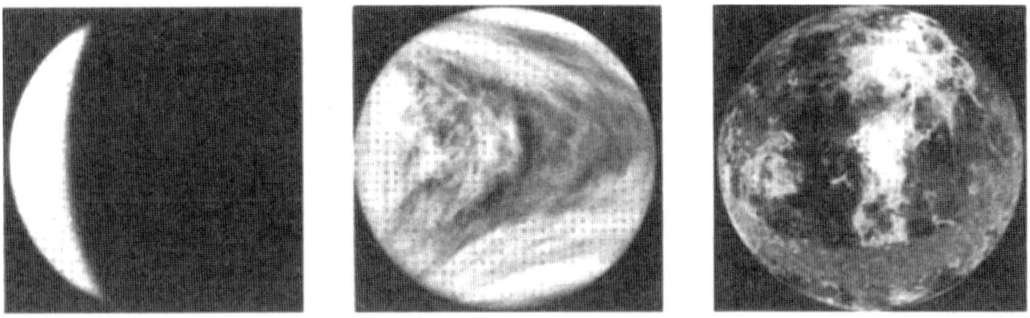

(a) (b) (c)

그림 9.6. (a) 지상의 망원경; (b) 파이오니어 금성 인공위성; (c) 마젤란 레이더 영상과 고도측정 데이터에 의한 컴퓨터로부터 그려진 금성.

그림 9.7. Venera 9호가 처음 보낸 금성의 표면.

다. 착륙선은 매우 황폐한 세계를 관찰하였다. 그들은 매우 악조건으로 인하여 2시간 가량밖에 탐사를 하지 못했다(그림 9.7).

구름안의 수증기와 이산화탄소로 인하여 표면온도는 755 K 까지 이르렀다. 그 이유는 태양으로부터의 가시광은 받아들이지만, 뜨거운 암석표면에 의한 적외선 열복사는 내보내지 못하기 때문으로 **온실효과(green house effect)**로 인하여 금성을 더욱 뜨겁게 만든다. 기압은 지구보다 90배나 높고 많은 양의 천둥과 번개가 있다.

표면 지형은 과학자들이 지구나 로봇위성에서 쏜 레이더 관측 자료를 분석한 신호로 알 수 있다. 우리의 가장 좋은 화상 자료는 미국 금성관측선 마젤란(Magellan, 1989 - 1994)으로 부터 얻어서 행성표면의 99퍼센트가 밝혀졌고(그림 9.8과 9.9), 또한 내부와 대기도 연구되었다.

레이더 영상은 모든 지형이 건조하고 바위가 많은 것을 보여준다. 약 80%가 행성 표면에서 1 km 범위 이내에 균열, 운석흔적, 화산균열을 가진 상대적으로 평평한 표면으로 최고높이와 최저높이의 차이는 15 km이다.

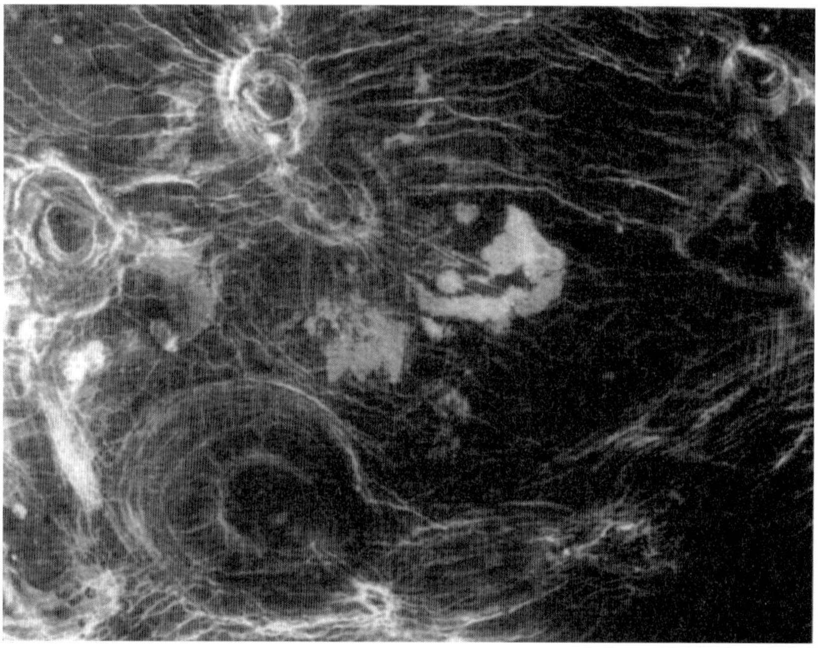

그림 9.8. 금성에서만 볼 수 있는 알크노이드(Archnoids). 레이더의 어두운 평지인 이것은 직경이 대략 50km에서 230km이다.

그림 9.9. 서쪽의 에에틀라(Eistla Regio) 장면은 마젤란의 레이더 영상과 고도측량 데이터로부터 만들어졌다. 그림의 전경 안에 열곡은 구라몬(Gula Mons)의 기슭으로 까지 뻗치는데, 오른쪽에 3 km 높이의 화산이 있다. 왼쪽은 시프몬(Sif Mons)의 300 km폭에 2 km 높이의 화산이다.

국제천문연맹(IAU)에서는 태양계 행성의 표면 특징을 관례상 두 가지 이름을 부여한다. 하나는 표면에 나타난 지질학적 특성에 대한 것이다. 다른 하나는 동일한 것을 구분하는 이름이다. 금성 행성표면은 사랑의 여신을 기념하기 위한 것이거나 죽은지 3년이 지난 유명한 여성의 이름을 따라 명명한다. 단 하나의 예외는 가장 큰 산인 멕스웰 몬테스(Maxwell Montes)의산에 붙인 이름으로 스코틀랜드 물리학자인 James Clerk Maxwell(1831 – 1879)산이다.

금성의 충돌 구덩이는 다른 행성의 것들과 다르게 보인다. 우주에서 날아온 암석의 작은 덩어리는 두꺼운 대기로 인해 연소되었다. 금성위로 충돌하는 큰 운석은 초속 20km로 충돌하여, 방대한 양의 에너지를 방출하여 주위의 땅과 충돌 체를 증발시켜 없애버린다. 충돌로 인해 생긴 (표면 물질인) 산란물질은 밖으로 튕겨나간다. 그것은 매우 높은 표면 온도 때문에 녹고, 꽃잎과 같은 무늬를 한 상태로 구덩이로부터 멀리 흐른다.

고지대(highland)는 건조한 평원위에 커다란 탑과 같은 모양으로 나타난다. 가장 큰 아프로디테(Aphrodite) 대지는 지구 아프리카 대륙의 절반 크기다. 가장 작은 이슈타르 대지(Ishtar Terra)는 미국만하다. 여기에 맥스웰 산(Maxwell Montes)은 평균 반경보다 11 km 정도 높이 솟아있다. 거기에는 많은 단층대가 존재한다.

다수의 화산 모양이 평원을 얼룩지게 하고 있다. 직경이 2 – 3 km 정도인 작은 돔(dome)을 가진 수백미터높이의 높이의 순상화산(Shield volcano)들이 거대한 산을 만드는 얇고 유동성 있는 용암에 의해 만들어졌다. 종상화산(Pancake dome)은 전형적으로 25km로 넓이이고 약 1.5 km 이하 높이인데, 평균 규산염 함량보다 많은 점성이 높은 마그마가 성분이다. 완만한 습곡 모양인 원형의 고리 모양의 코로나(Corona)는 용암의 흐름이 돔을 형성하면서 만들어 져서 가라앉고 붕괴되면서 만들어졌을 것으로 추정된다. 몇 몇 화산들은 여전히 활동하고 있는 것 같다.

문 **금성은 크기, 질량, 밀도, 태양으로부터 거리 등에서 지구와 비슷하다. 그러나 사람이 왜 거기서 거주하지 못할까? 이유를 세 가지 대시오.**

(1)____________________

(2)____________________

(3)____________________

답 : (1) 온도가 482℃로 너무 뜨겁다.
(2) 위협적인 이산화탄소대기를 가지고 있다.
(3) 대기압이 지구보다 90배나 높다.

9.4 행성 지구 (PLANET EARTH)

행성으로서의 지구는 우주에서 희미한 청색과 백색의 보석처럼 빛난다 (그림 9.10). 태양으로부터 세 번째로 떨어져 있는 지구는 우리에게 가장 중요한 행성이다.

지구의 표면적은 약 5.10×10^8 km^2로서 태양계에서 유일하게 지구는 70% 이상이 물로 뒤덮여 있다.

지구에서 가장 높은 산은 아시아에 있는 에베레스트산으로 해발고도 9,000m 정도이다. 해저에서 가장 깊은 지점은 마리아나 해구 (Mariana Trench)로 태평양 해면에서 11km 정도 낮다.

지구의 질량은 약 6×10^{24} kg으로 이러한 질량은 지구상의 유용한 표면중력 갖게 한다.

그림 9.10. 아폴로 우주비행사에 의한 달에서 보이는 지구.

문 그림 9.11을 보면 적도직경은 극직경에 비해서 얼마나 더 긴가?____________

답 : 약 42 km.
적도직경 - 극직경 = 12,756 km - 12,714 km = 42 km.

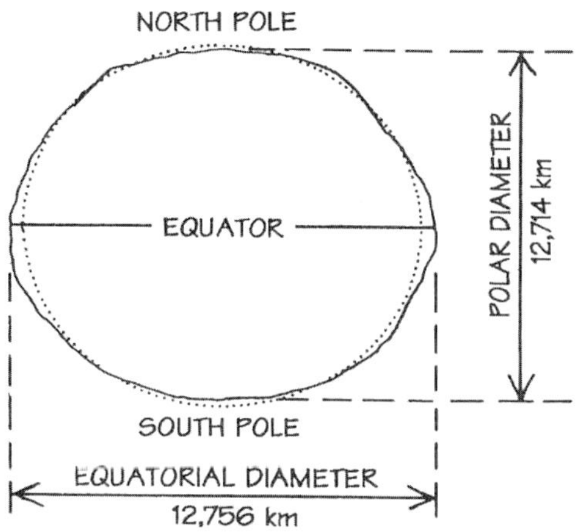

그림 9.11. 축을 도는 지구의 일주운동은 적도를 팽창시키고 극을 평평하게 한다(과장된 그림).

9.5 지구의 구조(EARTH'S STRUCTURE)

천문학자들은 지구가 46억 년 전에 생성되었다고 본다. 지구는 다른 행성들과 같이 태양을 형성한 가스와 먼지 구름의 수축으로 생성되었다(4.3절).

지질학자들은 직접적으로 지구내부로 들어갈 수가 없기 때문에, 그들은 지구의 구조나 구성을 지진이나 화산폭발 시 발생하여 지구를 통과하는 지표면에서의 지진파를 통해 결정한다. 지구는 세 개의 층으로 구분한다. 가장 바깥층의 **지각(crust)**은 얇은 고체 층이다. 지각의 평균 두께는 35 km이고, 대륙지각이 해양지각보다 두껍다. 지각은 화강암(granite)이나 현무암질(basalt)의 가벼운 암석으로 구성되어 있다.

맨틀(mantle)은 지각 아래에 있는 층으로 약 2880 km 정도이다. 화산분출물로부터 얻은 샘플의 실험분석결과는 두꺼운 맨틀은 일정한 압력아래 유연한 캔디상태로 있지만 충격으로 파괴되고, 아마도 규산염광물로 이루어져있을 것으로 본다. 지구 중심 층은 두께가 3470 km로 핵(core)이라고 불린다. 여기의 바깥부분은 고체상태의 중심부를 2100 km 정도의 두께로 감싸고 있는 녹은 상태 금속 층이다. 핵은 아마도 약 6400 K의 철과 니켈이 응집하여 만들었을 것이다.

문 **그림 9.12를 보고, 지구의 세 개의 층을 정의하고, 각각의 대략적인 두께를 말하여라.**

(1)____________________; (2)____________________; (3)____________________

답 : (1) 지각 - 평균두께 35 km; (2) 맨틀 - 약 2880 km; (3) 핵 - 약 3470 km.

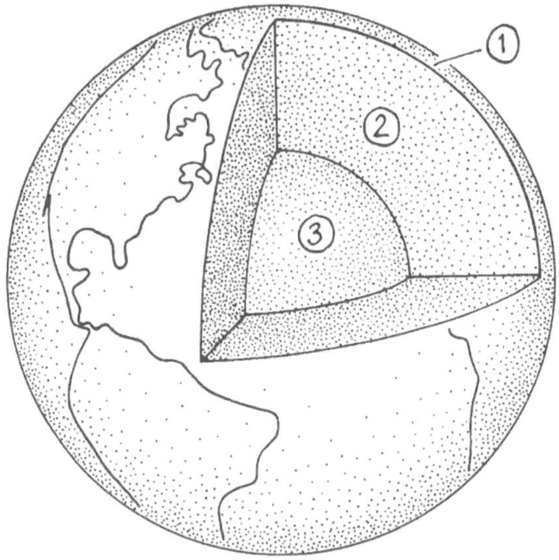

그림 9.12. 세 개의 층상을 보이는 지구의 구조.

9.6 지구의 지질학적 활동 (EARTH'S GEOLOGICAL ACTIVITY)

끊임없이 변하는 지구 표면은 침식과 지질학적 활동으로 인하여 계속적으로 변화하고 있다. 캐나다 북부 툰드라와 호수 한복판에서 발견된 가장 오래된 암석은 약 39억6천 만 년 되었다.

실질적인 증거는 2억 년 전에 Pangaea라고 불리는 하나의 초 대륙으로 모든 대륙이 묶여져있었다가 나중에 갈라졌다는 것이다.

일명 **대륙이동설** (continental drift theory)의 한 예로서 **판구조론** (plate tectonics)에 따르면 대륙과 해양저는 판에 속해 있고 암석 판 상태로 수천 km를 이동한다고 한다. 판은 바로 밑의 유연한 맨틀 위를 느리게 움직인다. 지각은 판의 경계부분에서 다시 만들어진다. 판이 멀어지는 곳에서 대륙은 매년 2.5 cm의 속도로 매우 천천히 분리된다. 그리하여 2억년에 5000 km이상 이동한다.

판의 이동은 또한 산맥의 형성, 지진, 화산활동의 근원이 된다. 이러한 현상들은 판들이 서로 누르면서 이동하는 판의 경계부분에서 발생한다.

주목받는 이론은 마그마의 대류가 대륙이동의 원동력이 된다고 말한다. 마그마의 흐름은 맨틀을 통해 상승한다. 맨틀은 올라오면서 냉각되어 단단한 암석을 만들고 이들은 수평으로 이동하게 된다. 마찰은 대륙판을 따라 일어난다. 결국 냉각된 마그마는 가라앉는다. 마그마는 중앙해령(mid-ocean ridge)를 따라 분출하여 새로운 암석을 만든다.

중요한 증거들이 대륙이동설을 뒷받침 해준다. 레이저거리측정장치는 달에서 반사된 빛의 진동을 반사시켜 대륙 이동정도를 측정 한다. 남아메리카와 서아프리카의 해안선이 일치하고, 같은 종의 식물과 동물 화석이 양쪽에서 발견되는 것은 그들이 비록 대서양을 중심으로 5000km 정도 떨어져 있다고 하더라도 함께 붙어있었음을 말 한다(그림 9.13).

대서양 바닥에 있는 암석의 나이가 측정되었다. 대륙 해안선 근처에서 발견된 가장 오래된 암석은 1억5천만년 되었다.

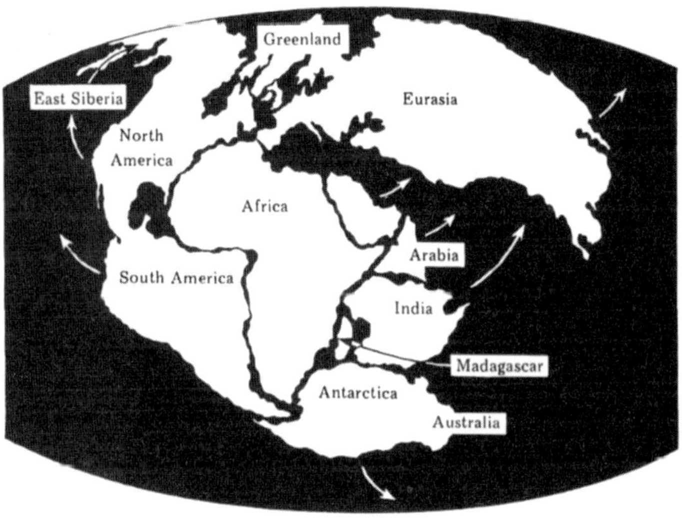

그림 9.13. 약 2억 년 전의 지구의 지도.

문 **만약 40역년된 암석이 대서양 해저에서 발견되었다면 대륙이동설에 어떤 영향을 가져오게 될 것인가?**

답 : 해안선의 사이의 거리가 약 5000km인 대서양이 지난 2억 년 전에 생성되었다고 말하는 것은 대륙이동설의 이론이 옳은 것인지에 대하여 진지하게 의심해 봐야 할 것이다. 이 이론에 의하면 40억 년 전의 암석이 존재하지 않기 때문이다.

9.7 지구 자기장(EARTH'S MAGNETISM)

지구는 나침반 바늘에 영향을 미치는 자기장(또는 자기력의 범위)을 가지고 있다.

자기의 북극은 캐나다 북부 약 86°N, 101°W 지점(지질학적 북극에서 1300 km 떨어진)

과 자기 남극은 남극대륙 66°S, 140°E 지점에 걸쳐 위치한다. 자극은 매년 약 40 km 정도 이동한다. 지구자기장은 행성 자전결과 거대 다이너모와 같이 활동하는 액체상태의 철-니켈 핵(외핵)에 의해 생성된다고 믿는다. 이러한 핵의 복잡한 행동은 장기간에 걸친 자기 북남극의 이동의 원인이 된다.

지구의 자기장이 영향을 미치는 지구 주변 지역인 지구 **자기권(magnetosphere)**은 태양을 향하여는 지구반경의 4배정도의 공간에까지 확장된다. 태양 반대 쪽 자기권의 부분인 지자기꼬리는 지구 반경의 10배에서 1000배까지 확장된다.

태양풍으로부터 대전된 강한 입자들은 지구자기장에 포획 된다. 그들은 Van Allen belt 라고 불리는 도넛모양의 공간의 자기권에 에서 매우 빠르게 돈다.

문 자기권(magnetosphere)은 무엇인가? ______________________________

____

답 : 지구자기장이 영향을 미칠 수 있는 지구 주변 공간이다.

9.8 지구 대기(EARTH'S ATMOSPHERE)

지구는 지상으로부터 수 백 km까지 펴져있는 **대기(atmosphere)**로 둘러싸여 있다.

40억 년 전의 지구의 초기 대기는 아마도 지금과 매우 달랐을 것이다. 생성초기에 유독한 수소, 탄소, 산소, 그리고 질소 복합체(이산화탄소, 암모니아, 메탄, 수증기)는 아마도 넘쳐나 있었고, 뜨거운 원시행성의 뜨거운 내부로부터 나왔을 것이다.

물에 잘 용해되는 이산화탄소는 바다 속에 있는 칼슘과 결합하여 석회암이 되어 제거되었을 것이다. 우리가 호흡하는 산소는 아마도 녹색식물에 의해 생성되었을 것이다. 대기로부터 이산화탄소를 흡수하는 녹색식물은 광합성으로 자라고 산소를 배출한다.

오늘날 공기는 78%의 질소와 21%의 산소를 포함하고 1%의 아르곤, 이산화탄소, 그 외 다른 기체와 함께 변화를 보이는 수증기와 먼지, 일산화탄소, 산업 활동에 의한 화학적 생산물, 그리고 미생물도 포함한다.

이 공기의 절반이상이 지표면 6km 이내에 존재한다. 해발고도가 증가함에 따라 대기는 희박해 진다. 해발 12-50 km에서 태양자외선은 산소원자 3개로 만들어진 분자인 **오존(ozone)**을 생성시킨다. 이 거대한 오존층은 사람과 식물을 태양의 해로운 자외선으로부터 막아준다. 160km 위에서 인공위성은 대기 저항 없이 궤도를 운동할 수 있다.

과학자들은 매우 복잡한 컴퓨터 시뮬레이션과 지상의 기계장치, 비행선, 우주선을 이용하여 인간 활동에 의한 대기와 기후에 영향을 주는 변화에 대해 연구한다. 냉장고, 에어컨, 스프레이 등에 의한 프레온(chlorofluorocarbon) 가스 배출 증가로 인한 오존층 파괴는 극지방의 오존층에서 오존구멍을 만들고 중위도지방의 오존층을 얇게 만든다. 이산화탄소 농도의 증가와 석탄과 석유를 태움으로써 발생하는 불순물의 증가 그리고 삼림벌채는 금성의 온실효과와 비슷한 우리 행성의 큰 온난화를 야기할 것이다.

전체 대기의 총 질량은 약 5000조 톤이다. 중력이 지구에서 대기를 붙잡을 지라도 일부 원자는 대기 상부에서 달아난다. 해면에서 모든 대기가 1.03 kg/cm^2로 누르는 힘을 우리는 1기압이라고 부른다. 밀리바(millibar)가 대기압의 다른 단위인데, 해면에서 지구표면 기압은 1013 밀리바이다.

문 **지구에서 (a) 대기의 구성 비율은?____________________; (b) 우리가 살아가는데 필요한 해면의 기압은 얼마나 되는가?____________________**

답 : (a) 78%질소, 21%산소, 그리고 1%의 이산화탄소와 다른(다양하게 변화하는 수증기와 불순물의) 기체들
(b) 약 1.03 kg/cm^2 또한 1기압 또는 1013 밀리바로 불린다.

9.9 화성: 관찰(MARS: OBSERVING)

붉은 행성 **화성(Mars)**은 로마의 피와 불의 신을 생각나게 한다하여 전쟁의 신 마르스(Mars, Athena)라 이름을 지었다. 화성은 성능 좋은 망원경으로 관측해 보면 '포보스'(두려움, fear)와 '데이모스'(테러, terror)라고 불리는 두개의 작은 위성을 가지고 있다.

화성과 같은 외행성은 태양으로부터 지구의 정 반대편에 있을 때인 태양-지구-화성의 위치인 **충(opposition)**에 있을 때 가장 밝게 보인다. 이때 화성은 가득 찬 밝은 디스크(보름달)모양으로 보인다. 화성은 평균 780일 간격으로 충에 위치한다.

그림 9.14. 화성의 충과 합.

외행성은 그 행성이 합(conjunction)의 위치인 지구로부터 태양의 반대편에 위치할 때는 그 행성을 관측하기가 힘들다(그림 9.14).

화성의 이심률이 큰 타원궤도이기 때문에 보다 더 가까운 충에서는 화성의 크기가 더 크게 보이므로 관측하기 더욱 더 좋다(표 8.1). 가장 좋은 관측 위치는 화성이 근일점에 있을 때 이다(그림 9.15). 그때 화성은 지구로부터 5천6백만 km 밖에 안 떨어져 있게 된다. 이러한 일은 15년에서 17년 간격으로 늦은 여름 무렵에 나타난다.

화성이 가장 근일점에 위치하게 될 때 망원경을 가지고 보면 매우 흥미로운 모습을 볼 수 있다. 각각의 반구의 극관은 화성의 겨울에는 커지고 여름에는 줄어든다. 먼지구름과 암흑지대는 물이 흐르거나 농작물을 경작하였다고 잘못 판단하기도 하였다. 암흑지대는 산과 바위가 먼지 폭풍으로 노출된 것이다.

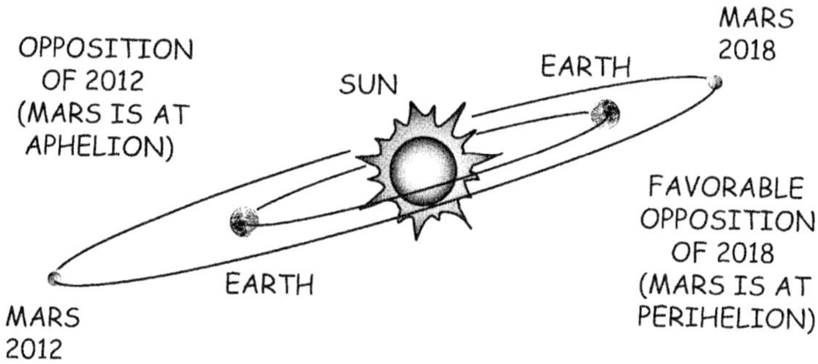

그림 9.15. 현재 화성의 궤도에서 관측하기 좋은 충과 그렇지 못한 충.

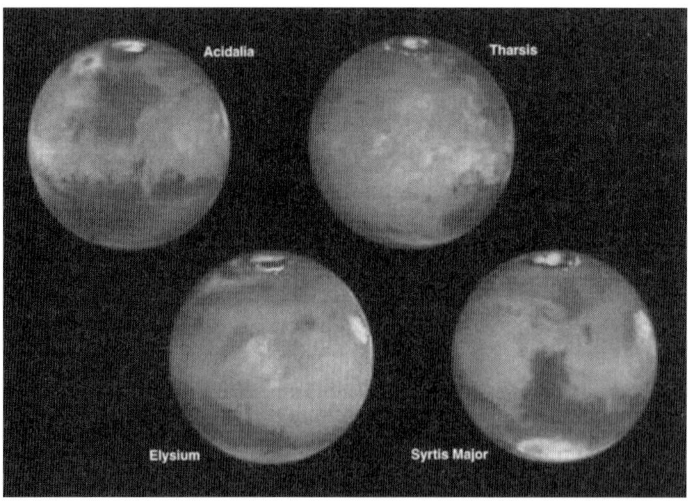

그림 9.16. 1999년 충일 때의 화성 영상. 각각의 사진은 허블 우주 망원경의 영상으로 1/4씩 자전한 화성을 보여준다.

1877년 이탈리아 천문학자 G. V. Schiaparelli는 처음으로 화성 표면에서 곧게 뻗은 검은 수로와 같은 줄기인 "Canali"를 관측 보고하였다. 그런데 이 단어를 영어로 운하(canals)라고 잘못 번역되어 20세기 초기에 미국의 천문학자 Percival Lowell (1855 - 1916)는 지능이 발달된 화성인에 의해 만들어진 운하일 것이라고 오해하게 되는 흥미로운 사건을 가져오게 된다. 그러나 많은 미국과 러시아의 탐사선이 화성을 탐색하였으나 화성에서 운하나 화성인은 발견되지 않았다. 현재에도 화성 탐사는 계속되어 다음 세대에 활기를 주고 있다 (▶http://mars.jpl.nasa.gov◀).

문 가장 근접한 충에서 왜 화성이 잘 관찰되는가?____________________

____

답 : 그때 지구에 화성이 가장 가깝기 때문이다. (지구와 화성은 태양주위를 타원궤도로 운동하기 때문에 그들 사이의 거리는 매우 많이 변화한다)

9.10 화성: 표면 (MARS: THE STRUCTURE)

우리는 1976년 7월 20일 화성에 착륙한 미국 우주선 바이킹 착륙선 1호(Viking Lander 1)의 눈을 통해 화성 표면의 생명체를 처음으로 탐사해보게 되었다.

흩어져있는 암석들, 고운 먼지, 모래 더미, 그리고 멀리 있는 언덕들은 위도 22.46°N, 경도 48.01W 지점인 범람원 세리스 평원(Chryse Planitia)에서 관찰되었다. 두 달 후 바이킹 착륙선 2호는 1호 우주선이 착륙했던 지점에서 북서쪽으로 7,500km 떨어진 유토피아 평원(Utopia planitia)에 착륙하였다. 구멍난 암석들은 지구에서와 같이 운석충돌이나 화산분출로 인해 생성된 것처럼 보였다.

바이킹 1호와 2호는 화학적이나 생물학적인 실험을 통하여 얻어진 4500장의 화성 사진들과 3백만 가량의 다양한 날씨변화 보고서와 데이터들을 보내왔다. 1984년 바이킹 1호를 미국의 NASA 박물관에 주어 전 세계 여러 나라 사람들이 관람할 수 있게 된 첫 번째 우주선이 되었다(▶www.nasm.si.edu◀).

1997년에 미국의 화성 탐색선 패쓰파인더호(Pathfinder)는 행성에서 최초로 운행하는 소저너(Sojourner)를 화성에 착륙시켰다. 소저너는 작은 6개의 바퀴를 가졌고, 암석과 토양의 연구를 위해 화성의 열대지방 북쪽에 위치한 거대한 범람원지역에서 아레스(Ares Vallis) 주변으로 100m 돌았다. 4달 만에 이 로봇은 17,000장 이상의 사진과 암석과 토양의 16개 화학분석자료 그리고 850만 번의 온도, 압력, 풍향에 대한 측정치를 보내왔다.

착륙지점에서 흐트러진 붉은 토양은 철이 풍부한 점토같이 보이며 암석은 불그스레한 물질로 뒤덮여 있었다. 암석들은 화학적 변화와 부식이 있었다. 둥근 자갈, 많은 모래함량과 먼지 입자는 명백하게 물이 풍부한 행성이었음을 말해준다. 고운 토양은 45%의 SiO_2 그리고 19%의 수분이 있는 산화철을 함유하고 있다. 하늘은 낮에는 안개 같은 대기로 덮여있는 붉은 먼지에 의해 분홍색이다. 노을은 창백한 푸른색이다. 여름의 온도는 최고 -10°C이다. 겨울의 온도는 -123°C 아래로 떨어지고, 분명한 서리 층이 나타난다. 대기압은 겨우 7-8 밀리바이다.

착륙 지점에서는 유기체의 흔적도 없었으며 물도 흐르지 않았다.

그림 9.17. 첫 번째 로봇 본체인 여섯 바퀴달린 로봇 Sojourner를 포함한 화성표면의 역사적인 전경.

문 **소저너(sojourner)가 착륙한 착륙지점의 화성 표면을 묘사하여라.**

답 : 붉고, 건조하고, 흩뿌려진 암석 사막과 같다. 하늘은 분홍색이다. 온도는 매우 낮다.

9.11 화성: 행성 (MARS: THE PLANET)

화성을 선회한 미국의 탐사선 Global Surveyor(1998 -)로부터 측정한 고해상도의 3D 지도는 화성이 거칠고, 바위투성이의 건조한 행성임을 보여준다(▶www.msss.com◀).

남반구는 거의 대부분이 분화구이고 오래되었고, 북반구는 기본적으로 완만한 평원과 일반적으로 수 km의 구릉으로 이루어져 있다. 북쪽은 낮은 지대는 아마도 침전에 의한 고대의 해양분지로 추정된다.

화성은 거대한 화산을 가지고 있다. 올림푸스산(Olympus Mons)은 태양계에서 가장 큰 화산이다. 그것의 높이는 평균 표면보다 25km 더 높고, 미국의 하와이 섬보다 더 많은 용암을 포함한다.

화성탐사선 궤도 비행에 의한 화성의 중력 수치자료를 통해 매우 높은 화산은 화성의 지각이 약 50km 두께이고 지구의 대륙이 움직이는 것처럼 이동하지 않는다는 것을 가리킨다. 화성은 아마도 지구보다 차갑고 두꺼운 맨틀을 가지고 있을 것이다.

높은 자기를 띈 물질의 선형의 띠를 이룬 지역은 가장 오래된 지각에서 일부 나타난다. 비록 현재로서 증거는 없지만 과거에 화성은 액체로 된 철 핵과 자기장, 지질학적 활동을 가졌음이 확실하다.

화성은 깊은 계곡을 가졌다. 가장 큰 마리너(Mariner) 협곡은 평균 6 km 깊이로 적도 주변을 5000 km 길이의 펼쳐진 그물망을 이루고 있다. 다른 지역에서는 침식에 의해 깊게 깎인 흐르는 수로와 거대한 산사태, 단층들이 나타난다.

구덩이들은 운석들의 충돌에 의한 것임을 알 수 있다. 화성의 표면보다 7 km 정도 아래에 가장 낮은 부분은 헬라스 평원(Hellas Planitia) 분지 밑바닥에 있다. 태양계에서 가장 큰 구덩이인 헬라스는 40억년정도 되었다. 이 보다 더 젊은 18 km 정도의 크기를 가진 유티(Yuty) 구덩이는 마치 큰 충격 뒤에 먼 거리를 향해 튕겨져 나간 물과 암석을 흩어 뿌려놓은 것처럼 보인다.

그림 9.18. Viking 인공위성으로부터의 화성의 깊고 굽이진 수로와 구덩이들.

화성은 오늘날 표면에 액체 상태의 물이 없다. 그러나 고대에 큰 격변적인 홍수 흐름의 증거는 많이 있다. 깊고 굽이쳐 흐르는 수로와 협곡들은 지류를 갖은 강처럼 생겼다(그림 9.18). 그들은 마치 홍수와 흐르는 물에 의해 오래전에 파인 것처럼 보인다. 그 물은 아마도 극관(ice cap)과 표면아래 영구 동토층 안에 갇혀있을 것이다. 기후변화는 물이 흘렀던 환경을 오늘날 화성의 춥고 건조한 환경으로 변화시킨 것이다.

물은 고체와 수증기 형태로 발견된다. 북쪽 지방의 영구적인 극관은 얼어붙은 물로 이루어져있다. 겨울에는 대기로부터 나온 이산화탄소 층에 의해 뒤 덮인다. 남극 지방의 극관은 이산화탄소이다. 겨울 서리는 얼어붙은 물과 먼지로 보인다. 그것은 때때로 안개와 옅은 구름으로 존재한다.

대기는 행성을 파괴하는 태양으로부터 오는 자외선을 막기에는 너무나 얇다. 대기는 수증기와 다른 기체에 있는 것으로 포함하여 95%의 이산화탄소와 2 - 3%의 질소, 1 - 2%의 아르곤, 0.1 - 0.4%의 산소로 구성된다.

거대한 먼지 폭풍은 여름에 남반구에 불어 닥친다. 종종 폭풍의 범위는 행성 전체에 까지 이른다. 밝은 색의 먼지는 시간당 120km의 속도로 불고, 어두운 암석들을 깎고 노출시킨다. 얇은 층의 얼음과 먼지는 수백 킬로미터 길이로 계절이 바뀌는 시점에 거대한 먼지 폭풍에 의해 북극과 남극에 까지 분포하게 된다.

유인 화성 여행은 실제적으로 수십 년 후나 가능할 것으로 본다.

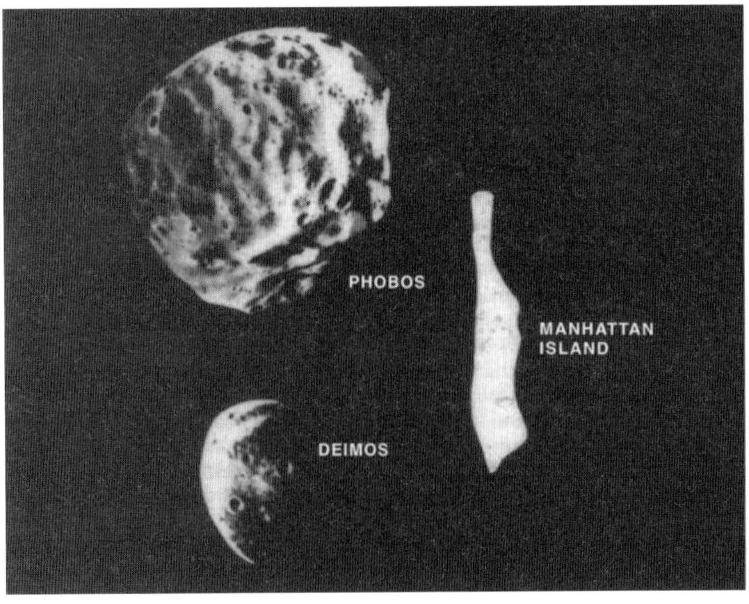

그림 9.19. 화성의 달인 포보스와 다이모스가 맨하튼(Manhattan) 섬과의 크기 비교.

먼저, 새로운 로봇위성이 더 많은 지도 자료와 표면 자료를 가서 보내 와야만 한다. 로봇은 화성의 암석과 토양을 지구로 가져와 분석할 수 있게 할 것이다(▶http://spaceflight.nasa.gov/mars◀).

과학자들은 물이 생명을 위한 필수요소라 생각한다. 아마도, 화성이 습하고 따뜻하였던 먼 과거에 생명이 탄생하였을 것이며, 아직도 미생물이 살고 있을 것으로 추정한다.

문 화성에서 물이 흘렀다는 증거를 두 가지 나열하여라. (1)______________________________________; (2)______________________________

답 : (1) 깊고 넓은 표면 계곡은 마치 그들이 거대한 강이 파논 흔적으로 보인다.
(2) 북쪽의 영구 동토인 극관은 화성에서 흘렀을 물이 얼어서 만들어졌다.

9.12 화성의 달 (MOONS OF MARS)

포보스와 데이모스는 각각 약 28 km와 16 km 정도의 불규칙적인 암석덩어리로 크기가 작다. 포보스는 매 7.7시간에, 다이모스는 1.3일에 한번 화성을 돈다.

두개의 위성은 생성 연령이 다양한 많은 충돌 구덩이를 가지고 있는 오래된 위성으로 보인다. 포보스는 평행 줄무늬와 일련의 작은 구덩이들을 가지고 있다. 가장 큰 구덩이인 스티그니 (Stickney)는 직경 10km나 된다.

화성의 두개 위성은 1727년 영국의 작가 Jonathan Swift에 의해 언급되었는데, 1877년 실제로 미국 천문학자 Asaph Hall에 의해 발견되었다.

문 화성의 위성에 대해 설명하시오.______________________________

답 : 작고, 불규칙적이고, 운석에 의해 파인 암석 덩어리이다.

9.13 목성: 관찰 (JUPITER: OBSERVING)

거대한 **목성(Jupiter)**은 로마 신화에서 우주의 지배자이자 신들의 왕 주피터 (Jupiter)이름을 따랐다. 행성 중 가장 큰 목성은 금성을 제외하고 모든 행성과 별보다 밤에 더욱 빛난다.

목성의 오색찬란하고 평행한 어둡기도 하고 밝기도 한 구름 띠, 대적반, 그리고 네 개의 큰 위성은 작은 망원경으로도 관측 가능하다. 이오(Io), 유로파(Europa), 가니메데(Ganymede), 그리고 칼리스토(Callisto)는 목성 주위를 돌면서 밤마다 그 위치가 변화한다. 천문학 인쇄물과 컴퓨터 소프트웨어는 매일 밤 위성의 위치, 식, 운행을 알려준다.

미국의 로봇위성 보이저 1, 2호는 1979년에 목성계와 조우하였다. 보이저 1호는 목성 구름 위로 206,700km 거리까지, 2호는 570,000km 거리 까지 근접하였다. 두 우주선은 33,000장의 이미지를 전송해왔다.

목성계에 대한 가장 좋은 사진은 미국 갈릴레오 위성으로부터 보내왔다(1989 - 2003). 1995년 갈릴레오는 목성 근처에 가서 두 부분으로 나누어 근접하였다. 대기 탐사체는 목성의 구름에 빠져서 살인적인 열과 압력으로 인하여 사라지기 전 한 시간 동안 자료를 전송하였다. 궤도 탐사체는 목성과 위성의 자료와 이미지를 8년 동안 모으고 전송하였다.

문 **별처럼 빛나는 목성의 네 개의 밝은 위성은 작은 망원경으로도 볼 수 있다. 그들이 행성의 실제 위성임을 보여주는 사실은 무엇인가?**______________________

____

답 : 위성들이 행성주변을 돌면서 변화하는 위치가 관찰된다.

9.14 목성: 행성 (JUPITER: THE PLANET)

목성은 다른 모든 행성들과 그들의 위성들을 모두 합친 것 보다 더 무겁다. 목성은 별이 되려다 말았다. 만약 목성의 질량이 80배 더 무거웠다면 핵융합반응을 일으킬 수 있을 것이다(그림 9.20).

목성은 빠르게 회전하는 거대하고, 거의 대부분이 수소와 헬륨으로 이루어진 상부에 두꺼운 대기로 덥인 유동적인 공 모양의 천체이다. 목성은 상대적으로 작은 고체 핵을 가지고 있다. 먼지 입자의 희미하고 얇은 고리는 목성 주의의 가장 안쪽의 달과 유성체들 충돌 파괴로 이루어진 것이다. 더 밝게 빛나는 바깥 링 너머의 더 바깥 부분은 목성 중심으로부터 210,000km 정도까지 떨어져 있다.

형형색색의 구름은 색깔이 변화하고, 역동적으로 휘감는 대기에는 날씨 변화 양상을 보이며 (10^{13}와트의 광 에너지를 방출하는) 초전광의 번개가 일어난다. 또한 표면은 움직이는 어두운 색의 **띠(belt)**와 밝은 색의 **대(zone)**의 부분 사이에서 복잡한 양상이 나타난다. 수소, 헬륨, 미량의 메탄, 그리고 수증기는 모두 색이 없다. 다양한 깊이의 황이나 인과 암모니아 복합체는 대기가 밝은 빨강, 오렌지, 노랑, 그리고 갈색과 흰색구름을 띈다. 유명한 **대적반(Great Red Spot)**은 엄청난 대기 폭풍으로 색, 밝기, 크기의 변화가 300년 이상 관찰

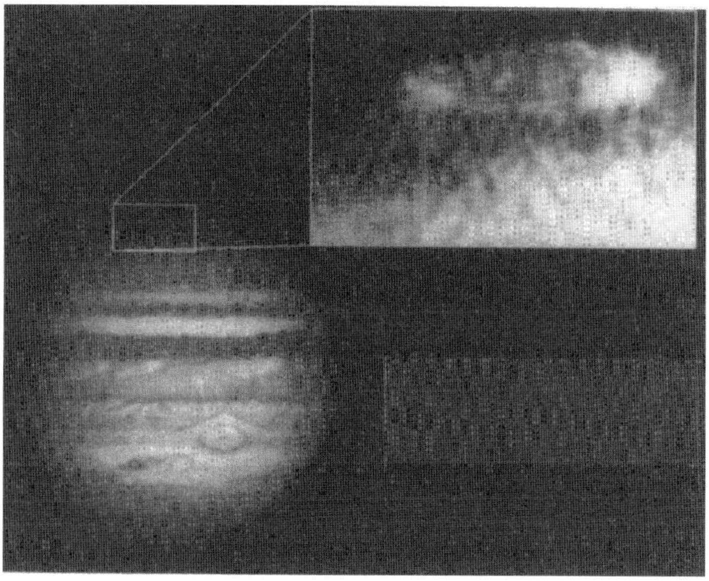

그림 9.20. 허블 우주 망원경으로부터 보이는 목성의 밝은 영상. 삽화는 목성 오로라의 첫 번째 직접적인 자외선 영상이다.

하여왔다. 대적반은 반시계 방향으로 회전하며 목성을 따라서 움직인다. 대적반은 주변 구름보다 더 차갑고, 그것의 상부는 24 km에 이르며 더 작은 소용돌이와 폭풍은 처음부터 끝까지 구름 띠로 나타난다.

구름 상부의 온도는 160 K이다. 대기는 약 21,000 km까지 뻗어있다. 수소의 밀도는 액체 수소로 바뀌기 전까지 압력이 증가함에 따라 상부에서 안쪽으로 꾸준히 증가한다. 보다 아래층의 압력은 액체금속수소라 불리는 엄청나게 높은 밀도를 가지는 수소를 압축시킬 만큼 충분할 것이다.

목성 핵의 온도는 30,000 K일 것으로 추정한다. 이것은 목성이 태양으로부터 오는 열보다 두 배 높은 열을 내는 관측결과를 설명해준다. 목성은 크고 강력한 복잡한 체계의 복사대안에 이온과 전자를 사로잡는 강력한 자기장을 가지고 있다. 이온과 전자로 된 플라즈마 진동은 목성의 관측된 전파방출을 설명해 준다. 자기장은 명백하게 극성을 띄지만, 지구의 극 방향과는 반대다. 목성의 액체 수소 층에서의 전자 흐름이 전파방출의 원천이라 생각된다. 구름 상부에서 목성의 자기장은 지구보다 1.5에서 7배나 더 강력하다. 목성의 거대한 자기권은 태양풍의 압력에 따라 크기가 변한다. 그것은 목성의 궤도에서 태양을 향한 방향으로 700만 km 뻗고, 밖으로는 6억 5천만 km 뻗어있다.

목성의 대기는 지구의 원시대기와 비슷하기 때문에 특별히 흥미롭다.

문 목성대기의 구성은 무엇인가?

답 : 대부분 수소, 헬륨이고, 극소량의 메탄, 암모니아, 수증기, 그리고 다른 기체들도 약간 있다.

9.15 목성의 위성(JUPITER'S MOONS)

목성의 위성들은 확인된 것만 38(註: 63)개 있다(표 8.3). 대부분 작은 것이고, Galileo에 의하여 발견된 **갈릴레이 위성(Galilean moons)**이라고 불리는 네 개의 큰 위성이 관심의 대상이다. 여기에 가장 안쪽에 있는 메티스(Metis), 아말티아(Amalthea), 그리고 테베(Thebe)도 흥미를 더한다(그림 9.21).

작은 아말티아(Amalthea)는 운석충돌흔적이 있는 어두운 적색의 축구장과 비슷하다.

색깔이 화려한 이오(Io)는 풍부한 황물질을 분출하는 활동적인 화산을 가지고 있어서 표면색은 밝은 오렌지, 빨강, 갈색, 검정 그리고 흰색이다. 이오의 밝은 흰색 점들은 이산화황이고, 희박한 대기도 대부분 이산화황 기체이다. 화산은 유로파와 가니메데가 이오에 중력, 당기는 기조력을 주고 모성인 목성이 정상적으로 이오를 밀어 정상 위치로 보내는 과

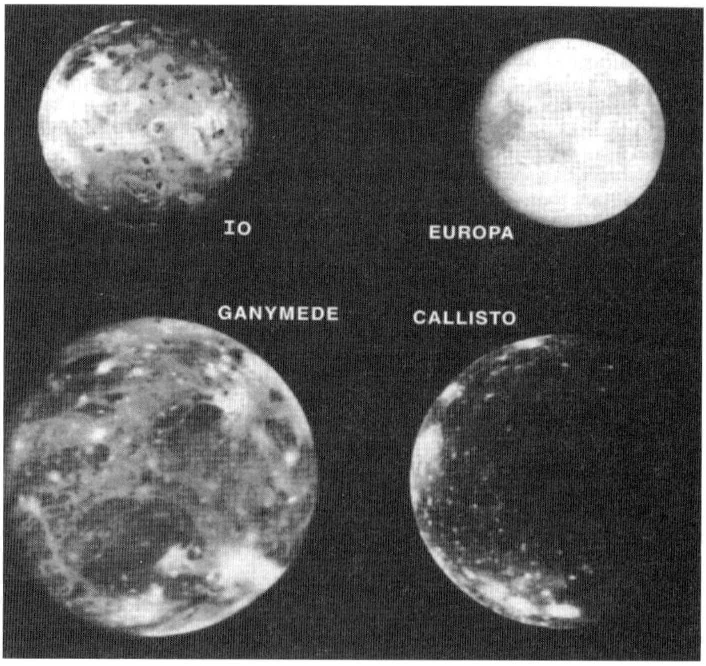

그림 9.21. Voyager로부터의 목성의 네 갈릴레이 위성들의 합성 사진.

정의 마찰열을 받아서 생성되었을 것이다. 이러한 펌프 작용은 이오 표면에서 기조력에 의한 부풀어 오름을 만들었는데, 그러한 부풀어 오름은 지구에의 1 m 정도의 것 보다 백배나 강도가 크다.

대부분이 황과 산소 이온으로 대전된 입자의 거대한 구름은 이오의 거리에서 목성 주변을 요동한다. 이 대전 입자들은 목성을 따라 도는 자기권의 자기력에 의해 이오에서 벗겨 없어진다. 구름 입자들은 목성의 자기력선을 따라 양극으로 움직여서, 목성의 오로라로 빛나게 할 것이다.

유로파, 가니메데, 칼리스토의 표면에는 얼음물의 증거가 있다. 달과 크기와 질량이 비슷한 유로파는 갈릴레이 위성 중 가장 밝게 빛난다. 긴 선에 의해 열십지로 놓여있는 부드러운 얼음 지각에는 기조력에 의해 생성된 열로 덥혀진 해양수가 숨겨져 있을지도 모른다.

가니메데와 칼리스토는 50%의 물과 암석 복합체로 이루어져 있다. 가니메데는 태양계에서 가장 큰 위성으로 지름이 5262km 이다. 가니메데는 전체적으로 판구조적 활동 암시해주는 아마 오래되었을 지도 모르는 어둡고 많은 구덩이를 갖은 지역과 밝고 최근에 생성된 홈이 파인 지역들을 가지고 있다. 칼리스토의 표면이 가장 오래 되어 보이며 많은 충돌구덩이 흔적이 있다. 가장 큰 구덩이는 아마도 얼음 지각의 흐름으로 인해 없어졌을 것이다. 매우 넓은 분지에 남은 그러한 특징은 암석과 금속의 커다란 덩어리와 충돌한 기록일 것이다.

문 (a) 태양계에서 가장 큰 위성은 무엇인가?________________________;
(b) 이 위성의 직경은?____________________________________

답 : (a) 가니메데; (b) 5262km.

9.16 토성 (PLANET SATURN)

지구에서 육안으로 관측되는 행성 중 가장 멀리 있는 밝은 행성인 **토성(Saturn)**은 로마 농업의 신인 세턴(Saturn)의 이름을 얻었다. 눈부신 고리가 토성을 둘러싸고 있다(그림 9.22). 그들 고리 이름은 발견된 순서대로 명명 되었다. 고리는 행성에서 바깥쪽 방향으로 D, C, B, A, F, G, E라 알려져 있다.

우리는 태양을 공전하는 지구와 토성의 공전 궤도면에 대해 측면으로 29°까지 기울어진 다양한 각도에서 고리를 볼 수 있다, 토성의 공전 주기는 29.5년 이므로, 우리는 하늘의 같은 구역에 있는 토성을 수개월 동안 볼 수 있다. 밝은 고리는 65,000 km정도의 폭이고

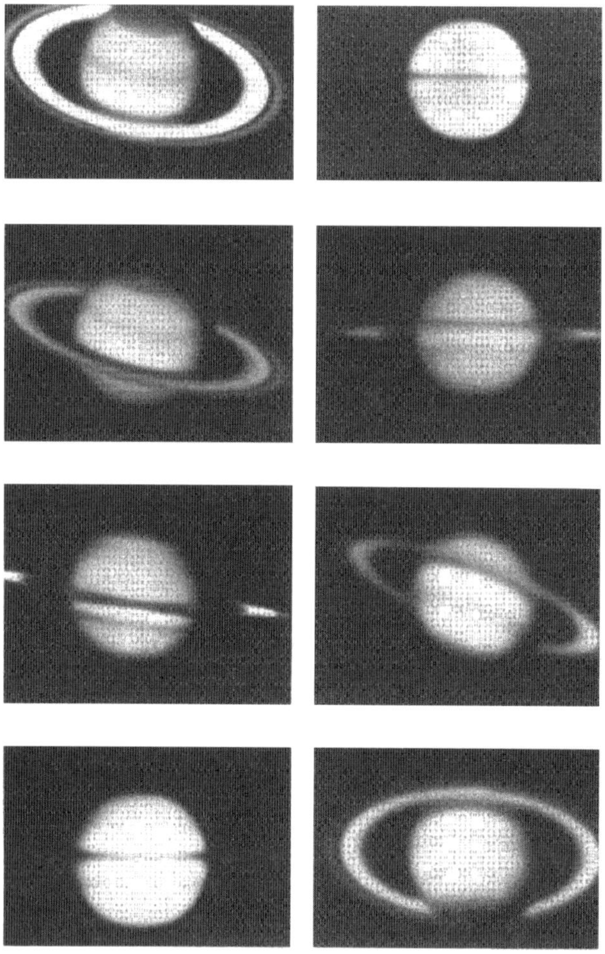

그림 9.22. 지구에서 본 토성의 다양한 모습. 고리의 남쪽면이 태양에 대해 최대인 27° 경사진 것은 최근인 2003에 일어났다; 태양에 대해 북쪽 면은 1987년이었다. 고리의 가장자리 단면은 2009년에 나타날 것이다.

두께는 단지 1 km정도로서 별들이 그들을 통과하여 볼 수가 있다(그림 9.22).

1981년에 보이저 1호는 토성 구름 꼭대기의 64,200 km 이내까지 비행했고, 보이저 2호는 1982년에 1,000 km이내까지 비행했다. 보이저는 토성 계에 대한 33,000장의 이미지를 보내왔다.

토성의 고리는 토성의 궤도를 도는 먼지나 얼음덩이의 언 암석으로 여겨지는 자갈 크기의 얼음 입자로 구성되어 있다. 그들은 햇빛에 반사되어 빛난다. 큰 입자들은 아마 충격에 의해 부서진 위성의 잔해들일 것이고, 나머지는 이들의 충돌 잔해일 것이다. 여러 고리들은 결코 하나의 위성의 충돌에 의하여 모아진 물질들이 아닐지 모른다.

그림 9.23. 보이저(Voyager)의 토성의 고리. 정밀한 세부사항을 나타내기 위해 컴퓨터는 조작이 가해졌다. 밝은 고리는 (같은 스케일로 더해진) 지구보다 약 5배 정도 넓지만, 그들의 두께는 겨우 1km 정도이다.

작은 망원경을 통해보면 A, B, C 고리는 수백 개 정도의 작은 고리를 이루고 있다. B 고리의 길고, 자전거 바퀴살 모양은 전기력에 의해 들뜬 빛나는데 미세한 입자들일 것이다.

F 고리는 1979년에 미국의 파이어니어(Pioneer) 11호 로봇위성에 의해 발견되었다. 고리 주위의 물질들을 이끌고 있는 두 개의 작은 위성의 중력에 의해 얽히고 꼬여있는 F 고리는 작은 고리들로 나누어져 있다. 보이저 1호는 D와 E고리의 존재를 확인했고, G 고리를 발견했다(그림 9.23).

목성처럼 토성도 거대하고, 아마도 비교적 작은 철질 규산염 핵을 가진 여러 겹의 기체 공이다. 토성은 빠른 자전에 의해서 양극이 약간 편평해진 역동적인 대기를 가지고 있다. 수명이 긴 납작한 타원형 같은 띠(belt)와 대(zone)의 색깔과 모양들은 가시광선에서 보이는 구름 위를 덮은 어두운 층 때문에 훨씬 덜 선명하다. 토성의 대기 성분은 목성의 것과 비슷한 성분을 갖지만 혼합물은 다르다. 즉 헬륨 양은 절반이하이다. 토성은 또한 태양으로부터 흡수한 것 보다 더 많은 에너지를 방출한다. 아마도 주된 수소대기 바깥의 헬륨의 침전이 토성의 내부 열을 공급원으로 보인다.

약 29.5년 간격으로 토성의 북반구는 태양으로부터 훨씬 더 많은 양의 열을 받고 그때 큰 흰점이 갑자기 나타난다. 수천 킬로미터의 크기를 갖는 큰 반점은 대기의 깊은 곳에서 솟아오르는 기체의 거대한 폭풍이다. 1990년 9월 24일에 나타난 거대한 흰 타원체는 10월에 행성의 적도 지대 주위로 퍼져 나갔고, 11월에 사라졌다.

1,600km/h 이상의 가장 빠른 속도의 바람은 적도부근에서 일어나는데, 목성에서의 바람의 속도보다 훨씬 강하다. 상층 구름의 온도는 적도대 중심부 근처에서 86 K부터 93 K까지로 나타났다. 그곳에서는 오로라 같은 빛의 방출과 섬광이 있다.

지구 부피의 844배이며 지구 질량의 95배를 갖는 토성은 모든 행성 중 가장 작은 밀도를 갖는다. 만약 충분히 큰 바다가 어디에 존재한다면 토성은 물에 뜰 수 있을 것이다.

토성의 자기권은 목성의 1/3 정도로서 태양풍의 세기가 변할 때 그 크기도 변화를 보인다. 자기권은 대략 태양 방향으로 200만 km 정도 확장될 것이다. 자기장은 토성이 회전을 함에 따라 모성을 회전하는 대전된 입자를 끌어당긴다.

미국과 유럽의 로봇위성인 카시니호(Cassini 1997 -)는 2004년에 토성에 근접하여 2005년 1월에 토성위성에 도착하여 탐험하였다. 토성에 근접한 카시니호는 두 부분으로 분리된다. 호이겐스(Huygens)라 명명된 탐사기는 위성 타이탄의 대기를 통과하는 동안 실험과 사진을 찍었다. 만약 탐사기가 안전하게 착륙한다면 표면 정보와 함께 탐사선은 4년 동안 토성과 그 위성에 대한 자료를 보내 줄 것이다.

문 (a) 토성의 고리를 구성하는 것은 무엇인가?____________________

(b) 소형 망원경으로 보면 고리가 왜 고체처럼 보이는지 설명할 수 있는가?__________

답 : (a) 토성의 고리는 토성의 궤도를 도는 먼지나 얼음덩이나 언 암석으로 여겨지는 자갈 크기의 얼음 입자로 구성되어 있다.

(b) 그 입자수가 너무 많고 우리에게 너무나 멀리 떨어져 있기 때문이다. (서로 떨어져 있는 수 십 억 개의 별들로 이루진 은하도 거리가 멀어서 고체로 보인다는 것을 생각하시오)

9.17 토성의 위성(SATURN'S MOON)

토성은 30(註: 60)개의 위성이 확인되었고, 몇몇의 의심되는 위성을 가지고 있다(표 8.3). 다른 것들은 보이저가 관찰한 풍부한 데이터를 계속 분석 중이므로 곧 발견될 것이다.

타이탄(Titan)은 가장 크고 가장 호기심을 자극하는 위성이다(그림 9.24). 이것은 오렌지 빛의 대기를 가지고 있다. 대기는 대부분이 질소이며, 메탄과 같은 탄화수소도 있다. 그곳에서는 생물발생의 원시적 과정이 진행 중일 것이다. 자욱한 연무(haze)가 타이탄의 표면을 가리고 있다. 이 위성은 액체 메탄과 에탄으로 이루어진 바다의 얼음과 암석으로 이루어져 있는 것 같다. 표면온도는 94 K(-292°F)이다.

그림 9.24. 토성의 가장 큰 위성인 타이탄 (두꺼운 대기는 제외하고)과 중간 크기의 위성들이 보이저(Voyager) 영상들을 합성사진 안에 같은 스케일로 나타냈다.

미마스(Mimas), 엔셀라더스(Enceladus), 테티스(Tethys), 다이온(Dione), 리아(Rhea)는 실제로 대부분이 물 얼음이다. 엔셀라더스를 제 외한 모든 위성은 많은 충돌 구덩이가 있다. 하이페리온(Hyperion)과 이아피터스(Iapetus)도 역시 대부분 얼음으로 된 것처럼 보인다. 운석 구덩이들로 보아 하이페리온이 더 오래된 것으로 보인다. 이아피터스의 반대 맞은편은 매우 차고 어두운 물질을 가지고 있다. 포비(Phoebe)의 공전은 역행이다.

여덟 개의 불규칙적인 모양의 위성들은 그들이 큰 덩어리의 파편임을 알려준다. 프로메티우스(Prometheus)는 안쪽 고리를 이끌고, 판도라(Pandora)는 바깥 쪽 F고리를 이끌고 있다. 거리가 수시로 바뀌면서 발생한 중력효과는 아마도 고리의 비틀림을 야기 시킬 것이다.

문 **토성의 위성 중 가장 크고 가장 흥미로운 위성은 어느 것인가? 설명하시오.**

답 : 타이탄. 타이탄은 대부분이 질소와 탄화수소로 이루어진 대기를 가지고 있다. 그곳에서는 생물발생의 원시적 과정이 진행 중일 것이다.

9.18 천왕성 (PLANET URANUS)

천왕성(Uranus)은 망원경으로 확인한 첫 번째 행성이었다. 1781년 영국의 천문학자 William Herschel (1738∼1822)은 그가 만든 150 mm (6인치) 망원경을 사용하여 천왕성을 발견하였다. 영국왕 George 3세로 이름 지어 졌다가, 결국은 전통적으로 그리스의 하늘의 신인 우라누스 (Unanus)로 명명 되었다.

최대 광도가 5.7등급인 천왕성은 망원경을 통해 보면 작은 원반 (때때로 엷은 푸른색)처럼 보인다. 여러분은 이 행성이 정확히 어디에 보이는지 알고 있다면 당신의 맨 눈이나 쌍안경으로 볼 수 있을 것이다.

1986년에 보이저 2호가 구름 꼭대기인 81,500 km까지 날아가기 전까지 천왕성은 대체로 신비로운 존재였다. 보이저 2호는 천왕성계의 사진 7,000개를 보내왔다.

한쪽으로 기울어진 좁은 고리에 의해 둘러싸여진 천왕성은 거대한 황소의 눈을 닮았다. 천왕성의 자전축과 궤도면 사이의 각은 여러 행성들 가운데 가장 큰 98°이다. 천왕성이 태양 주위를 공전험에 따라 북극과 남극 지역이 교대로 햇빛과 어둠으로 덥히며 천왕성의 자전은 역방향을 한다.

천왕성 생성 초기에는 천왕성이 행성 크기의 물체와의 충돌 했을 가능성이 있다.

대기는 대부분이 수소이고 약 15%의 헬륨, 그리고 적은 양의 메탄과 다른 탄화수소를 가지고 있다. 천왕성은 메탄이 선택적으로 태양빛으로부터 붉은 빛을 흡수하기 때문에 푸른색으로 보인다. 대기는 목성과 토성처럼 동에서 서로 움직이는 구름을 가졌다.

바람은 행성의 자전방향과 같은 방향으로 40∼160 m/s의 속력으로 분다. 놀랍게도 햇빛을 받은 구름과 어두운 구름의 꼭대기는 약 60 K의 같은 평균온도를 보인다.

보이저 2호는 햇빛을 받은 남극 주위의 안개와 태양빛으로부터 복사된 주간대기광 (dayglow)라고 불리는 많은 양의 자외선 빛을 발견했다.

천왕성은 짙은 복사 띠(belt)와 전파를 방출하는 자기권을 가지고 있다. 천왕성의 자기장의 축은 자전축과 60° 기울어져 있다. 자기장은 지구자기장의 세기와 비슷하다. 그러나 자기장은 중심으로부터 벗어나 있기 때문에 변화가 심하다. 그것은 아마 전기적 전도에 의해서 대기와 암질의 핵 사이에 위치한 물과 암모니아의 바다의 압축에 의해 발생하였을 것이다.

회전하는 원통 모양의 자기 꼬리는 천왕성 뒤로 적어도 1000만 km 뻗쳐있다. 그것은 행성의 급격한 회전으로 인해서 긴 나사 모양으로 감겨져 있다.

11개의 좁은 천왕성의 고리는 목성과 토성의 고리와는 뚜렷하게 다르다 (그림 9.25). 그들은 매우 어둡고 주로 몇 피트나 되는 큰 얼음 덩어리로 조성되어 있다. 강한 광삼 (irradiation)은 아마도 얼음 표면에 잡혀 있는 메탄을 어둡게 만드는 것 같고, 순간적으로 먼지의 선이 나타나고 사라진다. 큰 덩어리들은 서로 충돌하여 미세 먼지들을 만들어 고리계의 구석까지 뻗어나가게 하는 것 같다. 보이저 2호가 천왕성 주변에서 관찰한 수소 코로나에 의한 대기의 끌림은 아마도 행성으로 향한 나선형으로 들어가는 먼지 입자를 만들었을 것으로 보인다.

불완전한 고리와 불투명도가 변하는 몇몇 주요 고리들은 고리계가 천왕성이 형성된 후에 만들어 졌음을 암시한다. 고리 입자들은 아마도 고속 충돌에 의해 깨지거나 중력 효과에 의해 부수어진 위성들의 잔해 일 것이다.

문 **천왕성은 왜 그 축과 기울어져 있는가?**

답 : 아마도 천왕성은 초기에 그것을 때리는 충돌을 경험하였다.

9.19 천왕성의 위성(URANUS'S MOONS)

다섯 개의 큰 위성과 적어도 16개의 작은 위성(註: 27)이 천왕성을 공전한다(표 8.3).

가장 큰 위성이라도 우리의 큰 망원경을 통해서는 작고 밝은 점처럼 보인다. 타이타니아(Titania)는 1787년에 처음으로 발견되었고, 1948년에 미란다가 발견되었다. 보이저 2호는 위성들이 어둡고 회색의 얼음-바위가 둥글게 뭉쳐져 있는 것을 발견하였으며 이들은 50%가 얼음으로 20%는 탄소와 질소질 물질로 30%는 암석으로 만들어졌다.

다섯 개중에서 가장 작은 미란다(Miranda)는 매우 특아하게 보인다(그림 9.25). 미란다는 20 km 깊이의 거대한 단층, 계단식 층, V자형 지형, 고르지 않은 큰 산, 산등성이, 그리고 굽어진 모양을 보이고 있다. 또한 오래되거나 젊은 표면이 혼합된 서로 다른 지형은 지질학적 활동의 다양성, 격렬한 충돌, 그리고 천왕성의 중력적 당김에 의해 야기된 기조력의 가열을 보여준다.

두개의 가장 큰 위성인 타이타니아(Titania)와 오베론(Oberon)은 우리의 달의 반 정도 크기이다. 에리얼(Ariel)은 가장 밝고 아마도 가장 젊은 많은 단층 골짜기와 얼음 물질의 또렷하고 넓은 흐름을 가진 표면을 가졌다. 타이타니아는 지질학적 활동이 지나간 증거인 거대한 단층과 협곡을 가지고 있다. 움브리엘(Umbriel)과 오베론(Oberon)의 어두운 표면은 거대하게 충돌 구멍이 뚫리고 오래된 것처럼 보이는 과거에 지질학적 활동을 매우 적게 겪었다는 것을 나타낸다.

작은 위성들은 보이저 2호에 의해 발견되었다. 가장 큰 퍽(Puck)은 지름은 155km이다. 그들은 절반이 암석과 얼음으로 이루어져 있다. 포르티아(Portia)와 로잘린드(Rosalind)는

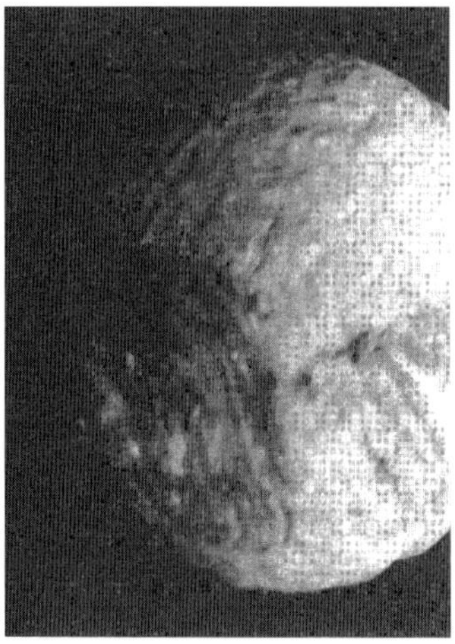

(a)

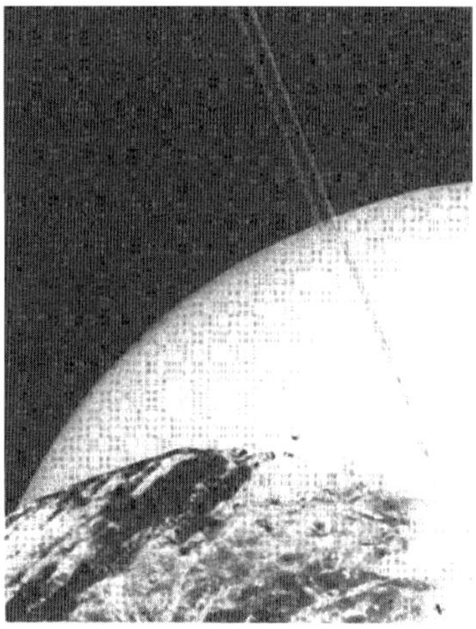

(b)

그림 9.25. (a) 보이저 2호로부터의 얻은 천왕성의 위성 미란다(Miranda)의 모자이크 영상. (b) 보이저 2호 영상 몽타주에 겹친 천왕성 주의 고리에 대한 화가의 그림. 미란다의 표면이 전면에 놓임.

바깥쪽 고리인 입실론(epsilon)의 좁은 지역 안에 또렷하게 유지되고 있다.

문 (a) 에어리얼과 움브리엘의 표면은 어떻게 다른가?________________

(b) 이 차이가 무엇을 알려주는가?________________

답 : (a) 에어리얼은 광대한 얼음의 흐름으로 모인 많은 섬유같은 모습으로 밝게 보인다. 움브리엘은 어두운 색이며 운석 구덩이가 있고 보다 오래되었다. (b) 에어리얼은 지질학적 활동성을 보이나 움브리엘은 지질학적으로 비활동성이다.

9.20 해왕성(PLANET NEPTUNE)

Voyage 2호가 1989년 해왕성의 5,000km까지 근접하였을 때, **해왕성(Neptune)**은 태양으로부터 가장 멀리 떨어져 있을 때였다. 8000개의 선명한 해왕성의 이미지가 보이저호로 부터 보내져 왔다(그림 9.26). 천왕성과 같이 해왕성도 두꺼운 수소, 헬륨과 메탄의 구름으로 덮여져 있어서 밝은 푸른색으로 보인다.

해왕성의 발견은 이론 천문학의 승리였다. 천왕성은 뉴턴의 중력법칙에 의해 예언된 궤도를 따르지 않았다. 영국의 천문학자 John Adams (1819~1892)와 프랑스 천문학자 Urbain

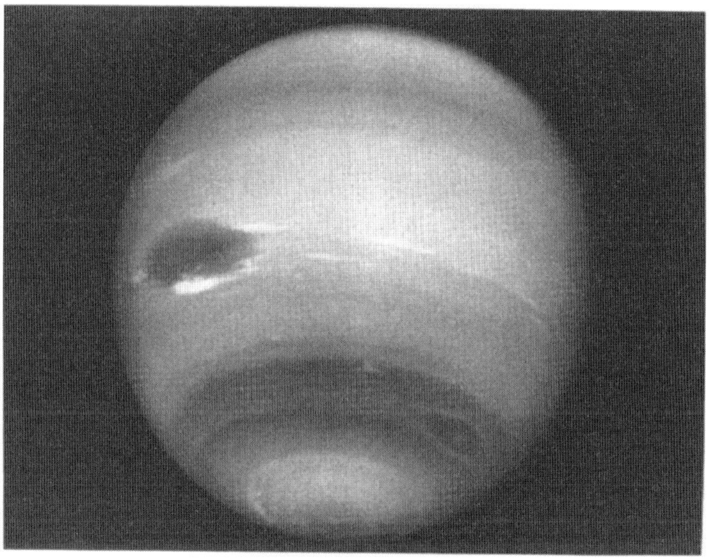

그림 9.26. 보이저 2호로부터의 해왕성. 컴퓨터 작업이 작은 특징들을 나타내기 위해 사용되었다. 대흑반(Great Dark Spot) 1989가 가까이의 밝은 구름이 몇 시간 만에 외형을 바꾸었다.

Leverrier (1811~1879)는 천왕성의 움직임이 다른 행성의 중력에 영향을 받아 복잡한 움직임을 갖게 될 것이라고 계산하였다. 그들은 알려지지 않은 행성이 하늘에 반드시 존재할 것이라고 예언하였다.

1846년 독일의 베를린 천문대(Berlin Observatory) 천문학자 Johann Galle (1822~1910)는 예언된 지점을 관측하여 해왕성을 발견하였다. 그 행성을 바다의 로마신인 넵튠(Neptune)이라고 부르게 되었다.

가스로 된 목성형행성중 가장 작은 해왕성이고 목성의 일조량의 3%만을 받고 있지만, 아주 동적인 대기를 갖는다. 해왕성에는 다른 행성들보다 서쪽으로 부는 가장 강한 바람이 불고 있는데 이것은 자전하는 방향과 반대이다. 몇 개의 크고, 검은 반점과 높고, 길고, 밝은 구름, 줄무늬, 기둥이 나타난다.

1989에 발견된 **대흑반(Great Dark Spot)**은 지구 크기만한 거대한 폭풍으로, 목성의 대적반과 비슷하며, 이것은 해왕성을 18.3시간마다 회전한다. 바람의 풍속은 거의 시속 200 km이다. 1989년 발견된 대흑반은 사라졌고, 1994년 새로 나타났는데 이것은 허블우주망원경에 의해 관측되었다.

해왕성의 자기장은 자전축에 대해 47°로 기울어져 있다. 이것은 자기장이 아마도 내부의 흐름에 의한 특징일 것이다. 자기장은 전파의 방출과 약한 오로라의 원인이 된다.

보이저호는 해왕성을 돌고 있는 네 개의 고리를 발견하였다. 이 고리는 매우 흩어져있고, 고리를 이루는 물질들이 너무 미세해서 지구에서는 분해되어 보이지 않는다.

문 **왜 해왕성의 발견이 이론 천문학의 승리인가?**

답 : 천문학 이론은 보이지 않는 행성이 존재할 것을 예언하였다. 해왕성은 이론에 의해 예언된 하늘영역에서 발견되었다.

9.21 해왕성의 위성 (NEPTUNE'S MOONS)

해왕성은 8(註: 13)개의 위성을 가지고 있다.

트리톤(Triton)은 가장 흥미롭고 큰 위성이다(그림 9.27). 보이저의 관측을 통하여 트리톤의 표면은 메탄 얼음으로 이루어져있음을 알았다. 최근 적외선 관측은 일산화탄소와 이산화탄소, 얼음으로 된 이산화탄소가 있음을 보여주었다. 활동적인 간헐천 폭발이 발생하여 희미한 질소가스와 어두운 먼지를 수 Km 높이까지 보낸다. 표면온도는 태양계에서 관측된 것 중 가장 낮은 온도인 약 38 K이다. 커다란 남쪽의 극관은 약간 분홍색이다.

트리톤의 적도부근에서 북쪽으로 갈수록 자외선과 대기와 표면의 표면에 작용하는 자기권 복사와 자외선에 의한 색은 좀더 어두워지고 붉어진다.

매우 얇은 대기는 트리톤 표면 위 800km까지 확장되어있다. 표면 압력은 약 14 마이크

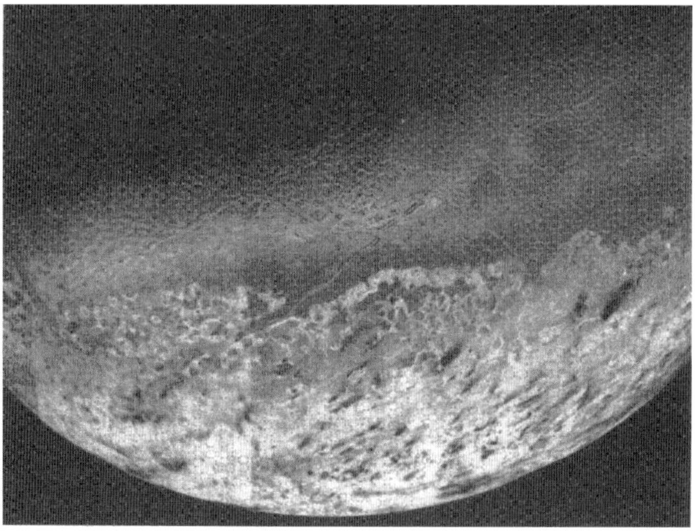

그림 9.27. 보이저 2호로부터의 약 12개 영상을 합성하여 만든 해왕성의 가장 큰 위성, 트리톤(Triton)의 해왕성 방향의 반구.

로바(microbar)로 지구의 1/70,000 이다. 질소 얼음 입자는 표면에서 수 킬로미터 위의 얇은 구름을 형성할지도 모른다.

보이저 2호에 의해 밝혀진 여섯 개의 작고 어두운 위성들은 해왕성의 적도 평면 근천에서 발견되었다. 그들 이름은 신화속의 물의 요정들 이름에서 따왔다. 가장 큰 프로테우스(Proteus)는 직경이 420km 이다. 고리 같이 생긴 작은 위성은 아마 충돌로 인해 뿌려진 더 큰 위성의 파편일 것이다.

문 비교적 높은 밀도이고 역행하는 궤도를 가진 트리톤은 해왕성 식구의 초기 구성원이 아닌 것 같다. 가능한 기원을 설명하여라.

답 : 아마도 해왕성은 초기의 이심궤도를 갖는 트리톤을 자신의 위성으로 잡았을 것이다.

9.22 왜소행성 명왕성 (PLUTO: THE DWARF PLANET)

흔히 태양으로부터 가장 멀리 떨어져 있는 과거에 행성으로 분류된 **명왕성(Pluto)**은 죽은 자의 영혼의 지하세계를 지배하는 저승의 신의 이름을 따랐고, 그 이름처럼 얼어붙은 곳이다. 이것은 가장 밝을 때 등급이 +14로 매우 희미하다.

미국의 천문학자 Clyde Tombaugh (1906 – 1997)는 1930년에 천왕성과 해왕성의 궤도 안에 중력의 불규칙성을 일으키는 X 행성 (해왕성 궤도 바깥쪽에 있다는 가설의 미확인 행성)을 연구하던 중에 명왕성을 발견했다. 명왕성은 그것의 표면을 덮고 있는 얼어붙은 질소와 두꺼운 얼음 층으로부터 반사되는 태양빛에 의해 빛난다. 최근에 명왕성의 크기와 질량이 정밀하게 측정되어졌다. 이것은 천왕성과 명왕성에 중력 효과를 갖게 하거나 제안된 X 행성으로 단정할 정도로 충분히 무겁지 않다. 그것은 크지만 전형적인 카이퍼대(Kuiper belt) 천체라고 할 만하다.

별의 엄폐 현상의 관측은 명왕성이 주로 질소 가스로 되어있는 얇은 대기를 가지고 있음을 확인시켜준다. 별이 명왕성의 뒤쪽을 지나고 있을 때 그것의 빛은 갑자기 없어지지 않고 점차 희미해지다가 점진적으로 다시 회복된다.

상대적으로 큰 위성인 카론(Charon)은 명왕성 주위의 약 19,000 km의 궤도를 돈다(표 8.3). 카론은 1978년에 미국의 천문학자 James W. Christy에 의해 명왕성의 상이 부풀어 오른 것을 관측하여 처음 확인하였다. 그것은 신화에 나오는 죽은 자를 하데스에게 보내는 신화속의 뱃사공 이름이다. 카론은 정확하게 명왕성이 한번 자전하는 것과 일치하는 공전

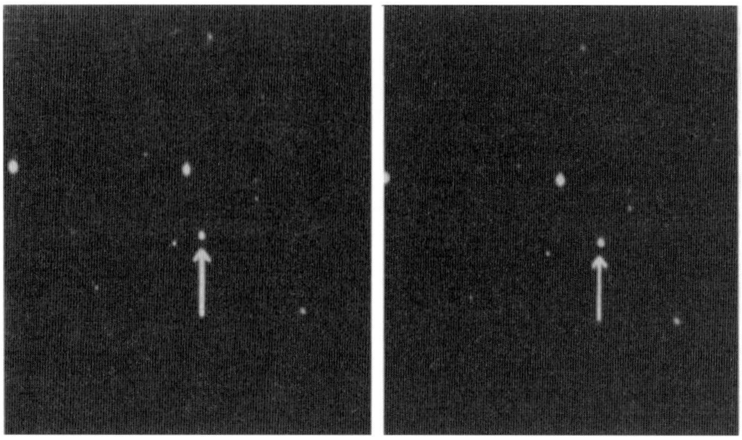

그림 9.28. 명왕성의 두 사진, 24시간 동안 행성의 운동을 보여주고 있다.

궤도를 가지고 있다. 그래서 우주비행사들은 카론을 천구상에서 명왕성의 어느 한 반구(hemisphere)의 같은 점만 관측하게 될 것이다.

모든 행성들 중에 명왕성은 가장 별나게 기울어진 궤도를 가지고 있다. 1980년에 명왕성은 1989년에 근일점에 위치한 해왕성보다 태양에 더 가깝게 접근하였다가 태양으로부터 점점 멀어져 갔다. 1999년에 해왕성 궤도 너머 6.1 AU 지점을 통과하여 명왕성은 다른 행성보다 바깥쪽으로 다시 여행해갔다.

명왕성은 위성과 궤도만이 특이한게 아니라 다른 물리적 특징들도 특이하다(표 8.2). 명왕성은 큰 얼음으로 덮인 미행성체이고, 행성이 아닌 카이퍼대 천체로 다시 분류되었다.(註: 2006년 IAU에서 명왕성은 행성이 아닌 해왕성통과 천체(Trans-Neptunian Objects, TNOs)의 일종으로 왜소행성(dwarf planet)으로 분류되었다.)

우주선이 명왕성을 간적은 없지만 명왕성-카이퍼대 임무(Pluto-Kuiper Belt mission)는 지금 계획되어지고 있다(▶http://pluto.jhuapl.edu◀).

명왕성은 태양계에서 가장 멀리 떨어져 있기 때문에 우리가 발견한 이후에 태양을 완전히 한 바퀴 공전하지 못했다.

문 **그림 9.28을 보고 어떻게 천문학자들이 명왕성이 별이 아니라는 것을 설명할 수 있는가?**______

______

답 : 다른 시간에 찍힌 명왕성의 사진은 배경별에 비해 상대적으로 움직인다는 것을 보여준다. (명왕성을 발견한 Clyde Tombaugh는 수백만 개의 별 사진과, 다른 날짜에 찍힌 한 쌍의 하늘 사진을 비교하는데 수고를 아끼지 않았다)

자가 평가(SELF-TEST)

자가 평가는 여러분이 9장의 내용들을 충분히 이해하고 있는지를 평가하기 위한 것이다. 각각의 질문에 대하여 답하시오. 자가 평가 문제의 끝 부분에 정답과 점검 사항들을 제시하였다.

1. 작은 망원경으로 보이는 행성들의 주요 특징들을 연결하여라.

______(a) 위상	(1) 화성
______(b) 극관	(2) 목성
______(c) 대적반	(3) 토성
______(d) 고리	(4) 금성

2. 행성들의 공통점을 바르게 연결 하여라.

______(a) 교차하고, 평행하고, 어둡고, 밝은 구름 띠	(1) 수성과 금성
______(b) 많은 분화구와 산	(2) 목성과 토성
______(c) 두꺼운 수소, 헬륨, 메탄 구름으로 덮여있다	(3) 천왕성과 해왕성

3. 왜 금성이 방문하기 어려운지 세 가지 이유를 말하시오.

(1)______________________________

(2)______________________________

(3)______________________________

4. 그림 9.29의 태양 주위를 도는 금성, 지구, 화성을 보고, 그림에서 다음에 설명하는 지점이 어디인가 쓰시오.

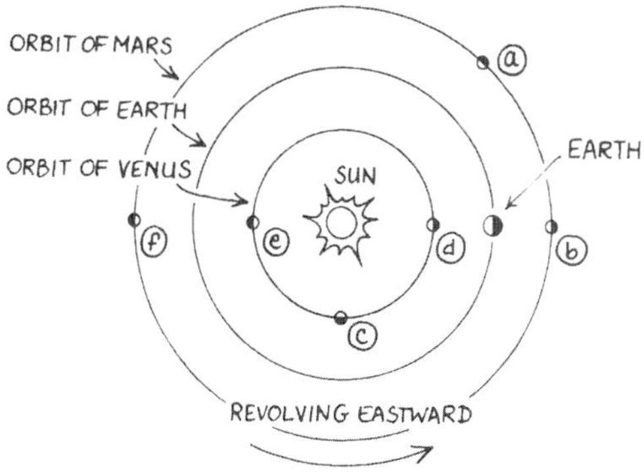

그림 9.29. 지구에서 본 금성과 화성의 운동.

(1) 금성은 저녁별이다_______________

(2) 금성은 삭이다_______________

(3) 화성은 충에 있다_______________

(4) 화성은 밤에 안 보인다_______________

5. 지구의 기본적은 3층을 그림으로 그리고 그 이름을 쓰시오.

(1)__________; (2)__________; (3)__________

6. 판구조론을 지지하는 세 가지 관측 사실을 쓰시오.

(1)_______________

(2)_______________

(3)_______________

7. 로봇이 화성에 착륙한 지점에 대한 풍경, 대기, 온도를 기술하시오._______________

____

8. 화성에서 오래전에 물이 흘렀던 것을 나타내는 두 가지 관측 사실을 말하시오.

(1)_______________

(2)_______________

9. 다음 행성의 대기에서 대부분을 차지하는 기체를 말하시오.

(a) 지구_______________

(b) 화성_______________

(c) 목성_______________

(d) 토성_______________

(e) 천왕성_______________

(f) 타이탄_______________

10. 아래 행성들과 보이저호가 발견한 것을 연결하시오.

_____(a) 고리를 갖은 행성　　　(1) 목성

_____(b) 위성을 갖은 행성　　　(2) 토성

(3) 천왕성

(4) 해왕성

11. 행성의 위성들과 관련된 것끼리 연결하시오.

______(a) 태양계에서 가장 큰 위성	(1) 가니메데/목성
______(b) 상당히 많은 양의 대기를 가지고 있는 유일한 위성	(2) 이오/목성
______(c) 활화산을 가지고 지질학적 활동을 활발하게 하는 위성	(3) 미란다/천왕성
______(d) 젊고 늙은 표면의 혼합물을 가진 특이한 위성	(4) 타이탄/토성
______(e) 활동적인 온천과 함께 가장 추운 표면을 갖는 위성	(5) 트리톤/해왕성

해답(ANSWERS)

아래 주어진 답들과 여러분 스스로 풀어본 답들과 비교하시오. 만약 모든 문제의 정답이 일치하면 다음 장을 공부할 수 있는 실력입니다. 만약 약간의 오답이 있는 경우 그 문제에 해당되는 각 절을 재검토한 후 답을 수정하고, 많은 문제에서 오답이 있을 경우 전체 장을 주의 깊게 다시 읽고 답하시오.

1. (a) 4; (b) 1; (c) 2; (d) 3 (9.2, 9.9, 9.13, 9.14, 9.16, 9.18, 9.20절)
2. (a) 2; (b) 1; (c) 3 (9.1, 9.3, 9.13, 9.14, 9.16절)
3. 유독한 이산화탄소대기를 갖고 너무 뜨거우며, 대기압은 90기압이 넘는다. (9.3절)
4. (1) c; (2) d; (3) b; (4) f (9.2, 9.9 절)
5. 그림 9.10을 참조라. (1) 지각; (2) 맨틀; (3) 핵 (9.5절)
6. (1) 유사한 식물과 동물화석이 서아프리카와 남아메리카 해안선 사이에서 발견되었다.
   (2) 해안선이 일치한다.
   (3) 해안선가까이에서 대서양 바닥에 까지 1억 5천만년보다 오래된 암석이 없다. (9.6절)
7. 표면은 붉고, 건조하고, 암석파면 사막같이 보인다. 하늘은 분홍색이다. 온도는 낮다. (9.10절)
8. (1) 거대한 강에 의해 깎인 것처럼 보이는 깊고, 넓은 수로
   (2) 언 물로 이루어진 극관. (9.11절)
9. (a) 질소(약 78%), 산소(약 21%)
   (b) 이산화탄소
   (c) 수소, 헬륨
   (d) 수소, 헬륨
   (e) 수소, 헬륨과 약간의 메탄
   (f) 질소 (9.8, 9.11, 9.14, 9.16~9.18절)
10. (a) 1,2,3,4; (b) 1,2,3,4 (9.15, 9.17, 9.19, 9.21절, 표 8.3)
11. (a) 1; (b) 4; (c) 2; (d) 3; (e) 5 (9.15, 9.17, 9.19, 9.21절)

제10장

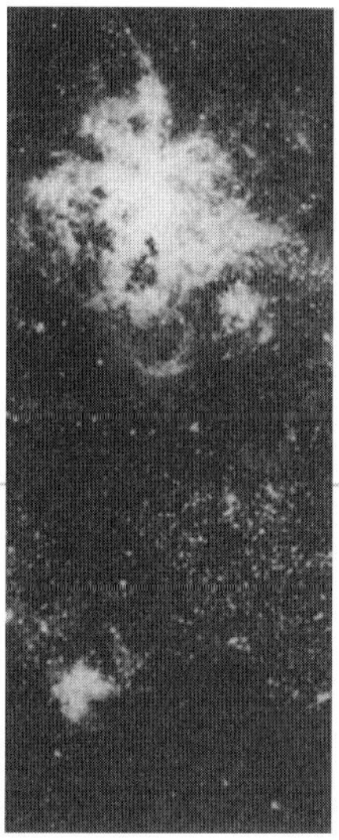

달
(The MOON)

달이 완전한 모습으로 지구를 비출 때
사랑스런 달 주위의 별들은 그 빛을 감춘다.

사포 4절 (612 B.C.)

목표

☆ 천구상의 달의 겉모습과 달의 겉보기 운동에 대해 설명하여보자.
☆ 달과 지구의 지름, 질량, 평균 밀도, 표면 중력에 대해 비교하여보자.
☆ 달의 일반적인 표면의 특징에 대해 설명하여보자.
☆ 달과 지구의 지질학적 활동과 지표면의 침식에 대해 비교하고 대조하여보자.
☆ 관측과 일치되는 달의 기원에 대한 가설을 살펴보자.
☆ 달의 구덩이와 바다에 대한 기원에 대해 설명하여보자.
☆ 아폴로호가 달에 상륙했을 때 표면 상태에 대해 설명하여보자.
☆ 달의 내부구조에 대한 현재 모델을 제시하여보자.
☆ 달에 대한 답해야 할 남아있는 몇 가지 궁금증을 열거하여보자.
☆ 일식과 월식에 관련하여 지구, 달, 태양의 위치에 대해 알아보자.

10.1 가장 가까운 이웃 (NEAREST NEIGHBOR)

시인들은 항상 아름다운 달(moon)에 항상 매료되어 왔다. 보름달은 −12.5등급으로서 일등성의 별에 비하여 대략 25,000배 더 밝다 (그림 10.1).

사람들은 눈부시게 빛나는 달이 인간의 행동에 직접적으로 영향을 준다고 믿어왔다. 따

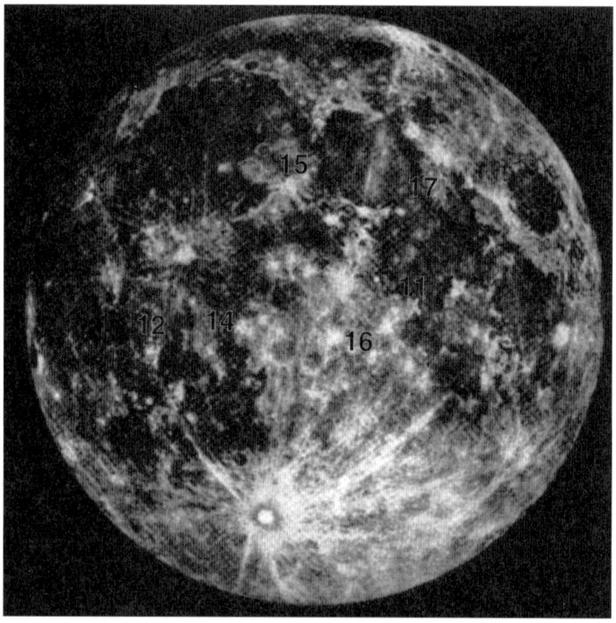

그림 10.1. 보름달. 아폴로호가 착륙한 여섯 개의 부지가 11부터 17까지 (미션번호와 일치하게) 표시되어 있다. 두드러진 계곡, 분화구, 산맥들 이름이 달 지도에 정해져 있다.

라서 이런 것을 믿는 사람들은 보름달이 떴을 때 특별한 종교적 의식을 치렀다. 달에 대한 몇 가지 고대 여신의 이름에는 다이애나(Diana), 루니(Lunae), 쎌레네(Selene), 신티아(Cynthia) 등이 있다. 달의 위상 변화와 관련한 미쳤다는 뜻의 "Moonstruck (미친)", "lunacy (광기)" 등의 단어들이 언급되기도 했다.

오늘날 우리는 우주의 다른 어떤 이웃보다 달에 대해 많이 알고 있다. 그것은 지구로부터 평균 384,400 km의 가까운 거리에 있기 때문이다. 우주선과 우주비행사는 달에 가서 수천개의 사진, 과학적 데이터, 표면 샘플들을 보내왔다.

미국의 아폴로 계획(U.S. Apollo Moon missions: 1969–1972)은 카메라와 과학적 실험도구를 가지고 사람이 착륙하게 하였고, 과학 실험을 위하여 380 kg의 월석을 가지고 왔다.

아폴로 호(▶http://nssdc.gsfc.nasa.gov/planetary/lunar/apollo.html◀)는 1977년까지 자료를 보내왔으나 그 후 예산상의 이유로 결국은 중단했다.

달은 태양 빛을 반사하여 빛난다. 달에 입사하는 태양 빛에 대해 달이 공간으로 반사하는 빛의 비율인 평균 **반사도(albedo)**는 11%밖에 안된다. 공기가 없는 달의 표면은 태양빛의 대부분을 달의 표면에서 흡수된다.

문 보름달이 밤하늘에서 가장 밝게 빛나는 이유는 무엇이라고 생각하는가?

답 : 다른 천체보다 지구에서 가깝기 때문이다.

10.2 하늘에서 달의 운동 (IN THE SKY)

만약 여러분이 달을 규칙적으로 관측한다면 여러분은 천구상에서 달의 위상 변화와 함께 두 가지 겉보기 운동을 알게 될 것이다.

여러분은 달이 동쪽에서 떠올라서 하늘을 가로질러 서쪽으로 이동하여 지는 것을 매일 볼 수 있을 것이다. 이는 지구가 매일 자전하기 때문이다.

또한 여러분은 달의 위치가 별자리에 대하여 매일 동쪽으로 약 13°씩 변화하는 것을 관측 할 수 있을 것이다. 이는 태양에 대해 매일 지구-달 계가 태양 주위를 매년 공전하기 때문이다(그림 10.2).

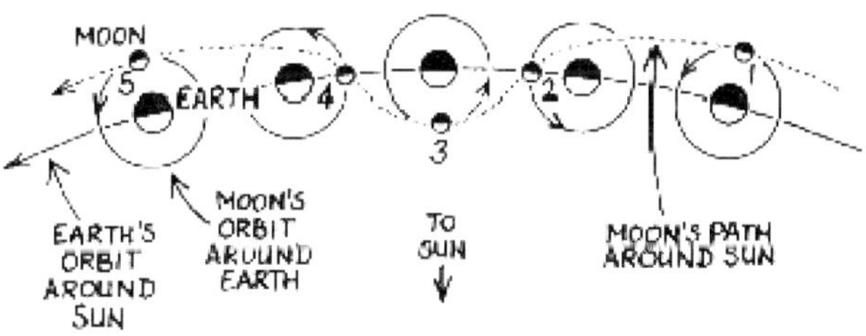

그림 10.2. 지구-달 계의 태양 공전 운동. 달 궤도의 물결 모양을 뚜렷하게 표현하기 위해 다소 과장되어 그려졌다.

문 달이 전날보다 평균 50분씩 늦게 뜨는 이유를 설명하여라.

답 : 달이 뜰 때 달은 어느 한 별자리 위에 위치한다. 지구가 정확하게 한바퀴를 돈 24시간 후에 이 별자리는 다시 같은 시각에 뜨는데 그동안에 달은 별자리에 대해서 동쪽으로 13° 이동한다. 그래서 그때보다 50분씩 늦게 뜬다.

10.3 자전 (ROTATION)

지구의 중력은 달을 **동주기 자전**(synchronous rotation)으로 고정시켰다. 달이 자전축에 대하여 27.3일에 한 바퀴 자전하는 같은 시간동안 달은 지구 주위를 공전한다. 이것이 항

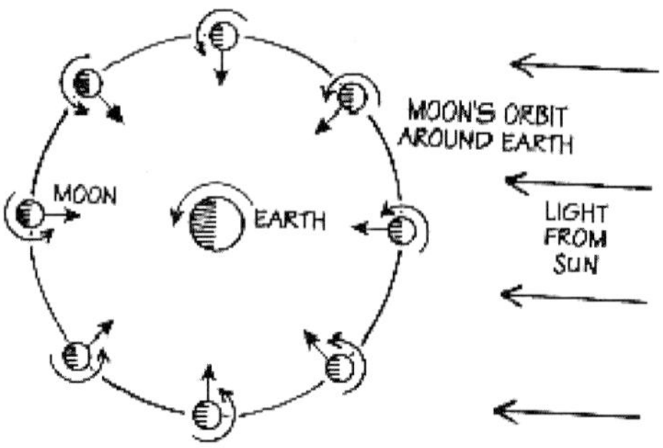

그림 10.3. 동주기 자전 : 달이 지구 쪽으로 항상 같은 면을 향하게 함.

상 달의 같은 면이 지구를 향하게 하는 이유이다.

당신은 달에 있는 사람의 같은 면만 보고, 결코 그의 뒷면을 볼 수 없다는 것을 알게 된다(눈에 보이는 달의 표면은 달의 움직임의 미세한 변화에 의하여 약간 이동하여 나타날 것이다. 그것을 **칭동**(libration)이라고 부른다. 당신은 실제로 달 표면의 59%를 볼 수 있다).

달의 자전 주기와 공전 주기가 아마도 우연히 일치하지 않았을지라도, 조석마찰 때문에 같아지게 된다.

문 **사람들이 우주선을 타고 먼 곳까지 가기 전에는 달의 한쪽 표면밖에 볼 수 없는 이유는 무엇인가?**____________________

답 : 달의 자전 주기가 지구를 도는 달의 공전 주기와 같다. 그래서 달의 같은 면이 항상 지구를 향하기 때문이다.

10.4 특별 효과(SPECIAL EFFECTS)

당신은 달의 겉모습에서 매우 재미있는 변화를 관찰할지도 모른다.

달무리(lunar halo), 또는 달 주위의 고리모양은 정말 달 주변에서 일어나는 것이 아니다. 달무리는 지구 대기 높은 곳의 얼음 입자가 달빛이 지구 대기를 통과하는 동안 굴절시켜 만드는 것이다.

달이 지평선 가까이에 있을 때 달은 붉게 보일 것이다. 달이 지평선 근처에 있을 때 달빛은 달이 우리 머리 위에 있을 때 보다 지구 대기를 더 긴 경로로 통과하여 우리 눈에 도달한다. 달빛(반사된 태양광)은 가시광선으로 구성되어 있는데, 짧은 파장(또는 푸른)의 달빛은 산란되어 흩어져 버리고 긴 파장(붉은)의 달빛은 대기를 뚫고 지나가서 달이 붉게 보인다.

보름달은 하늘 높은 곳에 위치할 때 보다 수평선 근처에 있을 때 더 커 보인다. 그러나 실제 달의 크기는 항상 같다. 누구도 이런 달의 착시의 원인을 정확하게 알지 못한다. 아마도 달이 먼 거리에 있는 별들과는 다른 주위 물체와 비교하여 심리학적인 차이를 만들어낸 것일 것이다.

추수절달(harvest Moon)은 추분점에 가장 근접한 보름달이다. 이때는 달이 저녁에 평소보다 일찍 떠올라 하늘을 밝혀주어 농부들에게 추수할 초과 시간을 준다. 추수질의 달은 황도와 지평선 사이의 각이 최소가 될 때 나타난다.

문 **아폴로 우주비행사가 달의 표면에서 "지구 주변의 고리"를 보았다고 생각하는가? 설명하여라.**

답 : 아니다. 달 주변의 고리는 지구 대기의 얼음입자에 의해 나타나는 대기의 굴절이다. 달은 대기나 물을 가지고 있지 않아서 지구 주변 하늘의 대기 굴절을 만들어 낼 수 없다.

10.5 크기(SIZE)

달은 그 모행성인 지구와 비교하여 상대적으로 크기가 큰 위성이다. 달의 크기는 달의 각 지름과 지구로부터의 거리에 의해 측정할 수 있다.

달까지의 거리는 레이저를 쏘아서 반사되어 되돌아오는데 걸리는 시간을 이용하여 100억 분의 1, 즉 몇 cm의 환상적인 정밀도로 측정할 수 있다.

달의 적도 지름은 3,476 km이며 지구의 적도 지름은 12,756 km이다.

문 **달과 지구의 크기를 비교하여라.**

답 : 달의 지름은 지구의 1/4이다.

$$\frac{\text{달의 지름}}{\text{지구의 지름}} \cong \frac{3500\text{km}}{13000\text{km}} \cong \frac{1}{4}$$

10.6 밀도 (DENSITY)

달의 우주선에서 만들어내는 가속도로부터 측정된 달의 질량은 7.35×10^{22} kg로서 지구의 1/81이다.

달의 평균 밀도는 3.34 t/m^3으로 대략 지구의 3/5이다.

달의 표면 중력은 달의 질량과 크기가 작기 때문에 지구의 1/6이다. 그것은 84kg인 우주 비행사가 달 표면에서는 14kg밖에 나가지 않는다는 것을 의미한다.

문 **달의 평균 밀도가 지구보다 작은 이유를 설명하시오.**

답 : 달은 지구의 지각과 맨틀처럼 거의 전부 규산염 암석으로 이루어져 있다. 그리고 철과 다른 금속은 부족하다. (월석을 분해하면 지구의 암석과 같은 조성을 보이지만 그 비율을 다르다)

10.7 자료 (DATA)

지금까지 배운 달의 일반적 특성을 표 10.1를 통해 복습해 보자. 필요하다면 8.4절과 8.10절을 참고하시오.

표 10.1 달의 일반적 특성

물리적 변수	값
(a) 지구로부터 평균 거리	384,400 km
(b) 지름	3,476 km (지구의 1/4)
(c) 항성월	27.3일
(d) 삭망월	29.5일
(e) 자전주기	27.3일
(f) 질량	7.35×10^{22} kg (지구의 1/81)
(g) 평균밀도	3.34 t/m^3 (지구의 3/5)
(h) 표면 중력	지구의 1/6
(i) 알베도	0.11
(j) 보름달의 겉보기 등급	−12.5
(k) 평균 궤도 속도	1.02 km/s

10.8 관찰 (OBSERVING)

달은 우리에게 매우 가깝기 때문에 쌍안경이나 조그만 망원경을 통하여 자세히 관측할 수 있는 가장 좋아하는 표적이다.

이 책의 뒷부분에 있는 달지도(Moon Map)는 눈에 띄는 표면 특징을 확인하기 쉽도록 특별하게 그려졌다. 이것은 북반구의 가장 높은 주변에서 나타나는 것과 같은 달의 모습이다. 달지도 위의 나침반 방향은 하늘의 방향과 일치한다. 이 지도는 위쪽이 북쪽이고, 우리가 우리의 눈이나 쌍안경으로 달을 보는 방식으로 되어 있다.

갈릴레오가 처음으로 그의 망원경으로 달에 초점을 맞추었을 때 그는 그가 본 크고 상대적으로 어두운 지역을 바다라고 잘못 생각했다. 그는 그것을 바다를 의미하는, **마리아(maria, 단수표현은 mare)**라고 불렀다.

달 탐험대는 달에서 물을 찾아내지 못하였다. 마리아는 실제는 굳은 용암층이다. 그들은 **현무암(basalt)**을 포함하고 있고 화산으로부터 분출된 용암이 냉각에 의해서 생성된 암석의 일종이다. 지구 방향의 달 표면에서 가장 큰 바다는 1100 km를 가로지르는 소나기의 바다(Sea of Showers)인 Marc Imbrium이다.

달의 좀 더 밝은 지역을 **고지대(highland)**라 부른다. 그들은 마리아보다 높고, 더 바위투성이고 오래된 지역이다. 고지대는 밝은 색의 화성암으로 구성되어 있다. 그들은 표면의 80 %를 덮고 있다.

문 '달에 사람모습'을 형성하는 마리아(maria)는 무엇인가?____________

답 : 굳은 용암층.

10.9 구덩이 (CRATERS)

달의 표면에는 구멍을 판 듯한 구덩이(craters)이가 있다.

구덩이는 보통 Copernicus와 Plato와 같은 유명한 과학자와 철학자의 이름을 따서 명명되었다. 직경이 대략 240 km의 클라비우스(Clavius)와 같이 크고, 편평한 층의 구덩이로 이루어진 곳을 **분지(walled plains)**라고 부르며 아주 작은 것은 **구덩이지류(craterlet)**라 한다.

전형적인 구덩이는 원형으로, 아주 작은 크기의 구멍에서 수백 m를 가로지르고 3000m의 높이의 벽이 있는 원형 분지까지 다양하다. 이들은 대부분은 운석이 빠른 속도로 달에 충돌하여 생긴 것이다(그림 10.4).

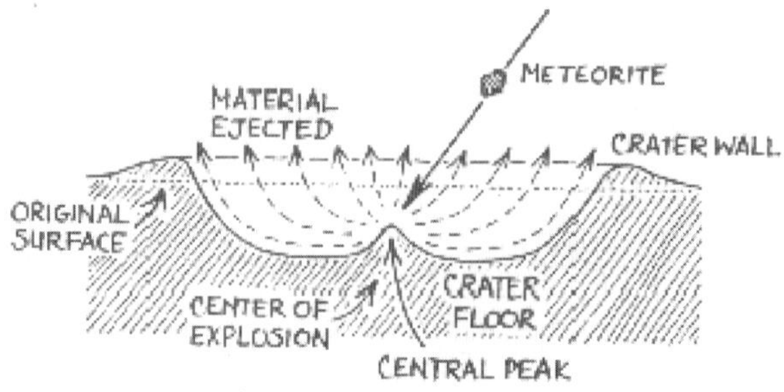

그림 10.4. 전형적인 충돌 구덩이의 형성.

충돌 열은 땅을 뚫고 나가면서 운석과 땅의 일부를 기화시킨다. 뜨겁게 기화된 물질은 높은 가장자리와 종종 중앙의 정점을 가진 구덩이를 만들면서 격렬히 팽창하고 폭발한다. 뿜어내어진 물질이 다시 구덩이 주변에 떨어지며 종종 작은 부수적인 구덩이를 만들어낸다.

밝은 광선들이 돌출된 젊은 구덩이 표면을 가로질러 수백 킬로미터를 뻗어나간다. 이것들은 외관상으로 충돌 폭발로부터 물질을 뿜어내며 모양을 만든다.

구덩이와 산을 관찰하기 가장 좋은 시간은 명암경계선(terminator)라고 부르는, 해가 뜰 때나 질 때이다. 태양이 낮게 있으면 고지대는 땅위에 높은 표면의 두드러진 그림자를 만들어 낸다.

일출 명암경계선은 삭과 망 사이의 기간에 달 표면 위에서 오른쪽에서 왼쪽으로 움직인다. 일몰 명암경계선은 망과 삭 사이에서도 똑 같이 움직인다. 달이 보름일 때, 마리아는

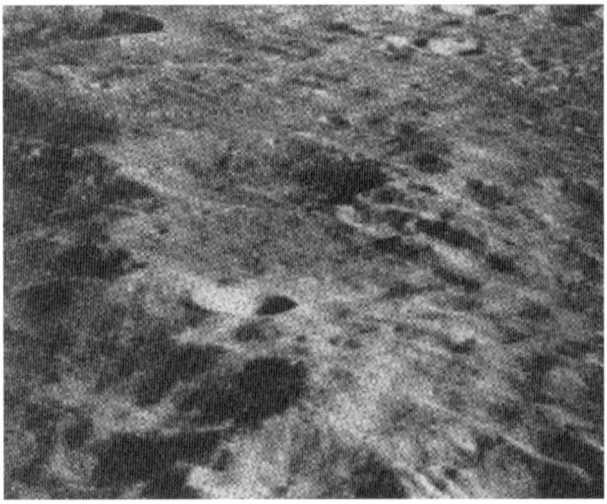

그림 10.5. 달의 뒤쪽을 1959년 10월 4일 가장 먼저 러시아의 루나(Luna) 3호가 사진 찍었다.

눈에 띄게 두드러지지만 표면 그림자의 부족으로 표면에서 두드러짐을 알아보기 힘들다.

우주비행선의 사진들은 달의 뒷면의 구덩이와 고지대를 보여준다. 하지만 그것은 우리에게 눈에 띄게 잘 보이는 것 같은 큰 바다를 가지지 않는다. 달의 우리 쪽과 반대 쪽 사이에 차이점이 존재하는 이유는 아직 밝혀지지 않았다(그림 10.5).

문 달 위에 대부분의 구덩이가 만들어진 이유는 무엇인가?______________

답 : 표면위의 운석 충돌.

10.10 탐사(EXPLORING)

1969년 7월 20일, 미국의 우주비행사 Neil Armstrong이 인류 최초로 달에 발을 딛었을 때 달의 세계는 이상하고 적막한 것이었다.

달의 전 표면은 연속된 운석 충돌로 표면의 바위가 부서져서 생긴 **표토(regolith)**라고 불리는 가루 토양으로 덮여 있었고 많은 지역이 조약돌에서부터 큰 자갈의 크기에 이르는 많은 무른 암석을 가지고 있었다.

물은 흐르지 않고, 아무것도 자라지 않는다. 물, 화석, 또는 유기적인 어떤 것도 없다는 것이 월석과 달의 토양에 대한 실험실 분석으로 밝혀졌다. 이러한 생명체가 없다는 증거는 달에 항상 생명체가 없어 왔음을 말한다.

그림 10.6. 아폴로 12호의 우주비행사는 달에서 총 300시간을 보냈다. 3쌍의 달탐사선을 운전했고 그들의 착륙지점 주위의 표면을 탐사하였다.

달은 공기를 가지고 있지 않기 때문에 푸른 하늘, 흰 구름, 또는 어떤 종류의 날씨도 달 위에서는 나타나지 않는다. 소리를 운반할 공기가 없어서 정적이 쫙 깔려 있다.

낮과 밤은 길어 각각 14일씩이다. 적도의 표면 온도는 태양이 남중하였을 때의 120℃에서부터 밤에는 -150℃까지 변한다.

Apollo 우주비행사들은 달에서 인간의 활동이 용이하다는 것을 입증하였다(그림 10.6). 21세기에는 우주비행사들이 달 기지가 천문 및 다른 과학적 연구를 수행하고, 우주 탐사를 보조하기 위한 산소, 금속과 같은 자원의 제공처가 될 것이다.

문 달 위에 큰 광학 망원경을 두면 유용한 이유는?

답 : 달에서는 공기와 기후변화가 없기 때문에 시상(seeing: 2.21절)이 좋을 것이다.

10.11 폭격(BOMBARDMENT)

달 표면의 침식의 주요 인자는 시속 113,000km의 속도로 달에 충돌하는 매우 작은 알갱이의 암석과 금속으로 된 미세유성체들이며, 큰 운석 또한 때때로 달에 부딪친다.

그림 10.7. 역사적인 아폴로 11호의 달 방문. 닐 암스트롱에 의해 사진 찍힌 Edwin E. Aldrin의 헬멧 앞 유리에 반사가 포착되었다.

미세유성체는 공기와 물이 있는 지구 표면에서 보다 달 표면을 변화시키는데 약 10,000배 더 적은 영향을 주며, 이들은 100만년에 1밀리미터 정도 달 표면을 변화 가져온다.

문 **1969년에 찍힌 닐 암스트롱의 달 위의 최초의 발자국이 아마도 지금부터 백만 년 후에도 같게 보이는 이유를 설명하시오 (그림 10.7).______________________**

____

답 : 미세유성체의 폭격에 의해 주로 일어나는 달의 침식은 지구의 물과 공기에 의한 침식 보다 훨씬 천천히 일어난다.

10.12 산 (MOUNTAINS)

달 위의 산은 알프스와 같은 지구의 거대한 산맥의 이름 붙인다. 그들은 지구의 산과 화학 조성과 외관이 서로 다르다. 왜냐하면 이들은 다른 힘에 의해 형성되었기 때문이다.

달에서 가장 높은 산의 꼭대기는 지구의 가장 높은 산인 에베레스트 산 정도인 8000 m 이상이다.

문 **지구의 산의 모양은 끊임없이 변하는데 달의 산의 모양은 변하지 않는 두 가지 주요 요인은 무엇인가?______________________**

답 : 공기와 물. 산에는 개울이 흐르지 않는다. 대기 중에서 폭풍이 일어나지 않아 표면 변화가 거의 일어나지 않는다.

10.13 역사 (HISTORY)

달을 연구하는 과학자들은 미국의 Apollo호와 러시아의 Luna 달 탐색호의 데이터로 달의 생명의 역사를 부활시켰다.

고지대에서 수집된 달의 가장 오래된 암석은 약 43억년 정도 된 것으로 몇 개의 매우 작은 녹색 암석 조각은 약 46억년 정도이다. 바다(maria)의 가장 젊은 암석은 31억 년전에 생성되었다.

달의 생성 방법과 장소는 여전히 미스테리이다.

월석은 규산염광물이 풍부하고 금속과 휘발성 원소가 지구의 암석보다 부족하다. 따라서 달은 아마도 지구의 일부가 떨어져 나온 것은 아닐 것이다. 그것은 아마도 태양계 성운의 작은 입자들이 응축되어 생성된 것도 아닐 것이다.

가장 인기 있는 **충돌-분출 가설**(impact-ejection hypothesis)은 지구가 형성된 후 곧 행성 크기의 몸체가 지구 쪽으로 충돌하였다고 말한다. 지구로부터 충돌 분출된 거대한 물질 덩어리는 우리 행성 주위에서 고리 모양으로 퍼져나갔다. 고리의 물질이 모아져서 달이 형성되었다.

처음 수 10억년 동안은 어린 달은 모든 크기의 운석에 의해 거대하게 충격을 받았다. 그들은 지금의 달의 지각인 거대한 구덩이와 녹은 표면을 만들었다.

달의 나이가 10억년 정도가 되었을 때, 내부는 방사성 물질에 의해 크게 열을 받았다. 화산은 거대한 현무암질 용암을 표면 위와 구덩이 안으로 뿜어내었다. 이 용암은 굳었고 바다를 형성하였다.

약 30억 년 전에 달은 현저하게 냉각되었고 화산 활동은 대부분 멈추었다. 작은 용암의 흐름과 코페르니쿠스와 같은 (약 10억 살)의 젊은 비교적 많은 수의 충돌 구덩이를 제외하고, 달은 그때부터 변화하지 않았다. 아폴로호의 우주비행사들이 남겨둔 달의 지진계측은 매우 낮은 수준의 지진활동을 보인다.

달은 공기가 없고, 건조하고 안정된 표면은 지구형 행성과 공통으로 겪어야만 했던 고대의 충격에 대한 역사적 기록을 유지하고 있다.

문 지구와 다른 달의 지질학적 활동은 어떠한 것들인가?

답 : 달은 본질적으로 여전히 활발한 화산활동, 조산운동, 대륙이동 등을 하는 지구와는 대조적으로 탄생 후 20억년 후부터는 지질학적 활동이 멈추었다.

10.14 달의 내부(INSIDE THE MOON)

지질학자들은 우주비행 자료를 통해 달의 일반적인 내부 구조 그림을 얻었다. 중력장의 측정은 원형의 바다에 숨겨진 질량이 집중된 매스콘(mascons)을 찾아냈다. 질량이 집중된 곳의 존재와 더불어 주요한 달의 지진 활동의 나타나지 않는다는 것은 달이 차갑고, 두껍고, 딱딱한 겉 층, 즉 지각을 가졌다는 것을 암시한다. 지구 방향의 지각은 대략 60km의 두께지만 그 반대편은 더 두껍다.

지각 밑에는 약 1000km 뻗어 내려간 맨틀이 있으며 중심으로 약 700km까지 뻗어있는 핵의 물리적 특성은 아직 알려지지 않았다. 핵은 아마 부분적으로 녹은 상태이고 온도는

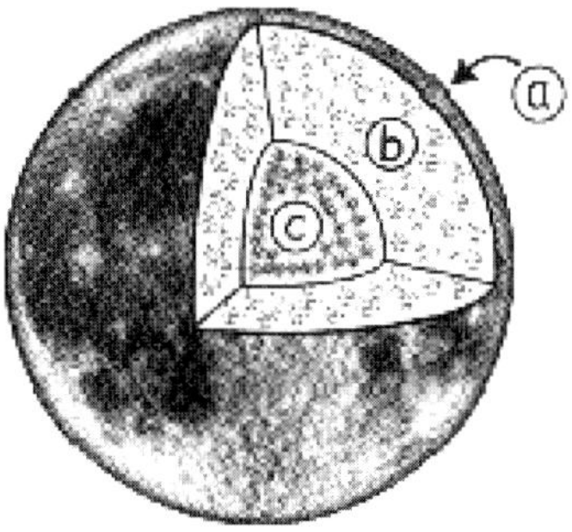

그림 10.8. 달의 구조.

1,500K 이상일 것이다.

오늘날 달은 자기장을 가지지 않았지만 오래된 달의 암석에서는 전에는 자기장이 있었음을 나타낸다.

문 그림 10.8을 이용하여 지각, 맨틀, 핵을 확인하고 각 층의 대강의 깊이를 나타내어라.

(a)____________________

(b)____________________

(c)____________________

답 : (a) 지각 : 지구 방향 쪽은 60 km, 반대편은 더 두껍다.
(b) 맨틀 : 1000 km.
(c) 핵 : 700 km.

10.15 표면 조건 (SURFACE CONDITIONS)

달에 관한 궁금증은 여전히 많다. 1998년 미국의 클레멘타인 달 탐사선(Clementine Moon flight)으로부터 온 자료는 북극과 남극의 구덩이 안쪽 깊은 곳에 서리가 존재한다는 것을 제시하였다. 미래의 표면 연구와 탐사에서 달의 물질에 대한 더 많은 분석이 기대된다.

문 지금까지 배운 달의 표면에 관한 것을 요약하시오.____________________

답 : 위의 단락에서 바다, 구덩이, 산맥, 공기와 물의 결여, 낮과 밤의 길이, 표면 온도에 대해 묘사하고 있다.

10.16 일식 (ECLIPSE OF THE SUN)

일식(solar eclipse)은 지구와 달의 삭 그리고 태양이 그림 10.9처럼 일직선상에 있을 때 나타난다.

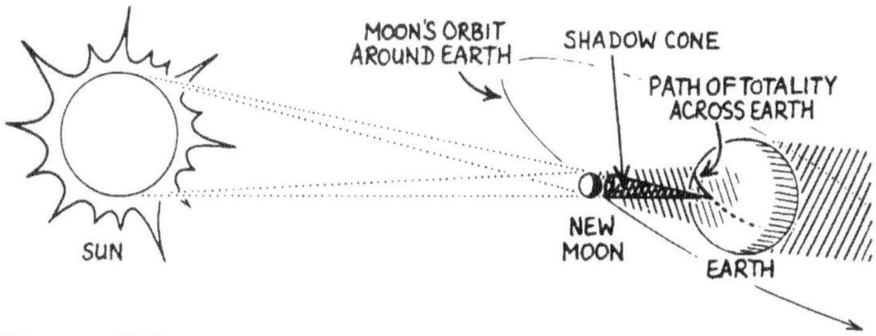

그림 10.9. 일식.

개기식은 달에 의한 원뿔 그림자(shadow cone)의 길이 보다 달이 지구에 가깝게 있을 때 발생한다. 이때 달은 태양보다 더 커 보이고 태양의 빛나는 면을 가로 막는다.

개기일식은 단지 몇 분 동안 지속되고 지구상의 수 백 킬로미터 너비의 좁고 굽어진 지역의 달그림자의 영역에서만 볼 수 있다. 개기일식의 최대 지속 시간은 7.5분인데, 이 긴 일식은 2186년 7월 16일까지 다시는 발생하지 않을 것으로 예상된다.

개기일식 발생 지역 양쪽 가장자리 쪽 넓은 지역에서는 **부분 일식**(partial eclipse)이 관측된다. 부분일식은 또한 달이 지구 - 태양 상의 선에 완전히 가깝게 있지 않아서 태양의 모든 부분을 가로막지 못했을 때 생기게 되는 것이다(그림 10.10).

금환일식 (annular eclipse)은 달이 원뿔그림자의 길이보다 멀리 있을 때 일어난다. 달은 태양보다 작아 보이고, 가장자리 고리를 제외하고 밝은 태양의 전면을 가린다(그림 10.11).

태양의 개기일식을 관찰한다는 것은 재미있는 일이다. 달이 빛나는 태양을 가릴 때 자연 법칙에 어긋나는 어둠이 하늘을 덮고 온도는 떨어지며 별과 행성들이 낮 하늘에서 빛나게 된다. 사람들은 이 놀라운 이벤트인 태양의 사라짐을 한번쯤은 접한다. 오늘날 전문

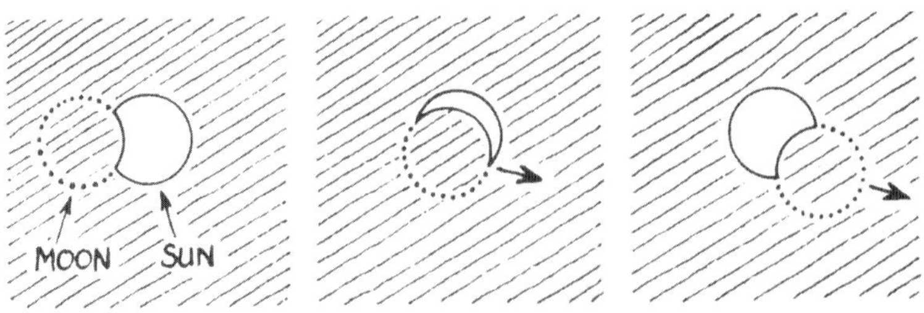

그림 10.10. 부분 일식.

그림 10.11. 금환일식.

가들과 아마추어 천문가들은 개기일식을 관찰하고 천문학적 자료를 얻기 위해 열심히 세계 도처를 누빈다.

여러분은 자기 지역에서 개기 일식을 관찰할 수 있는 기회는 매우 적다. 지구상의 어떤 지역에서도 개기 일식의 평균 발생 빈도는 약 360년에 1번 정도이다. 당신은 아마 이러한 장대한 자연의 이벤트를 보기 위해 일식 탐사대에 들어갈 것을 고려하는 것도 좋은 일일 것이다. 다가오는 개기일식이 표 10.2에 있으며, NASA의 일식 사이트를 참조하시오 (▶http://sunearth.gsfc.nasa.gov/eclipse/solar.html◀).

표 10.2 개기일식

발생 시기		개기일식 기간 (분:초)	발생장소
2005	4월 8일*	0:42	중남미, 남대서양
2006	3월 29일	4:07	아프리카, 유럽, 아시아
2008	8월 1일	2:27	극, 러시아, 중국
2009	7월 22일	6:39	인디아, 중국, 남태평양
2010	7월 11일	5:20	남태평양, 남미
2012	11월 13일	4:02	호주, 남태평양
2013	11월 3일*	1:42	대서양, 남아프리카
2015	3월 20일	2:47	극, 북대서양
2016	3월 9일	4:09	아시아, 태평양
2017	8월 21일	2:40	북태평양, 미국, 남대서양

* **금환/개기일식.** 일식이 개기에서 금환으로, 또는 반대로 바뀌며 일어난다. 이것은 지구표면이 굽어서 달과의 거리가 변하기 때문에 발생한다.

문 일식이 일어나려면 달의 위상은 어떤 모양이어야 하는가?___________________

답 : 삭.

10.17 월식 (ECLIPSE OF THE MOON)

월식(lunar eclipse)은 태양, 지구, 보름달이 그림 10.12와 같이 일직선상에 있을 때 발생한다.

달은 지구 그림자 안으로 들어갔을 때 어두워진다. 그러나 아직도 지구대기에 의해 굴절된 약간의 태양빛을 얻게 된다. 구름, 먼지, 공기 오염은 달의 표면색과 밝기에 영향을 미치는데, 대개 달을 탁한 붉은 색으로 만든다.

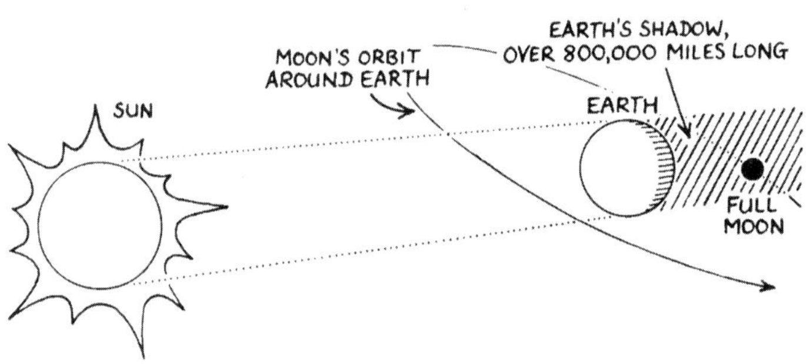

그림 10.12. 월식.

표 10.3 개기월식

발생 시기		기간(분)	북미에서 관측
2004	5월 4일	76	않보임
2004	10월 28일	81	보임
2007	3월 3일	74	보임
2007	8월 28일	91	보임
2008	2월 21일	51	보임
2010	12월 21일	74	않보임
2011	6월 15일	101	보임
2011	12월 10일	52	보임
2014	4월 15일	79	보임
2014	10월 8일	60	보임
2015	4월 4일	12	보임
2015	9월 28일	73	보임

2000년 전에 그리스 사람들은 월식이 일어나는 동안 달 위에 지구의 둥근 그림자가 나타나는 것을 관찰하였다. 철학자 Aristotle (384 - 322 B.C.)는 이것이 지구가 평평하지 않고 둥근 구형이라는 이론을 지지하는 증거라고 말하였다. 천문학자 Eratosthenes (276 - 194 B.C.)는 처음으로 상당히 정확하게 지구 지름을 측정하였다.

당신이 개기월식을 볼 수 있는 기회는 개기일식을 관측할 기회보다 더 많다(표 10.3). 월식은 관측이 보다 안전하고 달이 빛나는 지구상의 모든 지역에서 볼 수 있다. 월식은 일식보다 오래 지속된다. 21세기에 가장 긴 개기월식은 1시간 43분이고, 2018년 7월 27일에 발생할 것으로 예상된다. NASA의 월식 사이트를 찾아보시오(▶http://sunearth.gsfc.nasa.gov/eclipse/lunar.html◀).

문 월식이 일어나려면 달의 상의 어떤 모양이어야 하는가?________________

답 : 보름달.

10.18 식의 시간 (ECLIPSE TIMES)

한 해에 발생할 수 있는 일식과 월식의 최대 수는 일곱 번이다.

식은 당신이 예상하는 것처럼 삭과 망이 될 때마다 일어나지 않는다. 달의 궤도는 지구 공전 궤도면에 대해 5.2° 기울어져 있다. 대부분 달이 삭이거나 망 일 때 태양 - 지구 시선의 위나 아래에 있어서 식이 일어나지 않는다(그림 10.13).

달의 궤도는 **교점** (nodes)이라고 부르는 두개의 교점에서 지구 공전궤도면을 지나간다. 교점은 서쪽으로 천천히 이동하는데, 이를 태양의 인력 때문에 생기는 교점의 후퇴(regression of the nodes)라고 부른다.

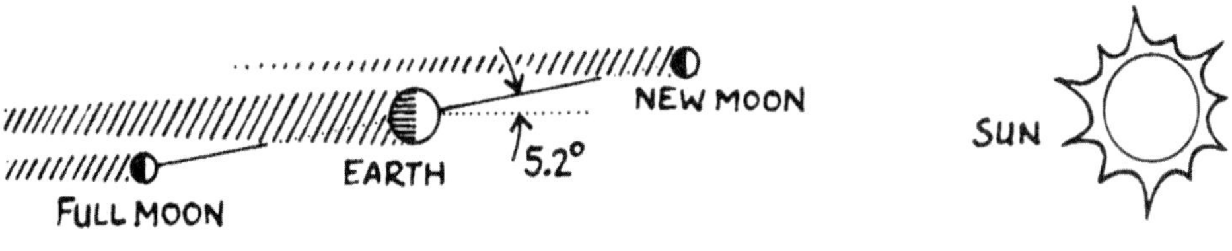

그림 10.13. 일식이 일어나기 좋지 않은 때.

문 그림 10.14를 보고 달이 A나 B점에 있을 때만 식이 발생하는 이유를 설명하여라.

____

답 : 그때 태양, 지구, 달이 일직선상에 있게 된다.

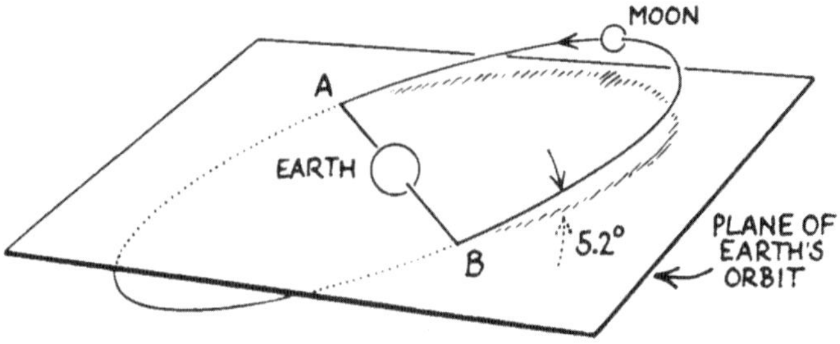

그림 10.14. 달의 공전궤도면은 지구의 공전궤도면에 5.2° 기울어져 있다.

10.19 엄폐 (OCCULTATIONS)

엄폐(occultation)는 하늘에서 한 천체가 다른 것에 의해 가려지는 것을 의미한다.

달에 의한 엄폐는 대부분 자주 있는 것이고 관측하기 가장 쉬운 유형이다. 달은 종종 지구와 별, 또는 행성 사이를 지나가는데 달이 움직임에 따라 이러한 천체가 갑자기 없어졌다가 다시 나타나게 된다. 달의 엄폐에 대한 예보는 최신 천문학 잡지에 출판되곤 한다.

문 **목성은 달보다 크기가 40배 크다. 어떻게 달이 목성을 가리는 것이 가능할까?**

답 : 목성은 달보다 훨씬 멀리 떨어져 있어서 매우 작게 나타난다.

자가 평가(SELF-TEST)

자가 평가는 여러분이 10장의 내용들을 충분히 이해하고 있는지를 평가하기 위한 것이다. 각각의 질문에 대하여 답하시오. 자가 평가 문제의 끝 부분에 정답과 점검 사항들을 제시하였다.

1. 지구의 관측자는 왜 항상 달의 같은 면만 보게 될까?____________________

____

2. 지구에 대한 달의 다음의 비율은 얼마나 되나?
   (a) 직경____________________
   (b) 질량____________________
   (c) 표면중력____________________

3. 달의 특징과 그 명칭을 연결하여라.

______(a) 건조한 용암층	(1) 구덩이
______(b) 표면의 구멍	(2) 고지
______(c) 밝은 색의, 높고, 오래된 바위투성이 지역	(3) 마리아(바다)
______(d) 질량이 집중된 무더기	(4) 매스콘(Mascons)

4. 당신이 달 표면 탐사를 한다고 가정하자. 다음 중 유용한 것은 어떤 것일까?
   (a) 여분의 산소탱크; (b) 화염총과 불꽃; (c) 손전등; (d) 나침반; (e) 성냥;
   (f) 별자리표; (g) 우산; (h) 시계

   ____

5. 달 표면의 대부분의 구덩이의 기원은 무엇인가?____________________

6. 달의 표면 특징이 지구보다 매우 천천히 변하는 이유는 무엇인가?____________________

____

7. 수집된 (a) 가장 오래된 월석과 (b) 가장 최근에 생성된 월석의 나이는?
   (a)____________________; (b)____________________

8. 달의 표면을 그려보고 그것의 세 가지 주요 층을 식별하시오.

(a)______________________________

(b)______________________________

(c)______________________________

9. 달에 관해 여전히 남아있는 궁금증을 세 가지 나열해 보자.

(a)______________________________

(b)______________________________

(c)______________________________

10. (a) 일식, (b) 월식이 발생하기 위한 달의 위상은 어느 때인가?

(a)_______________; (b)_______________

해답(ANSWERS)

아래 주어진 답들과 여러분 스스로 풀어본 답들과 비교하시오. 만약 모든 문제의 정답이 일치하면 다음 장을 공부할 수 있는 실력입니다. 만약 약간의 오답이 있는 경우 그 문제에 해당되는 각 절을 재검토한 후 답을 수정하고, 많은 문제에서 오답이 있을 경우 전체 장을 주의 깊게 다시 읽고 답하시오.

1. 달의 자전 주기와 공전주기가 같기 때문이고, 동주기 자전이라고 부른다 (10.3절)
2. (a) 지름-1/4; (b) 질량-1/81; (c) 평균밀도-3/5; (d) 표면 중력-1/6 (10.5~10.7절)
3. (a) 3; (b) 1; (c) 2; (d) 4 (10.8, 10.9, 10.14절)
4. (a), (c), (f), (h) (10.8, 10,10, 10.14절)
   그 이유는 달은 공기, 물, 자기장을 가지고 있지 않으므로 이러한 것들은 유용하지 않다.
5. 운석이 표면에 충돌한 것이다. (10.9절)
6. 지구처럼 달 표면을 침식시킬 공기와 물이 없고 지질학적 활동 역시 없다. 미세운석체가 달 표면에 부딪히는 것이 달 표면 침식의 주요 작용이다. (10.11~10.13절)
7. (a) 약 46억년; (b) 약 31억년 (10.13절)
8. 그림 10.8을 참고. (a) 지각; (b) 맨틀; (c) 핵 (10.14절, 그림 10.8)
9. 몇 몇 아폴로 호와 달 착륙선들이 착륙한 지점으로부터 멀리 떨어진 달 표면의 화학적 조성은 어떠한가? 운석이나 혜성에 의한 얼음으로 덮인 극지방의 물이나 다른 휘발성 물질을 가져오게 되었는가? 달의 기원은 무엇인가? (10.6, 10.13~10.15절)
10. (a) 삭; (b) 망 (10.16, 10.17절)

제11장

태양계 소천체
(Comets, Meteros, and Meteorites)

거지가 죽을 때 혜성은 보이지 않지만,
하늘은 왕자에게는 혜성이란 죽음의 칼을 내민다.

윌리암 섹스피어(1564 - 1616),
시이저 2장 2절

목표

☆ 혜성과 운석이 과학자들에게 왜 흥미로운지 설명하여보자.
☆ 혜성의 기원과 조성에 대한 현재의 이론을 기술하여보자.
☆ 태양으로부터의 거리변화에 따른 혜성의 모습에서의 변화를 현재의 모델과 관련지어 설명하여보자.
☆ 혜성과 유성우와의 관계에 대해여 말하여보자.
☆ 유성체와 유성, 그리고 운석을 구별하여보자.
☆ 운석의 기운과 그 조성에 대해 말하여보자.
☆ 혜성과 운석의 충돌로 인한 지구의 영향들을 나열하여보자.

11.1 혜성(Comets)

밝은 혜성은 항상 사람들의 주의를 끌었다(그림 11.1). 보통의 다른 별들과 다르게, 이처럼 타는 듯이 생긴 천체들은 예측할 수 없이 출현하고 사라진다. 밝은 혜성에 관한 기록은 기원 전 4C로 거슬러 올라가는데 이런 혜성의 출연을 통해서 사람들은 전쟁 또는 흉작과 같은 인류의 불행의 조짐이라 생각하고 그들을 두려워했다.

오늘날 우리는 **혜성(comet)**은 우리 태양계의 일원으로 얼음으로 이루어진 것임을 알고 있다. 혜성은 태양 주위를 물리학의 기본적인 법칙에 따라 타원의 궤도를 돌고 있다. 이들은 더 이상 초자연적인 현상이 아니다.

그림 11.1. 1986년 3월 16일, 유명한 핼리혜성이 접근했고, 5주 후 근일점을 통과했다.

문 (a) 혜성과 관련된 고대의 일반적인 견해는 무엇인가?

(b) 혜성에 관한 최근의 천문학적인 견해는 무엇인가?

답 : (a) 혜성은 인류의 불행을 예고하는 초자연적인 신호로 생각되었다.
(b) 혜성은 태양계의 일원으로 얼음으로 이루어진 것이며 자연적인 물리학 법칙을 따르며 숨겨진 의미는 없다.

11.2 혜성의 중요성(Significance of Comets)

하늘에 나타나는 혜성은 만일 그들이 밝게 빛을 내지 않는다 하더라도 우리에게는 매우 중요한 천체이다. 그들은 아마도 약 50억 년 전에 태양계의 기본적인 물질로부터 형성되었으며 태양계를 떠나는 유일한 물체이다. 지구, 달, 그리고 다른 하늘의 물체는 지각변동, 침식 또는 무수한 충돌에 의해 변해왔을 것이지만, 혜성만은 그들이 처음 시작했던 근본적인 그 모습으로 남아있다.

Halley혜성은 지금까지 가장 많이 연구된 혜성으로서 다른 혜성들도 이와 비슷한 구조를 가지고 있다. Halley혜성이 1986년의 출현 당시에는 연구자들이 로봇 우주선인 Giotto의 정교한 기기를 활용하여 관측하였으며, 지금은 미국의 위성인 Stardust(1999 -   )가 한 지점에서 혜성의 먼지와 가스를 모으고 분석하고 있다. Stardust는 2006년에 지구로 먼지의 입자를 보냈다(▶http://stardust.jpl.nasa.gov◀). 미래의 우주선은 혜성에 더 접근하고 착륙하여 면밀히 조사할 것이다.

문 왜 혜성은 중요한가?____

답 : 그들은 태양계가 형성되었을 때 초기의 물질을 관찰하기 위한 가장 중요한 근원이다.

11.3 혜성의 구조(comet structure)

혜성은 그들의 모습에서 그 이름이 명명된 것으로서 그리스어로 *komets,* 라틴어로 *cometa*는 둘 다 "long-haired"를 의미한다.

밤하늘에 빛나는 밝은 혜성은 **코마(coma)**라고 부르는 성장한 가스 무리로 둘러싸인 별의 핵과 같이 작은 혜성 **핵(nucleus)**을 갖는 혜성 머리(head)와 긴 **꼬리(tails)**를 가지고 있다. 핵은 수 km의 크기이며, 코마는 1,000,000km(60000miles) 또는 핵보다 더 크게 확장된다.

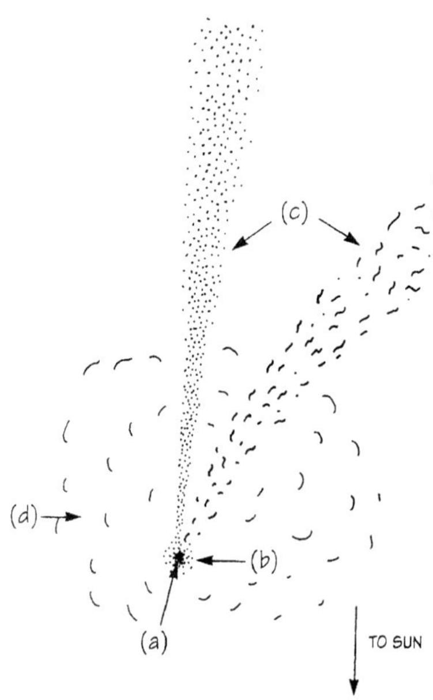

그림 11.2. 혜성의 구조.

꼬리는 100만 km 까지 번쳐지기도 한다.

인공위성에서 자외선관측을 했을 때 광대하게 감싸고 있는 **수소구름(hydrogen cloud)**이 나타나고, 그것은 수백만 km로 더 크게 성장할 수 있다. 이 구름은 지구에서는 관찰되지 않는다.

문 그림 11.2를 참조하여 밝은 혜성의 전형적인 주요부분을 구분하시오. (a)________; (b)________________; (c)________________; (d)________________

답 : (a) 핵; (b) 코마; (c) 꼬리; (d) 수소 구름.

11.4 혜성의 핵(the nucleus)

수십억의 혜성이 아마도 태양계로부터 먼 궤도를 돌고 있지만, 지구에서 그들을 모두 볼 수는 없다. 그들은 단지 태양근처로 접근할 때 하늘에서 빛을 내게 된다. 전형적인 혜성에 대해 가장 널리 인정된 것은 **더러운 눈덩이 모형(dirty snowball model)**으로 1950년 미국의의 천문학자인 Fred Whipple에 의해 제안되었다(그림 11.3).

혜성이 태양계에서 멀리 있을 때 그것은 단지 핵으로만 구성되어 있으며 모양과 표면은 불규칙적이다. 핵은 대부분 얼음과 석질, 철질의 고체(the "dirt")가 혼합된 언 기체(the snow)로 만들어져 있으며 밀도와 표면중력이 매우 작다.

처음으로 European Space Agency(ESA)의 로봇 우주선인 Giotto는 1986년 핼리혜성의 머리로 들어갔고 회전하는 얼음으로 된 핵을 600km 가까이 지나갔다. Giotto는 직접 먼지와 기체의 표본을 채취하여 분석을 위하여 지구로 자료들을 무선으로 보내주었다.

핵은 어두운 검은색이며 약 8×8×15 km의 크기이며 한 바퀴 회전하는데 2.2일이 걸린다는 것이 발견되었다.

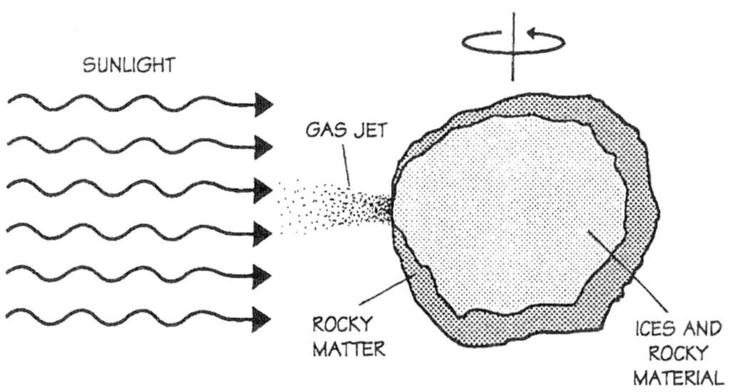

그림 11.3. 더러운 눈덩이 혜성 모형.

불규칙적인 표면은 깨지거나 갈라진 균열과 운석구덩이의 가능성을 포함하고 있다. 태양을 향한 표면의 약 10%는 주로 수증기의 먼지나 가스의 jet 분출로 균열을 가지고 있다. 나머지는 검은 먼지 층으로 싸여져 있으며 대략 몇 cm 두께로 추정되며 이것은 혜성이 태양주변을 통과할 때 휘발성 기체들은 날아가고 남겨졌을 것이다. 핵에서 나오는 기체들은 80%가 수증기이며 그 외에 이산화탄소, 일산화탄소, 암모니아 그리고 메탄을 포함하는 다른 화합물이 발견되었다. 몇몇의 먼지 입자는 규산염과 함께 탄소. 수소. 산소. 질소 원소 등을 포함하고 있는 것으로 생각된다.

과학자들은 핼리혜성에서 생물학적으로 중요성을 가질 수 있는 복잡한 유기 분자내의 탄소의 존재에 흥미를 느끼게 되었다.

문 **혜성의 핵은 무엇으로 이루어져 있는가?**

답 : 대부분 얼음과 고체가 혼합된 언 기체의 핵인 더러운 얼음모형으로 설명한다.

11.5 코마(COMA)

혜성의 핵은 태양계의 가장자리로부터 태양의 수백만 km 이내에 다가오면서 가열된다. 기체는 승화하고 혜성의 표면으로부터 우주로 먼지로서 이탈된다. 혜성의 중력은 기체와 먼지를 붙잡아두기에는 매우 약하다. 그들은 핵주위의 수천 km 밖으로 팽창하며 코마를 형성한다. 혜성이 빛나는데 그 이유는 기체가 형광을 발하며 먼지는 태양빛을 반사하기 때문이다.

천문학자들은 큰 망원경을 사용하여 매년 25개 정도의 흐릿하고 형태가 뚜렷하지 않은 이미지를 얻는다.

문 **무엇이 코마를 발달하게 하는가?**

답 : 태양열에 의한 가스와 먼지 입자들을 팽창과 승화.

11.6 꼬리(TAILS)

혜성이 태양근처로 가까이 다가옴에 따라 기체의 꼬리가 자라나고 핵으로부터 먼지가 떨어져 나간다.

태양의 자외선 복사는 기체를 자유로운 분자들과 이온들로 분리시킨다. 이온들은 태양으로부터 분출되어 불어나오는 태양풍 안의 대전된 입자와 상호작용을 한다. 이온들은 결국 기체, 또는 이온의 꼬리로 곧게 수백만 km를 휩쓸려 간다.

복사압(radiation pressure) 또는 강력한 태양빛은 먼지입자를 밖으로 밀어낸다. 혜성은 계속 운동하며 **먼지의 꼬리**(dust tail)는 혜성의 뒤쪽으로 곡선을 그리게 된다. 혜성의 꼬리는 매우 얇아서 그것을 통해서 반대편의 별을 볼 수 있다.

중성 분자와 원자들은 그들이 이온화될 때까지 핵으로부터 밖으로 팽창하여 대부분의 일반적인 수소 원자로서 큰 수소구름을 형성한다. 핼리혜성의 핵을 둘러싸고 있는 수소구름은 직경 수천km가 될 때까지 성장했다.

태양풍에 의해 핼리혜성에서 방출된 수소이온의 효과가 핵으로부터 35백만 km(21백만 miles)멀리까지 탐지되었다. 혜성 기체를 막고 태양풍을 느리게 하는 **활모양충격파**(bow shock)가 혜성의 4,000,000km 앞에서도 발견되었다.

문 **그림 11.4를 참조하여 기체 혹은 이온꼬리와 먼지꼬리를 구별하고 그 원인 말하시오.**

(a)____________________; (b)____________________

답 : (a) 이온꼬리 ; 태양풍
(b) 먼지꼬리 ; 복사압

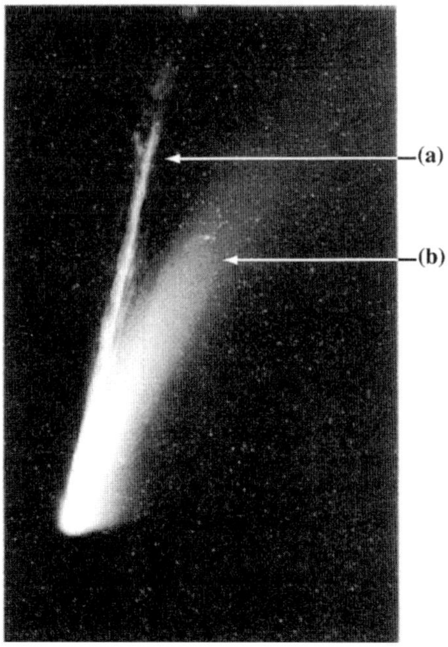

그림 11.4. 전형적인 꼬리를 갖은 Mrkos 혜성.

11.7 사라짐(DISAPPEARANCE)

혜성이 태양근처로 끊임없이 가속됨으로서 혜성의 운명은 예측할 수 없다. 핵으로부터 기체와 먼지의 강력한 제트 분출은 혜성의 궤도운동을 바뀌게 할지도 모른다.

만약에 혜성이 태양전체를 한 바퀴 돈다면 혜성은 차가운 우주공간을 뒤로 하고 그의 궤도를 따라 지속적으로 약간의 혜성 물질들을 궤도에 남기며 나머지는 얼게 되고 코마와 꼬리가 사라진다.

몇몇 혜성들은 불타오르는 태양에 너무 가까이 지나감으로서 부서지거나 붕괴된다. 때때로는 태양으로 직접 돌진하여 사라지기도 한다.

문 **그림 11.5를 참고하시오. 왜 혜성의 꼬리가 가장 먼저 우주 밖으로 되돌아가는가?**

답 : 혜성의 꼬리는 태양으로부터 불어 나오는 태양복사압과 태양풍에 의해 생긴다. 따라서 꼬리는 태양으로부터 사라지게 된다.

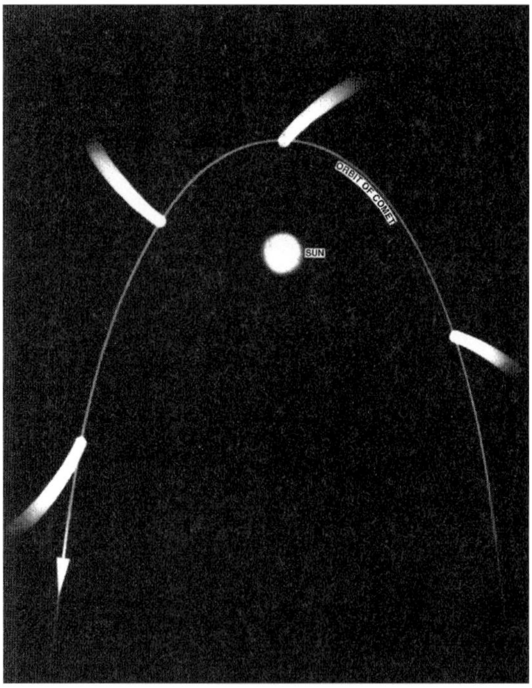

그림 11.5. 혜성의 근일점 통과.

11.8 혜성의 기원 (ORIGIN OF COMETS)

우리가 관측한 새로운 혜성들은 태양으로부터 대략 수 광년정도로 먼 거리에 위치한 거대하고 넓은 구형의 얼음으로 된 껍질에 기원을 두고 있다.

이러한 모델은 1950년 네덜란드의 천문학자인 Jan Oort(1900 - 1992)에 의해 발전되었다. 아직 관측되지 않은 **오르트구름(Oort Cloud)**은 1000억 개의 초기 혜성 물질들을 가질지도 모른다. 때때로 지나가는 별들이 혜성을 끌어들여 속도가 느려지고 그것이 우연적으로 태양을 향해 돌진하게 된다. 이런 혜성은 **장주기 혜성(long period comet)**이 될 것이며 거의 포물선 궤도를 돌며 태양을 공전하는 주기는 200∼수백 만 년이 될 것이다.

행성들과 같은 궤도를 갖는 짧은 주기의 혜성들은 분명히 Kuiper Belt에서 기원된다 (8.15절).

만약 혜성이 목성처럼 거대한 행성 근처를 통과한다면 그것은 행성의 큰 중력에 의해 영향을 받을 것이다. 그러면 혜성은 행성과 충돌하거나 또는 속도가 증가하여 태양계 쪽으로 향하게 되어 태양에 근접하여 타원궤도를 움직일 것이다(그림 11.6).

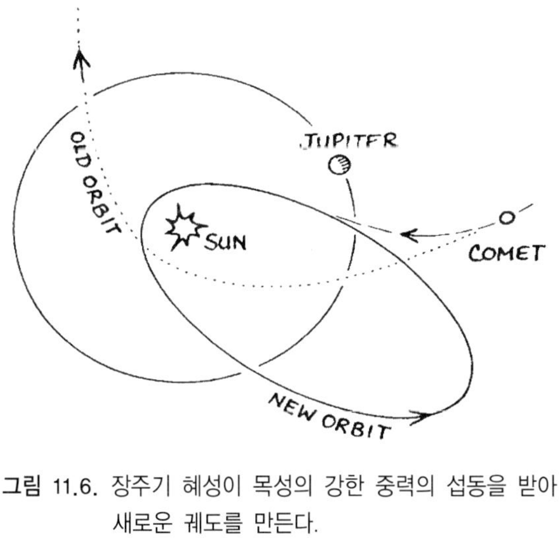

그림 11.6. 장주기 혜성이 목성의 강한 중력의 섭동을 받아 새로운 궤도를 만든다.

문 **우리가 발견한 긴 주기를 가진 혜성은 대체로 어디에 기원을 두고 있는가?**

답 : 태양계 가장자리 근처의 거대한 혜성의 구름.

11.9 주기적인 혜성(PERIODIC COMETS)

천문학자들은 수 년 혹은 수십 년에서 200년까지의 공전주기를 가지는 약 150개의 **짧은 주기(short period)** 혹은 **주기적인 혜성(periodic comets)**의 목록을 만들었다. 이들은 주기적으로 태양에 접근할 때마다 하늘에서 밝게 빛을 낸다.

일정한 밝기와 함께 가장 유명한 혜성은 핼리혜성으로 기원전 240년부터 연속적으로 30회 근일점을 통과했다고 기록되었으며 근일점을 통과한 1986년 2월 1일 전후 3년 동안 망원경을 통해 발견되었다. 핼리혜성은 또한 지금까지 분석이 가장 잘 이루어진 혜성이다.

문 **표 11.1에 우리의 하늘에 몇 차례 나타난 적이 있는 몇몇 혜성이 기록되어 있다. 혜성 중 가장 짧은 공전주기를 가진 것은 무엇인가?**____________________

답 : 3.3년의 Encke 혜성.

표 11.1 주기적인 혜성들

혜성	주기(년)[a]	태양에 가장 근접(AU)
2P/Encke	3.3	0.34
21P/Giacobini-Zinner	6.6	1.03
14P/Wolf	8.2	2.41
55P/Tempel-Tuttle	33.2	0.98
1P/Halley	76.0	0.59

[a] 주기는 변할 수도 있음.

Note: 혜성의 이름은 변할수도 있다. 그래서 IAU에서는 그 주기성이 알려진 순서에 따라 주기 혜성 번호와 P/ 로 표시한다.

11.10 혜성의 운명 (COMET FATE)

주기적인 혜성은 명확하지는 않으나 새로운 코마나 꼬리로 성장하는 일은 일어나지 않는다. 이런 혜성의 핵은 태양을 공전할 때 마다 수km의 두께로 표면층을 잃고 먼지나 기체는 그의 궤도에서 흩어지게 된다. 핼리혜성은 각각의 근일점을 통과하는 동안에 질량의 1%를 잃는다(그림 11.7).

결과적으로 주기적인 혜성은 모든 휘발성 물질을 잃게 될 것이다. 큰 덩어리와 무수히 작은 불휘발성의 고체만 남을 것이고, 파편은 작은 행성처럼 태양주위 궤도를 계속 공전할 것이다.

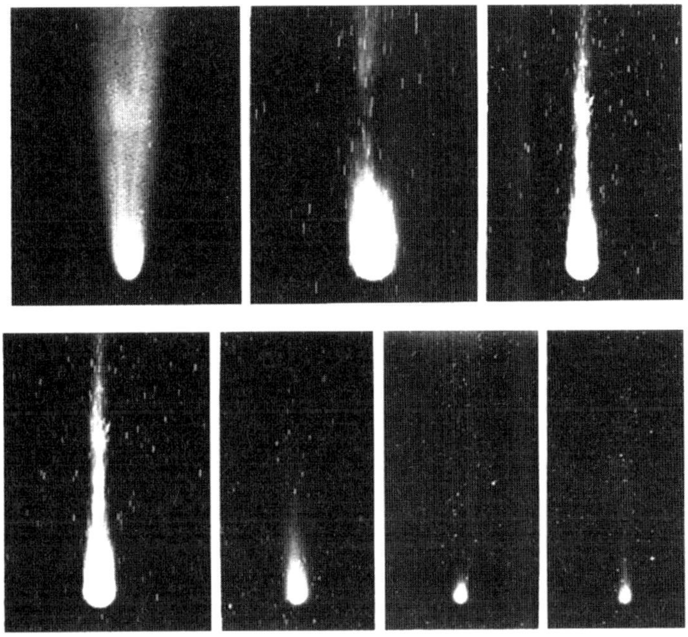

그림 11.7. 1910년 근일점을 통과한 후 7일간 관측된 핼리 혜성.

문 혜성이 태양주위의 궤도를 여행할 때 겪게 되는 5가지의 모양의 변화를 요약하여라.

답 : 1. 태양에서 먼 곳에서 혜성은 언 기체와 먼지인 핵으로 구성된다.
2. 혜성이 태양에 접근할 때 코마를 형성한다.
3. 태양에 가까워지면 꼬리를 형성한다.
4. 태양주위를 일주한 후 대부분 혜성의 물질은 다시 얼게 된다.
5. 태양으로부터 다시 멀어지면 코마와 꼬리는 사라진다.

11.11 혜성 사냥 (COMET HUNT)

여러 개의 새로운 혜성들이 매년 발견되고 있으며, 전문가들은 천문대에서 그들의 자료로부터 여러 특징을 찾고 아마추어들은 또 다른 혜성들을 발견한다. 혜성은 종종 그들 발견자에 의해 명명된다. 예외적으로 Halley 혜성과 같은 경우, Edmond Halley(1656 - 1742)에 의해 이 혜성의 궤도가 계산되었던 그 명예를 기리기 위해 Halley 혜성으로 명명되었다.

최초로 세 명이 새로운 혜성을 발견하여 그들의 이름이 붙였는데, 혜성을 찾는 일이 국제적으로 인기 있는 활동이 된 이래로 5.3년의 짧은 주기를 가진 혜성 "Honda - Mrkos - Pajdusakova!"과 같은 우리는 때때로 정말 발음하기 어려운 말에 부딪치기도 한다.

문 혜성의 발견은 당신에게 어떤 명성을 줄 수 있을까?

답 : 발견자인 당신의 이름을 가지게 될 것이다.

11.12 행성간 잔재(INTERPLANETARY REMAINS)

태양계 내에는 셀 수 없이 많은 조각과 파편 일부의 **유성체(meteoroids)**들이 있다.

지구는 행성 간 먼지에 의해 둘러싸여 있으며 이들은 적외선 파장에서 관측된다. 유성체는 끊임없이 지구의 대기로 들어온다. 천문학자들은 이들을 높은 고도에서 수집하기도 하고 또는 실험실에서의 분석을 위해 북극의 얼음판과 해양저로부터 수집한다. 이런 유성체는 핼리혜성의 핵으로부터 떨어져 나온 먼지 알갱이와도 비슷하다(그림 11.8).

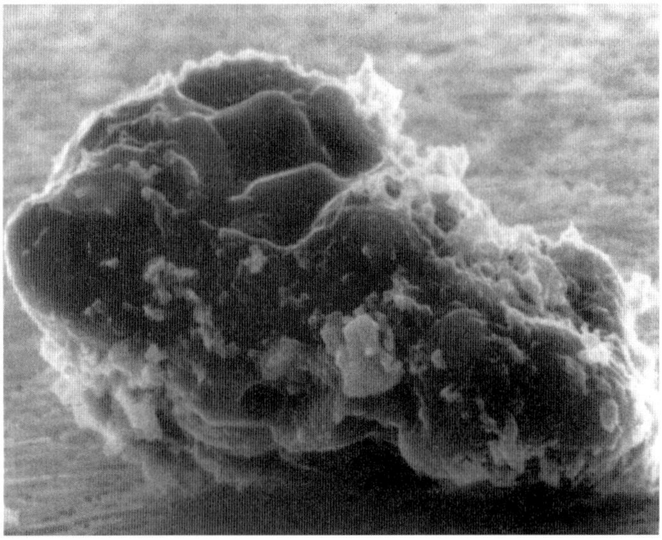

그림 11.8. 15,000배로 확대한 혜성의 먼지 조각.

문 유성이란 무엇인가?

답 : 우주에서 태양주위의 궤도를 돌고 있는 고체 입자들.

11.13 별똥별(SHOOTING STARS)

당신은 별똥별("shooting star" 또는 "falling star")에 소원을 빌어본 적이 있는가? 이런 번쩍이는 빛은 더 이상 별이 아니다. 그들은 **유성(meteor)**이며, 72km/s의 속도로 지구 대기를 낙하하는 유성체에 의해 야기된 빛의 일부이다. 작은 입자들은 공기마찰에 의하여 고도 60~110km에 있을 때 불타게 된다.

맑고 어두운 밤에 당신은 하늘에서 예측할 수 없이 번쩍이는 것들을 평균 한 시간에 6개정도 볼 수 있다. 낮에도 유성은 떨어지지만, 하늘이 매우 밝기 때문에 볼 수가 없을 뿐이다.

큰 유성체는 **유성화구(fireball)**라고 불리는 예외적으로 매우 밝은 유성을 만든다. 매우 큰 것은 불에 휩싸여 추락하여도 일부는 남게 되어 2003년 3월 27일, 자동차 크기 정도인 화려한 유성화구가 미국의 Illinois의 넓은 곳에서 발견되었다. 유성화구가 Chicago 근처에서 격렬한 분열이 일어났고, 일부 조각들이 지면으로 떨어졌고 집과 차들은 피해를 입었으며, 약 20kg (50pounds)의 크고 작은 조각들이 발견되었다. International Meteor Organization(▶www.imo.net◀)에서는 유성체의 흔적들을 보관하고 있다.

문 "shooting star" 또는 "falling star"는 무엇인가?____________________

답 : "shooting star" 또는 "falling star", 또는 유성은 유성체들이 지구대기로 진입할 때 탄 것으로 빛줄기 형태로 관찰되어 진다.

11.14 유성우(METEOR SHOWERS)

매년 몇몇의 예측 가능한 날짜에 여러분은 하늘의 한 부분으로부터 유성들이 발산하는 것을 볼 수 있을 것이다. 이렇게 나타나는 형태를 **유성우(meteor shower)**라고 부른다. 유성우는 혜성과 관련이 있는데, 유성우는 지구가 태양주위를 공전하여 활동적인 혜성에 의해 남겨진 유성체들의 무리를 지나갈 때 나타난다(그림 11.9).

문 **1910년, 지구가 핼리혜성의 꼬리를 곧바로 통과했을 때 사람들은 당황했다. 만약 지구가 혜성의 꼬리를 통과한다면 어떤 일이 벌어질 것으로 예상하는가?**____________________

답 : 밝고 무해한 유성우를 보게 된다.

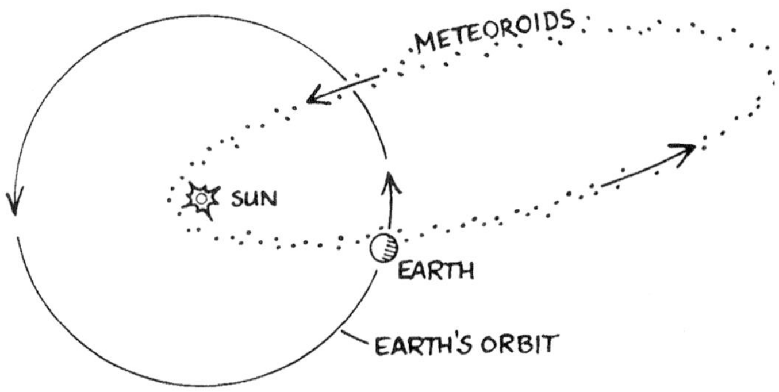

그림 11.9. 유성우는 지구가 혜성의 궤도 가까이 지나갈 때 나타나며 그때 유성체 무리들과 만나게 된다.

11.15 유성우 관측(BEST METEOR DISPLAYS)

유성우를 보면 모든 유성은 하늘의 한 지점에서부터 나타난다. 이것을 **복사점(radiant)**이라고 부르며 유성우는 보통 그들이 보이기 시작한 곳의 별자리 이름을 따라 명명된다. 예를 들면 Perseus 별자리로부터 페르세우스 유성군(Perseids), Orion 별자리로부터 오리온 유성군(orionids)이 있다.

여러분은 보통 자정이전보다 자정 이후에 많은 유성들을 볼 수 있을 것인데 이것은 지구가 공전 운동함에 따라 입자들의 무리를 향해 정면으로 다가가기 때문이다. 유성우는 밝은 보름달 보다는 달이 없는 어두운 밤에 가장 잘 보인다.

표 11.2는 매년 나타나는 유명한 유성우이다. 유성우의 활동은 변하므로 이번해의 최

표 11.2 매년 나타나는 유성우들

유성우	출현일	시간당 개수	관련 혜성
Quasrantids	1월 3일	30	
Lyrids	4월 23일	8	1861 I
Eta Aquarids	5월 4일	10	Halley(?)
Delta Aquarids	7월 30일	15	
Perseids	8월 12일	40	Swift-Tuttle
Prionids	10월 21일	15	Halley(?)
Taurids	11월 4일	8	Encke
Leonids	11월 18일	6	1866 I Tempel-Tuttle
Geminids	12월 13일	50	Asteroid Phaethon
Ursids	12월 22일	12	Tuttle

고의 유성우에 대한 자세한 것은 최근의 천문학 출판물을 참고로 하거나 또는 ▶ http://skyandtelescope.com/observing/meteors◀에서 참고로 하는 것이 최선이다.

문 **표 11.2를 참고하라. 북위 40° 주변에서 여름에 관찰할 수 있는 가장 큰 유성우의 이름과 날짜는 무엇인가?**

답 : Perseids; 8월 12일.

11.16 운석(ROCKY LANDING)

우주로부터 암석이나 금속의 조각들이 지구로 떨어진 것을 **운석(meteorite)**이라 부른다.

최근에는 하늘로부터 암석이 떨어졌다는 기록은 없다. 사실 매년 지구로 수백 톤의 우주의 물질이 떨어지지만 단지 십년동안 2~3개의 운석만이 사람이 사는 장소에 떨어졌고 어떤 피해를 입었다는 기록은 드물다.

지금까지 발견된 가장 큰 운석인 Hoba West는 약 66톤 무게를 갖는다. 이것은 운석이 떨어진 곳인 아프리카의 남서부에 아직도 놓여 있다. 운석은 보통 그것이 착륙한 곳에서 가장 가까운 우체국의 이름을 따라 명명되며, 많은 큰 운석들이 전 세계적으로 여러 박물관에 전시되어 있다.

문 **운석은 무엇인가?**

답 : 우주로부터 들어온 암석 또는 금속의 조각들.

표 11.3 미국에서 전시하고 있는 큰 운석들

운석	무게	위치
Ahnighito(그린란드 섬)	34톤	미국자연사박물관(뉴욕시)
Willamette(오리건 주)	14톤	미국자연사박물관
Furnas County(네브래스카 주)	1톤	뉴멕시코 대학교
Paragould(알칸사 주)	800 파운드	시카고자연사박물관

11.17 운석의 구성(MAKEUP OF METEORITES)

만약 여러분이 쓸 돈이 있다면 운석을 찾아보라! 실제 과학자들과 수집가들은 우주공간에서 날아온 물질들을 위해 기꺼이 많은 돈을 지불한다.

운석은 세 가지 주요 형태로 분류한다. (1) **철질운석(Iron meteorites)**은 밀도는 물의 밀도보다 8배 크고 대부분 철(약 90%)과 니켈로 이루어져 있다. (2) **석철운석(Stony-iron meteorites)**은 물의 밀도보다 약 6배정도 크고 철, 니켈, 그리고 규산염물질로 이루어져있다. (3) **석운석(Stony meteorites)**은 물의 밀도보다 3배 크며 높은 규산염 물질을 가지며 그들 질량의 약 10%가 철과 니켈이다. 대부분은 작은 구형의 규산염입자들 혹은 **콘드룰(chondrule)**들을 포함하고 있는 것으로 구분되는 **콘드라이트(chondrite)**들이다.

철질운석이 가장 많이 발견되며 석질운석은 보통의 지구의 암석의 구성 성분과 같다. 이들이 떨어질 때까지는 대개 주목받지 못하고, 실험실의 분석을 통하여 외계의 기원임을 확인 하게 된다. 표 11.4는 여러 종류의 철운석과 석운석의 출현 빈도이다.

대부분의 운석은 아마도 충돌에 의해 산산이 부서진 소행성의 파편일 것이며 실제 비슷한 구성성분을 갖고 있다. 그들은 약 46억의 나이를 보이며 태양계 전체의 나이와 비슷하다.

탄질 콘드라이트(carbonaceous chondrite)라 부르는 탄소함량과 물을 포함한 석질운석들이 발견되었을 때 우주에서 생명체를 찾게 되는 것이라는 흥분을 갖게 되었다(제12장). 이러한 발견은 지구가 성운에서 태어난 것처럼 생물발생 이전 물질들이 태양계 성운에서 형성되었다는 것을 보여준다.

1969년 오스트레일리아 Victoria에 45억년 나이를 갖은 석질의 Murchison 운석이 떨어졌다. 그것은 단일 아미노산을 포함하고 있었고 단백질과 핵산을 기본으로 하는 구조이며 유전적인 정보를 보유하고 복제되었으며, 지방(살아있는 세포의 구조적인 성분)과 비슷한 유기적 화학물질도 가지고 있었다.

Allende 운석은 역시 1969년 멕시코의 북쪽에 떨어졌다. 그것은 탄질 콘드라이트 낙하물 중 가장 큰 것으로 기록되어 있다. 태양계내의 약 2톤 정도 태고의 몇몇 물질이 재발견되어다.

거의 오염되지 않은 남극의 얼음과 아프리카의 사하라 사막에서 발견 수집된 수많은 운석들은 아미노산을 함유하는 탄질 콘드라이트가 포함되어 있다.

표 11.4 운석의 종류

종류	떨어진 운석	발견된 운석
철질운석	6%	66%
석-철운석	2%	8%
석운석	92%	26%

몇몇 위성의 운석은 아폴로 우주선에 의해 달에서 수집된 암석과 조성이 거의 비슷했다.

아주 적은 수의 화성 운석에서는 화성의 대기와 화학적으로 동일한 기체가 붙잡혀 있었다. 아마도 혜성 또는 소행성이 화성과 세게 부딪쳤고 화성의 궤도상에서 중력으로부터 탈출한 암석의 덩어리들은 궁극적으로 지구의 중력에 의해 붙잡히게 되었다.

문 운석의 왜 과학자들에게 중요한가?

답 : 그들은 태고의 지구 밖의 물질이며 과학자들이 태양계에 대한 더 많은 결정을 내릴 때 좀 더 면밀히 검토할 수 있기 때문이다.

11.18 지구와 충돌(IMPACTS ON EARTH)

만약에 혜성 또는 큰 운석과 지구가 충돌한다면 어떤 일이 일어날지 여러분은 궁금할 것이다.

큰 운석들이 충돌할 때 행성과 달에 큰 구덩이를 만들게 된다. 지구는 그 역사의 초기부터 운석에 의해 종종 부딪쳤음에 틀림없다. 고대의 운석 구덩이들은 지질학적 활동과 침식에 의해 사라졌고 매우 큰 충돌만 아주 드물게 남아있다. 여러분은 가장 최근의 것인 미국의 Arizona주 Winslow 가까운 곳에서 운석구덩이를 볼 수 있다(그림 11.10). 이것은 25,000년 전에 운석 충돌에 의해 생긴 것이다.

혜성의 핵은 수소폭탄의 백만 배에 해당하는 에너지를 가지고 충돌할 수 있을 것이다.

그림 11.10. 미국 Arizona주의 운석구덩이. 직경 1.5km와 깊이 180m.

1994년 7월 16일~22일 사이에 혜성 Shoemaker-Levy의 덩어리가 목성과 충돌하는 것을 전 세계에서 망원경으로 관측하였다. 충돌은 대기에 크고 어두운 높은 구름을 일으켰고 한 달 동안 목성에 자국을 남겼다. 분명히 혜성은 목성과 아주 근접한 궤도를 돌고 있었을 것이고 조석력에 의해 갈라지고 이러한 조각들을 목성과 충돌하였을 것이다.

대략 1,000개의 지구근접체(8.15절)들은 크기가 수 km보다 크고 수 백 만개는 직경 100m보다 큰 것으로 관측된다.

1908년 6월 30일에 시베리아에서 어떤 것이 공기 중 8km위로 미스터리하게 폭발하였으며, 약 12메가톤의 폭발은 Tunguska 강 주변의 숲 1,000km^{2}를 쓰러뜨렸고, 40km 떨어진 순록들을 죽게 만들었다. 100m 크기의 지구근접체(NEO)가 폭발했을 것이며 피해를 가져왔다.

1억 메가톤의 충격 에너지를 갖은 15km 크기의 NEO의 큰 충돌은 생태계에 대 이변적인 파괴를 야기 시키고 6,500 만 년 전에 공룡과 많은 식물, 다른 동물 종들을 소멸시켰을 것이다. 멕시코의 Yucatan Peninsula 아래에 묻힌 이 거대한 Chicxulub 운석구덩이는 그때 충돌한 위치라고 가정하고 있다.

그 위치는 K-T 경계부근에 이리듐이 풍부하게 퇴적되어 있고 퇴적물(침전물)의 지질학적 층은 백악기의 끝과 6500만 년 전의 제 3기의 시작부분에 놓여져 있다. 이리듐은 지구의 지각보다 혜성, 운석, 소행성에 더 풍부하다. 충격에 의해 녹은 광물의 소구체와 그을음 역시 K-T 경계 주변에서 발견되었다.

아직까지도 대부분의 천문학자들은 지구에 직접적인 큰 충돌의 가능성은 적을 것이라고 생각한다. 그리고 대부분의 지구근접체들은 모두 작고 행성 간 공간은 광대하다. 큰 NEO들이 태양주변을 여행하는데 있어서 지구 근처로 위험하게 다가오는 일은 거의 알려진 것이 없다(▶http://neo.jpl.nasa.gov◀).

문 가까운 미래에 지구가 혜성의 핵 또는 큰 운석과 충돌이 일어나는 것은 있을법한가?

답 : 없다.

자가 평가(SELF-TEST)

자가 평가는 여러분이 11장의 내용들을 충분히 이해하고 있는지를 평가하기 위한 것이다. 각각의 질문에 대하여 답하시오. 자가 평가 문제의 끝 부분에 정답과 점검 사항들을 제시하였다.

1. 왜 현대천문학자들은 혜성을 연구하기위해 초정밀한 관측기기를 사용하는가?______________________

____

2. 혜성의 핵은 무엇으로 만들어졌는가?______________________________________

____

3. 1986년 핼리 혜성이 근일점 통과할 때, 발견한 두 가지 중요한 혜성성분은?
   (1)____
   (2)____

4. 태양주위를 공전하는 주기적인 혜성이 겪는 5가지의 모습의 변화를 기술하시오.______________

____

____

5. 전형적인 밝은 혜성의 중요부분을 그려보고 명칭을 쓰시오.
   (a)______________________________; (c)______________________________
   (b)______________________________; (d)______________________________

6. 장주기와 단주기 혜성의 기원과 소멸에 대해 설명하시오.______________________________

____

____

7. 각각의 용어를 올바른 설명과 연결하시오

______(a) 별똥별	(1) 유성(Meteor)
______(b) 태양을 공전하는 소천체	(2) 운석(Meteorite)
______(c) 지구에 떨어지는 강체	(3) 소행성(Meteoroid)

8. 혜성과 유성우의 관계를 설명하시오.

9. 대부분의 운석의 구성성분과 기원을 설명하시오.

10. 태양으로부터 증가하는 거리에 따른 순서로 다음을 나열하시오: 소행성대(띠), 지구, 오르트구름, 명왕성

11. 과학자들이 왜 운석이 관심을 갖는지를 설명하시오.

해답(ANSWERS)

아래 주어진 답들과 여러분 스스로 풀어본 답들과 비교하시오. 만약 모든 문제의 정답이 일치하면 다음 장을 공부할 수 있는 실력입니다. 만약 약간의 오답이 있는 경우 그 문제에 해당되는 각 절을 재검토한 후 답을 수정하고, 많은 문제에서 오답이 있을 경우 전체 장을 주의 깊게 다시 읽고 답하시오.

1. 혜성은 태양계 전체가 만들어질 때 당시의 기원 물질의 찌꺼기로서 바뀌지 않은 흔적으로 여겨진다. (11.2절)
2. 혜성핵은 더러운 눈덩이 모델이 말하는 대부분 물 얼음과 고체와 혼합된 얼은 가스로 이루어졌다. (11.4절)
3. (1) 혜성핵은 어두운 흑색이고, 감자모양으로 약 15km (9 miles) 길이이다. (2) 표면이 깨진 것 같은 틈새(cracks, crevasses), 구덩이 유사모양, 그을고 검은 먼지층, 근일점 통과시 떨어진 먼지와 가스의 제트를 가졌다. (11.4절)
4. 태양과는 달리, 혜성은 얼은 가스와 먼지의 핵으로 구성되어있다. 코마는 혜성이 태양을 접근하여 생성된다. 꼬리는 태양에 매우가까이서 형성된다. 태양주위를 지나고 나면, 혜성은 다시 얼게 된다. 태양으로부터 매우 멀리 있으면, 하나의 핵이 된다. (11.3~11.7절, 11.9, 11.10절)
5. 그림 11.2를 참조하여 그려보시오. (a) 핵; (b) 코마; (c) 꼬리; (d) 수소구름 (11.3절)
6. 장주기 혜성은 태양계 가장자리에 있는 오르트 혜성운에서 기원하였을 것이다. 그리고 목성의 강한 중력이 태양 주위를 도는 타원 궤도를 변형시켰을 것이다. 단주기 혜성은 카이퍼벨트에서 기원했을 것이다. 근일점회귀 후에 많은 수의 주기혜성은 모든 휘발성물질을 잃게 된다. 비휘발성 고체잔해만이 남게 될 것이다. (11.8~11.10절)
7. (a) 1; (b) 3; (c) 2 (11.12, 11.13, 11.16절)
8. 지구가 태양주위를 공전하다 혜성이 지나가며 찌꺼기를 흘린 자리를 통과할 때 유성우가 일어난다. (11.14절)
9. (질량으로 구성비를 비교할 때) 철운석 - 대부분인 90%가 철이고, 10%가 니켈; 철석질운석 - 철, 니켈, 규산염광물; 석질운석 - 높은 규산염성분과 약 10%의 철과 니켈; 기원은 소행성대 일 것임. (11.17절)
10. 지구, 소행성대, 명왕성, 오르트구름 (11.8, 11.17절)
11. 왜냐하면, 그들은 우주에서 왔으므로 우리의 행성, 지구, 태양계의 역사와 구성성분을 이해토록 하기 때문이다. (11.16, 11.17절)

제 12 장

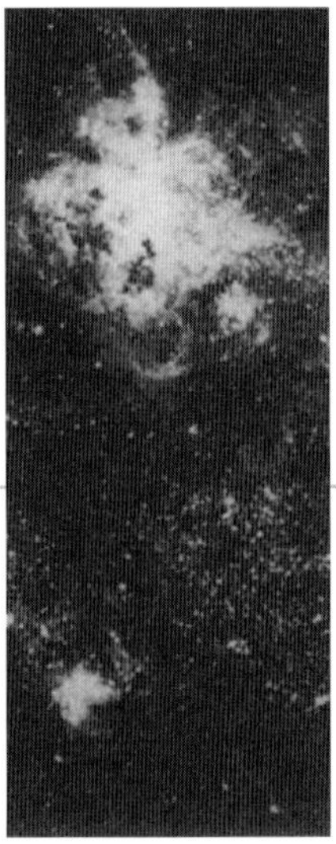

외계 생명체
(LIFE ON OTHER WORLDS?)

우리는 우리의 시대를 살아남으려 시도하고 그러기 위해서 당신들 시간까지 살고자 한다. 우리는 언젠가 은하문명의 공동체로서 우리에게 직면한 문제를 해결하길 희망한다. 이 기록은 우리의 희망과 결심 그리고 광대하고 멋진 우주에 대한 우리들의 호의를 표명하는 바이다.

보이저 우주선 안에 남긴 기록,
미국 대통령 지미카터 (1977)

목표

☆ 지구생명의 기초 분자를 설명하여보자.
☆ 생명체가 지구의 무기분자로부터 자발적으로 진화하였음을 제시하는 증거를 말하여보자.
☆ 지구의 지적생명체의 기원과 진화에 대한 과학적 가설을 설명하여보자.
☆ 화성의 생명체 조사에 대해 설명하여보자.
☆ 우리와 다른 행성계의 존재에 대한 증거를 기술하여보자.
☆ 지구 밖의 지적생명체가 있을 통계적 가능성의 추정을 포함한 요인들을 열거하여보자.
☆ 우주에서의 과거 그리고 현재까지의 인간의 연구와 탐사를 설명하여보자.
☆ 별과 별사이의 항해 그리고 UFO에 대한 과학적 관점의 지배적인 추세를 말하여보자.
☆ 지구 밖의 지적생명체를 찾기 위해 어떤 과학자들이 조사했고 또 어떤 조사 계획들이 있는지 여러 가지의 계획들을 설명하여보자.

12.1 전망 (PROMISE)

누구도 지구 밖의 생명인 **외계 생명체**(extraterrestrial life)가 외계에 존재하는지에 대해 알지 못한다. 지구의 생명은 특별한 우주의 사건일지 모른다. 그러나 인간은 우리가 혼자가 아니라는 강력한 단서를 가지고 있다.

생화학자들은 지구의 모든 살아있는 유기체들이 의존하는 몇몇의 기초적인 유기 분자 또는 탄소를 포함한 몇 개의 분자들의 유기체가 연구실안의 기체 원자들로부터 제조될 수 있는 것을 알아냈다.

천문학자들은 생명체속의 기본적인 원자들과 분자들을 우리 태양계뿐 아니라, 별, 성간 먼지 구름들 속에도 있음을 탐지해낸다. 그들은 또한 아미노산들, 지방질 화학물질들, 그리고 물을 가진 운석도 찾았다.

물리학자들은 지구의 물리적 법칙 그리고 화학적 사건이 우주 어디에서나 적용된다고 자연 법칙들을 가정한다.

만약 지구의 생명체가 물리적 화학적인 과정의 연속에 의하여 무기 분자들로부디 진화되었다면, 생명체는 다른 곳에서 우리 은하수의 2천 억 개가 넘는 별들에서 또는 우주의 1000억 개가 넘는 다른 은하들 중 다른 어떤 곳에서 진화해 왔을 것이다.

생명 탐사는 시작되었다!

우주생물학(astrobiology)은 우주에서 생물의 기원, 분류, 진화, 그리고 우주에 있어서 생명의 미래에 대한 연구이다. 미국 항공 우주국의 우주생물학협회의 연구원들은 어떻게 생명이 시작되었고 지구 그리고 우주에서 생명이 어떻게 진화하였는지 실험한다(▶http://nai.arc.nasa.gov◀).

문 **왜 많은 과학자들이 지구밖에 생명체가 존재할 것 이라고 생각하는가?**________

답 : 생명체의 기본적인 분자들은 우주에서 발견되어 왔고 실험실에서 제조되었다. 만약 물리적, 화학적 반응으로 연속적으로 무기 분자로부터 유기체로 진화되었고 이런 것이 우주의 특별한 사건이 아니라면, 다른 세계에도 생명은 발생될 수 있을 것이다.

12.2 우주적 기원(COSMIC ORIGINS)

유기체와 무기체를 구분 짓는 가장 기본적인 특징은 생식과 물질대사의 능력이다. 무엇이 생명 탄생의 불꽃을 야기했을까? 아무도 모른다. 그러나 **우주진화론(cosmic evolution theory)**은 유기체가 나타난 것을 다음의 우주적 힘과 관련짓고 있다.

우리의 우주는 100~200억 년 전 사이에서 빅뱅이라는 존재에서 폭발되어졌다. 첫 원소는 수소와 헬륨이었다. 그 후 계속해서 우주는 확장되어지고 식어졌다. 은하들 그리고 별들이 형성되었다. 무거운 원소는 질량이 많은 별들의 속에서 핵융합에 의해 천천히 생성되었다. 초신성들이 가스를 풍부하게 만들고, 그 원소는 우주공간으로 다시 돌아가서 재활용되었다.

50억 년 전, 우리의 태양은 생물에 관한 원소와 먼지입자들과 함께 풍부한 성간 구름으로부터 응축되었다. 지구 그리고 다른 태양계의 구성체들은 초기의 어린 태양 주위를 궤도 운동하는 물질들이 차갑게 식어감에 따라 모양을 갖추어 갔다.

처음으로 지구의 표면은 거칠고 화염에 불타고 있었다. 활동하는 화산들은 뜨거운 용암과 기체들을 계속해서 분출하였다. 운석들과 혜성들이 충돌했고, 생물학적 원소들이 초기의 지구에 더해졌다.

다음 10억년 동안 지구는 냉각되고 방출되는 가스는 대기와 해양을 생성했다.

과학자들은 지구의 초창기의 대기와 같이 수소, 탄소, 산소, 그리고 질소 기체의 혼합물들을 섞어 아미노산을 포함한 생명체의 기본적인 분자인 유기분자들을 생성해냈다. 태양의 자외선, 우주선, 섬광 그리고 지질학적 운동으로부터의 충격파들은 모두 대기의 기체들을 묶어서 40억 년 전의 더 복잡한 유기 분자들을 만드는데 에너지원으로 이용되었다.

다른 가능성은 해양저의 분출구 온도가 생명의 요람이라는 것이다. 왜냐하면, 우리는 그런 악조건 속에서도 유기분자와 생명체를 발견하기 때문이다.

점차, 유기 분자들은 지구의 바다와 온천들에 축적되었다. 그들의 농축이 증가됨으로서 분자들 사이의 충돌로 인해 작은 분자들이 큰 분자들로 결합되었다. 물은 이런 과정에 있어서 중요했다. 왜냐하면 물은 화학적 반응에서 분자들 사이에 쉽게 충돌하도록 가속시키기 때문이다.

아마도 10억년이 더 지나가게 되면 더욱 복잡한 분자들이 형성되었을 것이다. 결국에는 복제를 통해 유전적 암호가 옮겨지는 RNA와 DNA 분자들이 형성되었다. 생명이 없는 것으로부터 생명으로의 경계는 가로질러졌다.

문 왜 물이 생명의 기본적 유기 분자의 화학적 진화에 중요한가?

답 : 물은 분자들이 서로 충돌하는 것을 가능하게 하여 화학적 반응속도를 높여준다.

12.3 증거 (EVIDENCE)

보통의 바이러스는 유기 조직이 무기 분자로부터 진화될 수 있음을 암시하는데, 왜냐하면 바이러스는 그 둘의 성질을 모두 가지고 있기 때문이다.

바이러스는 전자 현미경으로 보기에도 너무 작다. 바이러스는 본질적으로 DNA 그리고 RNA의 한 가닥이다. 바이러스는 자신의 에너지를 얻지 못하며, 또한 살아있는 세포의 밖에서 스스로 복제하지 못한다. 바이러스는 감염된 세포가 성장에 필수적인 에너지를 공급받고, 번식의 수단으로 에너지를 이용하여 생존한다.

만약 생물과 무생물의 명확한 구별은 사실상 부자연스럽고, 바이러스들이 실제로 둘 사이 연속선상에 놓여있다면, 과거의 원시세포는 지구상의 생명체의 초기 값이었을 것이다.

문 **유기체가 무기 분자로부터 진화해 나왔다고 존재하는 증거는 무엇인가?**

답 : 바이러스는 유기체와 무기분자 양쪽 모두의 성격을 가지고 있다.

12.4 진화 (EVOLUTION)

자연 선택의 법칙 또는 적자생존의 법칙에 의하면 지구상의 모든 살아있는 생물체는 하나의 단순한 조직으로부터 진화되었다고 한다.

30억 년 이전 암석 안에 있는 미화석들은 그 암석들이 형성되었을 때 지구상에 박테리아와 같은 해초나 유기조직이라 불리는 단순한 단세포식물들과 같은 생명체가 존재했었다는 증거이다 (그림 12.1).

첫 번째 유기체가 복제되었다. 그러나 자손들은 결코 부모와 정확한 복사체가 아니다. 몇몇 특징들의 변이들은 항상 번식이 일어나는 장소에서 언제나 발생한다.

그런 독특한 환경에서 그들이 생존하는 것을 도와주는 유리한 변이들을 가진 개체가 살아남았다. 그들은 성체에 도달하고 그들 스스로 번식하는 최고의 기회를 가졌다. 그리하여 자연 선택에 의해 유리한 특성은 전달되어지고, 불리한 특성들은 죽어서 빠지게 된다. 오랜 기간에 걸쳐 천천히 원래의 개체로부터 새로운 종들이 형성될 수 있었다.

다세포 조직은 10억 년 전에 나타나게 되었다. 그리고 유성생식은 진화적인 다양성을 가속시켰다.

지난 6억 년의 화석 기록은 수많은 상황 속에서 종들의 대량 멸종에 뒤따라서 다수의 새롭고 다양한 종이 출현했음을 암시한다. 첫 번째 어류는 4억2천5백만 년 전에 바다에서 나왔다. 파충류는 3억2천5백만 년 전에 나타났다. 이후에 6천5백만 년 전에 공룡은 멸종한 후에 작은 포유류들이 증가되었다. 마침내 40,000년 전 인지의 지성을 가진 인류가 출현했다.

이렇게 수 10억년이 넘는 동안 지구에 존재했던 다양한 환경 상태 아래, 현대의 인류를 포함해 모든 생명체들은 단순한 세포로부터 진화했을지 모른다.

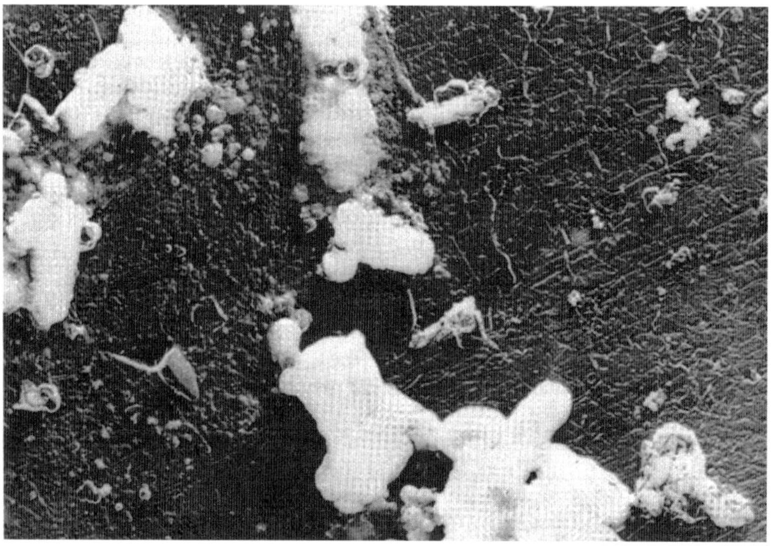

그림 12.1. 수십억 년 전의 박테리아 화석.

문 **진화를 가속시키는 환경적 요인들을 제시해 보시오.**

답 : 전 세계적인 격렬한 기후 변화. (여러분은 또 다른 요인들을 생각해봐도 좋을 것이다)

12.5 가까운 행성들 (NEARBY PLANETS)

생명은 또한 이웃 행성으로부터 진화되었을 지도 모른다. 태양으로부터 거주하기 적당한 생물생존권지대(ecosphere), 또는 생명이 최대한 편안하게 존재할 수 있을지 모르는 지역은 대충 금성과 화성사이의 궤도이다.

금성은 생명체에게 적합해 보이지 않는다. 왜냐하면 금성은 480℃(900°F)가 넘는 최악의 뜨거운 표면을 가졌고 너무 건조하다.

화성은 보기에 생명체에게 매우 적합해 보인다. 화성은 지구의 생명체에게 필수적인 많은 양의 물이 과거에 흘렀을 것으로 생각된다. 화성의 사진들은 마치 강의 하천 그리고 강의 지류와 유사한 한번쯤은 강물이 흘렀을만한 수로의 갈려진 모습을 보여 준다(그림 9.18). 물은 오늘날 화성의 극관, 서리, 안개, 얇게 덮인 구름으로 존재한다.

지구에서의 실험은 몇몇의 식물들 그리고 미생물들은 오늘날의 화성과 유사한 환경 상태에서도 생존할 수 있다는 것을 보여준다. 만약 여태껏 생명이 진화되었다면, 아마도 그것은 여전히 존재할 것이다.

미국의 바이킹(무인화성탐사기) 착륙선 실험들은 화성의 토양에 살고 있는 탄소를 기초로 한 미생물들을 탐지하도록 설계되었다. 그 결과는 확정적이지 못하지만 영문을 알 수 없는 활동이 탐지 되었었다. 그것은 아마도 유기체 때문이거나 또는 화성의 토양이 약간 보통과 다른 화학적 특성을 가지고 있기 때문일지도 모른다.

목성 그리고 Titan(토성의 위성)은 어쩌면 단순한 미생물들을 가지고 있을지 모른다. 목성의의 구름들은 지구에서 아마도 생명이 진화되었던 그 기체들을 포함하고 있다. 아마도 목성의 액체 수소 또는 타이탄의 액체 질소는 어떤 형태의 생명이 진화할 수 있는 바다가 있을지도 모른다. Europa(목성의 위성)는 해양의 표면 아래에 생명이 있을지도 모른다.

과학자들은 화성, 목성, 유로파, 타이탄에 생명이 존재하는지 또는 부재하는지에 대한 의견의 일치에 도달하지 못했다. 우리는 행성 탐사선의 미래의 조사를 기다려야만 한다.

문 화성에서 생명이 무기 분자로부터 진화되었을지 모른다는 것에 대한 3가지 관측사실을 말해라. (1)____________________

(2)____________________

(3)____________________

답 : (1) 행성위에 언젠가 한번 많은 물이 흘러졌었다는 것을 지시하는 증거.

(2) 화성이 태양의 거주할 수 있는 지대의 안쪽에 있다는 것.

(3) 지구상의 몇몇의 식물들과 미생물들은 화성과 유사한 환경상태에서도 살아남을 수 있다는 것.

12.6 예측 불가능성 (THE ODDS)

우리가 어쩌면 우주 전체에서 유일한(또는 교만스럽게 우리자신이 그렇게 생각하는) 지적문명일지도 모른다. 또는 다른 많은 문명이 존재할지도 모른다.

우리의 태양은 우리의 은하수 안의 2000억이 넘는 별들 중의 하나일 뿐이다. 대략 10억개 은하들은 우리의 가장 큰 천체망원경의 시야 안에 있다. 이 은하들 중의 많은 별(항성)들에는 아마도 생명을 유지하는 행성들이 주위를 돌고 있을지 모른다. 그리고 이들 행성의 몇몇은 아마도 지적 문명을 낳았을 것이다.

우리 은하수 안의 지적 문명의 수를 통계적으로 예측하는 방법은 - 현재의 우리가 희망하는 통신을 할 수 있는 오직 하나 - 미국의 천문학자인 Carl Sagan (1934 - 1996)과 Frank

Drake, 러시아의 I. S. Shklovsky (1916 – 1985)에 의해 제안된 것이다. 먼저, 분명하게 평가할 수 있는 (1) 은하내의 별의 개수, (2) 그들의 주위에 행성이 돌고 있는 별들의 수, 그리고 (3) 생명에 적합한 행성의 평균수를 추정해 본다.

다음으로는 확신이 다소 적지만 (4) 생명이 확실히 진화되는데 적합한 행성의 수, (5) 지적 유기체로 진화된 생명의 시작된 행성들의 수, (6) 의사소통이 가정된 지적 생물 종들의 수로 추정한다.

마지막으로 (7) 지적 문명의 평균 수명으로 추측한다.

이 모든 요인들이 고려되면, 오늘날 은하수 안에는 하나의 지적 문명(즉 우리자신)에서부터 수 백만까지 추정해 볼 수 있다.

문 **왜 지적 문명의 평균 수명치가 대부분 불확실 하다고 생각하는가?**

답 : 우리의 문명과 유사한 문명이 있을 때, 만약 우리가 전형적이라면, 우리 은하의 다른 문명과 통신을 할 수 있는 기술적 진보의 단계에 도달하면 어떤 일이 일어날지 아무도 모르기 때문이다. 통신하기에 충분히 긴 시간동안 문명이 존재할지 또는 핵무기나, 공해, 과잉인구로 스스로 파괴되지 않을지가 불분명하다.

12.7 태양계 밖 행성계(EXTRASOLAR PLANETARY SYSTEMS)

별 형성에 관한 성운설과 새로운 관측사실들은 많은 별들이 행성을 가지고 있다는 것을 알려 준다(4.3절).

별 주위를 도는 기체와 입자들의 무리로 된 원반들은 1983년(그림 12.2)에 적외선의 파장에서 처음 관측되었다. 직접적인 사진 확인은 50광년 떨어진, 가까운 베타 픽토리스(Beta Pictoris) 별이 처음이었다. 아마도 젊은 별 주위에 두꺼운 원반이 원시 행성 원반계 프로플리드(Proplyds)라고 불리는 행성탄생지역일 것이다. 오래된 행성 주위의 얇은 원반들은 이미 형성된 행성으로부터 남은 잔존 물질들이다.

다른 별들에 속해있는 행성들은 아직까지도 우리의 가장 큰 망원경으로도 볼 수가 없으며, 천문학자들은 보이지 않는 동반성을 찾기 위해 4가지의 간접적인 기술을 사용한다.

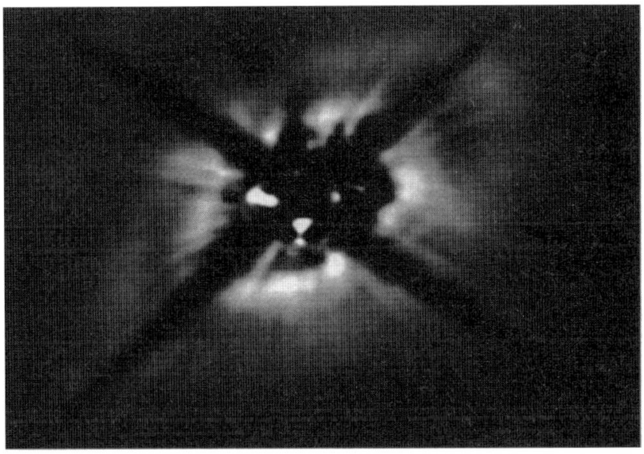

그림 12.2. 천칭자리에서 320광년 떨어진 곳에 위치한 HD141469 별 주위의 먼지 원반.

1. 측성학(Astrometry): 별의 고유 운동을 측정한다

질량이 큰 행성들의 중력에 의한 인력은 천구상에서 별의 직선 경로에 작은 떨림을 일으킨다. 뱀주인자리(Ophiuchus)의 Barnard 별은 가장 큰 고유운동 값을 가지고 있다. 별을 여러 해 동안 촬영되었는데, 별의 이미지보다 0.01배 큰 떨림이 보고 되었는데 이는 행성 때문으로 여겨진다. 그러나 확증된 것은 없었다.

천문학자들은 우주 측성 탐사(Space Interferometry Mission, SIM)를 통해해 과거에 불가능하였던 정도의 정밀관측으로 많은 행성을 발견하였다(▶http://planetquest.ipl.nasa.gov.sim◀).

2. 분광학(Spectroscopy): 별의 각속도를 측정한다

질량이 큰 행성의 중력에 의한 인력은 작지만 주기적으로 나타나는 별의 스팩트럼선의 도플러 이동을 야기하기도 한다. 50광년 떨어진 태양과 비슷한 별인 51 페가수스(Pegasi)는 1995년에 근소한 시선속도의 변화를 보인 것으로 보고되었다. 이러한 변화는 최초에 확인된 외부항성계의 궤도를 4.2일마다 한번 공전하는 외부태양계의 행성에서 기인한 것으로서 이는 그 별 가까이 있는 온도가 높은 목성 크기의 행성 때문이다.

이 후 더 많은 유사한 발견이 이어졌으며 이러한 거대한 목성 정도의 행성들이 그들의 별 가까이에서 쉽게 찾을 수 있다. 그들은 작은 질량의 더 멀리 있는 행성들보다 더 강하게 끌어당기고 더 빨리 공전한다.

1999년에 최초의 외부태양계가 관찰되었는데, 세 개의 거대한 행성이 44광년 떨어져있는 F-type 별 υ 안드로메다(Upsilon Andromeda)를 공전한다.

3. 측광학(Photometry): 별빛의 광도로서 판단한다

우리의 시선방향에서 움직이는 하나의 행성은 별 앞을 가려 밝기가 약간 어두워지게 한다. 페가수스자리의 HD 209458로부터의 별빛이 1999년에 약간 어두워졌다. 그 어두워진 정도는 그 별에 속한 행성의 통과에 의해 일어나고, 이렇게 관찰된 행성으로는 이것이 처음이다. 이런 방법으로 더 많은 행성을 발견하기 위해 많은 별들이 조사되고 있다. 왜냐하면, 궤도 경사가 우리 시선 방향 쪽을 향하는 것이 많을 것이기 때문이다.

4. 미세 중력렌즈(Gravitational microlensing): 증폭된 빛을 측정한다

희미한 별이 이 별보다 더 멀고 더 밝은 별과 우리의 시선 방향에 있다면, 중력장은 뒤에 있는 밝은 별빛을 증폭하는 렌즈의 역할을 하게 된다. 이처럼 별 빛을 차단시키는 궤도에 있는 행성들은 증폭된 별 빛을 작지만 변화를 일으킬 수 있다.

지구와 유사하거나 지구 보다 더 큰 행성을 찾는 것은 지상과 우주 망원경 검출기들의 발달과 함께 발전되어간다. 궁극적으로 우리는 외부태양계를 직접 볼 날이 있을 것이며, 외부태양계 백과사전사전(▶www.obspm.fr/planets◀)에서 행성 발견에 대해 정보를 얻을 수 있다.

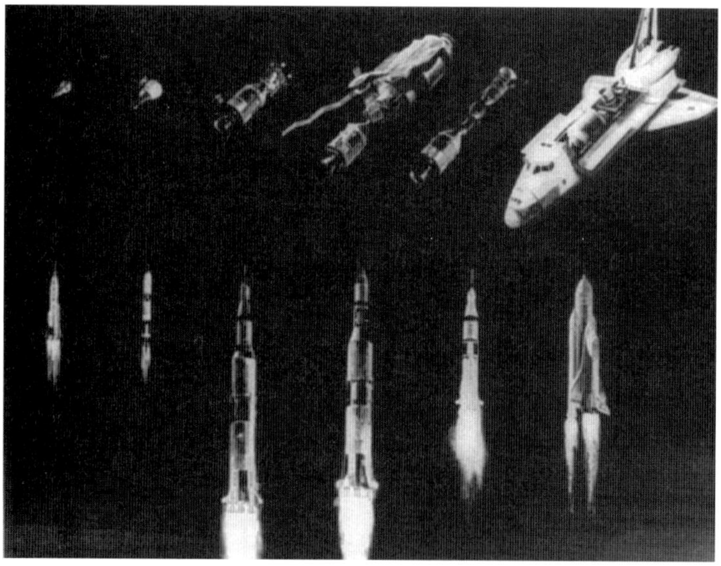

그림 12.3. 1961년에서 현재까지 미국에 의해 추진된 우주선과 로켓 발사기들로, 왼쪽에서 오른쪽으로 순서로 Mercury/Atlas ; Gemini/Titan 2; Apollo/Saturn 5; Skylab/Saturn 5; Apollo/Saturn 1B-Soyuz); 우주 왕복선(Space Shuttle)/외부 연료통과 로켓추진기.

문 관측된 별의 흔들거리는 운동을 갖는다는 것은 무엇을 의미하는가?

답 : 별의 흔들거림은 근처에 보이지 않는 별이 존재한다는 것을 나타낸다.

12.8 우주여행 (SPACE TRAVEL)

다른 별로의 여행인 성간여행은 다른 행성에 문명이 존재하는지를 확인하는 가장 극적인 방법일 것이다. 그러나 우리는 아직 직접적인 우주여행에 대한 준비가 되어 있지 않다.

가장 가까운 별조차도 몇 광년 이상 떨어져 있고, 우리가 보유하고 있는 어떤 우주선도 광속으로 비행하지 못한다. 우리 태양계에서 가장 가까운 이웃인 알파 센타우리(Alpha Centauri)를 아폴로 우주선이 달까지의 여행을 했던 속도로 간다고 해도 몇 천 년이 걸릴 것이다.

러시아 우주비행사들이 우주를 여행한 최초의 인간으로 유리 가가린(Yuri Gagarin 1934 - 1968)이 1961년 4월 12일에 보스톡(Vostok1) 1호을 타고 지구를 한 바퀴 돌고 1시간 48분후에 귀환했다. Valentina V. Tereshkova는 1963년 6월 16일부터 19일 사이에 지구를 48번 공전한 최초의 여성이 됐다.

그 후 20년 동안 러시아와 미국은 고도의 정밀한 유인 우주선을 꾸준히 개발해 왔다. 각 우주선은 한번만 비행하고 난 후 대부분은 현재 우주 박물관에 전시돼 있다(그림 12.3).

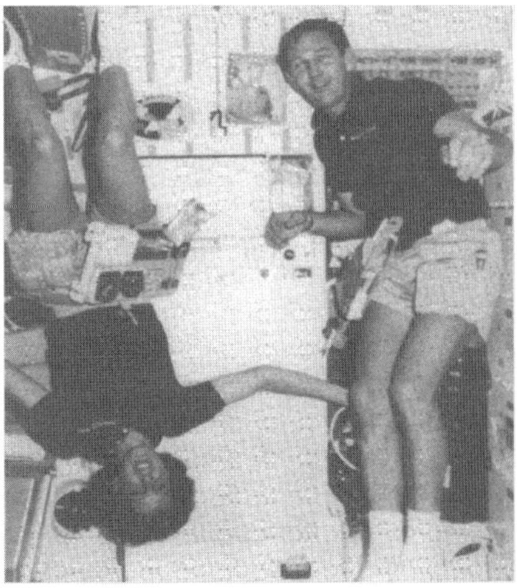

그림 12.4. 미국 우주선 아틀란티스의 우주비행사 Ellen S. Baker와 Michael J. McCulley의 미세중력에서의 식사시간.

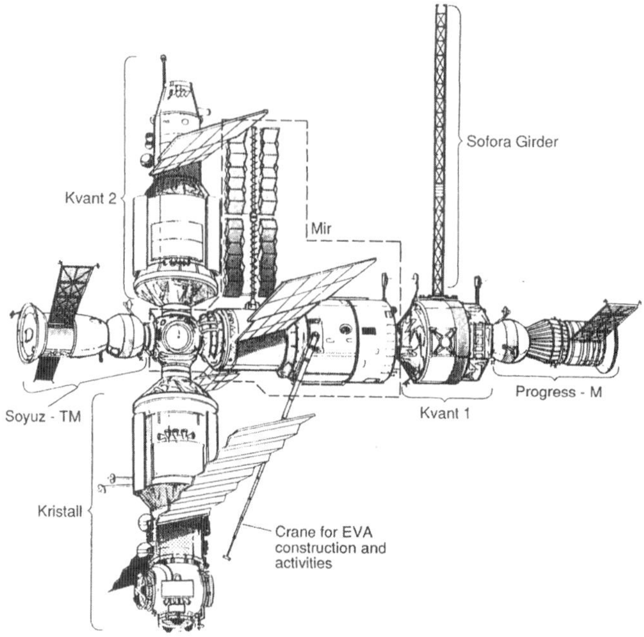

그림 12.5. 20세기의 우주 비행 중 가장 오래 머무른 러시아의 미르(Mir) 우주 정거장. 모듈은 거실, 과학실험실, 물건을 이용한 작업진행 등의 공간으로 이용되었다. 우주선 소유즈-TM은 승무원을 나르고 로봇 Progress-M은 보급을 담당한다.

우주 정거장(space stations)에서 실험들이 행해지고 있는데, 이 정거장에서 순환 근무자들이 일한다. **우주왕복선(space shuttles)**은 반복 사용 가능한 우주선으로 지구 공전 궤도상에서의 몇 주 동안 임무를 수행한다. 극미한 중력 속에서 실험을 위해 설계된 모듈 실험실이 우주 왕복선의 화물칸에 들어맞게 되어있다(그림 12.4).

현재 연구주제는 미세한 중력아래서 생의학적 효과에 집중되고 있고 인류에게 유용한 길을 찾고 있지만 우주를 탐험하고 이용하는 것이 최후의 목표다.

러시아 우주인들의 Mir 우주정거장에서 가장 오랜 기간 유인 우주 비행을 하였던 것으로 기록되었다(1986 - 2001)(그림 12.5). Valery Polyakov 박사가 1995년 세운 438일 18시간이 세계기록이다. 우주인들의 생리적, 신체 화학적 기능과 정신건강이 장기간의 무중력 상태에 의해 측정 가능할 만큼 변화되었다.

문 **최초로 인류가 우주로 진출한 때는?**

답 : 1961의 Yuri Gagarin (April 12, 1961).

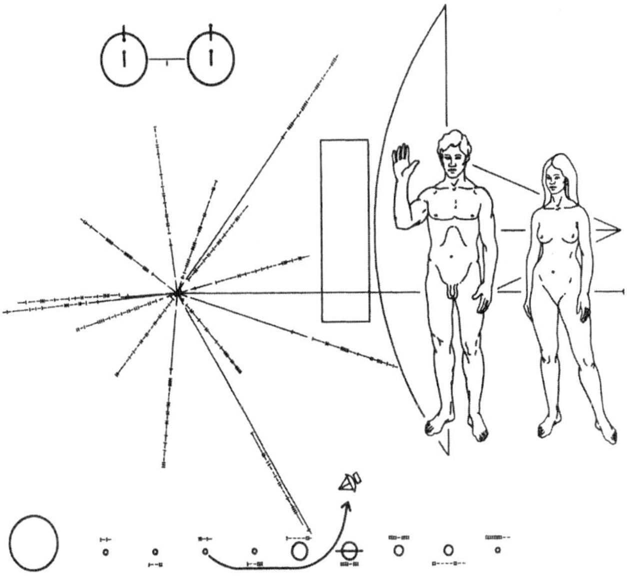

그림 12.6. 지구로부터의 첫 메시지. Pioneer 10호, 11호가 가져간 금속판으로 우주선이 언제, 어디로부터, 누구에 의해 발사되었는지를 나타낸다.

12.9 별 탐사선 (STAR PROBES)

현재로서 고속의 로봇 탐사선을 다른 별로 보내는 것은 불가능할 정도의 비용이 요구된다.

네 개의 미국 우주선이 목성형 행성에서의 임무를 완수하고 성간 우주 비행을 하고 있다. 이 우주선들은 우주의 어디선가 마주칠지 모르는 지적 능력을 갖는 존재에게 전할 상징적인 메시지를 갖고 있다.

소행성대를 처음 통과하고 1973년에 목성의 근접사진을 제공한 파이오니어(Pioneer) 10호는 1983년에 최초로 태양계를 벗어난 우주선이다. 그 쌍둥이 우주선인 파이오니어 11호가 1990년에 그 뒤를 따랐다. 이들 우주선은 우리에 대해 알리는 금속판을 갖고 갔다(그림 12.6). 2003년 1월 22일을 마지막 교신할 때 파이오니어 10호는 지구로부터 122억km의 거리에 있었다.

보이저(Voyager) 1호와 2호(8.12절)는 전기적으로 암호화된 정보와 음성과 지구상의 가장 아름다운 곳과 그 지역 서식동물들의 그림으로 된 독특한 기록들을 가져갔다. 또한 카트리지와 재생하는 안내서가 포함돼 있다. 우주의 존재 가능한 문명은 바람과 파도, 새와 동물, 음악 그리고 키스하는 소리와 아기의 울음소리 그리고 60가지 언어로 된 인사말을 들을 수 있게 될 것이다.

이 두 우주선은 별 사이의 자외선의 근원을 연구하도록 프로그램 되었다. 그들의 활동 범위와 작은 기계들은 태양의 영향력이 미치는 끝과 성간공간이 시작되는 곳인 태양계권 계면(Heliopause)을 찾도록 되어있다. 이 우주선들은 핵연료가 전기에너지를 더 이상 공급할 수 없게 되는 2015년까지 귀중한 자료를 보내와야만 한다.

사람들은 때때로 미확인비행물체(UFO)에 대한 이야기를 들을 때마다 외계의 생물체가 지구에 오지 않았을까하는 의문을 갖는다.

대부분의 과학자들은 외계인들로 UFO출현에 대한 설명하려는 것은 힘들 것이라고 말한다. 과학자들은 실험실에서 확인할 수 있는 외계우주선의 파편등과 같은 확실한 증거를 원한다. 하지만 아직 그러한 예는 없었다.

문 **종종 몇몇 우려하는 사람들이 얘기하는 것과는 달리 왜 지구가 외계에 있는 적의를 가진 존재에게 침략 당하지는 않을 것이라고 하는가?**____________________

____

답 : 다른 별로부터 그렇게 먼 거리를 이동하는 것은 너무 긴 시간과 많은 연료를 써야만 하기 때문이며, 그렇게 먼 거리를 이동해야하는 합당한 목적을 갖기 어렵기 때문이다. 특히 그들이 우리 지구의 문명과 비슷한 수준의 과학문명을 갖고 있다는 가정 하에서다.

12.10 통신(COMMUNICATION)

우리는 라디오 전파를 이용해 다른 문명과 빛의 속도로 교신할 수 있는 능력을 갖고 있다.

우리가 이미 사용하고 있는 송신 및 수신 장치를 보냄으로써, 다른 문명이 이를 감지할 수는 메시지를 보낼 수 있다. 우리는 수천광년 떨어진 곳의 우리의 것보다는 기술이 떨어지는 전파 장치로부터의 메시지를 수신할 수 있는 능력이 있다.

지구로부터 암호화된 한 메시지가 1974년에 우주로 방송되었는데, 이는 푸에토리코의 아레시보(Puerto Rico Arecibo)에 있는 전파망원경 장치의 능력을 과시하기 위한 것이었다. 이 신호는 24,000광년 떨어진 헤라클레스(Hercules) 별자리에 있는 M13 구상성단을 향해 쏘아졌다. M13으로부터 광속의 속도로 응답을 받기 위해서는 48,000년이 걸린다.

현재의 연구는 우리 태양계 너머로부터의 오는 신호를 포착하는 데 집중되어 있다. 이것이 우리가 힘들게 신호를 외계로 쏘아 올려 우주에 다른 문명이 존재하며 이들이 우호적이라는 것을 확인할 때까지는, 가장 경제적이고 간단하며 그리고 안전한 방법이다.

외계로부터 신호를 포착하려는 첫 번째 시도는 서버지니아 주(West Virgina)의 그린뱅크

(Green Bank)에 있는 미국 국립 전파 천문대(U.S National Radio Astronomy Observatory)에서 행해진 오즈마(Ozama) 계획이다. 천문학자 Frank Drake는 가까이 있는 타우 세티(Tau Ceti)와 엡실론 에리다니(Epsilon Erindani) 별들로부터 오는 1420 MHz (21cm 파장)의 주파수에서 신호를 들었다. 그러나 어떤 지능을 가진 신호가 잡히지 않았다.

이렇듯 성공한 적이 없다는 것은 놀랄만한 일이 아니다. 외계의 생명체가 의도적으로 그들을 우리에게 알리려고 해도, 그 순간에 우리가 그들이 의도하는 방향에 없을지도 모르고, 우리가 그 주파수에 맞추어져 있을지도 난무한 일이다. 이 과정은 차라리 바늘이 어떻게 생겼는지도 모른 채 건초더미에서 그 바늘을 찾는 것과 같다.

문 **지구에서 쏘아올린 라디오 신호가 우리 태양계에서 가장 가까운 별인 알파 센타우리 (Alpha Centauri)까지 가는데 얼마나 걸리는가?**

답 : 4.3년. (라디오 전파도 빛의 속도로 움직인다)

12.11 진지한 탐사(A SERIOUS SEARCH)

과학자들은 현재 SETI(Search for Extra - Terrestrial Intelligence) 계획이라 불리는 전파망원경과 컴퓨터 시스템을 이용하여 지구 밖의 지적 존재를 찾고 있다.

이느 누구도 정확히 얼마나 먼 거리에서 어느 방향에서 또는 어느 주파수로 신호를 그들이 이용할지 모르기 때문에, 미지의 방향에서 오는 아주 약한 전파 신호를 찾는 것은 큰 도전이다.

그 주파수는 우리가 처음 접했던 것과 같이 1,400 MHz (21cm 파장)에서 1,700 MHz일 가능성이 높다고 여겨진다. 우리는 이 주파수 대역을 우리가 모두 만나게 되는 은하의 "수구(waterhole, 비교적 잡음이 적은 무선 주파대)"라고 추측한다. 우리 은하의 어느 곳에 있는 천문학자들도 이를 알아챌 것이기 때문에 21cm 파장 대역에서 변조된 신호는 주의를 끌 수 있을 것이다. 또한, 그곳에서도 자연소음레벨 이상의 탐지 가능한 신호를 만들어내기 위해서는 최소한의 전력이 필요할 것이다(6.8절).

우리의 희망은 컴퓨터가 민감한 다채널 스펙트럼 분석기(Multichannel spectrum analyzers, MCSA)처럼 작동하는 자동화된 시스템이나 한 번에 여러 전파영역을 수신하는 주파수 대역을 갖는 전파망원경에 의지해야 할 것이다.

외계의 문명을 찾기 위한 현재의 연구는 두 가지의 우수한 전략을 갖고 있다:

1. 강한 신호를 감지하기위해 광범위한 주파수 대역에 이르는 전체 하늘을 탐색하는 전

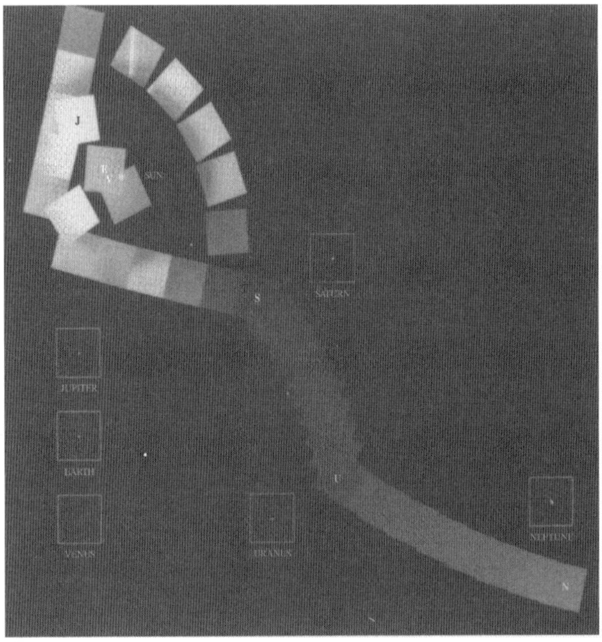

그림 12.7. 우주에서 본 최초의 태양계 "전경 사진". Voyager 1호의 카메라가 60억 km에 떨어져 황도면의 32° 위에서 1990년 2월 14일에 태양과 행성들의 사진을 찍었다.

천후 탐사(all-sky survey). 북반구와 남반구에 존재하는 전파망원경이 1,000 MHz에서 10,000 MHz 또는 몇몇 가능한 경우 25,000 MHz까지를 탐색한다.

2. 태양과 같이 근접한 별에서 오는 미미한 신호를 찾는 고감도의 표적 탐사(high-sensitivity targeted search). 이 작업은 지구로부터 100광년 안의 거리에 있는 별들을 목적으로 하는데 그 주파수 대역은 1,000MHz에서 3,000MHz 또는 추가로 10,000MHz에 이르기까지 가능한 주파수를 목표로 한다.

미래에, 우리는 훨씬 더 미세한 다채널 분석기와 더 큰 전파 기기나 망원경, 또는 망원경 배열을 만들 수 있을 것이다. 안테나를 우주나 달에 설치하는 것도 가능한 대안이 될 수 있다.

문 **한 시민으로서 다른 문명으로부터의 신호를 찾는 국제조사에 동참하는 것에 찬성 또는 반대의 투표권을 갖고 있다고 가정해 보자. 당신은 어느 쪽에 투표할 것이며 그 이유는 무엇인가?**

답 : 당신의 답은 당신 견해의 문제이다. 저자인 나는 찬성에 투표할 것이다. 우리가 높은 지식수준의 외계인

을 만나게 된다면 그들은 우리가 지금 지구상에서 살아가는데 당면한 많은 어려움에 대한 답을 줄지도 모른다. 만약 그렇지 않다고 해도 연구비는 여전히 잘 쓰여질 것이다. 우리는 이러한 규모의 지적이고 과학적인 노력에 국제적인 협력을 구축하고, 평화 공존을 지향하고, 인류의 이익을 위한 지식을 공유하면서 얻게 되는 이익은 막대하다.

미국 California의 세티 연구소(SETI Institute in California, U.S)에는 이러한 탐색을 위해 수많은 컴퓨터 사용자들이 참여하고 있다. 당신도 일하지 않을 때에도 작동하는 SETI 스크린세이버를 당신의 컴퓨터에 설치할 수 있다. 이 스크린세이버는 데이터를 다운로드하고 분석하여 많은 연구원들에게 그 결과를 보고하고 있다(▶www.seti.org◀).

자가 평가(SELF-TEST)

자가 평가는 여러분이 12장의 내용들을 충분히 이해하고 있는지를 평가하기 위한 것이다. 각각의 질문에 대하여 답하시오. 자가 평가 문제의 끝 부분에 정답과 점검 사항들을 제시하였다.

1. 지구상의 첫 생명체는 무기적 화학성분으로부터 우연하게 자연적으로 진화했다는 두 가지의 증거를 보여라.____________________

2. 단세포조직으로부터 지구상의 지적 생명체로의 과학적 진화이론에 대하여 간략하게 요약하라.

3. 다른 행성의 생명체를 찾는 일이 왜 화성에서 처음 시도되었는가?____________________

4. 태양 밖의 별을 공전하는 행성들의 증거를 제공한다고 볼 수 있는 두 가지 형태의 관찰 예를 보여라.
   (1)____________________
   (2)____________________

5. 외부의 지적 생명체에 대한 통계학적 기회의 추청과 관련하여 가장 불확실한 요소는 무엇인가?

6. 과학계에서의 UFO에 대한 지배적 견해는 무엇인가?____________________

7. 아래의 짝을 맞추어라.

______(a) 우주공간의 인간(Yuri Gagarin)	(1) Space shuttle
______(b) 재사용가능한 유인 우주선	(2) Pioneer 10호
______(c) 태양계를 벗어난 우주선이 지구로부터의 메시지를 갖고 있다.	(3) Viking 1호 2호
______(d) 다른 행성에서의 생명체 탐사	(4) Vostok 1호

8. 왜 과학자들은 태양계외의 다른 행성을 도는 행성에 있을지도 모르는 생명체를 찾기 위해 의도적인 라디오 신호를 수신하는데 집중하고 있는가?____

____

____

9. 오늘날 유명한 외계 생명 탐색 전략 두 가지를 들어라.______________________________

____

____

해답(ANSWERS)

아래 주어진 답들과 여러분 스스로 풀어본 답들과 비교하시오. 만약 모든 문제의 정답이 일치하면 다음 장을 공부할 수 있는 실력입니다. 만약 약간의 오답이 있는 경우 그 문제에 해당되는 각 절을 재검토한 후 답을 수정하고, 많은 문제에서 오답이 있을 경우 전체 장을 주의 깊게 다시 읽고 답하시오.

1. (1) 생물학자들은 지구상의 살아있는 유기체가 몇몇의 기본적인 분자들로 구성되어 있다는 것을 발견했다. 이러한 분자들은 실험실에서 기체 원자들에 전압을 가함으로써 만들어져 왔다; (2) 일반적인 바이러스는 유기 조직과 무기 분자들의 두 가지의 특성을 갖고 있다. (12.1, 12.3절)

2. 자연선택의 원리 또는 적자생존 법칙은 종이 재생산되면 형질의 변화가 일어난다고 주장한다. 그들이 환경에서 살아남을 수 있게끔 그런 적합한 변이를 갖는 존재들이 생존자이다. 그들은 성체가 되고 그들 자신을 재생산할 수 있는 최고의 기회를 가진다. 따라서 자연 선택적으로 적합한 특성은 전해지고 적합하지 않은 특성은 사라지게 되는 것이다. 지능은 가장 적합한 보상이다. 수백만 년의 기간 동안 지구상에 존재했던 다른 환경조건하에서 지적 존재들은 사실 단순 세포로부터 진화해온 것이다. (12.4절)

3. 화성은 태양의 거주 가능한 지대 안에 있다. 화성에 한때 물이 흘렀다는 증거들이 있다. 몇몇 지구상의 식물들과 미생물들은 화성과 같은 환경 하에서 살아남을 수 있다. 화성은 비용대비 효율 면에서 여행하기에 충분히 가깝다고 할 수 있다. (12.5절, 12.8절, 12.9절)

4. (1) 직접증거: 별 주위를 도는 원반, 이는 그 초기의 형성 단계에서 행성계로 될 수 있다; (2) 간접증거: 거대 행성의 인력에 의해 야기될 수도 있는 섭동현상. 예를 들면, 별의 고유 운동의 불안정, 별의 스펙트럼선에 있어서의 도플러 이동에 의한 시선속도의 변화 등이다. 또는 미리세컨드 펄서로부터의 전파 진동수 신호의 기적 변화가 그 예이다. (12.7절)

5. 지적문명의 평균 존재기간. (12.6절)

6. 대부분의 과학자들은 외계인이 지구에 온 적은 없다고 생각한다. 그들이 바라는 것은 외계우주선의 파편 등과 같은 실험실에서 테스트해 볼 수 있는 확실한 증거인데 지금까지 그런 것은 없었다. (12.9절)

7. (a) 4; (b) 1; (c) 2; (d) 3 (12.1절, 12.8절, 12.9절)

8. 가장 가까운 별이라 해도 그 거리는 수 광년이나 돼서 우리가 그곳을 탐험할 수는 없다. 우리는 라디오 전파를 이용해 다른 문명과 빛의 속도로 교신할 수 있다. 다른 문명이 존재하며 그 문명이 우호적인지를 알기까지는 신호를 수신하는 데 집중하는 것이 직접 찾아가는 것보다 경제적이고 간단하며 안전하다. (12.8절부터 12.10절까지).

9. (1) 강한 신호를 탐지하기 위한 광범위한 주파수 대역에 해당하는 전체 하늘을 탐색하는 전천후 탐색; (2) 보다 협소한 범위의 주파수 영역에서 태양과 같은 근처의 별에 초점이 맞춰진 고도로 민감한 표적 탐사. (12.11절)

유용한 자료

PERIODICALS

Air & Space-Smithsonian, Smithsonian Institution, 901 D Street, S.W., 10th Floor, *Washington,* D.C. 20024. www.airspacemag.com

Astronomy, Kalmbach Publishing Co., Box 1612, Waukesha, WI 53187. www.astronomy.com

The Griffith Observer, Griffith Observatory, 2800 East Observatory Road, Los Angeles, CA 90027. www.griffithobs.org/observer.html

Mercury, Astronomical Society of the Pacific, 390 Ashton Avenue, San Francisco, CA 94112. www.aspsky.org/subpages/Mercury.html

National Geographic, 17th and M Streets, NW, Washington, DC 20036. www.nationalgeographic.com

National History, Membership Services, Box 6000, Des Moines, IA 50340. www.amnh.org/naturalhistory

Science News, 1719 N Street, NW, Washington, DC 20036.

Scientific American, 415 Madison Avenue, New York, NY 10017. www.scientificamerican.com

Sky and Telescope, Sky Publishing Corp., 49 Bay State Road, Cambridge, MA 02138. www.skypub.com

DIRECTORIES

Sky and Telescope's Astronomical Directory. Directory of planetariums, observatories, museums, astronomy clubs, societies, dealers, manufacturers, and institutions in the United States, Canada, Mexico, Europe, Australia, and New Zealand. www.skypub.com/resources/directory/directory.shtml

Astronomy's Activity Guide. Directory of astronomy clubs, events, places, and organizations in the United States and Canada. www2.astronomy.com/astro

American Astronomical Society Membership Directory, Annual. Corporations, publishers, individuals, and North American and international institutions. http://directory.aas.org

BOOKS BY DINAH L. MOCHÉ, Ph.D. www.spacelady.com

AMAZING ROCKETS, Golden Books, New York, NY

AMAZING SPACE FACTS, 2nd edition, Golden Books, New York, NY

ASTRONOMY, 6th edition, John Wiley & Sons, New York, NY
ASTRONOMY TODAY, 2nd edition, updated regularly, Random House, New York, NY
THE ASTRONAUTS, Random House, New York, NY
THE GOLDEN BOOK OF SPACE EXPLORATION, Golden Book, New York, NY
IF YOU WERE AN ASTRONAUT, 2nd edition, Golden Book, New York, NY
LABORATORY MANUAL FOR INTRODUCTORY ASTRONOMY—editor and co-author
LIFE IN SPACE, Ridge Press/A & W Publishers, New York, NY
MAGIC SCIENCE TRICKS, Scholastic Book Services, New York, NY
MARS, Franklin Watts, New York, NY
MORE MAGIC SCIENCE TRICKS, Scholastic Book Services, New York, NY
MY FIRST BOOK ABOUT SPACE, Golden Books, New York, NY
RADIATION, Franklin Watts, New York, NY
SEARCH FOR LIFE BEYOND EARTH, Franklin Watts, New York, NY
WHAT'S UP THERE? QUESTIONS AND ANSWERS ABOUT STARS AND SPACE, updated regularly, Scholastic Book Services, New York, NY
WHAT'S DOWN THERE? QUESTIONS AND ANSWERS ABOUT THE OCEAN, Scholastic Book Services, New York, NY
WE'RE TAKING AN AIRPLANE TRIP, Golden Books, New York, NY

CAREER INFORMATION

A Career in Astronomy, The American Astronomical Society, Dr. Susan E. Deustua, Director of Educational Activities, AAS Executive Office, 2000 Florida Avenue, NW, Suite 400, Washington, DC 20009-1234, deustua@aas.org

Degree Programs in Physics and Astronomy in U.S. Colleges and Universities, American Institute of Physics, www.aip.org

(a) Physics in Your Future, 2nd edition, free from American Physical Society, www.aps.org/educ/cswp/index.html, and *(b) Women in Science* by Dinah L. Moché, Ph.D., American Association of Physics Teachers, One Physics Ellipse, College Park, MD 20740. (a) Career information for junior and senior high school, and (b) a multimedia package presenting information about six women scientists and their work.

ALMANACS, OBSERVING GUIDES, AND STAR ATLASES

A Field Guide to the Stars and Planets, 4th edition, by Wil Tirion (Illustrator) and JAY M. Pasachoff (Boston: Houghton Mifflin Co., 1999).

All About Telescopes by Sam Brown (Barrington, NJ: Edmund Scientific Co.).

The Astronomical Almanac, issued annually by the U.S. Naval Observatory (Washington, DC: U.S.

Government Printing Office, yearly). Current information about Sun, Moon, planets, eclipses, and occultations.

Burnham's Celestial Handbook, Volumes 1, 2, and 3, Revised edition (New York: Dover Publications, Inc., 1980). Observer's guide to space beyond the solar system.

Norton's Star Atlas and Reference Handbook, edited by Ian Ridpath (White Plains, NY: Longman Publishing Group, 1998).

Observer's Handbook, edited by Rajiv Gupta, issued annually by The Royal Astronomical Society of Canada, 136 Dupont Street, Toronto, Ontario M5R 1V2. Information and tables on the Sun, Moon, planets, asteroids, meteor showers, and other celestial phenomena.

Sky Atlas 2000.0, 2nd edition, by Wil Tirion (Cambridge, MA: Cambridge University Press, 1999).

Sky Calendar (East Lansing, MI: Abrams Planetarium, Michigan State University, yearly).

ORGANIZATIONS

American Association of Variable Star Observers
25 Birch Street — www.aavso.org
Cambridge, MA 02138
(617) 354-0484

American Association of Physics Teachers
One Physics Ellipse — www.aapt.org
College Park, MD 20740
(301) 209-3333

American Astronomical Society
2000 Florida Avenue, NW, Suite 400 — www.aas.org
Washington, DC 20009-1231
(202) 328-2010

Astronomical League and Astronomy Day
5675 Real del Norte — www.astroleague.com
Las Cruces, NM 88012
(505) 382-9131

Astronomical Society of the Pacific
390 Ashton Avenue — www.astrosociety.org
San Francisco, CA 94112
(415) 337-1100

British Astronomical Association
Burlington House, Piccadilly — www.ast.cam.ac.uk/~baa/
London W1V ONL, England

International Planetarium Society c/o Taylor Planetarium Museum of the Rockies Montana State University 600 Kagy Blvd., Bozeman, MT 59717	www.ips-planetarium.org
National Science Teachers Association 1840 Wilson Blvd. Arlington, VA 22201 (703) 243-7100	www.nsta.org
National Space Society 600 Pennsylvania Avenue, SE Washington, DC 20003 (202) 543-1900	www.nss.org
Royal Astronomical Society Burlington House, Piccadilly London W1V ONL, England	www.ras.org.uk/ras
Royal Astronomical Society of Canada 136 Dupont Street Toronto, Ontario, Canada, M5R 1V2 (416) 924-7973	www.rasc.ca
Society of Amateur Radio Astronomers 247 North Linden Street Massapequa, NY 11758 (516) 798-8459	www.bambi.net/sara.html
The Planetary Society 65 North Catalina Avenue Pasadena, CA 91106 (818) 793-5100	http://planetary.org

ASTRONOMY AND SPACE ONLINE

The quantity of spectacular images and the new information about astronomy and space exploration online increases daily. The web sites below give you quick access to the best astronomy and space sites on the Internet. They offer carefully selected hyperlinks to many accurate, eye-catching sites by topic.

Spectacular Images

Anglo-Australian Observatory Image Collection

New photographic and CCD images of stars, galaxies, and nebulas from Australia. www.aao.gov.au/images.html

Astronomical Image Library

Search the Internet for images of any sky object you specify. www.astronomy.ca/images

Astronomy Picture of the Day

A different image every day, with explanations, links and archive. antwrp.gsfc.nasa.gov/apod/astropix.html

Hubble Heritage Photos

Greatest hits from Hubble Space Telescope, added monthly and archived. heritage.stsci.edu/

NASA Image Exchange

Gallery and searchable database of images from 10 NASA centers. nix.nasa.gov

NASA's Planetary Photo Journal

Publicly released images from Solar System exploration programs. photojournal.jpl.nasa.gov/

National Optical Astronomy Observatories Image Gallery

Images from Kitt Peak, NSO/Sac Peak and Gemini telescopes. www.noao.edu/

Space Telescope Science Institute

Hubble Space Telescope pictures and operation. www.stsci.edu

General Astronomy and Space Exploration

Astronomy Magazine's Selected Astronomy Web Sites

Data and catalogs, beginner and kid sites, telescopes, and weather. www2.astronomy.com/Astro/Hotlinks/hotlinks.html

Griffith Observatory Star Awards

Astronomy sites that display useful and accurate information in a well-organized and attractive way. www.griffithobs.org/star/award.html

National Aeronautics and Space Administration (NASA) Homepage

Navigate to NASA activities, news, centers, programs, robot and human exploration, Earth and space science, business, and NASA for kids. www.nasa.gov/

National Space Science Data Center

Archives and provides access to a wide variety of astrophysics, solar physics, space physics, lunar and planetary data from NASA space missions. http://nssds.gsfc.nasa.gov

www.skyandtelescope.com/resources/links/links.shtml

Sky and Telescope Resources Links

Web Site indexes, professional and amateur research, telescopes, observing, star charts, airborne, robot and piloted space missions, online data and catalogs, public domain freeware and shareware. www.skyandtelescope.com/resources/links/links.shtml

Teaching Materials

American Astronomical Society Education Office

Resources for undergraduate and graduate teachers, K-12, and public outreach. www.aas.org/education/index1.html

NASA Core—Central Operation of Resources for Educators

Distributes NASA educational multimedia products worldwide at minimal cost. core.nasa.gov/

NASA Education Program

NASA resources, programs, and calenders for educators, students and the informal education community. http://education.nasa.gov

National Optical Observatories Educational Outreach Program

Information, programs, and materials for K-12 and college by NOAO scientists. www.noao.edu/education/noaoeo.html

Spacelink

NASA resources, instructional materials, services, and library for educators. spacelink.nasa.gov/index.html

Sky Publishing Astronomy Education Links

Organizations, media, general astronomy references, solar system, teaching resources, courses, and camps. www.skyandtelescope.com/resources/links/astroeducation.html

부록 1

별자리

Name and Pronunciation	Genitive	Abbr.	Meaning	RA and	Decl.
Andromeda, ăn-drŏm′ é-dȧ	-dae	And	Daughter of Cassiopeia	1^h	+40°
Antlia, ănt lī-ȧ	-liae	Ant	The Air Pump	10^h	−35°
Apus, ā pŭs	Apodis	Aps	Bird of Paradise	16^h	−75°
Aquarius, ȧ-kwâr-ī-ŭs	-rii	Aqr	The Water-bearer	23^h	−10°
Aquila, ăk wī-lȧ	-ae	Aql	The Eagle	19^h30^m	+ 5°
Are, ā rȧ	Arae	Ara	The Altar	17^h30^m	−55°
Aries, ā rī-ēz	Arietis	Ari	The Ram	2^h	+20°
Auriga, ô-rī′ gȧ	-gae	Aur	The Charioteer	5^h30^m	+40°
Bootes, bo-ō tēz	-tis	Boo	The Herdsman	14^h30^m	+30°
Caelum, sē lŭm	Caeli	Cae	The Graving Tool	4^h30^m	−40°
Camelopardalis kȧ-mĕl′ ō-pȧr′ dȧ-līs	Camelopardalis	Cam	The Giraffe	6^h	+70°
Cancer, kăn′ sēr	Cancri	Cnc	The Crab	8^h30^m	+20°
Canes Venatici kā′ nēz nē-năt′ ī-sī	Canum Venati-corum	CVn	The Hunting Dogs	12^h30^m	+40°
Canis Major, kā′ nīs mā′ jēr	Canos Majoris	CMa	The Big Dog	7^h	−20°
Canis Minor, kā′ nīs mī′ nēr	-ris	CMi	The Little Dog	7^h30^m	+ 5°
Capricornus, kăp′ rī-kôr′ nŭs	Capricorni	Cap	The Horned Goat	21^h	−20°
Carina, kȧ-rī′ nȧ	-nae	Car	The Ship's Keel	9^h	−60°
Cassiopeia, kăs′ ī-ō-pē′ yȧ	Cassiopeiae	Cas	The Queen	1^h	+60°
Centaurus, sĕn-tô′ rŭs	-ri	Cen	The Centaur	13^h	−50°
Cepheus, sē′ fŭs	Cephei	Cep	The King	22^h	+65°
Cetus, sē′ tŭs	Ceti	Cet	The Whale	2^h	−10°
Chamaeleon, kȧ-mē′ lē-ŭn	-ntis	Cha	The Chameleon	10^h	−80°
Circinus, sûr′ sī-nŭs	-ni	Cir	The Compasses	15^h	−60°
Columba, kō-lŭm′ bȧ	-bae	Col	The Dove	6^h	−35°
Coma Berenices kō′ mȧ bĕr′ ē-nī sēz	Comae Berenices	Com	Berenice's Hair	13^h	+25°
Corona Australis kō-rō′ nȧ ôs-trā′ līs	-nae	CrA	The Southern Crown	19^h	−40°
Corona Borealis kō-rō′ nȧ bō′ rē-ā′ līs	Coronae Borealis	CrB	The Northern Crown	15^h30^m	+30°
Corvus, kôr′ vŭs	Corvi	Crv	The Crow	12^h30^m	−20°
Crater, krâ′ tēr	-ris	Crt	The Cup	11^h30^m	−15°
Crux, krŭks	Crucis	Cru	The Southern Cross	12^h30^m	−60°
Cygnus, sĭg′ nŭs	Cygni	Cyg	The Swan	20^h	+40°
Delphinus, dĕl-fī′ nŭs	-ni	Del	The Dolphin	20^h30^m	+15°
Dorado, dō-rȧ′ dō	-dus	Dor	The Swordfish	5^h	−60°
Draco, drā′ kō	Draconis	Dra	The Dragon	18^h	+70°
Equuleus, ē-kwōō′ lē-ŭs	-lei	Equ	The Colt	21^h	+10°
Eridanus, ē-rĭd′ ȧ-nŭs	Eridani	Eri	The River	3^h30^m	−20°
Fornax, fôr′ năks	-nacis	For	The Furnace	3^h	−30°
Gemini, jĕm′ ĭ-nī	Germinorum	Gem	The Twins	7^h	+25°
Grus, grŭs	Gruis	Gru	The Crane	22^h	−40°
Hercules, hûr′ kū-lēz	Herculis	Her	Hercules	17^h	+35°

(continued)

Name and Pronunciation	Genitive	Abbr.	Meaning	RA	and Decl.
Horologium, hŏr′ ō-lō′ jĭ-ŭm	-gii	Hor	The Clock	3^h	−50°
Hydra, hī′ drȧ	Hydrae	Hya	The Water Snake (female)	11^h	−20°
Hydrus, hī′ drŭs	-dri	Hyi	The Water Snake (male)	2^h	−70°
Indus ĭn′ dŭs	Indi	Ind	The Indian	21^h	−50°
Lacerta, la-sûr′ tȧ	-tae	Lac	The Lizard	22^h30^m	+50°
Leo, lē′ ō	Leonis	Leo	The Lion	10^h30^m	+20°
Leo Minor, lē′ ō mī′ nẽr	Leonis Minoris	LMi	The Little Lion	10^h30^m	+35°
Lepus, lē′ pŭs	Leporis	Lep	The Hare	5^h30^m	−20°
Libra, lī′ bra	Librae	Lib	The Balance	15^h	−15°
Lupus, lū′ pŭs	Lupi	Lup	The Wolf	15^h30^m	−40°
Lynx, lĭnks	Lyncis	Lyn	The Lynx	8^h	+50°
Lyra, lī′ rȧ	Lyrae	Lyr	The Lyre	18^h30^m	+35°
Mensa, mĕn′ sȧ	-sae	Men	Table Mountain	5^h30^m	−75°
Microscopium mī′ krō-skō′ pĭ-ŭm	-pii	Mic	The Microscope	21^h	−35°
Monoceros, mō-nŏs′ ẽr-ŏs	Monocerotis	Mon	The Unicorn	7^h	− 5°
Musca, mŭs′ kȧ	-cae	Mus	The Fly	12^h	−70°
Norma, nôr′ ma	-mae	Nor	The Square	16^h	−50°
Octans, ŏk′ tănz	-ntis	Oct	The Octant	0^h-25^h	−90°
Ophiuchus, ŏf′ ĭ-ū′ kŭs	Ophiuchi	Oph	The Serpent-bearer	17^h	0°
Orion, ō-rī′ ŏn	Orionis	Ori	The Hunter	5^h30^m	0°
Pavo, pā′ vō	-vonis	Pav	The Peacock	20^h	−65°
Pegasus, pĕg′ ȧ-sŭs	Pegasi	Peg	The Winged Horse	23^h30^m	+20°
Perseus, pûr′ sūs	Persei	Per	Perseus	3^h30^m	+45°
Phoenix, fē′ nĭks	Phoenicis	Phe	The Phoenix	1^h	−50°
Pictor, pĭk′ tẽr	Pictoris	Pic	The Painter's Easel	6^h	−55°
Pisces, pĭs′ ēz	Piscium	Psc	The Fishes	23^h30^m	+ 5°
Piscis Austrinus pĭs′ is ôs-trī nŭs	Piscis Austrini	PsA	The Southern Fish	23^h	−30°
Puppis, pŭp′ ĭs	Puppis	Pup	The Ship's Stern	8^h	−40°
Pyxis, pĭk′ sĭs	Pyxidis	Pyx	The Compass	9^h	−30°
Reticulum, rē-tĭk′ ū-lŭm	-li	Ret	The Net	4^h	−60°
Sagitta, sȧ-jĭt′ ȧ	-tae	Sge	The Arrow	20^h	+20°
Sagittarius, săj′ ĭ-tā′ rĭ-ŭs	Sagittarii	Sgr	The Archer	18^h30^m	−30°
Scorpius, skôr′ pĭ-ŭs	Scorpii	Sco	The Scorpion	17^h	−30°
Sculptor, skŭlp′ tẽr	-ris	Scl	The Sculptor	0^h	−30°
Scutum, skū′ tŭm	Scuti	Sct	The Shield	18^h30^m	−10°
Serpens, sûr′ pĕnz	Serpentis	Ser	The Serpent	16^h	0°
Sextans, sĕks′ tănz	-ntis	Sex	The Sextant	10^h	− 5°
Taurus, tô′ rŭs	Tauri	Tau	The Bull	4^h30^m	+15°
Telescopium, tĕl′ ē-skō′ pĭ-ŭm	-pii	Tel	The Telescope	19^h	−50°
Triangulum, trī-ăng′ gū-lŭm	Trianguli	Tri	The Triangle	2^h	+30°
Triangulum Australe trī-ăng′ gū-lŭm ôs-trā′ lē	Trianguli Australis	TrA	The Southern Triangle	16^h	−65°
Tucana, tū-kā′ nȧ	-nae	Tuc	The Toucan	23^h30^m	−65°
Ursa Major, ûr′ sȧ mā′ jẽr	Ursae Majoris	UMa	The Great Bear	11^h	+60°
Ursa Minor, ûr′ sȧ mī′ nẽr	Ursae Minoris	UMi	The Little Bear	15^h	+70°
Vela, vē′ lȧ	Velorum	Vel	The Ship's Sails	9^h	−50°
Virgo, vûr′ gō	Virginis	Vir	The Maiden	13^h	−10°
Volans, vō′ lănz	-ntis	Vol	The Flying Fish	8^h	−70°
Vulpecula, vŭl-pĕk′ ū-lȧ	Vulpeculae	Vul	The Fox	19^h30^m	+25°

ā dāte; ă tăp; â câre; ȧ ȧsk; ē wē; ĕ mĕt; ẽ makẽr; ī īce; ĭ bĭt; ō gō; ŏ hŏt; ô ôrb; ōō mōōn; ū ūnite; ŭ ŭp; û ûrn.

부록 2

물리, 천문학 상수

광속(Velocity of light)	c = 299,792,458 meters per second
중력상수(Gravitation constant)	$G = 6.673\times10^{-11}Nm^2kg^{-2}$
스테판-볼츠만 상수(Stefan-Boltzmann constant)	$\sigma = 5.67\times10^{-8}Wm^{-2}K^{-4}$
전자질량(Mass of electron)	$m_e = 9.1094\times10^{-31}kg$
수소원자질량(Mass of hydrogen atom)	$m_H = 1.67352\times10^{-24}gram$
양성자 질량(Mass of proton)	$m_p = 1.67262\times10^{-27}kg$
천문단위(Astronomical unit)	$AU = 1.49597870\times10^{11}m$
파섹(Parsec)	$pc = 3.085678\times10^{16}m$ = 3.261631 광년
광년(light-year)	$LY = 9.460536\times10^{15}m$
태양 질량(Mass of Sun)	$M_\odot = 1.9891\times10^{30}kg$
태양 반지름(Radius of Sun)	$^{**}R_\odot = 696,265km$
태양 복사(Solar radiation)	$L_\odot = 3.85\times10^{26}W$
지구 질량(Mass of Earth)	$^{***}M_\oplus = 5.974\times10^{24}kg$
지구 적도 반지름(Equatorial radius of Earth)	$R_\oplus = 6,378.140km$
은하 중심의 방향(Direction of Galactic center)	$RA = 17^h45.7^m$, Dec -29°00'(2000)
천문력 일(Ephemeris day)	$d_E = 86,400$ second
회귀년(Tropical year) (분점에서 분점까지 equinox to equinox)	= 365.2422 천문력 일
항성년(Sidereal year)	= 365.2564 천문력 일

**⊙ = of the Sun

***⊕ = of the Earth

▶ Physics.nist.gov/constants ◀

부록 3

척도와 기호

METRIC AND U.S. MEASURES

Approximate Conversions to U.S. Units (U.S. 단위로 대략 전환)

기호	When You Know	Multiply By	To Find	기호
		길이		
cm	centimeters	0.39	inches	in
cm	centimeters	0.03	feet	ft
m	meters	1.1	yards	yd
km	kilometers	0.6	miles	ml
		면적		
cm^2	square centimeter	0.16	square inches	in^2
m^2	square meters	11	square feet	ft^2
m^2	square meters	1.2	square yards	yd^2
km^2	square kilometer	0.4	square miles	ml^3
		질량 (weight)		
g	grams	0.03	ounces	oz
kg	kilograms	2.2	pounds	lb
t	metric ton	1.1	short ton (2000 lb)	
		체적		
L	liters	0.26	gallons	gal
m^3	cubic meters	35	cubic feet	ft^3
m^3	cubic meters	1.3	cubic yards	yd^3
		온도 (exact)		
℃	degrees Celsius	9/5℃+32	degrees Fahrenheit	℉
K	degrees Kelvin	9/5K−460	degrees Fahrenheit	℉

각 척도

A circle contains 360 degrees, or 360°

1° contains 60 minutes of ark, or 60′

1′ contains 60 seconds of ark, or 60″

그리스 문자

Alpha	A	α	Nu	N	ν
Beta	B	β	Xi	Ξ	ξ
Gamma	Γ	γ	Omicron	O	o
Delta	Δ	δ	Pi	Π	π
Epsilon	E	ε	Rho	P	ρ
Zeta	Z	ζ	Sigma	Σ	σ
Eta	H	η	Tau	T	τ
Theta	Θ	θ	Upsilon	Υ	υ
Iota	I	ι	Phi	Φ	φ
Kappa	K	κ	Chi	X	χ
Lambda	Λ	λ	Psi	Ψ	ψ
Mu	M	μ	Omega	Ω	ω

태양, 달, 행성의 기호

☉	태양(Sun)	♂	화성(Mars)	♇	명왕성(Pluto)
☾	달(Moon)	♃	목성(Jupiter)	●	삭(new moon)
☿	수성(Mercury)	♄	토성(Saturn)	☽	상현(first quarter)
♀	금성(Venus)	♅	천왕성(Uranus)	○	망(full momn)
⊕	지구(Earth)	♆	해왕성(Neptune)	☾	하현(last quarter)

황도대의 기호

♈	양자리 (Aries)	0°	♌	사자자리 (Leo)	120°	♐	궁수자리 (Sagittarius)	240°
♉	황소자리 (Taurus)	30°	♍	처녀자리 (Virgo)	150°	♑	염소자리 (Capricornus)	270°
♊	쌍둥이자리 (Gemini)	60°	♎	천칭자리 (Libra)	180°	♒	물병자리 (Aquarius)	300°
♋	게자리 (Cancer)	90°	♏	전갈자리 (Scorpius)	210°	♓	물고기자리 (Pisces)	330°

부록 4

주기율표

You'll find information about each chemical element listed in the Periodic Table.

▶ www.webelements.com ◀

Key: Atomic Number ↓ / Symbol → / ← Name / ← Approximate Atomic Weight (to nearest whole number)

11 Sodium Na 23

Period	Group IA	IIA	IIIB	IVB	VB	VIB	VIIB	VIII	VIII	VIII
1	1 Hydrogen H 1									
2	3 Lithium Li 7	4 Beryllium Be 9								
3	11 Sodium Na 23	12 Magnesium Mg 24								
4	19 Potassium K 39	20 Calcium Ca 40	21 Scandium Sc 45	22 Titanium Ti 48	23 Vanadium V 51	24 Chromium Cr 52	25 Manganese Mn 55	26 Iron Fe 56	27 Cobalt Co 59	28 Nickel Ni 59
5	37 Rubidium Rb 85	38 Strontium Sr 88	39 Yttrium Y 89	40 Zirconium Zr 91	41 Niobium Nb 93	42 Molybdenum Mo 96	43 Technetium Tc 99	44 Ruthenium Ru 101	45 Rhodium Rh 103	46 Palladium Pd 106
6	55 Cesium Cs 133	56 Barium Ba 137	57 *Lanthanum La 139	72 Hafnium Hf 178	73 Tantalum Ta 181	74 Wolfran W 184	75 Rhenium Re 186	76 Osmium Os 190	77 Iridium Ir 192	78 Platinum Pt 195
7	87 Francium Fr 223	88 Radium Ra 226	89 **Actinium Ac 227	104 Rutherfordium Rf 261	105 Dubrium Db 262	106 Seaborgium Sg 266	107 Bohrium Bh 262	108 Hassium Hs 26	109 Meitnerium Mt 266	110 Darmstadtium Ds 271

* Lanthanide series
** Actinide series

Period							
6	58 Cerium Ce 140	59 Praseodymium Pr 141	60 Neodymium Nd 144	61 Promethium Pm 147	62 Samarium Sm 150	63 Europium Eu 152	64 Gadoinium Gd 157
7	90 Thorium Th 232	91 Protactinium Pa 231	92 Uraniu, U 238	93 Neptunium Np 237	94 Plutonium Pu 242	95 Americium Am 243	96 Curium Cm 247

IB	IIB	IIIA	IVA	VA	VIA	VIIA	VIII
							2 Helium He 4
		5 Borron B 11	6 Carbon C 12	7 Nitrogen N 14	8 Oxygen O 16	9 Fluorine F 19	10 Neon Ne 20
		13 Aluminum Al 27	14 Sillcon Si 28	15 Phosphorus P 31	16 Sulfur S 32	17 Chiorine Cl 35	18 Argon Ar 40
29 Copper Cu 64	30 Zinc Zn 65	31 Gallium Ga 70	32 Germanium Ge 73	33 Arsenic As 75	34 Selenium Se 79	35 Bromine Br 80	36 Krypton Kr 84
47 Silver Ag 108	48 Cadmium Cd 112	49 Indium In 115	50 Tin Sn 119	51 Antimony Sb 122	52 Tellurium Te 128	53 Iodine I 127	54 Xenon Xe 131
79 Gold Au 197	80 Mercury Hg 201	81 Thallium Tl 204	82 Lead Pb 207	83 Bismuth Bi 209	84 Polonium Po 210	85 Astatine At 210	86 Radon Rn 222

65 Terbium Tb 159	66 Dysprosium Dy 163	67 Holmium Ho 165	68 Erbium Er 167	69 Thulium Tm 169	70 Ytterbium Yb 173	71 Lutetum Lu 175
97 Berkelium Bk 247	98 Callifornium Cf 251	99 Einsteimium Es 254	100 Fermium Fm 253	101 Mendelebium Md 256	102 Nobelium No 254	103 Lawrencium Lr 257

부록 5

가까운 별

별	거리 (ly)	RA (2000)		Dec (2000)		실시등급	분광형	Parallax mas	절대등급
		h	m	°	'				
Sun						−26.72	G		4.8
Proxima	4.2	14	30	−62	41	11.01	M	772	15.5
α Centauri A	4.4	14	40	−60	50	−0.01	G	742	4.3
B	4.4					1.35	K	742	5.7
Barnard's Star	5.9	17	58	+04	41	9.54	M	549	13.2
Wolf 359	7.8	10	56	+07	01	13.46	M	419	16.6
BD +36°2147	8.3	11	03	+35	58	7.49	M	392	10.5
Sirius A	8.6	06	45	−16	43	−1.44	A	379	1.5
B						8.44	DA		11.3
Luyten 726−8A	8.7	01	39	−17	56	12.56	M	373	15.4
B						12.96	M		15.8
Ross 154	9.7	18	50	−23	50	10.37	M	337	13.0
Ross 248	10.3	23	42	+44	09	12.27	M	316	14.8
ε Eridani	10.5	03	33	−09	27	3.72	K	311	6.2
CD−36°15693	10.7	23	06	−35	51	7.35	M	304	9.7
Ross 128	10.9	11	45	+00	48	11.12	M	300	13.5
Luyten 789−6ABC	11.2	22	39	−15	17	12.32	M	290	14.6
61 Cygni A	11.4	21	07	+38	45	5.20	K	287	7.5
B	11.4	21	07	+38	45	6.05	K	285	8.3
Procyon A	11.4	07	39	+05	13	0.40	F	286	2.7
B			3			10.7	DF		13.0
BD +59°1915B	11.5	18	43	+59	38	8.90	M	285	12.0
A	11.6					9.70	M	280	11.2

참고

1. 만약 별이 안시쌍성이라면, A 문자는 더 밝은 것을, B는 그 다음 밝은 것을 나타낸다.
2. 별의 이름 : 밝은 별은 고유이름(Sirius)을 갖고 있으며 그 별자리에서 별들의 밝기의 순서에 따라 그리스 문자를 사용한다(α Centauri). 그리고 Flamsteed 숫자는 별자리에 속한 별들의 적경 순서를 나타내는 데 쓰인다(61 Cygni). 희미한 별들은 다른 여러 가지 목록에 있는 숫자들로 표현된다. 이러한 목록(Bonner Durchmusterung−BD, Cordoba Durchmusterung−CD, Luyten, Ross and Wolf catalogs. Each catalog)들은 그들 나름대로의 순서매기는 방식을 가지고 있다.
3. 만약 별이 백색왜성(예, Sirius B)이라면, 문자 D를 별의 분광계급 표시 앞에 쓴다.

약어

RA = 적경(right ascension)　　h = 시(hours)　　m = 시간의 분(minutes of time)
Dec = 적위(Declination)　　° = 도(degrees)　　′ = 각분(minutes of arc)
mas = 밀리아크초(milliarcseconds) = 0″.001 ; ″ = 각초(seconds of arc)　　ly = 광년(light−yaer)

부록 6

메시에 목록

Messier No. (M)	NGC	RA		Dec		별자리 (Constellation)	종류 (Description)
		h	m	°	′		
1	1952	5	34.5	+22	01	Tau	초신성 잔해
2	7089	21	33.5	−0	49	Aqr	구상성단
3	5272	13	42.2	+28	23	CVn	구상성단
4	6121	16	23.6	−26	32	Sco	구상성단
5	5904	15	18.6	+2	05	Ser	구상성단
6	6405	17	40.1	−32	13	Sco	산개성단
7	6475	17	53.9	−34	49	Sco	산개성단
8	6523	18	03.8	−24	23	Sgr	무정형성운
9	6333	17	19.2	−18	31	Oph	구상성단
10	6254	16	57.1	−4	06	Oph	구상성단
11	6705	18	51.1	−6	16	Sct	산개성단
12	6218	16	47.2	−1	57	Oph	구상성단
13	6205	16	41.7	+36	28	Her	구상성단
14	6402	17	37.6	−3	15	Oph	구상성단
15	7078	21	30.0	+12	10	Peg	구상성단
16	6611	18	18.8	−13	47	Ser	산개성단
17	6618	18	20.8	−16	11	Sgr	무정형성운
18	6613	18	19.9	−17	08	Sgr	산개성단
19	6273	17	02.6	−26	16	Oph	구상성단
20	6514	18	02.6	−23	02	Sgr	무정형성운
21	6531	18	04.6	−22	30	Sgr	산개성단
22	6656	18	36.4	−23	54	Sgr	구상성단
23	6494	17	56.8	−19	01	Sgr	산개성단
24		18	16.9	−18	29	Sgr	See notes
25	IC4725	18	31.6	−19	15	Sgr	산개성단
26	6694	18	45.2	−9	24	Sct	산개성단
27	6853	19	59.6	+22	43	Vul	행성상성운
28	6626	18	24.5	−24	52	Sgr	구상성단
29	6913	20	23.9	+38	32	Cyg	산개성단
30	7099	21	40.4	−23	11	Cap	구상성단
31	224	0	42.7	+41	16	And	나선은하
32	221	0	42.7	+40	52	And	타원은하

Messier No. (M)	NGC	RA		Dec		별자리 (Constellation)	종류 (Description)
		h	m	°	′		
33	598	1	33.9	+30	39	Tri	나선은하
34	1039	2	42.0	+42	47	Per	산개성단
35	2168	6	08.9	+24	20	Gem	산개성단
36	1960	5	36.1	+34	08	Aur	산개성단
37	2099	5	52.4	+32	33	Aur	산개성단
38	1912	5	28.7	+35	50	Aur	산개성단
39	7092	21	32.2	+48	26	Cyg	산개성단
40		12	22.4	+58	05	UMa	See notes
41	2287	6	47.0	−20	44	CMa	산개성단
42	1976	5	35.4	−5	27	Ori	무정형성운
43	1982	5	35.6	−5	16	Ori	무정형성운
44	2632	8	40.1	+19	59	Cnc	산개성단
45		3	47.0	+24	07	Tau	산개성단
46	2437	7	41.8	−14	49	Pup	산개성단
47	2422	7	36.6	−14	30	Pup	산개성단
48	2548	8	13.8	−5	48	Hya	산개성단
49	4472	12	29.8	+8	00	Vir	타원은하
50	2323	7	03.2	−8	20	Mon	산개성단
51	5194−5	13	29.9	+47	12	CVn	나선은하
52	7654	23	24.2	+61	35	Cas	산개성단
53	5024	13	12.9	+18	10	Com	구상성단
54	6715	18	55.1	−30	29	Sgr	구상성단
55	6809	19	40.0	−30	58	Sgr	구상성단
56	6679	19	16.6	+30	11	Lyr	구상성단
57	6720	18	53.6	+33	02	Lyr	행성상성운
58	4579	12	37.7	+11	49	Vir	나선은하
59	4621	12	42.0	+11	39	Vir	타원은하
60	4649	12	43.7	+11	33	Vir	타원은하
61	4303	12	21.9	+4	28	Vir	나선은하
62	6266	17	01.2	−30	07	Oph	구상성단
63	5055	13	15.8	+42	02	CVn	나선은하
64	4826	12	56.7	+21	41	Com	나선은하
65	3623	11	18.9	+13	05	Leo	나선은하
66	3627	11	20.2	+12	59	Leo	나선은하
67	2682	8	50.4	+11	49	Cnc	산개성단
68	4590	12	39.5	−26	45	Hya	구상성단
69	6637	18	31.4	−32	21	Sgr	구상성단
70	6681	18	43.2	−32	18	Sgr	구상성단

Messier No. (M)	NGC	RA		Dec		별자리 (Constellation)	종류 (Description)
		h	m	°	′		
71	6838	19	53.8	+18	47	Sge	구상성단
72	6981	20	53.5	−12	32	Aqr	구상성단
73	6994	20	58.9	−12	38	Aqr	See notes
74	628	1	36.7	+15	47	Psc	나선은하
75	6864	20	06.1	−21	55	Sgr	구상성단
76	650−1	1	42.4	+51	34	Per	행성상성운
77	1068	2	42.7	−0	01	Cet	나선은하
78	2068	5	46.7	+0	03	Ori	무정형성운
79	1904	5	24.5	−24	33	Lep	구상성단
80	6093	16	17.0	−22	59	Sco	구상성단
81	3031	9	55.6	+69	04	UMa	나선은하
82	3034	9	55.8	+69	41	UMa	불규칙은하
83	5236	13	37.0	−29	52	Hya	나선은하
84	4374	12	25.1	+12	53	Vir	타원은하
85	4382	12	25.4	+18	11	Com	타원은하
86	4406	12	26.2	+12	57	Vir	타원은하
87	4486	12	30.8	+12	24	Vir	타원은하
88	4501	12	32.0	+14	25	Com	나선은하
89	4552	12	35.7	+12	33	Vir	타원은하
90	4569	12	36.8	+13	10	Vir	나선은하
91	4548	12	35.4	+14	30	Com	나선은하
92	6341	17	17.1	+43	08	Hcr	구상성단
93	2447	7	44.6	−23	52	Pup	산개성단
94	4736	12	50.9	+41	07	CVn	나선은하
95	3351	10	44.0	+11	42	Leo	나선은하
96	3368	10	46.8	+11	49	Leo	나선은하
97	3587	11	14.8	+55	01	UMa	행성상성운
98	4192	12	13.8	+14	54	Com	나선은하
99	4254	12	18.8	+14	25	Com	나선은하
100	4321	12	22.9	+15	49	Com	나선은하
101	5457	14	03.2	+54	21	UMa	나선은하
102							See notes
103	581	1	33.2	+60	42	Cas	산개성단
104	4594	12	40.0	−11	37	Vir	나선은하
105	3379	10	47.8	+12	35	Leo	타원은하
106	4258	12	19.0	+47	18	CVn	나선은하
107	6171	16	32.5	−13	03	Oph	구상성단
108	3556	11	11.5	+55	40	UMa	나선은하
109	3992	11	57.6	+53	23	UMa	나선은하
110	205	0	40.4	+41	41	And	타원은하

즐겨 찾는 천체

M1	게자리 성운(Crab Nebula)
M8	석호 성운(Lagoon Nebula ; 성단 포함(contains a star cluster))
M11	(Wild Duck Cluser)
M16	(Surrounded by the Eagle Nebula)
M17	오메가 성운(Omega Nebula)
M20	삼엽성운(Trifid Nebula)
M24	(Star field in Sagittarius, containing the open cluster NGC 6603)
M27	아령성운(Dumbbell Nebula)
M31	안드로메다 은하(Andromeda Galaxy)
M40	(Faint double star Winnecke 4, mags. 9.0 and 9.6)
M42, M43	오리온 성운(Orion Nebula)
M44	프레세페 벌집성단(Praesepe, the Beehive Cluster)
M45	플레이아데스(The Pleiades; no NGC or IC number)
M51	소용돌이 은하(Whirlpool Galaxy)
M57	고리성운(Ring Nebula)
M64	(Black Eye Galaxy)
M73	(Small Group of four faint stars)
M97	올빼미 성운(Owl Nebula)
M102	M101의 같음(Duplicate of M101)
M104	솜브레로 은하(Sombrero Galaxy)

색 인

ㄱ

ㄴ

ㄷ

ㅇ

ㅈ

ㅊ

ㅋ

ㅌ

ㅍ

ㅎ

기타

봄의 별자리

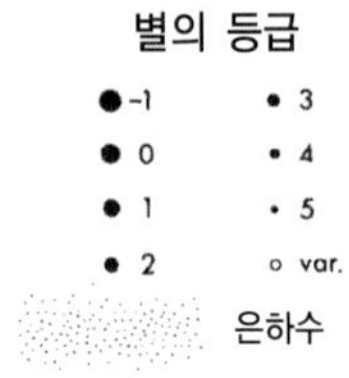

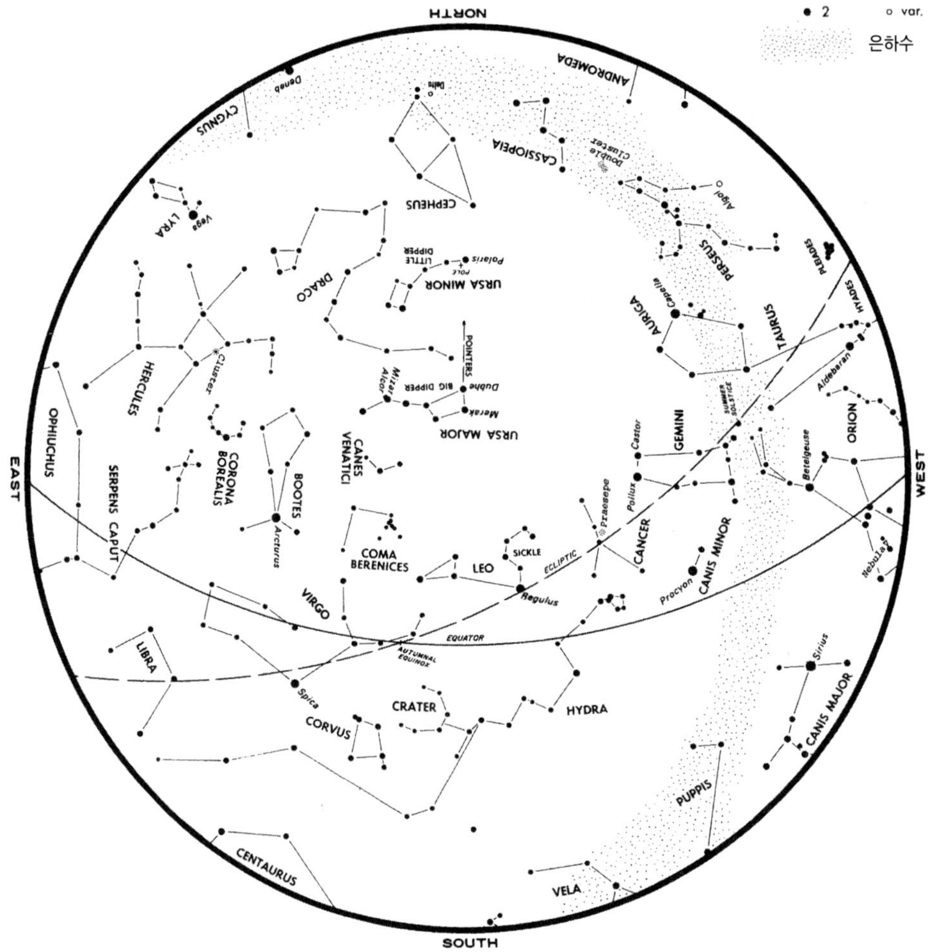

Chart by George Lovi

시 간 표

3월 말	11 p.m,	5월 초	8 p.m.
4월 초	10 p.m.	5월 말	7 p.m.
4월 말	9 p.m.	6월 초	6 p.m.

표 준 시

여름의 별자리

별의 등급

● -1 · 3
● 0 · 4
● 1 · 5
● 2 ○ var.

은하수

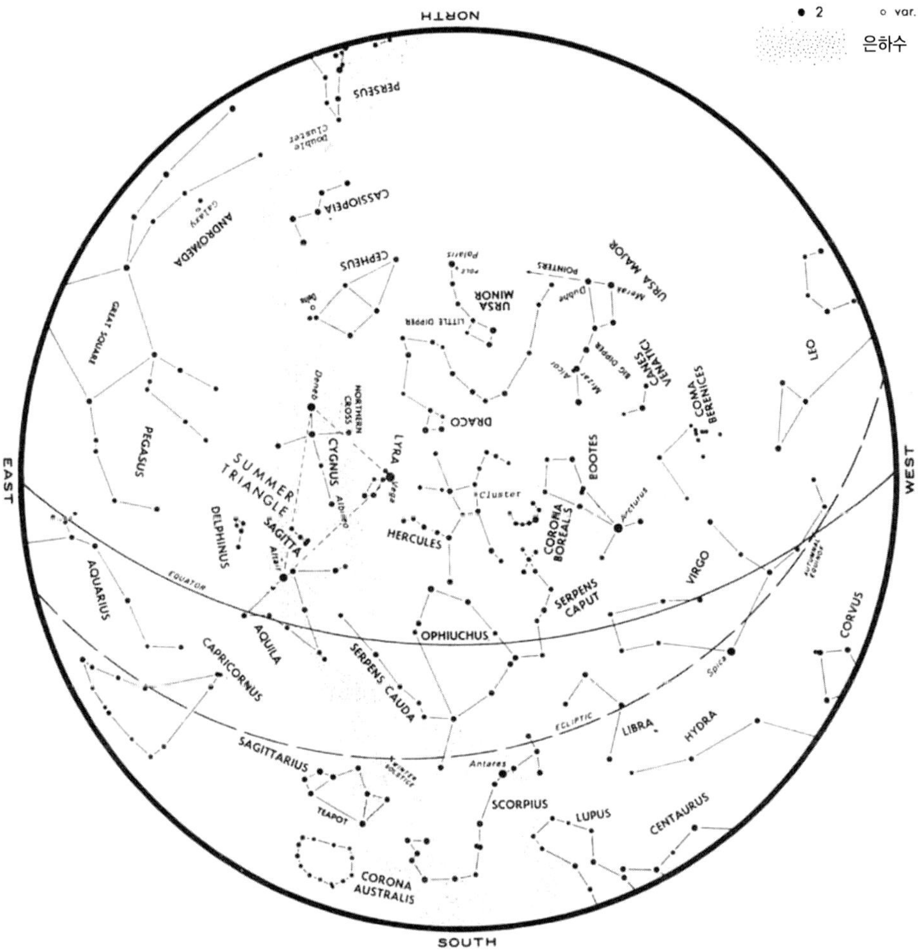

Chart by George Lovi

시 간 표

6월 말	11 p.m,	8월 초	8 p.m.
7월 초	10 p.m.	8월 말	7 p.m.
7월 말	9 p.m.	9월 초	6 p.m.

표 준 시

가을의 별자리

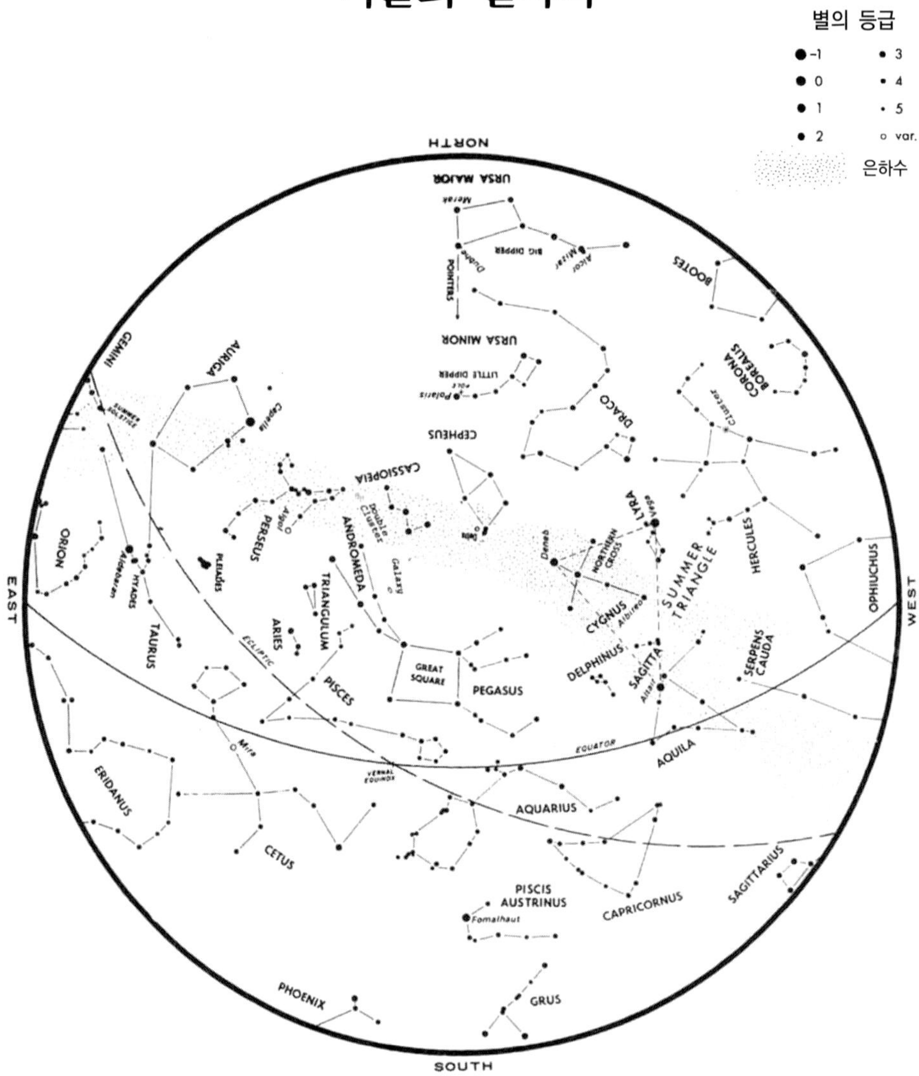

시 간 표

Chart by George Lovi

9월 말	11 p.m,	11월 초	8 p.m.
10월 초	10 p.m.	11월 말	7 p.m.
10월 말	9 p.m.	12월 초	6 p.m.

표 준 시

겨울의 별자리

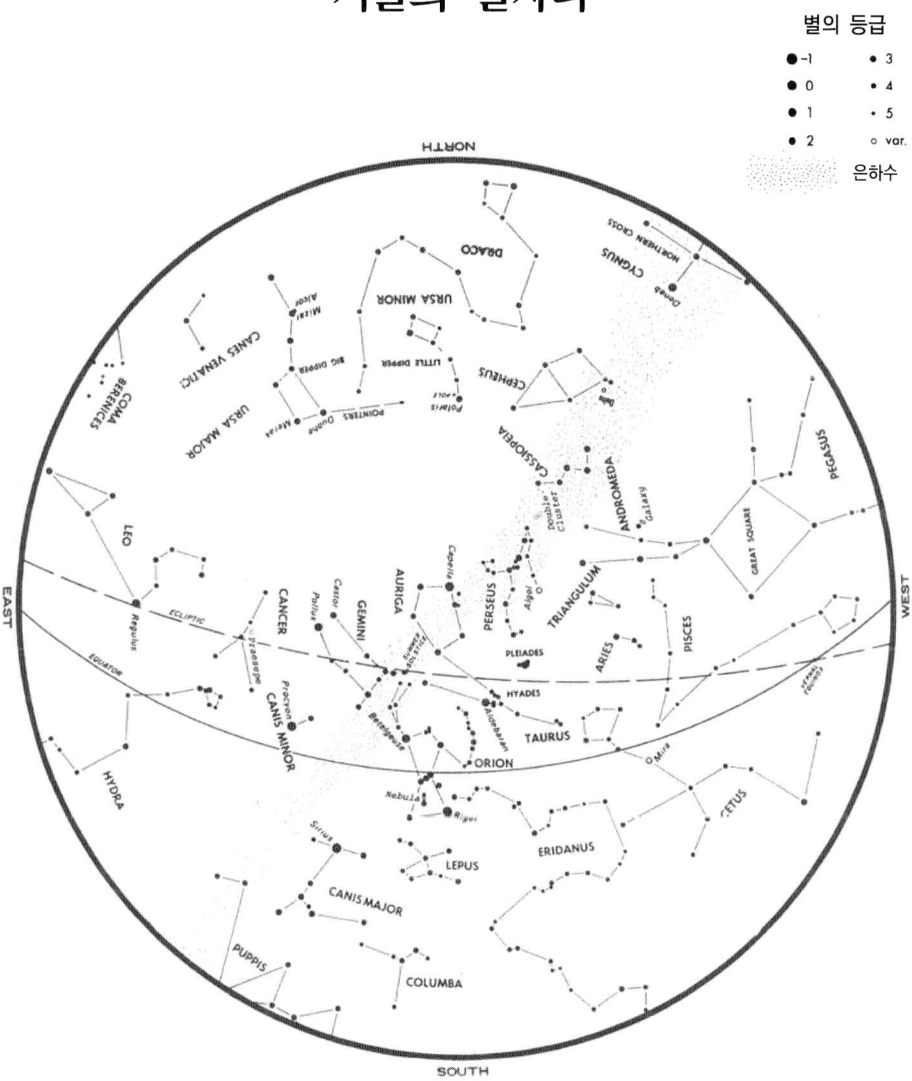

시 간 표

Chart by George Lovi

12월 말	11 p.m,	2월 초	8 p.m.
1월 초	10 p.m.	2월 말	7 p.m.
1월 말	9 p.m.	3월 초	6 p.m.

표 준 시

달지도

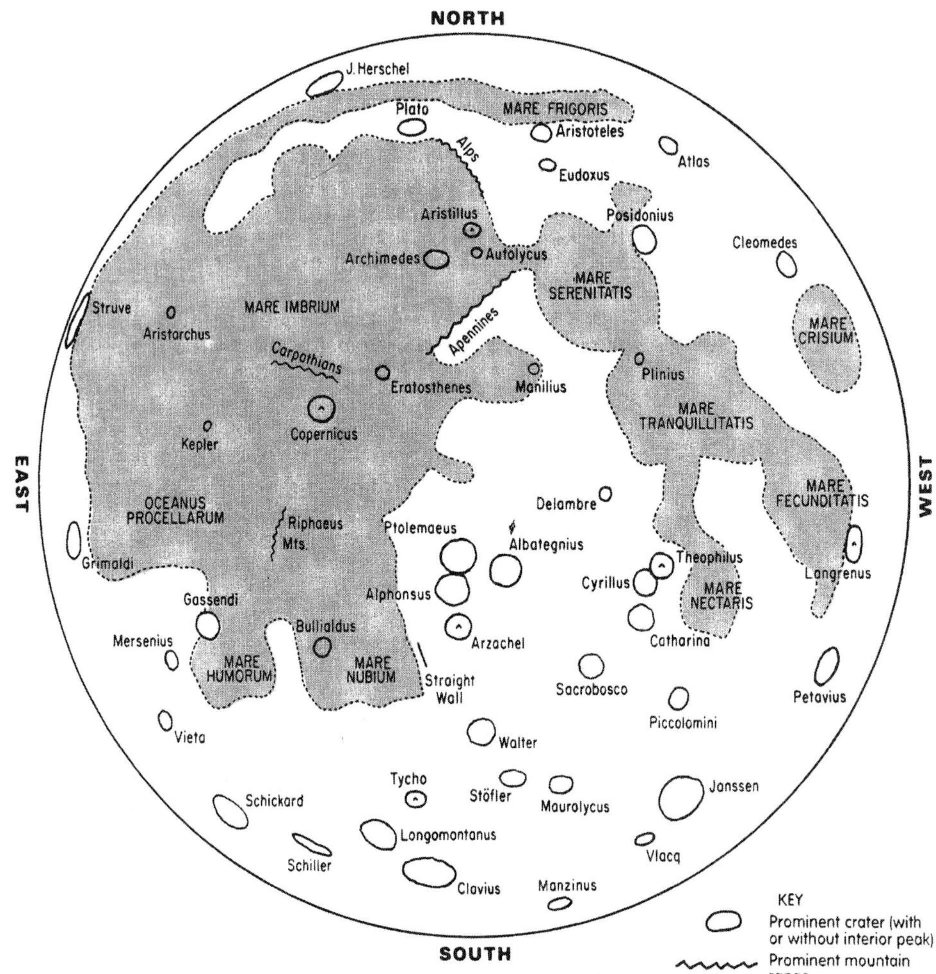

Chart by George Lovi

역자약력

오규동

연세대학교 천문기상학과 졸업
연세대학교 대학원 이학박사(천문학)
미국 프로리다 대학교 연구교수
한국우주과학회 회장 역임
(현) 전남대학교 사범대학 과학교육학부 교수

형 식

연세대학교 천문기상학과 졸업
미국 UCLA 천문학박사
미국 UCLA 천문학과 연구원
한국천문연구원 선임연구원 및 과학재단 초빙과학자
(현) 충북대학교 사범대 과학교육학부 부교수

천문학
Astronomy
A Self-Teaching Guide

인쇄 | 2008년 1월 15일
초판발행 | 2008년 1월 25일
재판발행 | 2008년 8월 25일
삼판발행 | 2012년 8월 14일

저자 | Dinah L. Moché, Ph.D.
역자 | 오규동 · 형 식
발행 | 김윤수
발행처 | 전남대학교출판부

등록 | 1981. 5. 21. 제53호
주소 | 500-757 광주광역시 북구 용봉로 77
전화 | (062) 530-0571~2, **마케팅부** 530-0573
팩스 | (062) 530-0579
홈페이지 | http://www.cnup.co.kr

값 15,000원

ISBN 978-89-7598-646-8 (93440)

이 도서의 국립중앙도서관 출판시도서목록(CIP)은 e-CIP홈페이지
(http://www.nl.go.kr/cip.php)에서 이용하실 수 있습니다.
(CIP제어번호: CIP2008000417)